"十四五"新工科应用型教材建设项目成果

21世纪 技能创新型人才培养系列教材
机械设计制造系列

工业设计技术
Geomagic Design X 逆向设计实用教程

主　编◎刘恩宇　冯亚萌
副主编◎刘英英
参　编◎蔡　蕾　刘世雄

中国人民大学出版社
·北京·

图书在版编目（CIP）数据

工业设计技术：Geomagic Design X 逆向设计实用教程 / 刘恩宇，冯亚萌主编. -- 北京：中国人民大学出版社，2023.6

21 世纪技能创新型人才培养系列教材 . 机械设计制造系列

ISBN 978-7-300-31731-1

Ⅰ. ①工… Ⅱ. ①刘… ②冯… Ⅲ. ①工业设计－教材 Ⅳ. ① TB47

中国国家版本馆 CIP 数据核字（2023）第 093410 号

"十四五"新工科应用型教材建设项目成果
21 世纪技能创新型人才培养系列教材·机械设计制造系列
工业设计技术
——Geomagic Design X 逆向设计实用教程
主　编　刘恩宇　冯亚萌
副主编　刘英英
参　编　蔡　蕾　刘世雄
Gongye Sheji Jishu

出版发行	中国人民大学出版社		
社　　址	北京中关村大街 31 号	**邮政编码**	100080
电　　话	010－62511242（总编室）		010－62511770（质管部）
	010－82501766（邮购部）		010－62514148（门市部）
	010－62515195（发行公司）		010－62515275（盗版举报）
网　　址	http://www.crup.com.cn		
经　　销	新华书店		
印　　刷	北京瑞禾彩色印刷有限公司		
开　　本	787 mm × 1092 mm　1/16	**版　　次**	2023 年 6 月第 1 版
印　　张	16.75	**印　　次**	2023 年 6 月第 1 次印刷
字　　数	390 000	**定　　价**	62.00 元

前言

PREFACE

党的二十大报告指出，教育、科技、人才是全面建设社会主义现代化国家的基础性、战略性支撑。教育是国之大计、党之大计。职业教育是我国教育体系的重要组成部分，肩负着“为党育人、为国育才”的神圣使命。我们致力于在习近平新时代中国特色社会主义思想指导下，贯彻落实党的二十大精神，切实加强教材建设，编写质量可靠、切合职业教育特点的优质教材，为实施科教兴国战略作出贡献。

随着科技的发展，我国在智能制造领域的成果日益显著，为了进一步提高产品设计的效率和准确性，各类企业对于精准逆向建模的需求日益增强，作为逆向建模软件的代表之一——Geomagic Design X脱颖而出，成为工业设计领域应用广泛的逆向建模软件。

Geomagic Design X软件结合了传统CAD与三维扫描数据处理功能，可方便、快捷地创建可编辑的、基于特征的CAD实体模型，并与大部分CAD软件兼容；还可将3D扫描无缝融入常规设计流程中，帮助用户提高工作效率。Geomagic Design X对整个设计生态系统进行了补充，通过Live Transfer专利技术实现从本地输出到SolidWorks、Siemens NX、Solid Edge、Autodesk Inventor、PTC Creo和Pro/E，这样便可将扫描的模型快速转换至主流CAD环境。

本书以Geomagic Design X中文版为操作平台，以11个具有代表性的实际工作项目为载体，通过项目化案例由浅入深地剖析了点云操作、领域划分、面片创建、坐标对齐、草图创建、曲面创建、曲面编辑、实体创建、实体编辑等功能模块的应用，帮助读者快速、全面地掌握软件操作技巧，进而掌握不同领域产品的设计思路。同时，通过对项目化案例的操作，帮助在工业设计领域没有经验的读者积累一定的经验，尤其是在帮助学生掌握系统化的设计思路方面效果明显。

本书配套了丰富的教学资源，包括教学课件、案例素材、微课等，有助于提高教学效率、强化教学效果。

由于时间仓促，加之编者水平有限，书中难免存在疏漏之处，恳请广大读者批评指正。

编者

目录
CONTENTS

项目一 塔形件建模

——点云处理的重点应用

项目导读

塔形件在工业、建筑、工艺品等领域都是一种常见的形体，如雕塑底座、工业产品支撑座、工艺品摆件底座等。本项目涉及点云处理、面片创建、曲面剪切、创建圆角等基本建模技术。通过本项目的学习，大家可以掌握 Geomagic Design X 软件的基本操作；掌握与塔形件相近的物体的建模技巧。

素养提升

中国品牌 TCL 从 1981 年以几千元起家，至今，已经发展成为具有国际竞争力的大企业，其科技创新系统可以看作逆向技术创新模式——从产品创新到服务创新，从外围创新到核心创新，从模仿创新到自主创新，从合作创新到独立创新。高质量发展，创新很重要，只有创新才能自强、才能争先，在自主创新的道路上要坚定不移、再接再厉、更上层楼。

项目分析

如图 1－1 所示，塔形件模型的顶面和底面是平行的两面，4 个侧面有不同的拔模斜度，周边有不同半径的圆角，其整体形状比较简单，建模步骤可以分为：点云处理；创建顶面和周边 4 个侧面；创建底面；对 6 个平面进行剪切；制作周边圆角。

图 1－1　塔形件

Geomagic Design X 软件的功能非常强大，一个特征可以用不同的方式来实现，但不同方式实现的效率和结果精度会有所差别，因此，建模方式的选择和步骤的合理性就显得非常重要。为了更高效地进行建模工作，对建模步骤的前期构思是非常关键的，可以制作建模步骤表，见表 1－1，这样可以在着手前规划好建模步骤。

表 1－1　塔形件建模步骤

序号	建模步骤计划	效果
1	导入塔形件点云数据：将扫描好的塔形件的点云数据导入 Geomagic Design X 软件	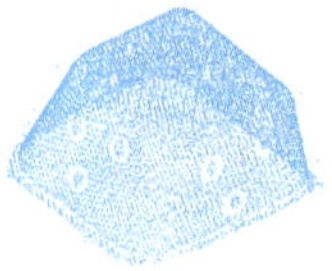
2	对导入的点云进行处理，清除不必要的杂点：使用“套索选择模式”选择杂点并进行清除	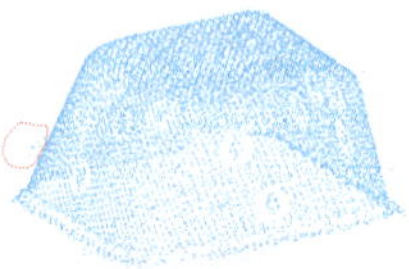
3	将点云数据面片化：使用【面片创建精灵】工具创建塔形件面片	
4	改变法线方向：使用【修正法线方向】工具对塔形件面片进行反转法线操作	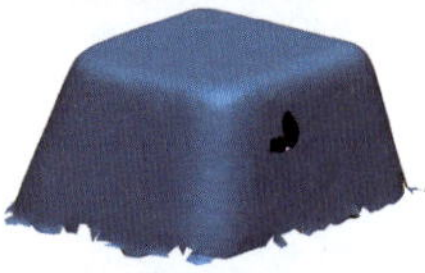
5	优化面片：使用【加强形状】、【平滑】和【删除特征】等工具对塔形件面片进行优化	
6	拟合 5 个平面：使用【面片拟合】工具对塔形件顶面和 4 个侧面进行面片拟合	
7	通过偏移顶面形成底面：使用【曲面偏移】工具对塔形件顶面进行偏移，形成底面	
8	平面互相剪切，形成塔形件实体：使用【剪切曲面】工具，对 6 个平面进行互相剪切，形成塔形件实体	
9	创建圆角特征：使用【圆角】工具对相应边角进行圆角创建	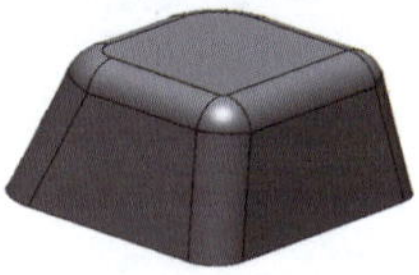

知识技能点

Geomagic Design X 的常用建模过程：导入扫描好的点云数据，经过点云优化处理，形成可用的面片，再通过【面片拟合】、【剪切曲面】和【圆角】等工具逐步创建最终的实体模型。

作为入门的实例，塔形件模型外形很简单，特征要素相对较少，仅用到了比较基本的建模工具，如【面片创建精灵】、【加强形状】、【平滑】、【面片拟合】、【剪切曲面】和【圆角】工具。重要的知识及技能点如下：

- 【面片创建精灵】：该工具是一个向导模式的工具，用于从原始 3D 扫描数据创建无缺陷的密闭网格模型。可以快速创建优化网格，并应用在后续逆向设计阶段。

  操作步骤：
  - 在【点】工具栏中单击【面片创建精灵】按钮。
  - 选择“**工具→扫描工具→面片创建精灵**”菜单命令。
- 【加强形状】：该工具通过描绘锐利区域和平滑圆角区域来增强特征形状。

  操作步骤：
  - 在【多边形】工具栏中单击【加强形状】按钮。
  - 选择“**工具→面片工具→加强形状**”菜单命令。
- 【平滑】：该工具可以降低网格中的噪声和粗糙度的影响，可以应用于整个网格或部分选定的多边形。

  操作步骤：
  - 在【多边形】工具栏中单击【平滑】按钮。
  - 选择“工具→面片工具→平滑”菜单命令。
- 【面片拟合】：该工具通过使用基于网格的拟合算法创建 NURBS 曲面。曲面拟合技术是逆向设计过程中一种独特的技术，它提供了一种有效的方法，可以从网格的自由形状中轻松快速地创建三维自由曲面体。

  操作步骤：
  - 在【模型】工具栏中单击【面片拟合】按钮。
  - 选择“**插入→曲面→面片拟合**”菜单命令。
- 【圆角】：该工具用于在实体或曲面体的边缘或表面上创建圆角特征，可以应用于多个边或面。

  操作步骤：
  - 在【模型】工具栏中单击【圆角】按钮。
- 鼠标操作：常用鼠标操作见表 1－2。

表 1－2 常用鼠标操作

序号	鼠标操作	功能
1	鼠标左键单击	选择单个特征
2	Ctrl+ 鼠标左键单击	选择多个特征
3	按住鼠标左键框选	选择多个特征
4	滚动鼠标中键（滚轮）	缩放视图
5	鼠标右键单击	弹出快捷菜单

续表

序号	鼠标操作	功能
6	按住鼠标右键拖曳	旋转视图
7	Ctrl+ 鼠标右键拖曳	平移视图
8	Shift+ 鼠标右键拖曳	缩放视图

项目实施

步骤 1　导入塔形件点云文件。

选择“菜单→插入→导入”菜单命令或单击【初始】工具栏中的【打开】下拉菜单中的【导入】按钮，弹出“导入”对话框，在配套资源中找到“工业设计技术 -Geomagic Design X 项目化设计教程 \ 素材 \ 01 项目一塔形件建模 \ 项目一塔形件点云 .gpd”，单击【仅导入】按钮，完成塔形件点云文件的导入，如图 1 - 2 所示。导入点云后的效果如图 1 - 3 所示。

塔形件建模

图 1 - 2　导入文件

步骤 2　点云优化。

将点云放大后，旋转视图观察，可以看到很多脱离主体点云的单个点或点群，这是由扫描仪精度、扫面时的光线或被扫描物体表面清洁程度不理想而造成的，统称为杂点。为了确保后续创建的面片更加光滑、合理，必须清除这些杂点，否则会影响面片的效果，降低最终的建模精度。

（1）在【点】工具栏中单击【杂点消除】按钮，弹出“杂点消除”对话框，如图 1 - 4 所示。将“过滤噪音点云”复选框选中，“每个杂点群集内的最大单元点数量”设置为“50”，单击对话框右上角的“预览”按钮，观察结果，发现少部分杂点已被清除，但是还有很多距离点云主体较近的点或点群没有清除，需要进一步手动清除，最后单击对话框右上角的按钮完成操作。

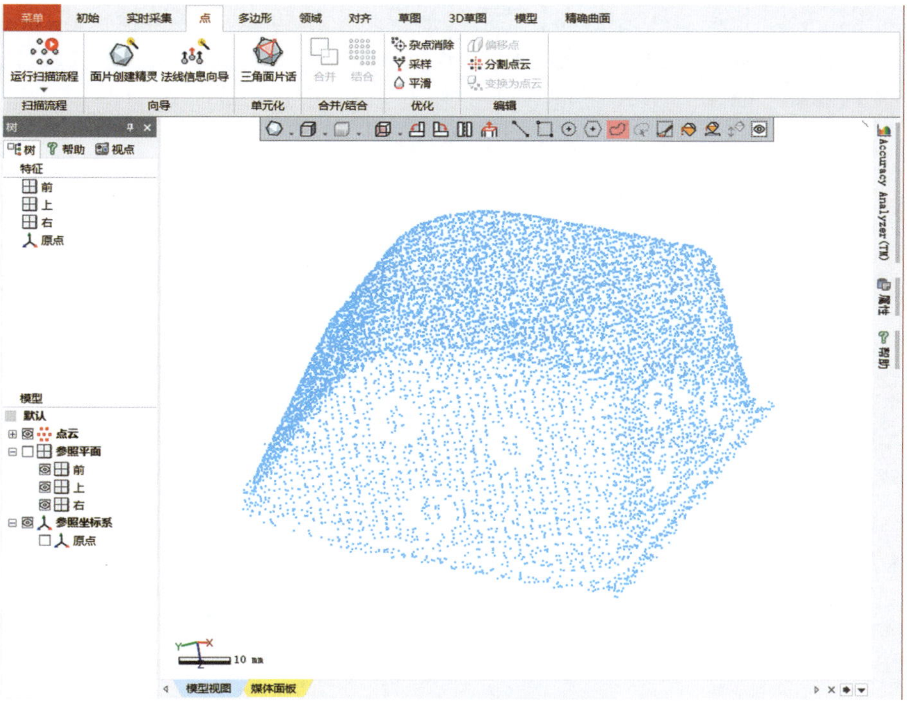

图 1－3　导入点云后的效果

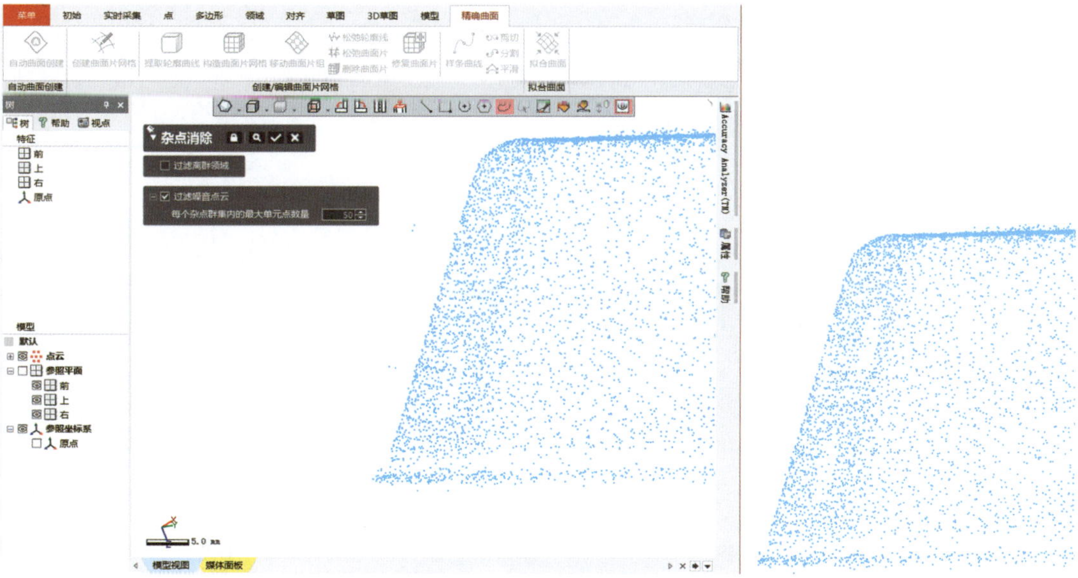

图 1－4　自动杂点消除

提示

- “每个杂点群集内的最大单元点数量”不宜设置得过大，过大可能会清除有用的点或点群。

（2）单击视图上方工具栏中的【套索选择模式】按钮，将选择模式切换为套索模式，旋转视图并将点云边缘放大，找到多余杂点，按住鼠标左键进行套索选择，选好后按“Delete”键删除杂点。重复此步骤，手动删除边缘所有的杂点，如图 1－5 所示。

提示

- 手动删除杂点时，一定要多旋转视图进行观察，避免误删除有用的点云。如果删除失误，可以按快捷键“Ctrl+Z”或单击软件左上方的快速访问工具栏中的“撤销”按钮撤销操作。

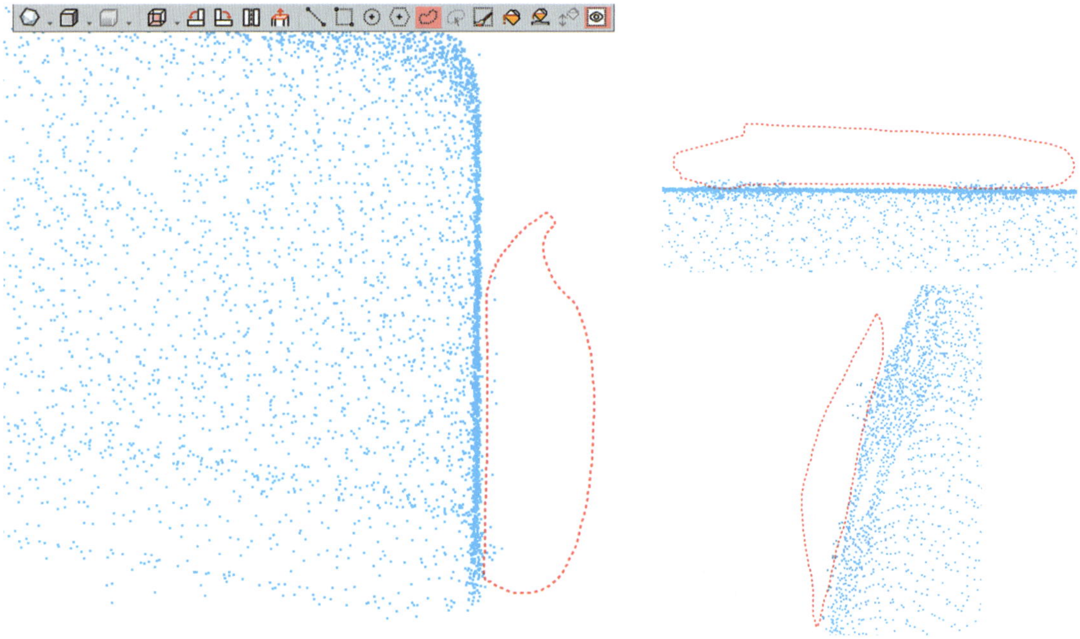

图 1－5　手动删除杂点

步骤 3　创建面片。

在【点】工具栏中选择【面片创建精灵】按钮，弹出“面片创建精灵”对话框，创建面片的方法如下：

（1）数据准备。如图 1－6 所示，在“选择”栏中，软件默认将塔形件的点云选中，也可以根据需要手动选择，如果选错可以按按钮撤销，也可以按按钮取消全部选择。在“设置扫描仪类型”栏中选择“中 / 小尺寸对象扫描仪”。单击对话框右上角的按钮进入下一步。

（2）数据编辑。由于塔形件点云文件的前期优化工作做得非常好，所以这里按照图 1－7 所示设置即可，不需要进行特殊设置。单击对话框右上角的按钮进入下一步。

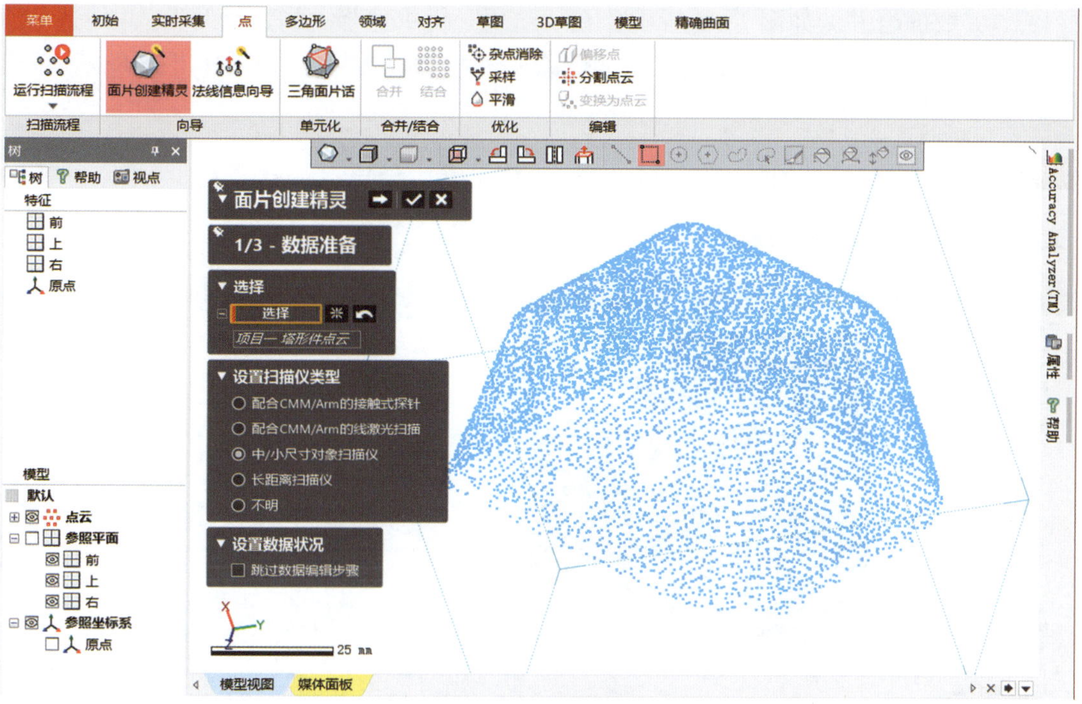

图 1－6　数据准备

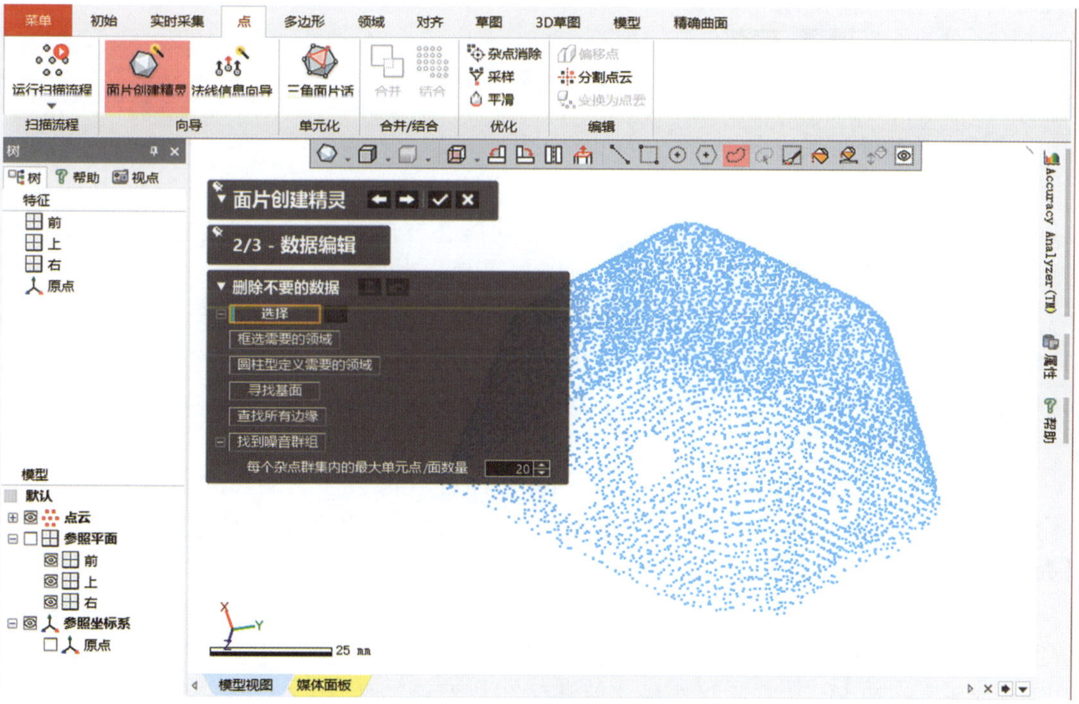

图 1－7　数据编辑

（3）数据合并。如图 1-8 所示，在“选项”栏中选择“构造面片”，并勾选“消除杂点”复选框，单击对话框右上角的按钮完成面片创建。如果弹出提示框，单击【适用】按钮即可。

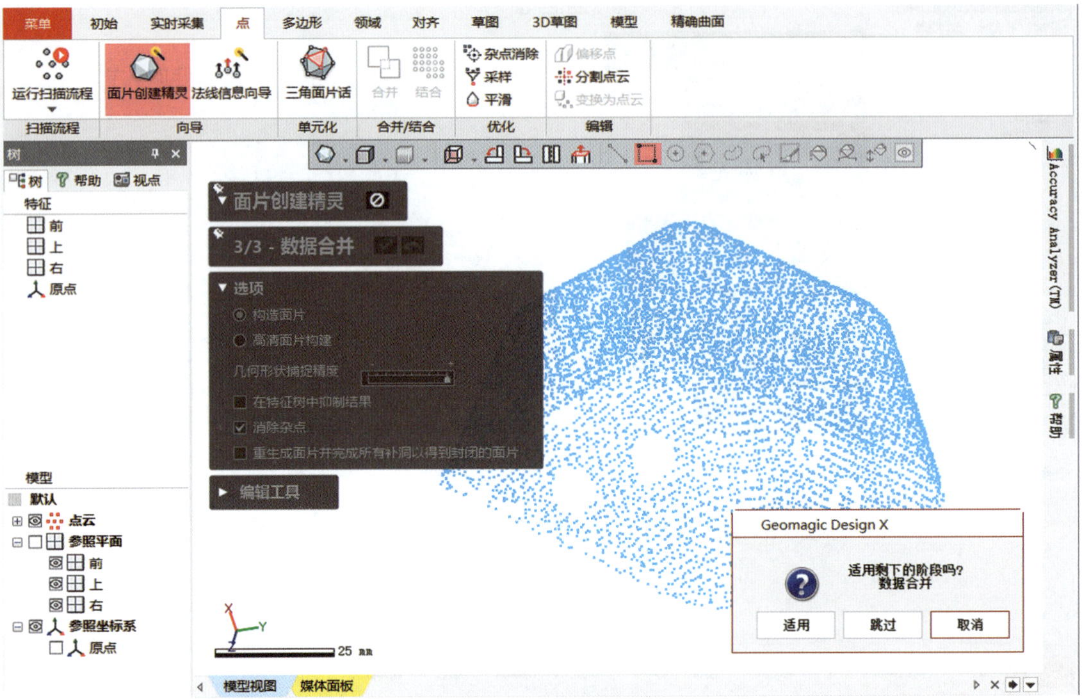

图 1-8　数据合并

步骤 4　改变法线方向。

通常，规定朝向外侧的面片法线方向为正方向，朝向内侧的为负方向。在 Geomagic Design X 软件中，一般用蓝色代表法线正方向，用红色代表法线负方向。步骤 3 中生成的面片方向为法线负方向，所以需要改变法线方向。

在【多边形】工具栏中单击【修正法线方向】按钮，弹出“修正法线方向”对话框，默认选中“塔形件点云”，在“方法”栏中选择“全体面片”。单击对话框右上角的按钮完成操作，面片表面变为蓝色，法线方向修正完成，如图 1-9 所示。

步骤 5　面片优化。

由于扫描仪精度、扫描仪光线、被测件干净程度都会影响面片的质量，因此，为了创建精度更高的实体，需要对面片进行进一步优化，这里主要使用的是【删除特征】、【加强形状】和【平滑】等工具。

（1）可以看到面片上表面有 4 个明显凹凸不平的区域，这是由于扫描时贴标识点造成的，使用【删除特征】工具可将这些不规则的区域删除。单击【多边形】工具栏中的【删除特征】按钮，“方法”选择“填补”和“平坦”，使用“套索选择模式”将上表面 4 个凹凸不平的区域选中，单击对话框右上角的“预览”按钮，观察结果，达到效果后单击对话框右上角的按钮完成操作，如图 1-10 所示。用同样的方法对 4 个侧面进行删除特征操作。

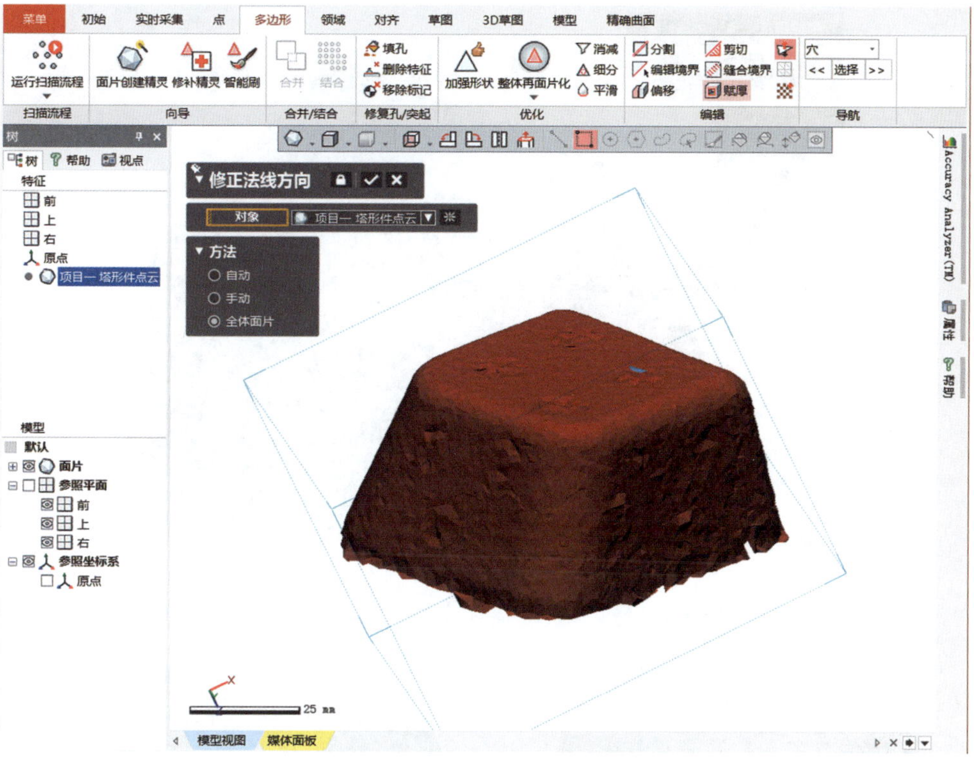

图 1－9　修正面片法线方向

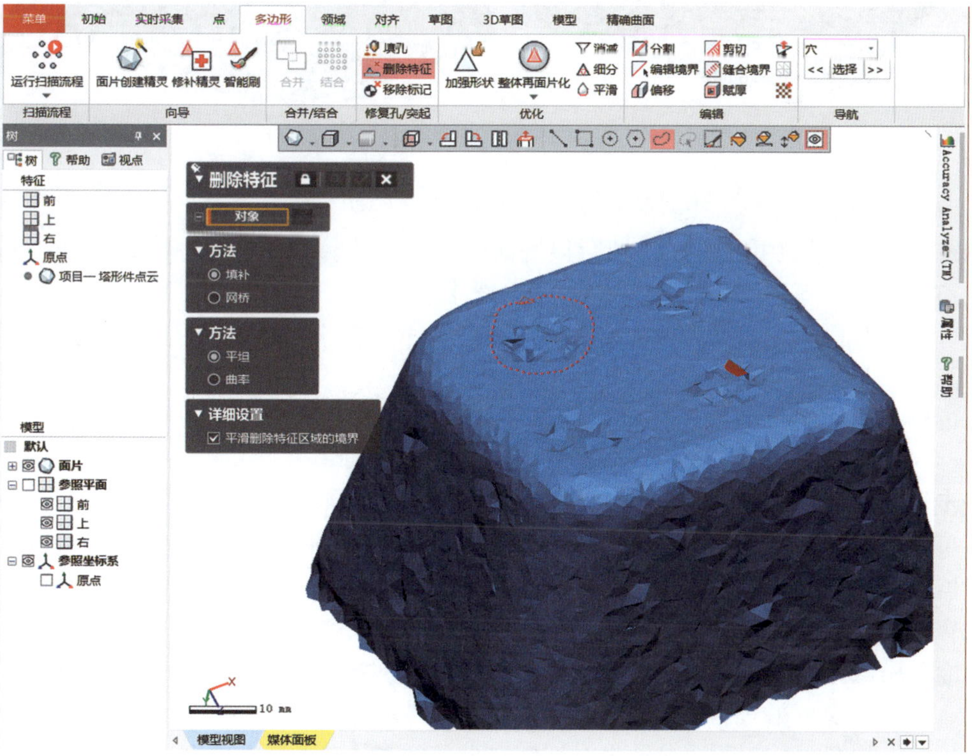

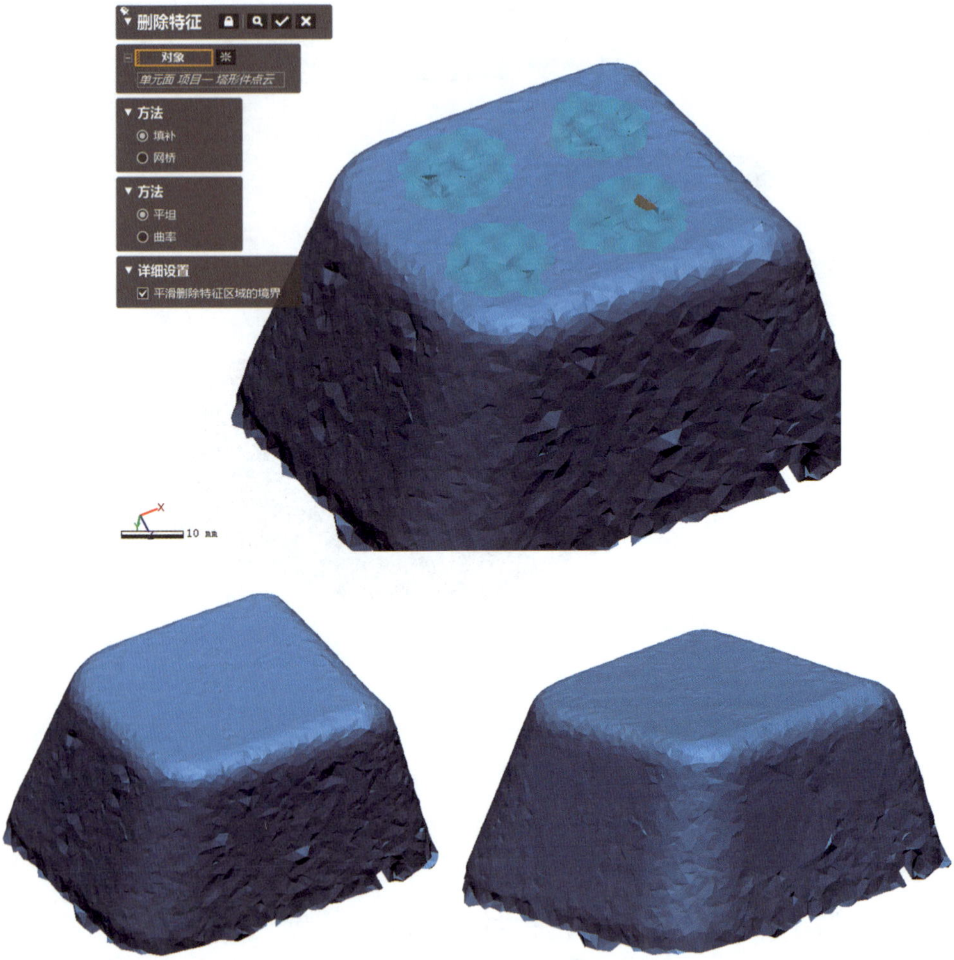

图 1－10　删除特征

（2）单击【多边形】工具栏中的【加强形状】按钮，“对象”栏默认选中“塔形件点云”，“选项”栏按图 1－11 所示设置即可。单击对话框右上角的按钮完成操作。

（3）单击【多边形】工具栏中的【平滑】按钮，“对象”栏默认选中“塔形件点云”，“平滑程度”设置为最大，如图 1－12 所示。单击对话框右上角的按钮完成操作。

可以看出，经过面片优化过程后，面片平滑程度大大提升，为后续操作打下良好基础。

步骤 6　面片拟合。

单击【模型】工具栏中的【面片拟合】按钮，再单击视图下方工具栏中的【选择过滤器】工具条中的【单元面】按钮，打开单元面选择许可，单击视图上方工具栏中的【套索选择模式】按钮，打开套索选择模式。在“面片拟合”对话框中，“领域/单元面”用鼠标套索选择顶面平整部分。如果面片太小或太大，可以拖曳 4 个角点进行缩放，也可拖曳手柄进行旋转。“分辨率”选择“许可偏差 0.1mm”，单击预览按钮进行预览，如图 1－13 所示。单击对话框右上角的按钮完成操作。

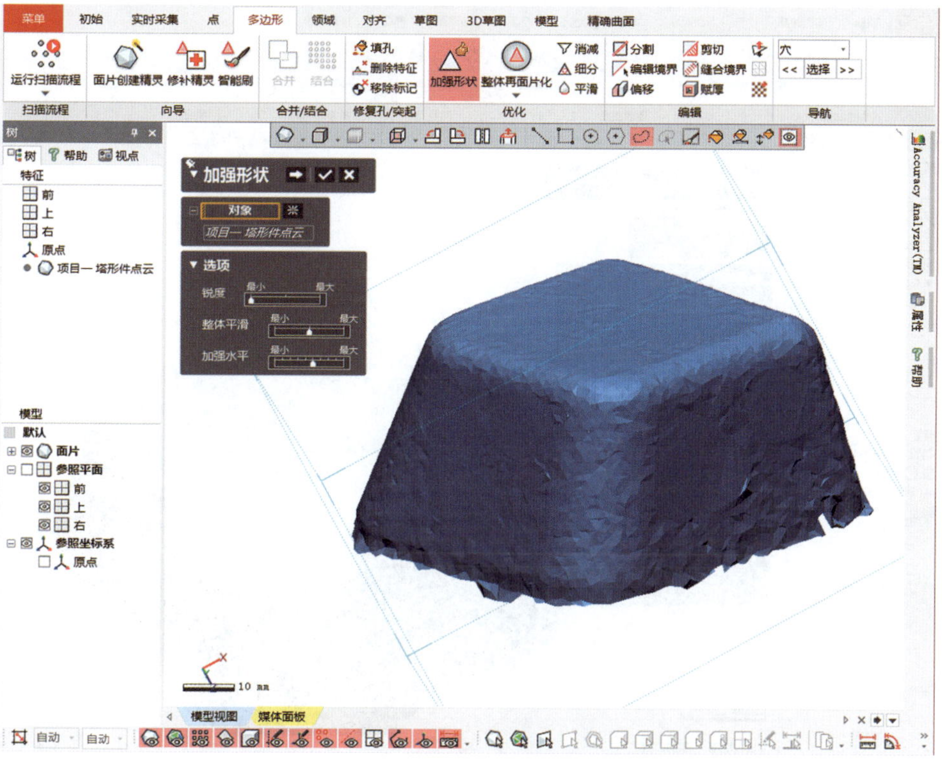

图 1－11　加强形状

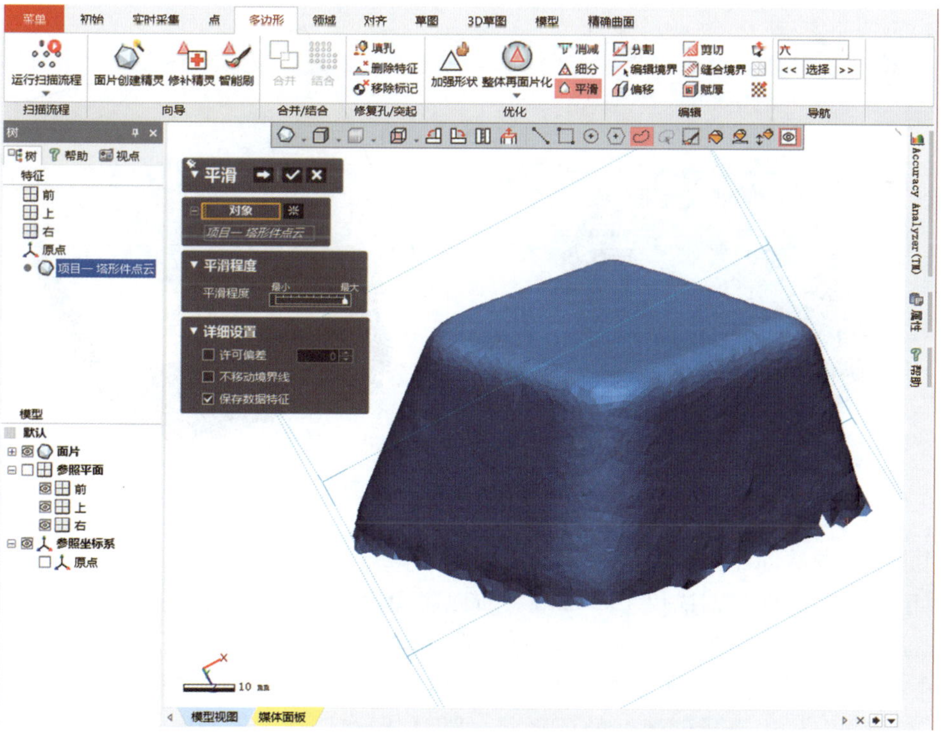

图 1－12　平滑面片

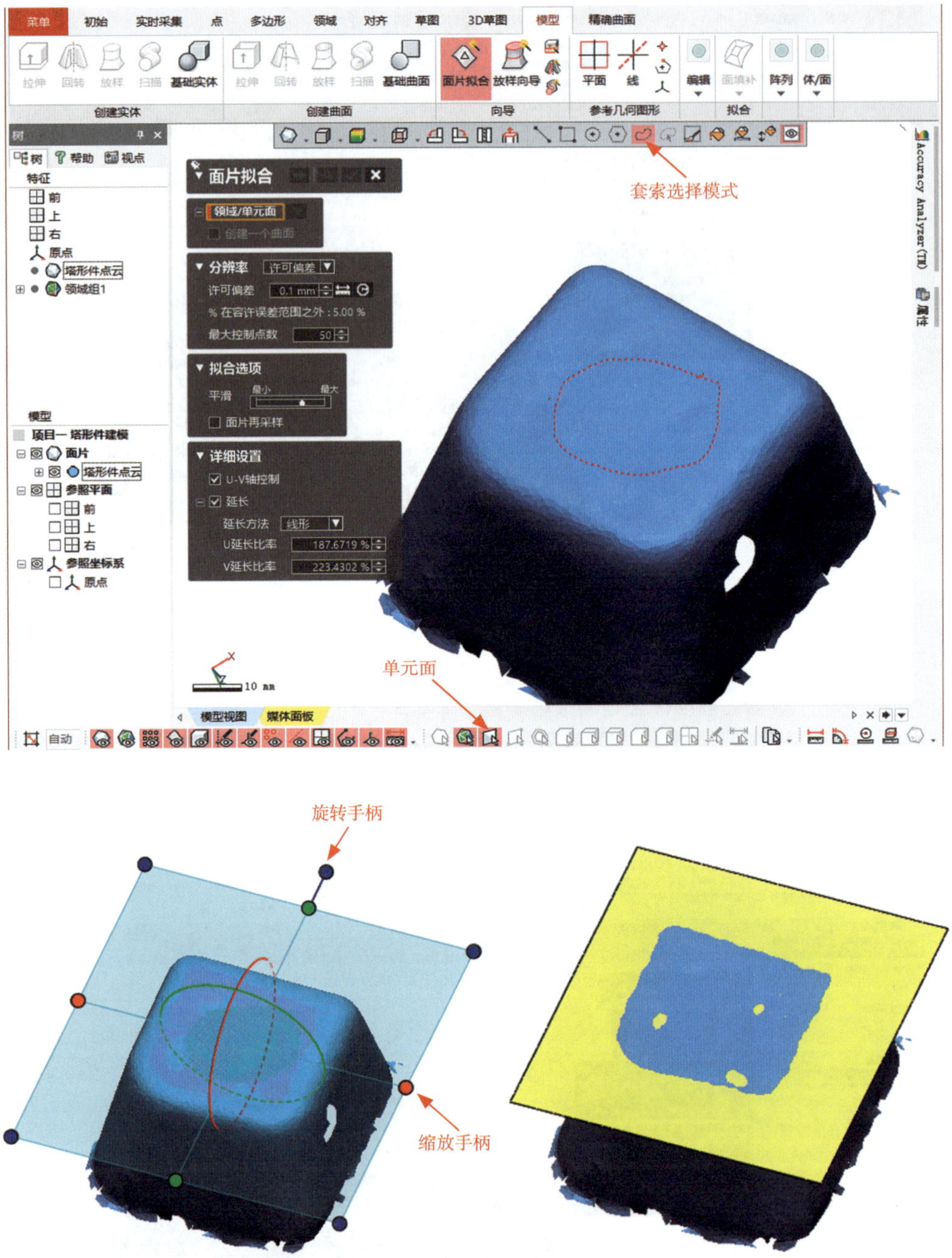

图 1－13　创建顶端平面

用同样的方法创建侧面 4 个平面，如图 1－14 所示。

由于塔形件底面与扫描仪平台接触，所以底面没有扫描出点云。对实物测量得到塔形件顶面与底面的距离为 41mm，然后通过曲面偏移的方法来创建塔形件的底面。单击【模型】工具栏中的【编辑】下拉菜单中的【曲面偏移】按钮 ，弹出“曲面偏移”对话框，在“面”栏中选择创建好的顶平面，“偏移距离”设为“41mm”，如果偏移方向不对，单击【反转方向】按钮翻转偏移方向，如图 1－15 所示。单击对话框右上角的按钮完成操作。

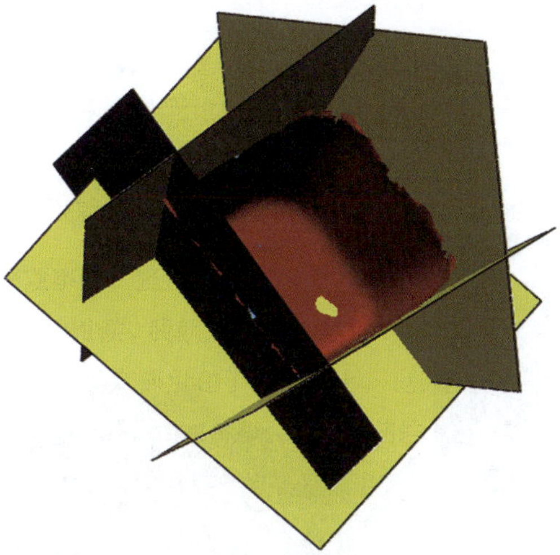

图 1－14　创建侧面 4 个平面

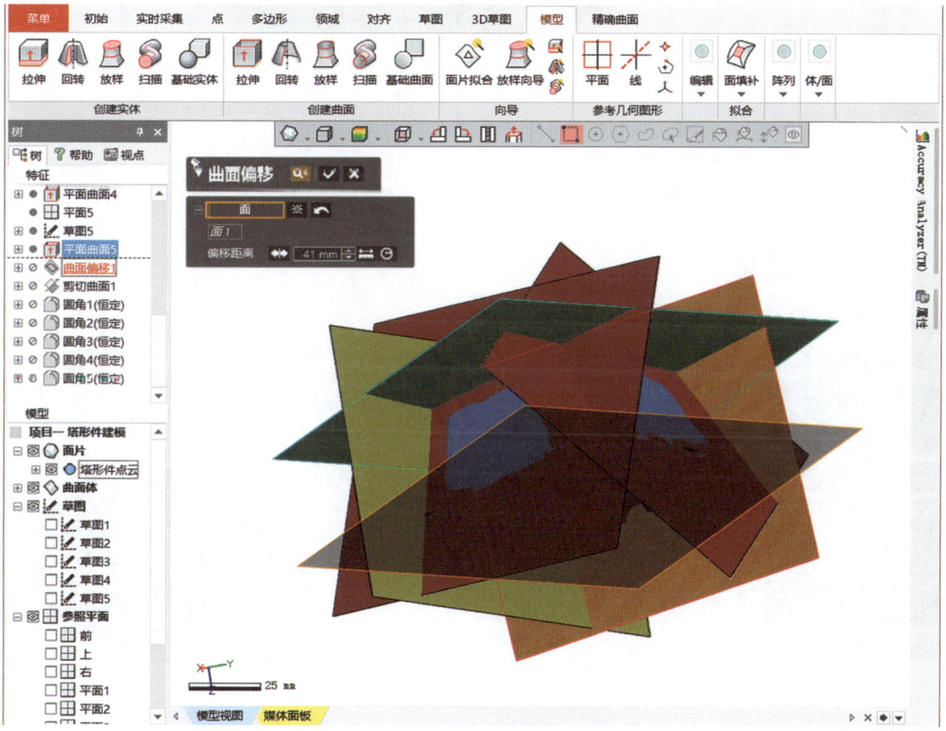

图 1－15　创建塔形件底面

步骤 7　剪切曲面。

单击【模型】工具栏中的【编辑】下拉菜单中的【剪切曲面】按钮，弹出“剪切曲面”对话框，在“工具”栏中用鼠标框选所有平面。单击按钮进入下一阶段，在“残留体”栏中选择塔形件的6个表面，如图1-16所示。单击对话框右上角的按钮完成操作，自动生成塔形件实体模型。

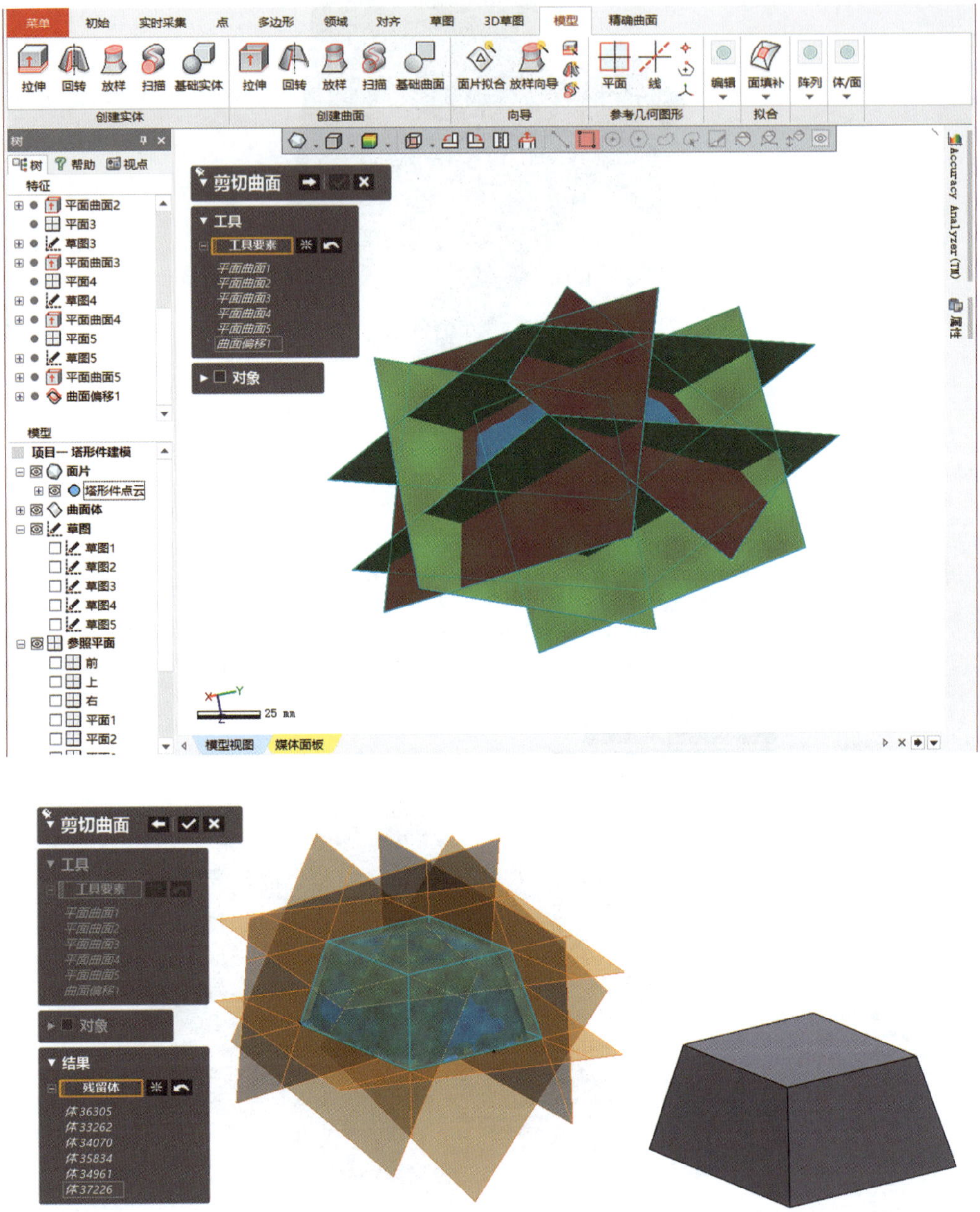

图1-16　剪切曲面

步骤8　制作圆角特征。

单击【模型】工具栏中的【编辑】下拉菜单中的【圆角】按钮，弹出“圆角”对话框，选择“固定圆角”，在“圆角要素设置”栏中，“要素”选择塔形件上表面边线，“半径”选择“由面片估算半径”按钮，预估半径值，圆整后输入“22mm”，在“选项”栏中勾选“切线扩张”，如图 1 - 17 所示。

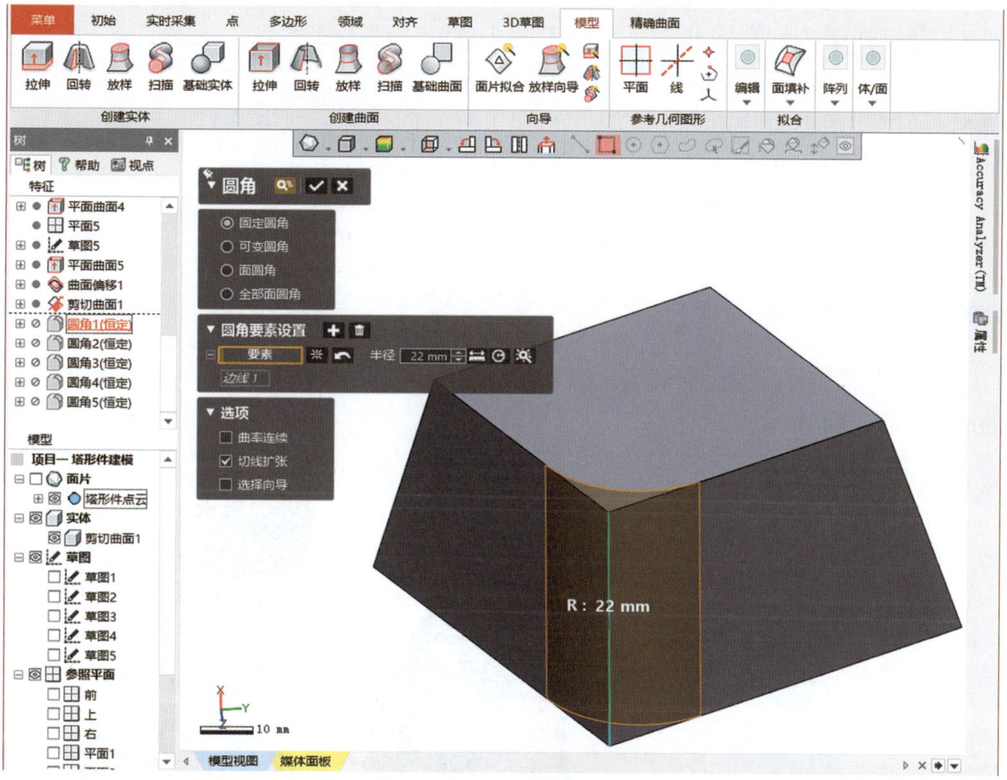

图 1 - 17　圆角制作

依次制作其余圆角，如图 1 - 18 所示。

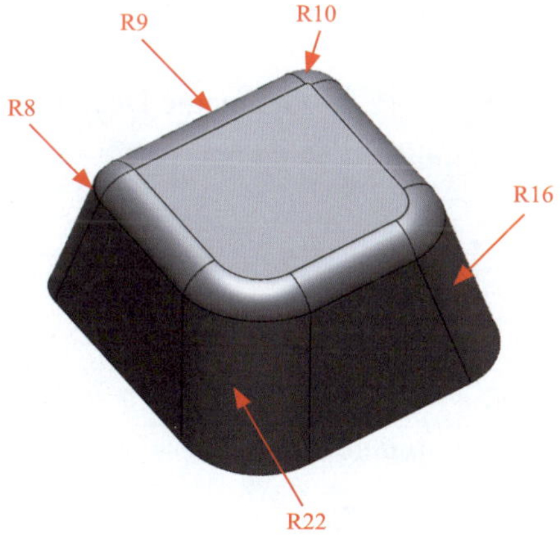

图 1 - 18　制作其余圆角

项目小结

通过本项目的学习，应掌握 Geomagic Design X 建模的基本方法以及以下能力：

（1）掌握处理点云的常用方法。

（2）通过使用【面片创建精灵】工具，掌握了一般面片的创建过程。

（3）通过使用【修正法线方向】工具，掌握了面片法向修正的方法。

（4）通过使用【加强形状】、【平滑】和【删除特征】等工具，掌握了面片优化的基本方法。

（5）通过使用【面片拟合】工具，掌握了平面创建的一般方法。

（6）通过使用【曲面偏移】工具，掌握了平面偏移的方法。

（7）通过使用【剪切曲面】工具，掌握曲面剪切的一般方法。

（8）通过使用【圆角】工具，掌握了一般圆角的创建方法。

考核评价

对配套资源中的逗号件（图 1－19）点云文件制订建模步骤，并利用 Geomagic Design X 软件进行建模。

图 1－19　逗号件

- 点云文件路径："工业设计技术 -Geomagic Design X 逆向设计实用教程 \ 素材 \ 项目一 \ 逗号件点云 .gpd"。
- 考核指标见表 1－3。
- 建模步骤自拟表单，或登录中国人民大学出版社官网下载。

表 1－3　考核指标

指标	项目要求	分值	评分细则	得分
技术指标	步骤创建合理	10	每缺失一个步骤扣 2 分，某一步骤不合理扣 2 分，累计扣分，扣完为止	
	点云处理精细	20	有多余的杂点扣 2 分，有多余的点云族扣 3 ～ 5 分	
	面片创建平滑	10	有钉状物扣 1 分，累计扣分，扣完为止	
	曲面创建合理	10	曲面创建不符合设计意图扣 2 分，累计扣分，扣完为止	
	实体创建合理	10	不能形成实体扣 10 分，实体特征缺失扣 2 分，累计扣分，扣完为止	
	体偏差比率	20	根据体偏差检测比率给定	

续表

指标	项目要求	分值	评分细则	得分
素质指标	通过学习【素养提升】内容，结合本项目学习情况谈一谈体会	20	根据体会深刻程度进行评价。 个人体会：	
总分				

项目二 充电座建模

——自动领域分割的重点应用

项目导读

随着科技的进步，充电装置在日常生活中的应用越来越广泛，包括手机无线充电座、智能穿戴无线充电座、家居机器人充电座等，相关制造业对于充电座的个性化外形设计的需求也越来越大。本项目涉及面片创建、自动领域分割、参照平面建立、坐标对齐、草图绘制、切割实体、圆角创建等基本建模技术。通过本项目的学习，大家可以掌握与充电座造型相近的物品的设计技巧。

素养提升

科技是国家强盛之基，创新是民族进步之魂。随着各种智能设备的不断普及，我国的快速充电技术的发展日新月异。例如：上海南芯半导体科技有限公司自主研发的SC3050/SC3056氮化镓快充控制器达到了世界领先水平，成为国人的骄傲。

项目分析

如图2-1所示，充电座模型底面平坦，四周由圆柱曲面包围，顶面是一个空间曲面，上部有1个不规则的切除区域和5个盲孔，下部有一个不规则的压凹区域。可见，充电座的整体形状不是很复杂，建模步骤大致可以分为：基体建模、上部不规则部分切除、创建盲孔和创建下部不规则压凹部分。

图2-1 充电座

Geomagic Design X 的主要应用领域是创建比较复杂的空间曲面，建模步骤不合理的话可能会为后期修正带来麻烦，甚至导致返工。因此，为了使建模工作更加高效，对建模步骤的前期构思是非常关键的，可以制作建模步骤表（表2-1）来辅助建模工作。

表 2-1　充电座建模步骤

序号	建模步骤	效果
1	导入充电座点云数据：将扫描好的充电座的点云数据导入 Geomagic Design X 软件	
2	将点云数据面片化：使用【面片创建精灵】工具创建充电座面片	
3	分割特征领域：使用【自动分割】工具对充电座面片进行领域划分	
4	对充电座面片进行坐标系对齐：使用【平面】工具创建辅助平面，使用【手动对齐】工具进行坐标系对齐操作	
5	制作充电座基体：使用【面片草图】、【面片拟合】和【切割】等工具制作充电座基体	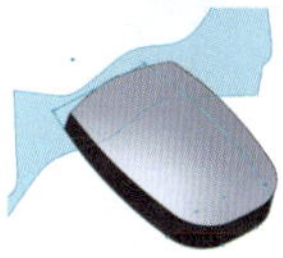
6	切除上部不规则形状：使用【面片草图】、【拉伸】和【切割】工具对上部不规则形状进行切除	
7	切除 5 个盲孔：使用【面片草图】、【拉伸】和【切割】工具对 5 个盲孔进行切除	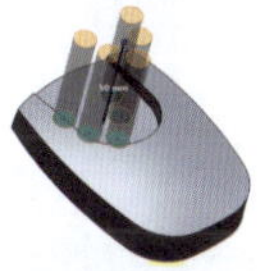
8	切除下部不规则形状：使用【面片草图】、【拉伸】和【切割】工具对下部不规则形状进行切除	
9	创建圆角特征：使用【圆角】工具在相应边角处创建圆角	

知识技能点

充电座的外形不是很复杂，特征要素相对较少，用到了基本的建模工具，如【面片创建精灵】、【自动分割】、【平面】、【手动对齐】、【面片草图】、【面片拟合】、【切割】、

【拉伸】和【圆角】工具。重要的知识及技能点如下：

➢【面片创建精灵】：该工具是一个向导模式的工具，用于从原始 3D 扫描数据创建无缺陷和密闭网格模型。可以快速创建优化网格，并应用在后续逆向设计阶段。
操作步骤：
- 在【点】工具栏中单击【面片创建精灵】按钮。
- 选择“**工具→扫描工具→面片创建精灵**”菜单命令。

➢【自动分割】：该工具通过从扫描数据中识别三维特征来自动分类特征区域，并将同类特征用相同颜色标识。分类特征区域具有几何特征信息，可用于快速创建特征。

提示
- 分割的领域具有不同的特征信息，可利用这些信息将扫描数据与设计坐标进行对齐，并且从扫描数据上提取设计意图。所以，对扫描数据再次运行自动分割命令时，特征信息可能会发生变化。

操作步骤：
- 在【领域】工具栏中单击【自动分割】按钮。
- 选择“**工具→领域工具→自动分割**”菜单命令。

➢【平面】：参考平面是一个具有法向且无限大的虚拟平面。参考平面不是一个面，而是创建其他特征的辅助工具，可以通过领域、草图等多种方式创建参考平面。
操作步骤：
- 在【初始】工具栏中单击【平面】按钮。
- 选择“**插入→参照几何形状→平面**”菜单命令。

➢【手动对齐】：该工具用于将模型与坐标系进行对齐操作。坐标对齐具有重要作用，可为后续形成实体模型或编制加工程序乃至最终 3D 打印提供坐标基准。
操作步骤：
- 在【对齐】工具栏中单击【手动对齐】按钮。
- 选择“**工具→对齐→手动对齐**”菜单命令。

➢【面片草图】：包含从网格或点云中提取剖面折线或轮廓折线并在折线上创建直线、圆、弧、矩形等 2D 草图所需的命令。该对话框包含“绘制”、“工具”和“模式”3 个组，以及用于设置草图和重建样条之间的约束的 3 类工具。
操作步骤：
- 在【草图】工具栏中单击【面片草图】按钮。

➢【面片拟合】：该工具通过使用基于网格的拟合算法创建 NURBS 曲面。曲面拟合技术是逆向设计过程中一种独特的技术，它提供了一种有效的方法，可以从网格的自由形状中快速创建三维自由曲面体。
操作步骤：
- 在【模型】工具栏中单击【面片拟合】按钮。
- 选择“**插入→曲面→面片拟合**”菜单命令。

➢【切割】：该工具用表面或平面切割实体，并可以手动选择残留体。右击实体表面，在弹出的快捷菜单中选择“切割”也可以切割实体，该方式只在实体存在时可用。

操作步骤：

- 在【模型】工具栏中单击【切割】按钮。
- 选择“**插入→实体→切割**”菜单命令。

➢【拉伸】：该工具用于将草图沿直线拉伸，然后创建一个开放的片体或实体。草图由草图上的单个线条或多个线条表示。草图线由草图工具绘制，如单个圆，或样条，或线、弧，或样条的组合。

提示

- 【模型】工具栏中有两个拉伸工具。代表片体拉伸，代表实体拉伸。

操作步骤：

- 在【模型】工具栏中单击【拉伸】按钮或。
- 选择“**插入→实体（曲面）→拉伸**”菜单命令。

➢【圆角】：该工具用于在实体或曲面体的边缘或表面上创建圆角特征，可以应用于多个边或面。

操作步骤：

- 在【模型】工具栏中单击【圆角】按钮。

项目实施

充电座建模

步骤 1　导入充电座点云文件。

选择“菜单→插入→导入”菜单命令或单击【初始】工具栏中的【打开】下拉菜单中的【导入】按钮，打开“导入”对话框，在配套资源中找到“工业设计技术 -Geomagic DesignX 项目化设计教程 \ 素材 \02 项目二充电座建模 \ 充电座点云 .gpd”，单击【仅导入】按钮，完成充电座点云文件的导入，如图 2－2 所示。导入点云后的效果如图 2－3 所示。

图 2－2　导入文件

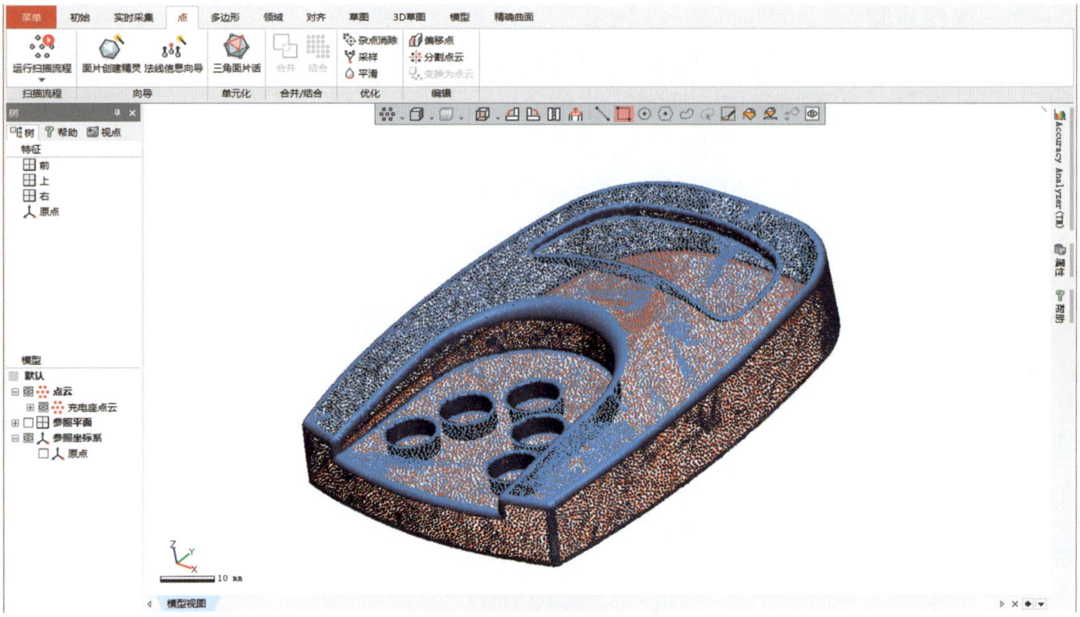

图 2-3　导入点云后的效果

步骤 2　创建面片。

在【点】工具栏中单击【面片创建精灵】按钮，打开“面片创建精灵”对话框，创建面片的方法如下：

（1）数据准备。打开“面片创建精灵”对话框，在“选择”栏中，系统默认选中充电座的点云，也可以根据需要手动选择，选错的话可以单击按钮撤销，也可以单击按钮取消全部选择；然后在“设置扫描仪类型”栏中选择“中/小尺寸对象扫描仪”；最后单击对话框右上角的按钮进入下一步。参数设置及效果如图 2-4 所示。

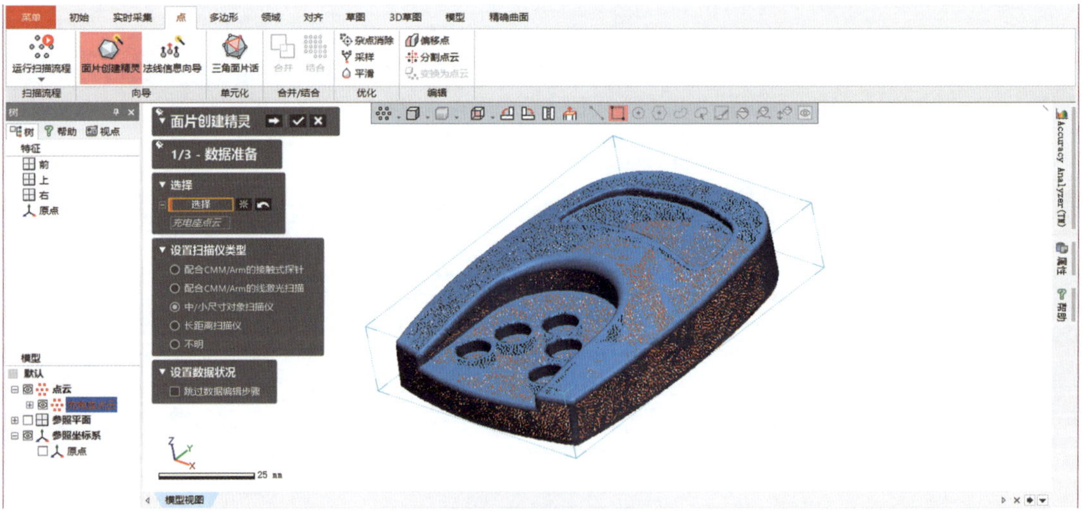

图 2-4　数据准备

（2）数据编辑。由于前期对充电座点云文件优化得非常充分，所以这里采用默认设置即可，如图 2－5 所示，最后单击对话框右上角的按钮进入下一步。

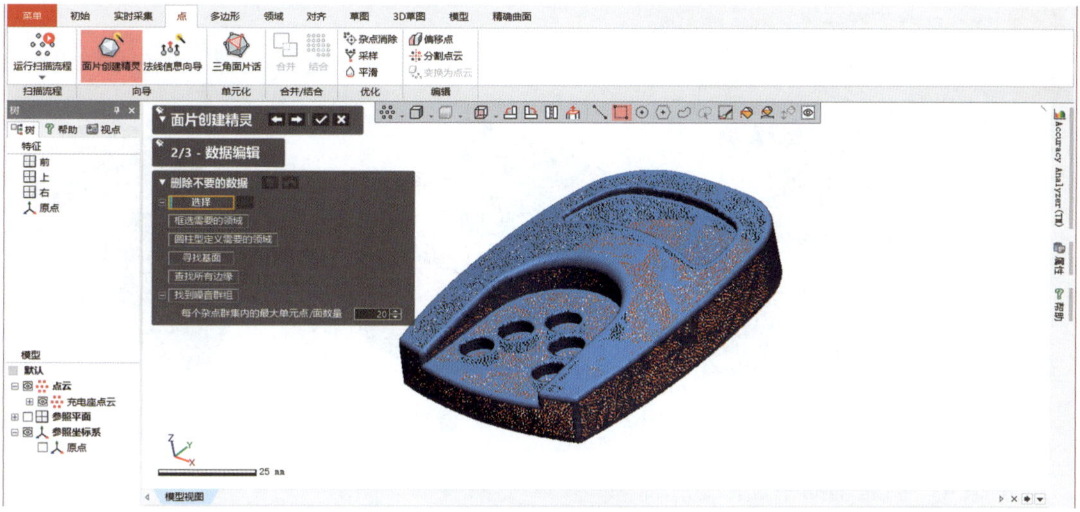

图 2－5　数据编辑

（3）数据合并。在“选项”栏中选择“构造面片”，并勾选“消除杂点”复选框，单击对话框右上角的按钮完成面片创建。如果弹出提示框，单击【适用】按钮即可。参数设置及效果如图 2－6 所示。

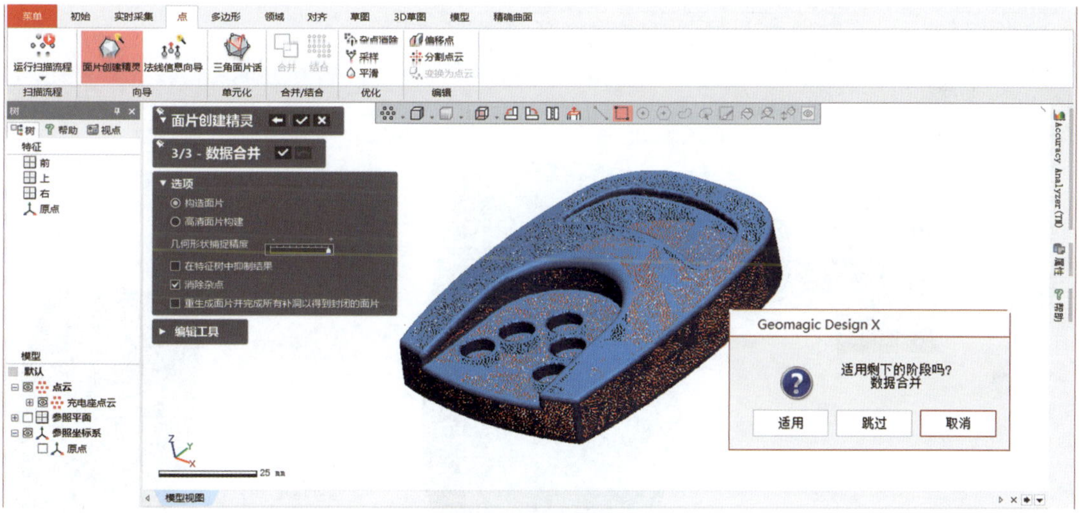

图 2－6　数据合并

步骤 3　分割领域特征。

在【领域】工具栏中单击【自动分割】按钮，打开“自动分割”对话框，“对象”栏中默认选中步骤 3 创建好的“充电座点云”面片，将“敏感度”设为“50”。单击对话框右上角的【预览】按钮，即可在视图区域按住鼠标右键旋转视图，滚动鼠标滚轮可以进行视图缩放，观察领域自动划分结果。最后单击对话框右上角的按钮完成自动分割。参数设置及效果如图 2－7 所示。

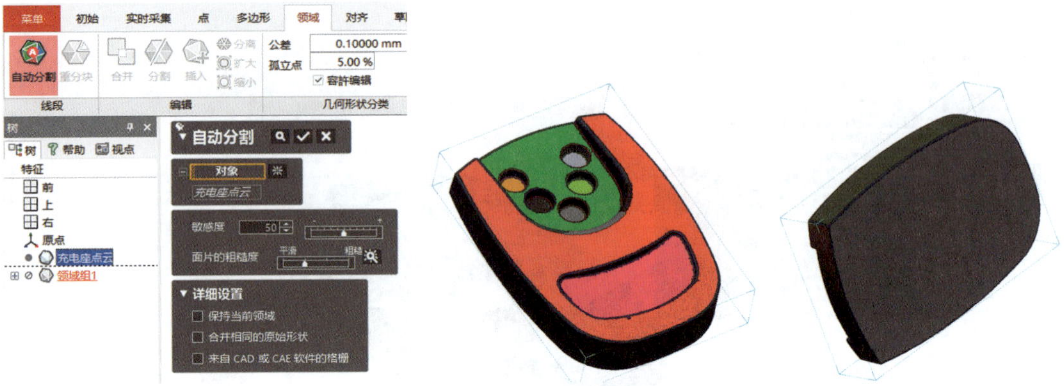

图 2－7　自动分割领域

步骤 4　创建辅助平面。

在【初始】工具栏中单击【平面】按钮，打开“追加平面”对话框，在“要素”栏中选择步骤 3 划分好的充电座底面领域特征，“方法”选择“提取”，单击对话框右上角的【预览】按钮，观察平面创建结果，最后单击对话框右上角的按钮完成平面创建。在“树”管理器中可以看到创建好的“平面 1”，单击其左侧的图标，可显示 / 隐藏相应的特征。参数设置及效果如图 2－8 所示。

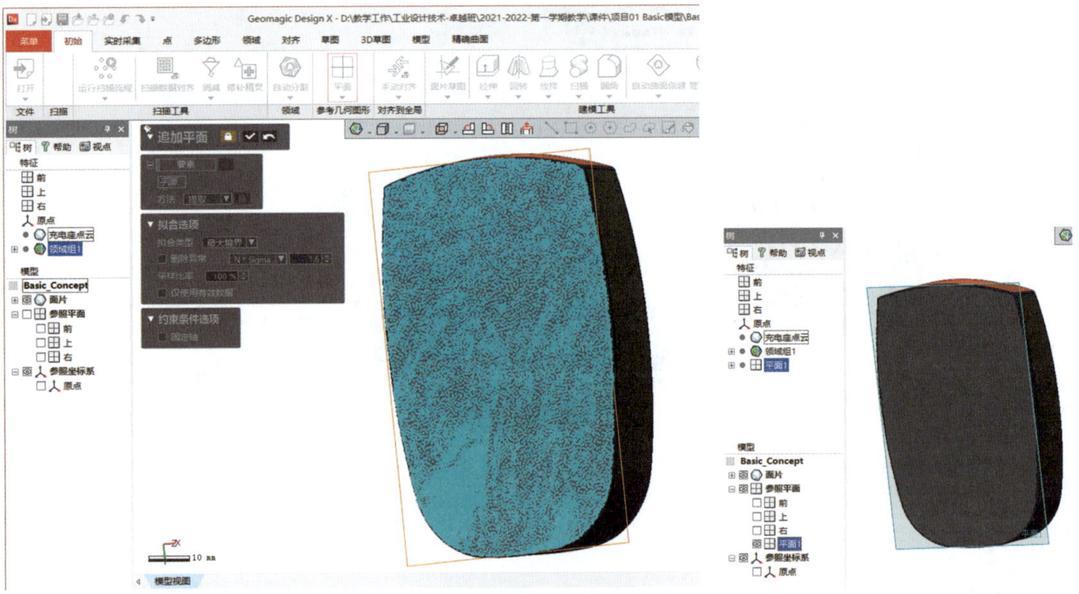

图 2－8　创建辅助平面 1

再在【初始】工具栏中单击【平面】按钮，打开“追加平面”对话框，“方法”选择“绘制直线”，通过鼠标右键进行视图旋转，按住“ Ctrl”键单击鼠标右键可实现视图平移。将视图摆正，尽量靠近面片中心，自上而下绘制一条直线，最后单击对话框右上角的✔按钮完成平面创建。在“树”管理器中可以看到创建好的“平面 2”。参数设置及效果如图 2－9 所示。

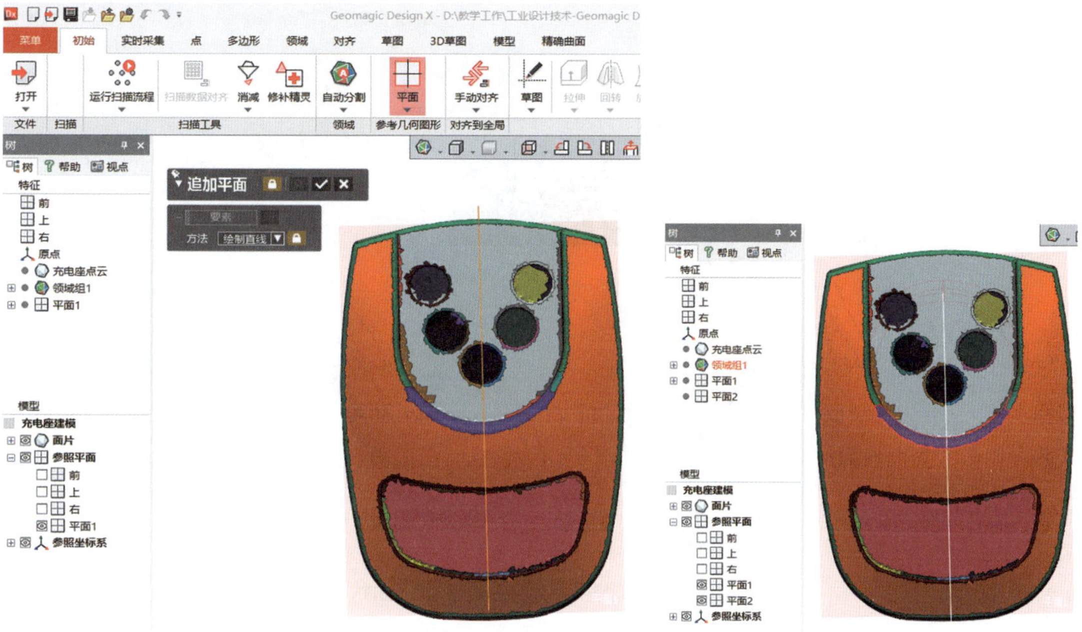

图 2－9　创建辅助平面 2

依旧在【初始】工具栏中单击【平面】按钮⊞，打开“追加平面”对话框，“方法”选择“镜像”，在“要素”栏中通过“树”管理器选择“充电座点云面片”和“平面 2”，可以按住“Ctrl”键同时选中。单击对话框右上角的【预览】按钮🔍，观察平面创建结果，最后单击对话框右上角的✔按钮完成平面创建。在“树”管理器中将“平面 2”隐藏。参数设置及效果如图 2－10 所示。

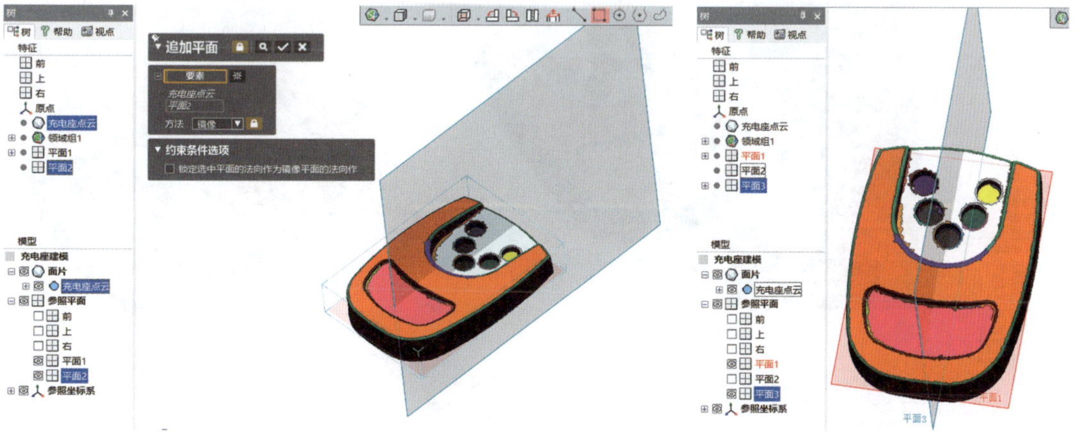

图 2－10　创建辅助平面 3

步骤 5　坐标系手动对齐。

在【初始】工具栏中单击【手动对齐】按钮，打开“手动对齐”对话框，在“要素”栏中选择“充电座点云”面片，单击对话框右上角的按钮。参数设置及效果如图 2－11 所示。

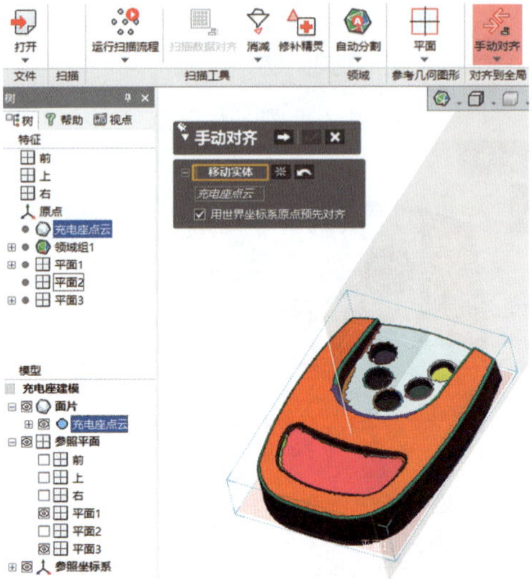

图 2－11　选择“充电座点云”面片

出现左右两个视图，可以对比观察坐标对齐后的效果。在“手动对齐”对话框的“移动”栏中选择“3－2－1”对齐类型，单击【平面】按钮，先在左侧视图中选择“平面 1”，单击【线】按钮，再在左侧视图中选择“平面 3”，观察右侧视图坐标系的变化。在“对象”栏中选择“坐标系”，最后单击对话框右上角的按钮完成手动对齐操作。参数设置及效果如图 2－12 所示。

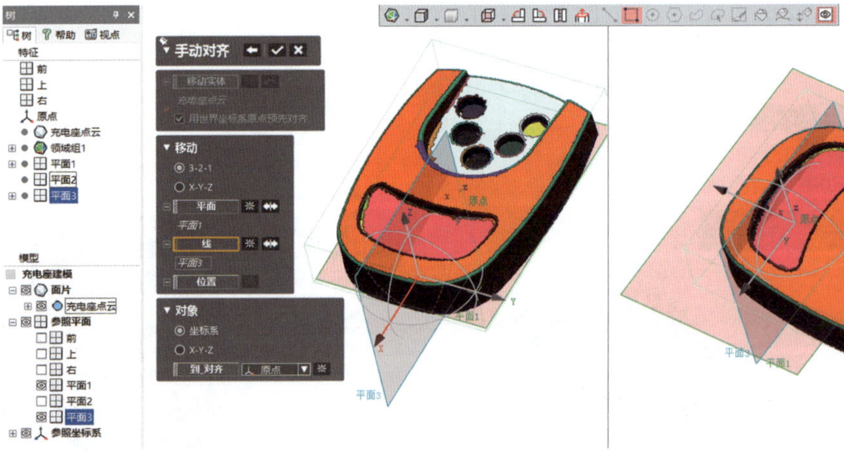

图 2－12　手动对齐

对齐完成后，在“树”管理器中单击图标隐藏“平面 1”和“平面 3”，取消隐藏“前”“上”“右”3 个基准平面，可以看到基准坐标系已经对齐了，如图 2－13 所示。

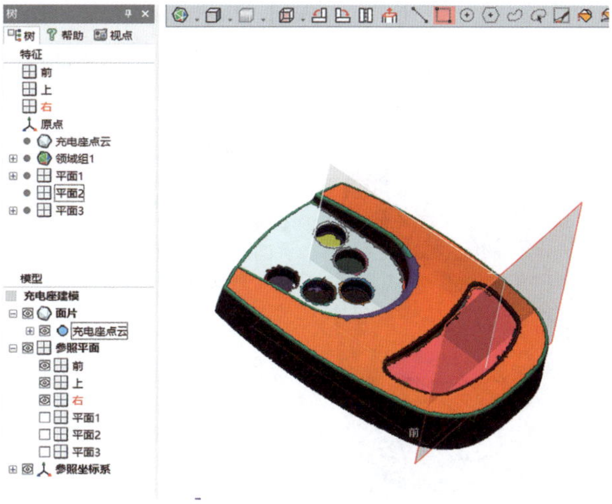

图 2－13　基准平面

步骤 6　创建充电座基体。

在【草图】工具栏中单击【面片草图】按钮，打开“面片草图的设置”对话框，在“Target”栏中选择“充电座点云”面片和“平面投影”，“基准平面”选择前参照平面。在“追加断面多线段”栏中将“由基准面偏移的距离”设为 5mm，或通过视图中的蓝色细箭头拖曳，使偏移距离达到 5mm。最后单击对话框右上角的按钮完成面片草图设置。参数设置及效果如图 2－14 所示。

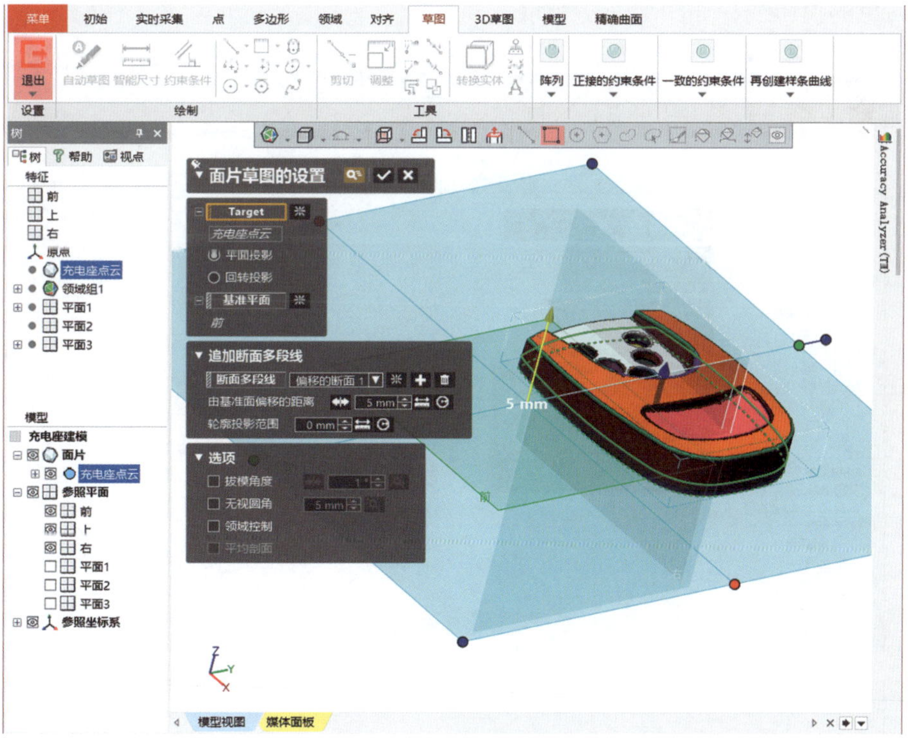

图 2－14　创建面片草图

视图会自动正视于“草图 1”，为了方便观察和制作草图，可以在“树”管理器中关闭“面片”左侧的图标，将面片和领域隐藏，如图 2－15 所示。

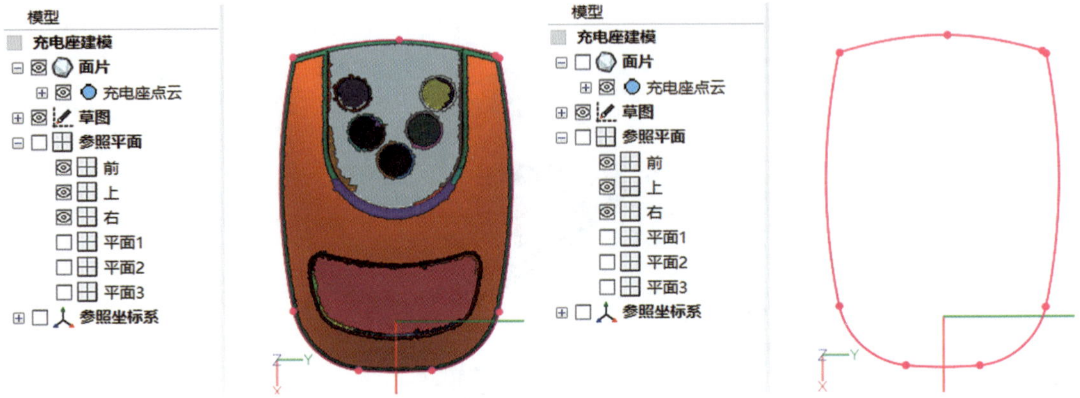

图 2－15　隐藏面片

此时，粉色的线条只是投射出的轮廓线条，不能作为真正的草图线条使用，需要用草图工具进行提取或自行绘制。在【草图】工具栏中单击【自动草图】按钮，在“自动草图”对话框中选择“只操作选中的对象”，“分辨率”设为适中，通过鼠标左键框选所有轮廓曲线，单击对话框右上角的按钮完成自动草图，真正可用的草图线条呈蓝色。参数设置及效果如图 2－16 所示。

按住“Ctrl”键，选中草图顶端的 3 条曲线，再按“Delete”键删除。删除后会露出原来粉色的投影线，如图 2－17 所示。

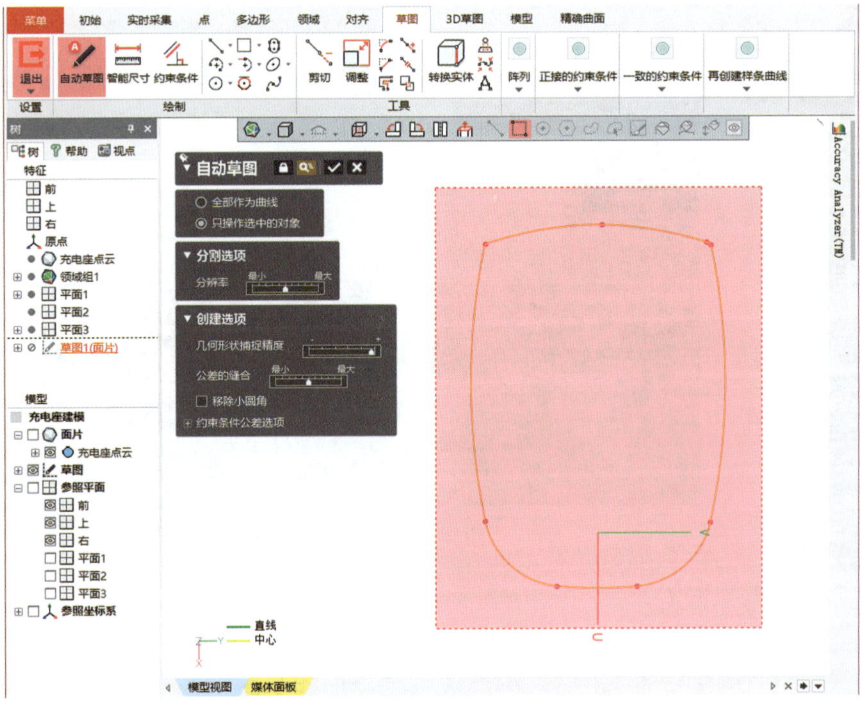

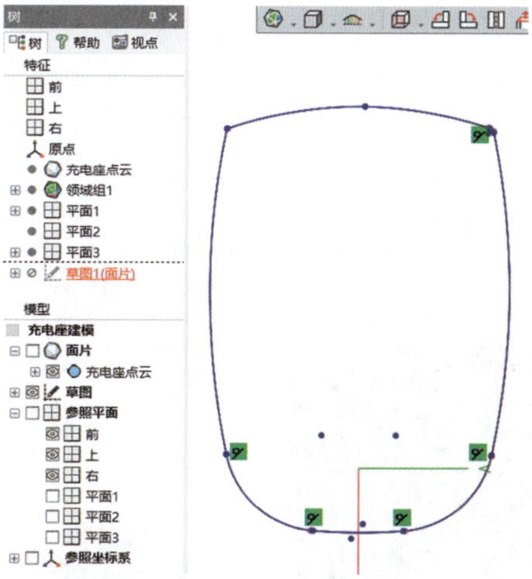

图 2－16　自动草图

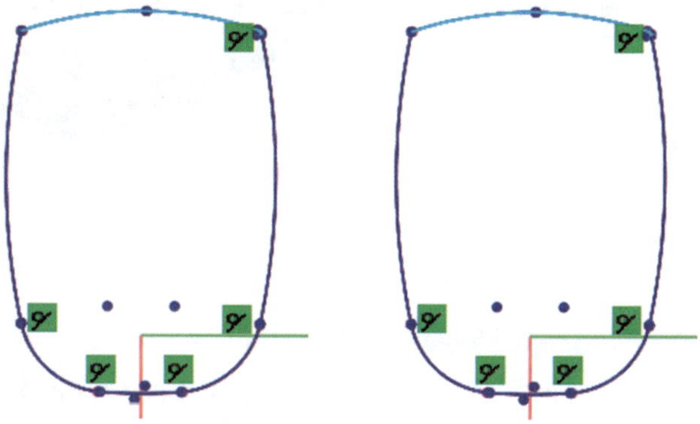

图 2－17　删除多余曲线

在【草图】工具栏中单击【调整】按钮，拖曳两侧曲线的上端点，使其延长一段距离，为后续进行曲面切割做准备，单击“调整”对话框右上角的按钮完成操作。在【草图】工具栏中单击【直线】按钮，捕捉左右两曲线的端点，绘制一条直线，使蓝色草图曲线成为封闭曲线，单击对话框右上角的按钮完成操作。最后单击【草图】工具栏中的【退出】按钮，完成草图的绘制。参数设置及效果如图 2－18 所示。

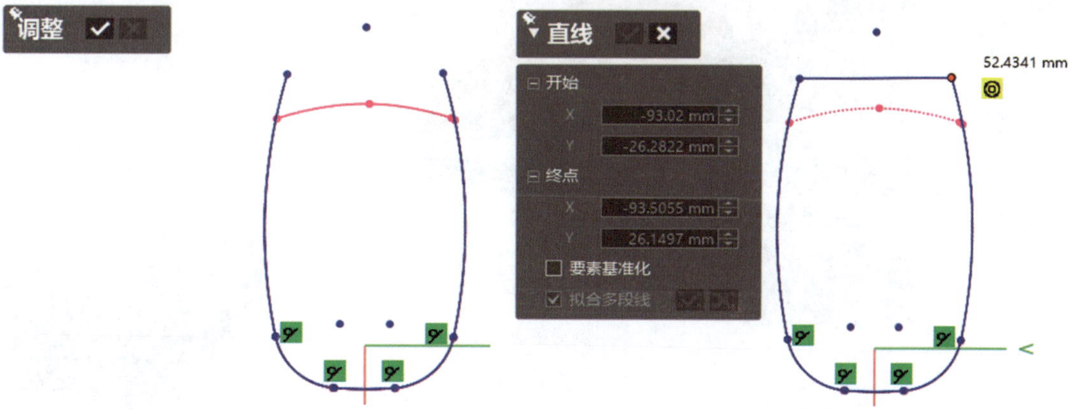

图 2－18　调整草图

在【模型】工具栏中单击实体【拉伸】按钮，在“拉伸”对话框中，“轮廓”选择刚创建的草图轮廓，“方法”选择“到领域”，然后选择充电座上表面领域，单击对话框右上角的按钮完成操作。参数设置及效果如图 2－19 所示。

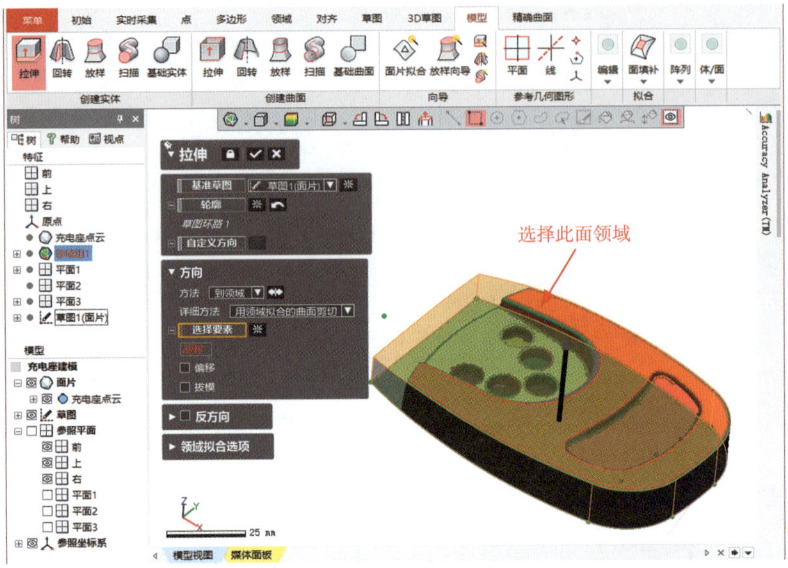

图 2－19　拉伸基体

在“树”管理器中将“实体”隐藏。在【模型】工具栏中单击【面片拟合】按钮，打开“面片拟合”对话框，“领域/单元面”选择充电座顶端领域，在“分辨率”栏选择“许可偏差 0.1mm”，单击对话框右上角的【预览】按钮，如果面片太小或太大，可以拖曳 4 个角点进行缩放，也可拖曳手柄进行旋转，最后单击对话框右上角的按钮完成操作。参数设置及效果如图 2－20 所示。

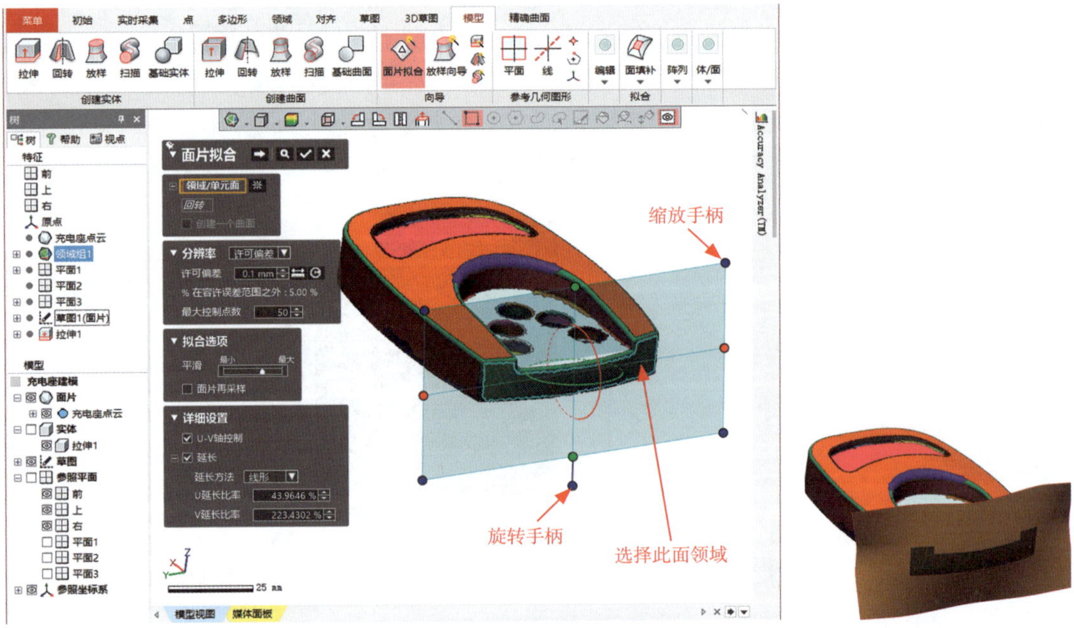

图 2－20　创建顶端面片

在“树”管理器中将“实体”显示。在【模型】工具栏中单击【切割】按钮，在“切割”对话框中，“工具要素”选择“面片拟合 1”，“对象体”选择“拉伸 1”，单击对话框右上角的按钮，在“结果”栏中选择“残留体”为要留下的充电座基体，最后单击对话框右上角的按钮完成操作。参数设置及效果如图 2-21 所示。可以将面片、面片拟合 1、领域隐藏，观察切割好的实体。

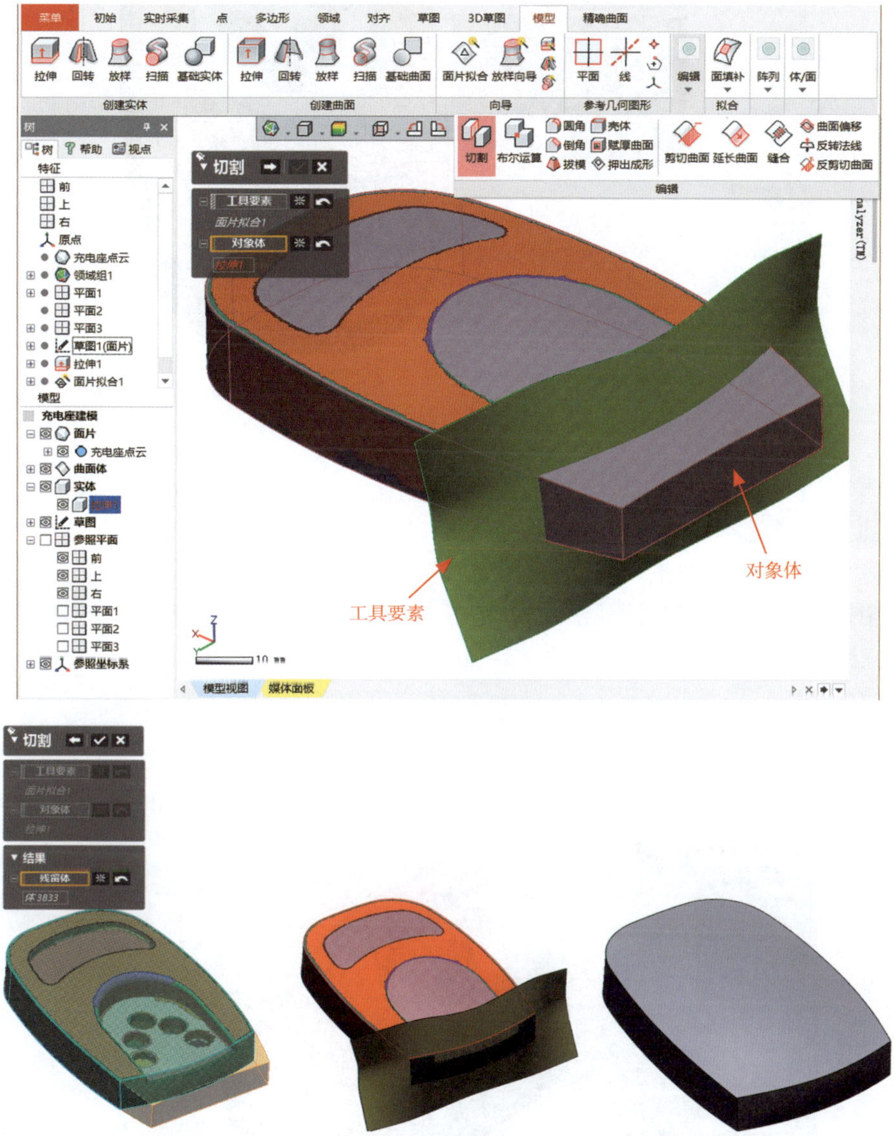

图 2-21 基体切割

步骤 7 制作下部不规则形状切除。

在“树”管理器中将“实体”隐藏，显示“面片”。使用【初始】工具栏中的【平面】工具选择下部不规则形状底部的领域，增加一个参照平面“平面 4”，单击对话框右上角的按钮完成操作。参数设置及效果如图 2-22 所示。如果视图中没有显示“平面 4”，可利用“树”管理器来显示。

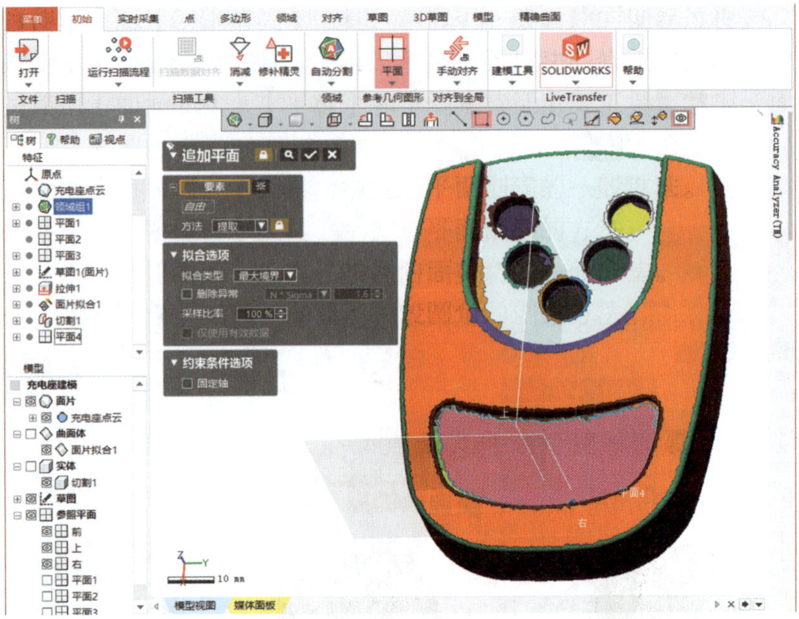

图 2－22　制作参照平面 4

在【草图】工具栏中单击【面片草图】按钮，打开“面片草图的设置”对话框，在“Target”栏中选择“充电座点云”面片和“平面投影”，“基准平面”选择“平面 4”参照平面。在“追加断面多线段”栏中将“由基准面偏移的距离”设置为“0.8”，或通过拖曳视图中的蓝色细箭头使轮廓尽量完整，最后单击对话框右上角的按钮完成面片草图设置。参数设置及效果如图 2－23 所示。

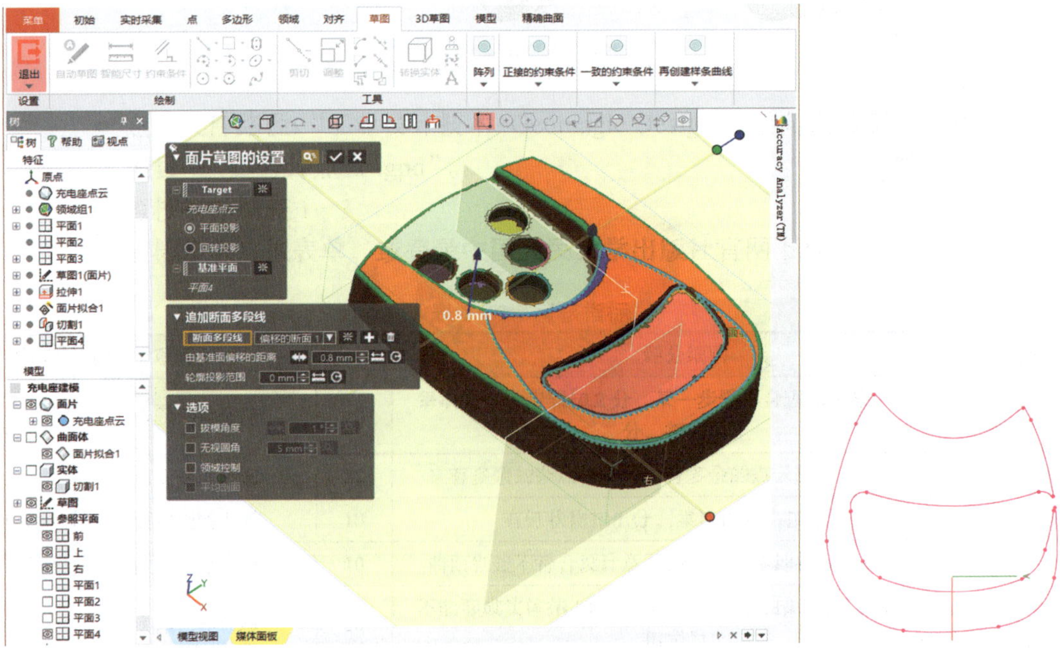

图 2－23　制作下部不规则形状面片草图

视图会自动正视于“草图 2”，为了方便观察和制作草图，可以在“树”管理器中关闭“面片”左侧的图标，将面片和领域隐藏。

在【草图】工具栏中单击【自动草图】按钮，在“自动草图”对话框中选择“只操作选中的对象”，“分辨率”设为适中，通过鼠标左键框选不规则曲线，单击对话框右上角的按钮完成自动草图，真正可用的草图线条呈蓝色。最后单击【草图】工具栏中的【退出】按钮，完成草图的绘制。参数设置及效果如图 2－24 所示。

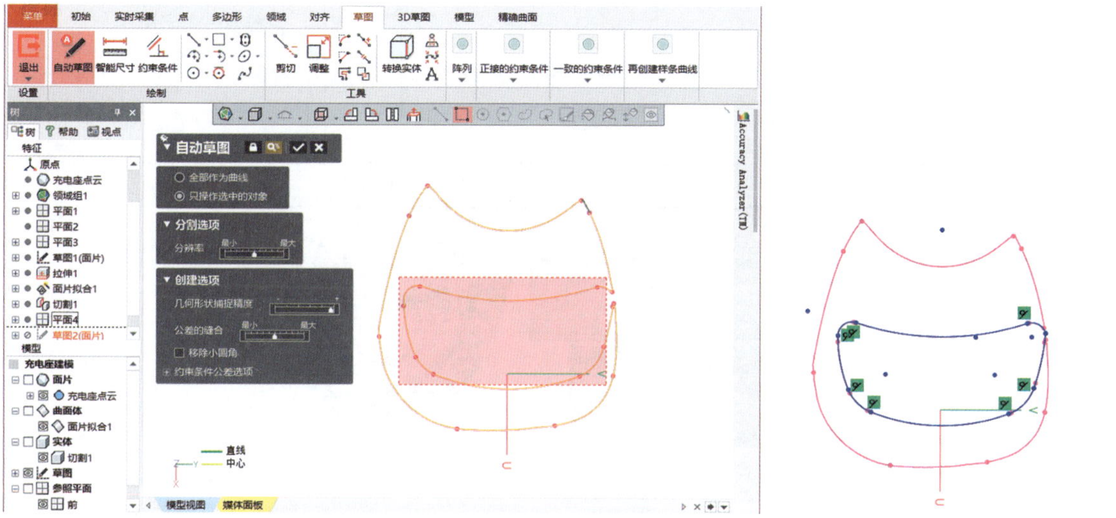

图 2－24　制作下部不规则形状自动草图

在“树”管理器中将“实体”显示，在【模型】工具栏中单击实体【拉伸】按钮，打开“拉伸”对话框，“轮廓”选择“草图 2”，“方法”选择“距离”，“长度”设为 10mm（超过上表面即可），“结果运算”选择“切割”，最后单击对话框右上角的按钮完成操作。参数设置及效果如图 2－25 所示。

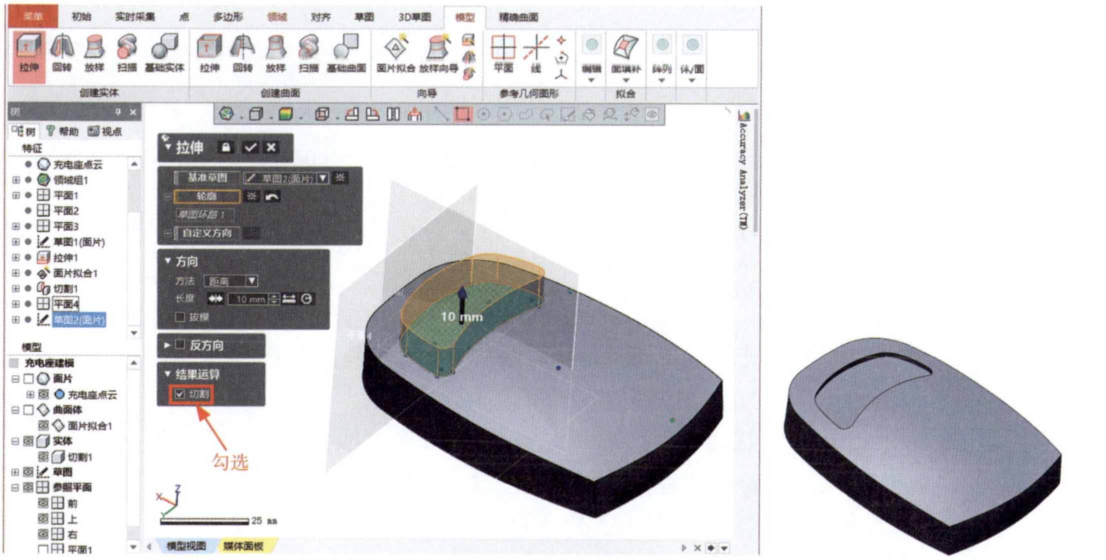

图 2－25　制作下部不规则形状拉伸

步骤 8　制作上部部不规则形状切除。

该步骤与步骤 7 类似，细节部分不再赘述。使用【面片草图】工具以不规则形状底部领域为基准平面，将“由基准面偏移的距离”设为 2mm，制作投影草图。使用【自动草图】工具创建两侧的直线和底部的圆弧，使用【调整】工具将两侧的直线延伸，再用一条直线将两侧的直线顶端封闭，完成“草图 3”的绘制。参数设置及效果如图 2－26 所示。

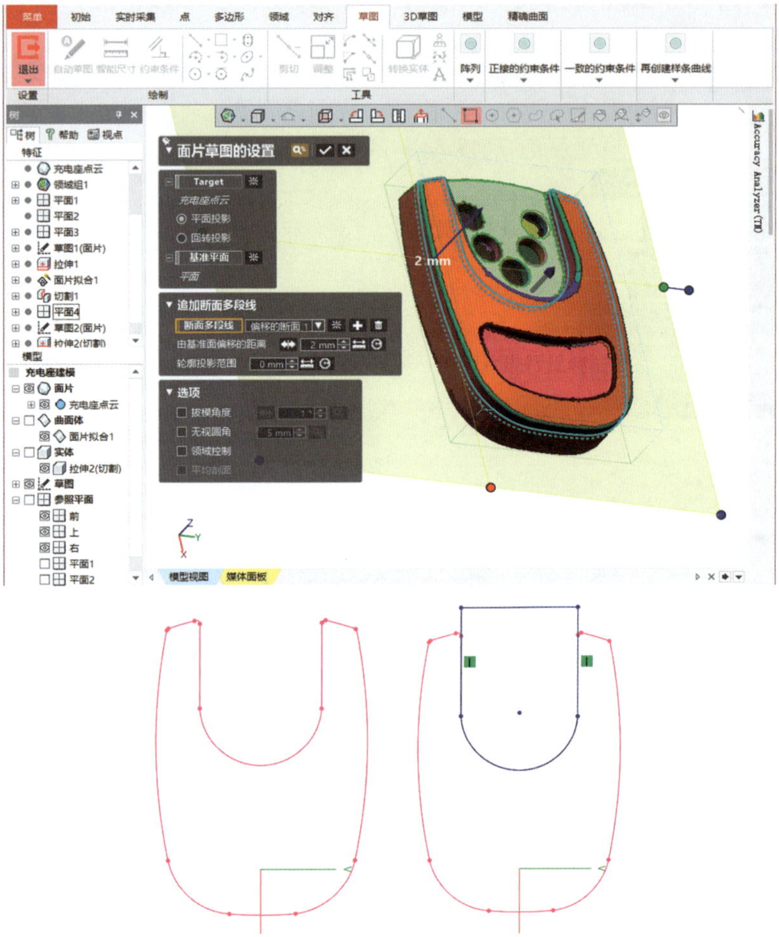

图 2－26　面片草图 3

显示实体，并对实体进行拉伸，在【拉伸】对话框的“结果运算”栏勾选“切割”。参数设置及效果如图 2－27 所示。

步骤 9　制作 5 个盲孔。

使用【面片草图】工具以上部不规则形状底面领域为基准平面，将“由基准面偏移的距离”设为 2mm，如果方向相反，可单击按钮换向，制作投影草图。在【草图】工具栏中单击【圆】按钮，在“圆”对话框中勾选“拟合多线段”，依次单击 5 个圆形，每次单击完一个圆形后要在空白处双击鼠标左键。在【草图】工具栏中单击【智能尺寸】按钮，对 5 个圆形标注尺寸，然后双击每个尺寸进行编辑，将 5 个圆形直径均改为 4.8mm，完成“草图 4”的绘制。参数设置及效果如图 2－28 所示。

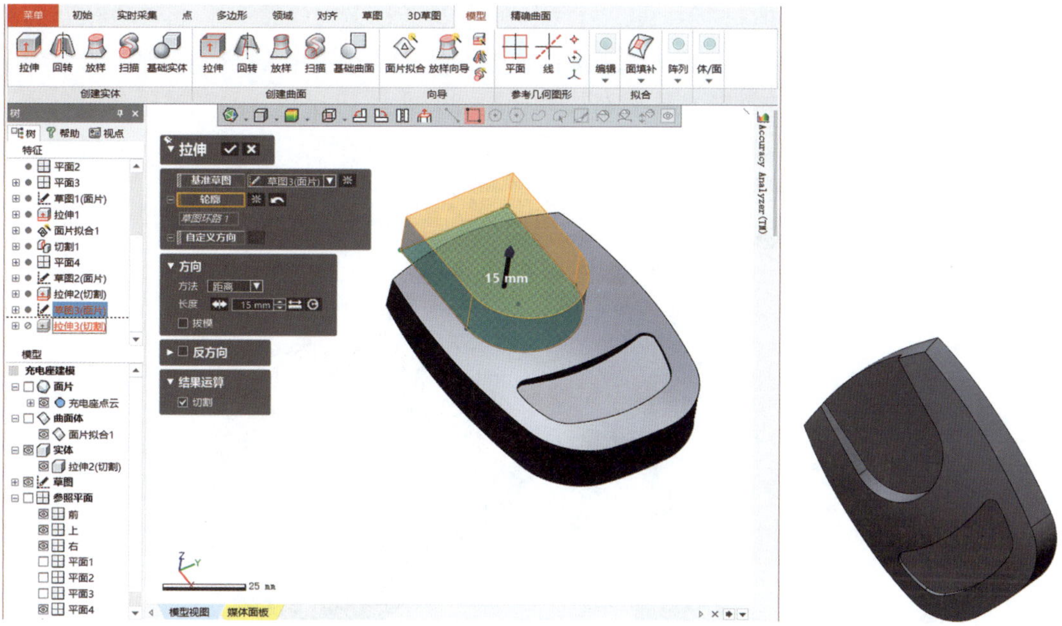

图 2－27　制作上部不规则形状拉伸

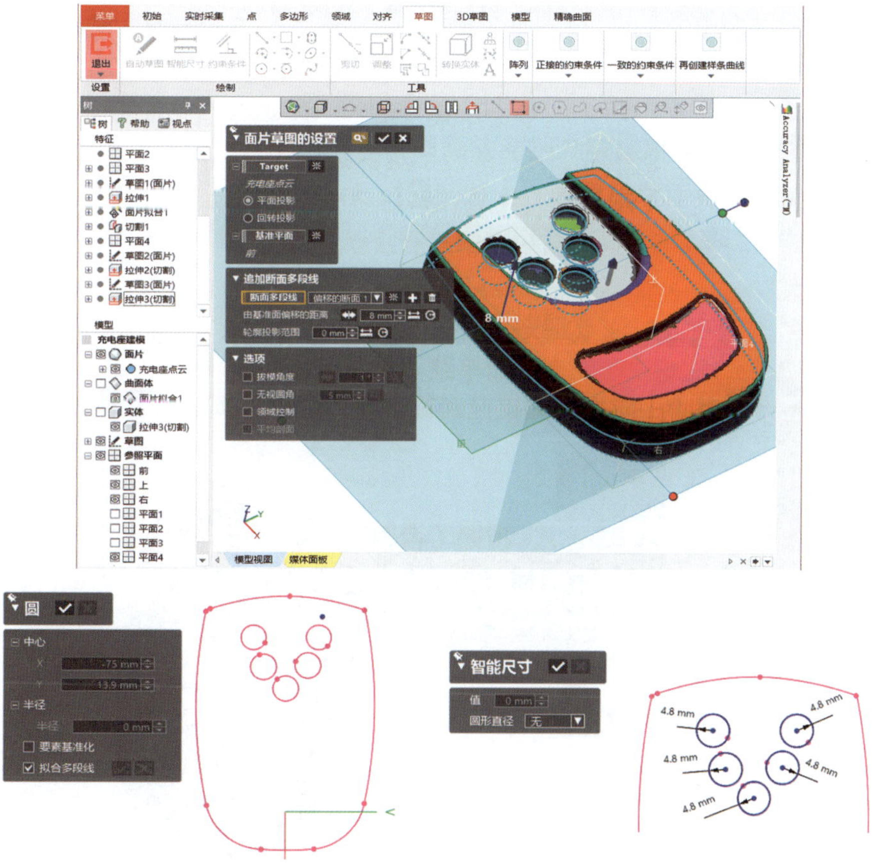

图 2－28　面片草图 4

隐藏实体，并对实体进行拉伸，在【拉伸】对话框的“方向”栏将“方法”设为“到领域”，如果方向相反，可单击按钮换向，选择一个盲孔底部的领域，在“结果运算”栏勾选“切割”。参数设置及效果如图 2－29 所示。

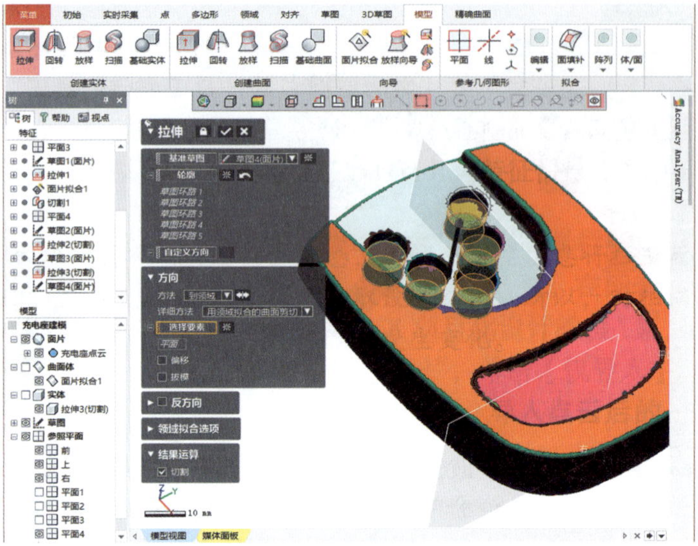

图 2－29　制作 5 个盲孔

步骤 10　制作圆角特征。

在【模型】工具栏中单击【圆角】按钮，打开“圆角”对话框，选择“固定圆角”，在“选项”栏勾选“切线扩张”，在“圆角要素设置”栏中设置“要素”为充电座上表面边线，单击【由面片估算半径】按钮，预估半径值，元整后输入 1mm。参数设置及效果如图 2－30 所示。

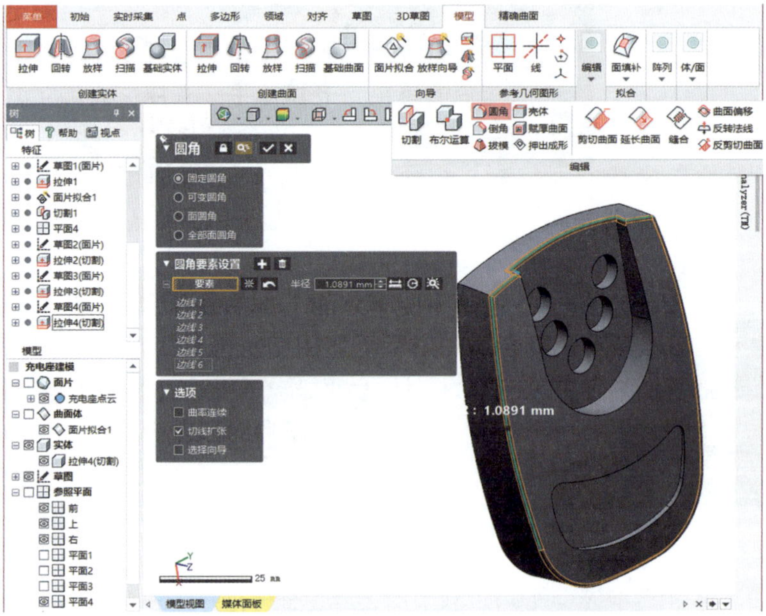

图 2－30　制作圆角

制作其余圆角，参数设置及效果如图 2－31 所示。

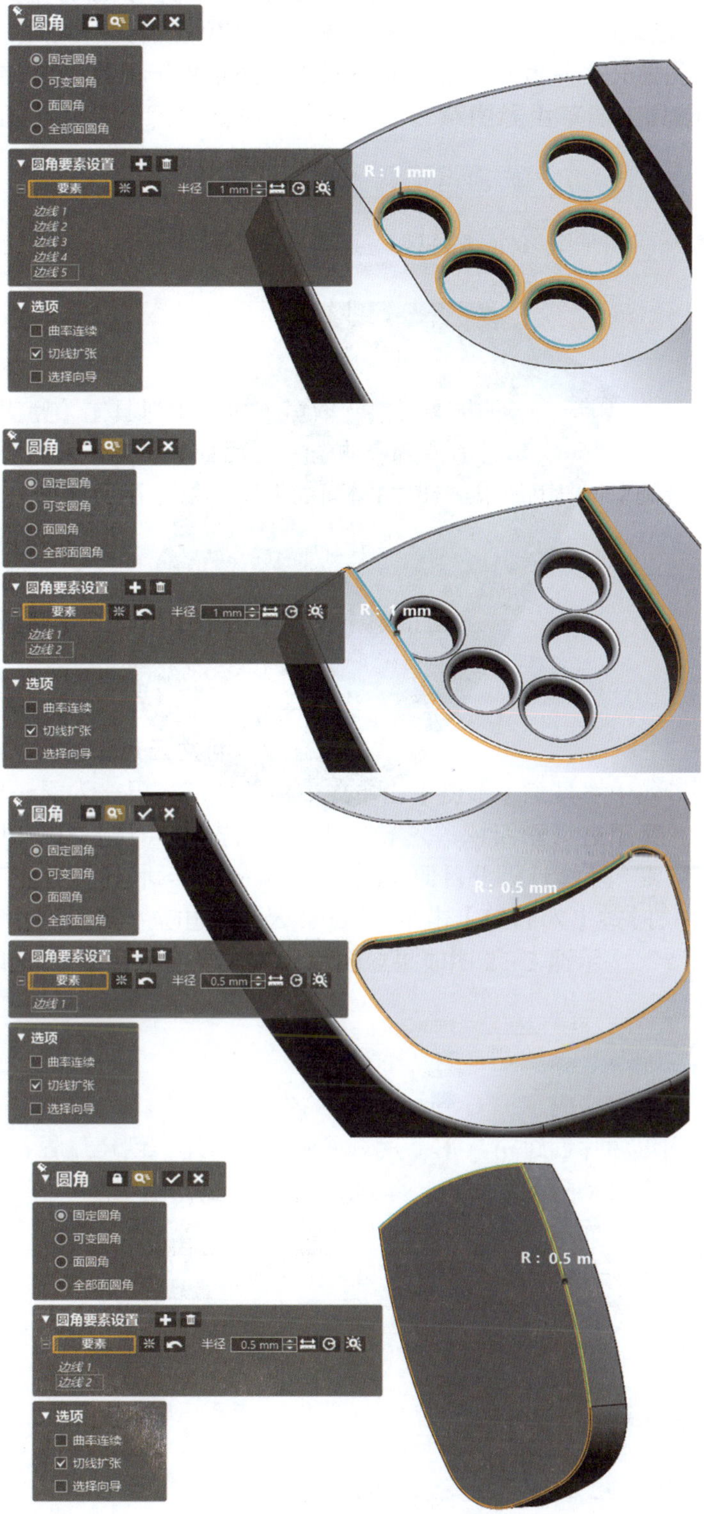

图 2－31 制作其余圆角

步骤 11　体偏差检测。

单击视图上方工具栏中的【体偏差】按钮，系统会自动计算出建模后的实体与原始扫描点云之间的误差，并以色图形式呈现，绿色代表合格范围，误差范围为 ±0.1mm。参数设置及效果如图 2-32 所示。通过色图可以很容易地发现建模不理想的地方，以便进行修正。

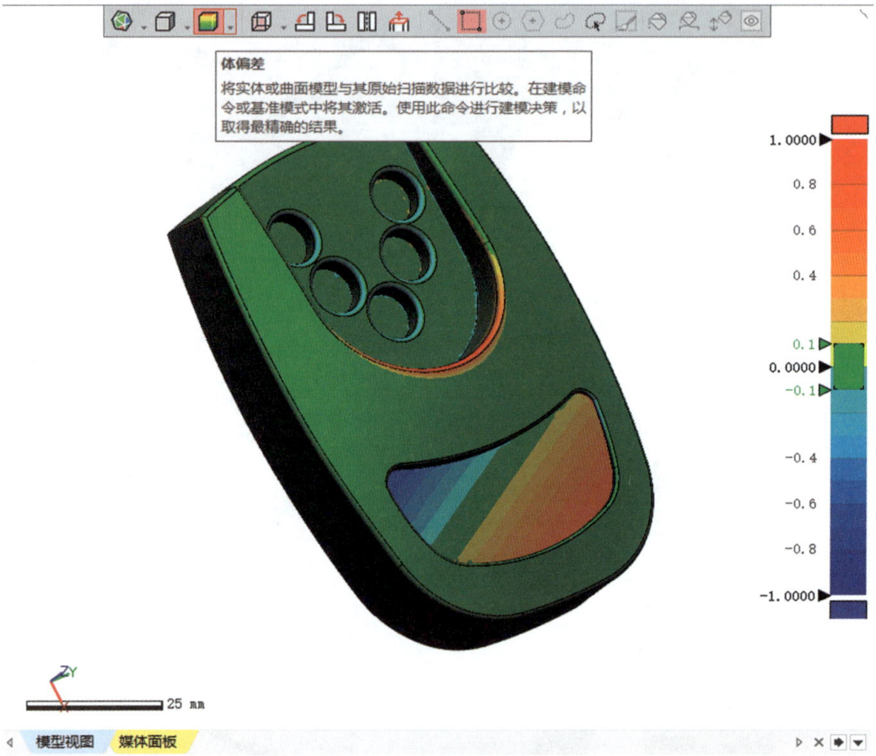

图 2-32　检测体偏差

项目小结

通过本项目的学习，应掌握 Geomagic Design X 建模的基本方法及以下技能：

（1）通过使用【面片创建精灵】工具，掌握一般面片的创建过程。

（2）通过使用【自动分割】工具，掌握一般领域的分割功能。

（3）通过使用【平面】工具，掌握参照平面创建的过程。

（4）通过使用【手动对齐】工具，掌握对齐的一般操作。

（5）通过使用【面片草图】工具，掌握二维草图的应用。

（6）通过使用【切割】、【拉伸】和【圆角】工具，掌握一般实体的编辑方法。

考核评价

对配套资源中的电线板（图 2-33）点云文件编制建模步骤，并利用 Geomagic Design X 软件进行建模。

图 2－33　电线板

- 点云文件路径："工业设计技术 -Geomagic DesignX 逆向设计实用教程 \ 素材 \ 项目二 \ 电线板点云 .gpd"。
- 考核指标见表 2－2。
- 建模步骤自拟表单，或登录中国人民大学出版社官网下载。

表 2－2　考核指标

指标	项目要求	分值	评分细则	得分
技术指标	步骤创建合理	10	每缺失一个步骤扣 2 分，某一步骤不合理扣 2 分，累计扣分，扣完为止	
	点云处理精细	5	有多余的杂点扣 2 分，有多余的点云族扣 3 ～ 5 分	
	面片创建平滑	5	有钉状物扣 1 分，累计扣分，扣完为止	
	坐标对齐合理	10	没有进行坐标对齐扣 10 分，基准面选择不合理扣 3 ～ 5 分	
	领域划分合理	10	没有进行领域划分扣 10 分，领域划分不合理扣 3 ～ 5 分	
	曲面创建合理	10	曲面创建不符合设计意图扣 2 分，累计扣分，扣完为止	
	实体创建合理	10	不能形成实体扣 10 分，实体特征缺失扣 2 分，累计扣分，扣完为止	
	体偏差比率	20	根据体偏差检测比率给定	
素质指标	通过学习【素养提升】内容，结合本项目学习情况谈一谈体会	20	根据体会深刻程度进行评价。	
			个人体会：	
总分				

项目三 支撑件建模

——手动领域分割的重点应用

项目导读

支撑件在工业产品和生活用品中均得到广泛应用，如机床床身支撑件、轴承支撑件、家具五金支撑件、洁具卫具五金支撑件等。本项目涉及点云优化、面片创建、坐标对齐、手动领域分割、面片草图绘制、3D 草图创建、曲面剪切、镜像、缝合、切割实体、创建圆角等建模技术。通过本项目的学习，大家可以掌握与支撑件造型相近的物体的建模技巧。

素养提升

世界首颗量子科学实验卫星“墨子号”，全球最大的单口径射电望远镜“中国天眼”，开启人类首次太空脑—机交互实验的“天宫二号”，均体现了中国科技实力实现质的飞跃这一事实，中国科技开始在一些前沿领域领跑，这些成就得益于党中央对科技进步的高度重视，得益于科教兴国战略的坚定实施。

项目分析

如图 3 - 1 所示，支撑件模型主要分为 3 个部分：上部矩形凸起、中间曲面体、底部多处不规则凹陷。由于存在空间曲面形状，建模难度较之前的项目相对大一些。建模步骤大致分为：中间曲面体建模、上部矩形凸起建模、底部不规则凹陷建模。考虑到这是一个机械产品，而且有两个用于安装的螺钉孔，对整个形状的对称度有较高要求，因此进行中间曲面体建模时应用镜像功能，以中央截面为基础，先制作一般中间曲面形状，再进行镜像操作，这样可以更好地保证建模后的对称度。

图 3 - 1　支撑件

支撑件建模步骤见表 3－1。

表 3－1　支撑件建模步骤

序号	建模步骤	效果
1	导入支撑件点云数据：将扫描好的支撑件的点云数据导入 Geomagic Design X 软件	
2	优化点云，去除杂点：使用【杂点消除】工具和【套索】工具优化点云	
3	将点云数据面片化并对面片进行优化：使用【面片创建精灵】工具创建支撑件面片，使用【加强形状】和【平滑】工具进行面片优化	
4	分割特征领域：使用领域【插入】工具对支撑件面片进行手动领域的划分	
5	对支撑件面片进行坐标对齐：使用【平面】工具创建辅助平面，使用【手动对齐】工具进行坐标系对齐操作	
6	制作中间部分曲面：使用【3D 草图】、【面片拟合】、【拉伸】和【剪切曲面】等工具制作支撑件中间部分曲面	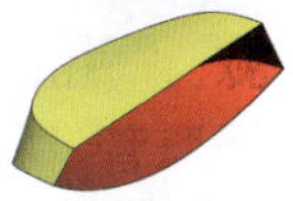
7	制作中间部分实体：使用【镜像】和【缝合】工具制作支撑件中间部分实体	
8	制作底部不规则凹陷及两个螺钉孔：使用【面片草图】、【面片拟合】、【切割】和【圆角】等工具制作支撑件底部不规则凹陷及两个螺钉孔	
9	制作上部矩形凸起：使用【面片草图】、【拉伸】和【切割】工具制作支撑件上部矩形凸起	
10	创建圆角特征：使用【圆角】工具在相应边角处创建圆角	

知识技能点

本项目所讲解的支撑件的外形较为复杂，特征要素相对较多，创建过程中将用到前面讲过的基本建模工具，包括【面片创建精灵】、【自动分割】、【平面】、【手动对齐】、【面片草图】、【面片拟合】、【切割】、【拉伸】和【圆角】工具，此外，还会用到一些新的建模工具，包括手动领域【插入】、【3D 面片草图】、【放样】、【镜像】和【缝合】。重要的知识及技能点如下：

➢ 手动领域【插入】：手动添加新的特征领域。

操作步骤：

- 使用“套索选择模式”选择想要划分的领域，单击【插入】按钮。
- 选择“工具→领域工具→插入”菜单命令。

➢【3D 面片草图】：该选项卡包含三个组（绘制、编辑、创建 / 编辑曲面片网络）和两个用于连接重建曲线的工具栏。每个组中的命令由相关的功能和设计任务组织。

操作步骤：

- 在【3D 草图】工具栏中单击【3D 面片草图】按钮。

> 提示
> - 3D 面片草图和 3D 草图模式的区别在于 3D 面片草图模式下生成的曲线总是在一个网格上，而 3D 草图中的曲线自由存在于空间中。

➢【放样】：该工具可通过多个不同对象创建一个曲面或实体。可以使用【圆】、【样条曲线】和【圆弧】工具将多个对象绘制在 2D 或 3D 草图中。

操作步骤：

- 在【模型】工具栏中单击【放样】按钮或。
- 选择“插入→实体→放样”菜单命令。

> 提示
> - 放样分为曲面放样和实体放样，【曲面放样】按钮为，【实体放样】按钮为。曲面放样的草图不需要封闭，而实体放样的草图需要封闭。

- 选择“插入→曲面→放样”菜单命令。

➢【镜像】：该工具可用于创建曲面或实体的镜像，也可用于复制特征。

操作步骤：

- 在【模型】工具栏中单击【镜像】按钮。
- 选择“**工具→面片工具→镜像**”菜单命令。

➢【缝合】：该工具用于压缩面与面之间的间隙，并通过连接面构建拓扑结构。

操作步骤：

- 在【模型】工具栏中单击【缝合】按钮。
- 选择“**插入→曲面→缝合**”菜单命令。

项目实施

支撑件建模 -1

支撑件建模 -2

步骤 1　导入支撑件点云文件。

选择“菜单→插入→导入”菜单命令或单击【初始】工具栏中的【打开】下拉菜单中的【导入】按钮，打开“导入”对话框，在配套资源中找到“工业设计技术 -Geomagic DesignX 项目化设计教程\素材\03 项目三支撑件建模\项目三支撑件点云 .gpd”，单击【仅导入】按钮，完成支撑件点云文件的导入。导入后的点云一般显示为天蓝色，为了更好地观察并消除杂点，可以根据个人习惯更改点云的颜色。在“树”管理器中右击“点云”，右侧会弹出“属性对话框”，单击“材质”右侧的【…】按钮，弹出“材质对话框”，即可更改颜色，最后单击【 OK 】按钮完成更改。参数设置及效果如图 3 - 2 所示。

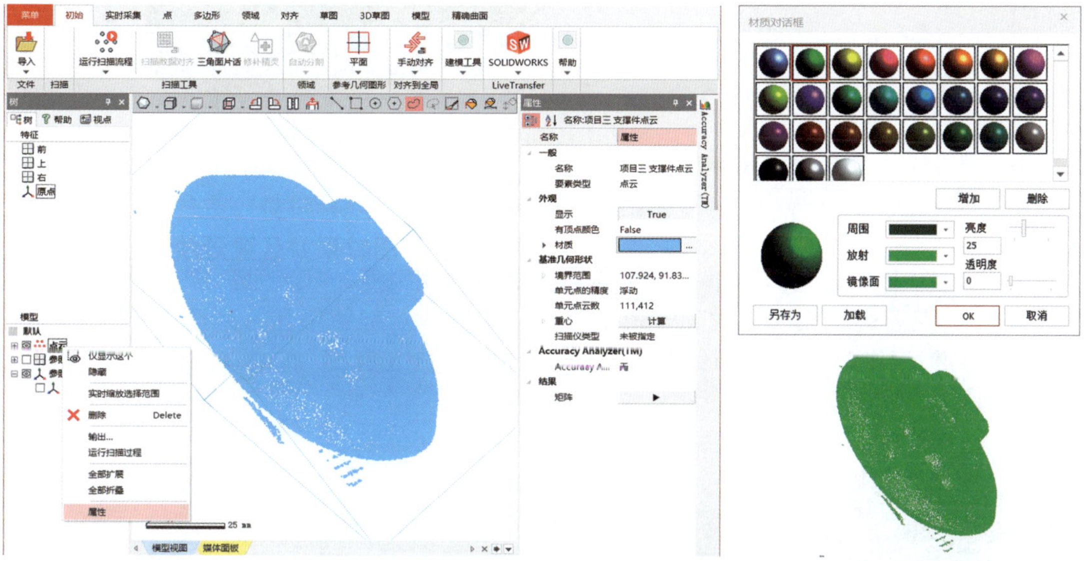

图 3 - 2　导入支撑件点云文件并更改颜色

步骤 2　点云优化。

在【点】工具栏中单击【杂点消除】按钮，打开“杂点消除”对话框，选中“过滤噪音点云”复选框，“每个杂点群集内的最大单元点数量”设置为“50”，单击对话框右上角的【预览】按钮，观察结果，发现只有少部分杂点被消除，还有很多距离点云主体较近的点或点群没有消除，需要进一步手动消除，消除完成后单击对话框右上角的按钮。参数设置及效果如图 3 - 3 所示。

提示

- “每个杂点群集内的最大单元点数量”不宜设置得过大，否则可能会消除有用的点或点群。

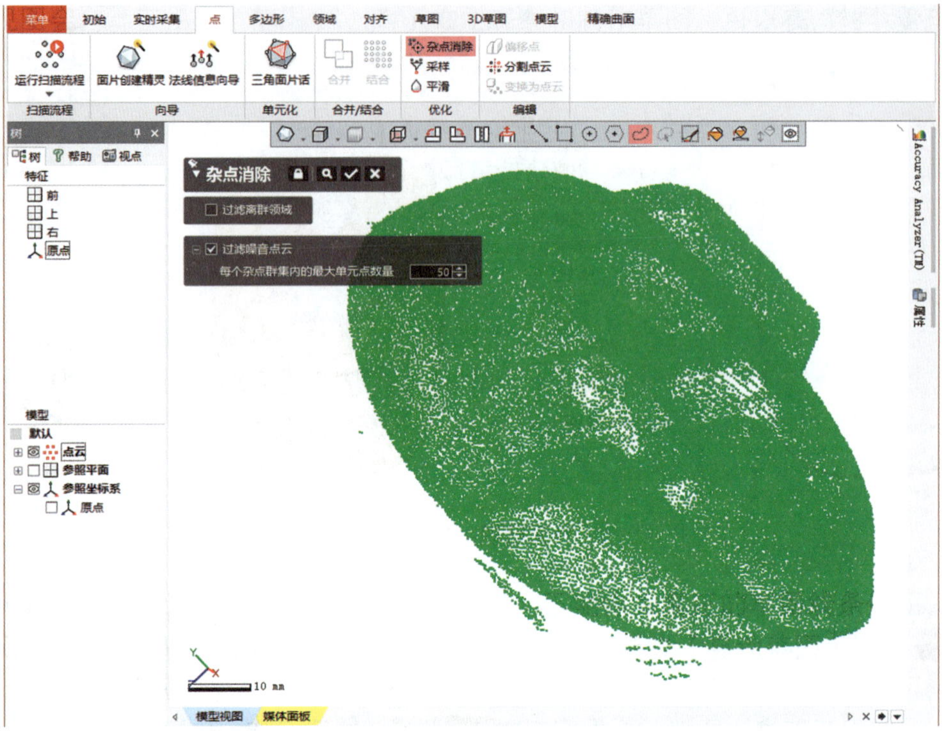

图 3－3　自动杂点消除

单击视图上方工具栏中的【套索选择模式】按钮，切换为套索选择模式，旋转视图并将点云边缘放大，找到多余杂点，按住鼠标左键使用套索来选择，选好后按“Delete”键消除杂点。重复该步骤，手动消除主体边缘的所有杂点。效果如图 3－4 所示。

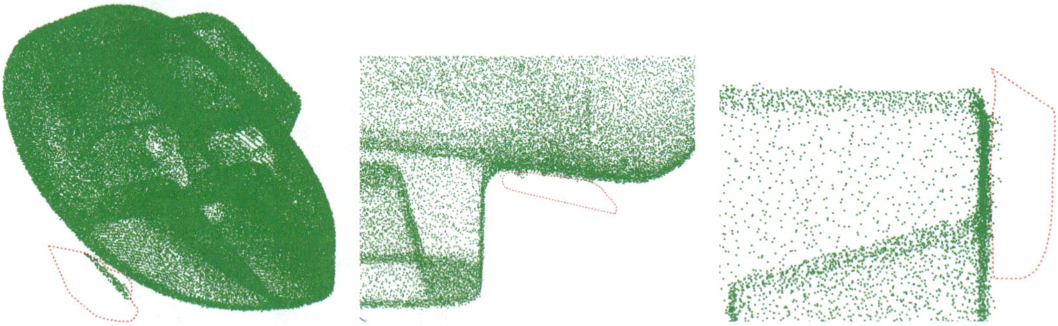

图 3－4　手动消除杂点

提示

- 手动消除杂点时，一定要多旋转视图进行观察，避免误删除有用的点云。若误删除，可以按快捷键“Ctrl+Z”，或单击软件左上方的快速访问工具栏中的“撤销”按钮撤销操作。

步骤 3　创建面片并优化。

在【点】工具栏中单击【面片创建精灵】按钮，打开“面片创建精灵”对话框，通过数据准备、数据编辑、数据合并这三步完成面片的创建，效果如图 3-5 所示。

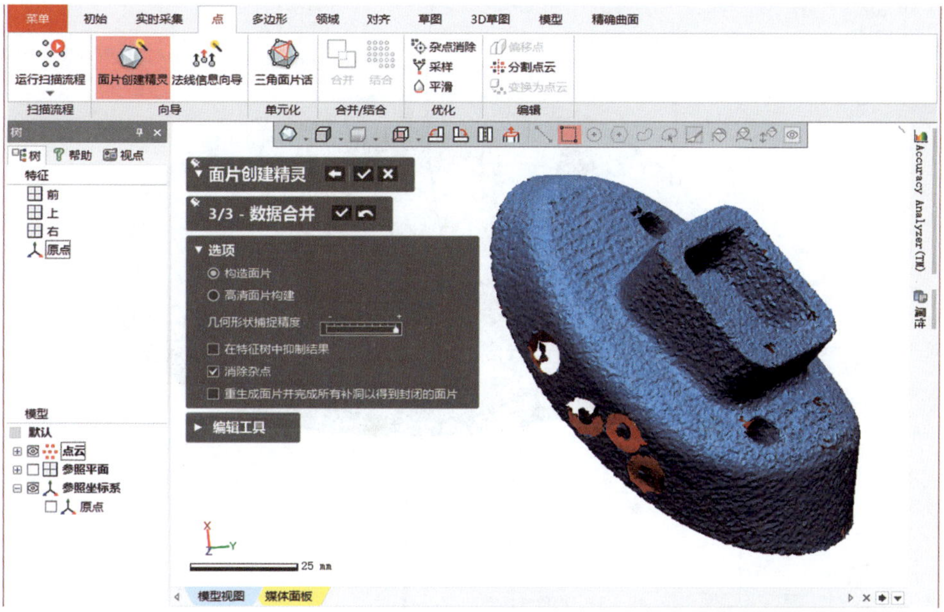

图 3-5　面片创建

在【多边形】工具栏中单击【加强形状】按钮，打开“加强形状”对话框，默认选中“支撑件点云”，单击按钮预览效果，然后单击按钮完成操作。接下来，在【多边形】工具栏中单击【平滑】按钮，打开“平滑”对话框，默认选中“支撑件点云”，单击按钮预览效果，然后单击按钮完成操作。这两个步骤重复做两到三次效果更好。参数设置及效果如图 3-6 所示。

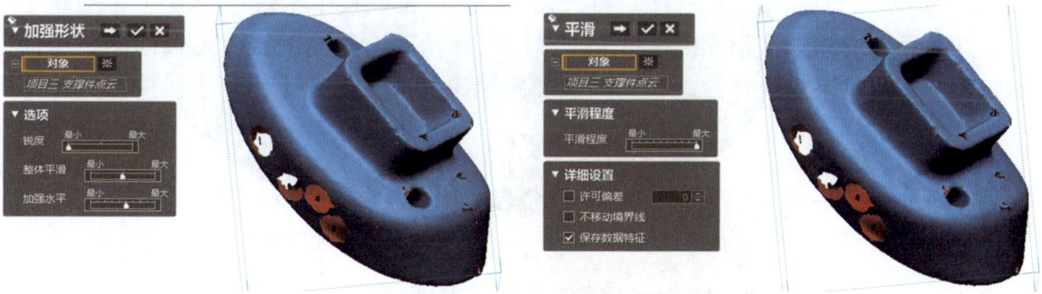

图 3-6　面片优化

步骤 4　坐标对齐。

单击视图上方工具栏中的【矩形选择模式】按钮，选择支撑件上部凸起中凹陷的底面，注意不要选到周边的圆角，然后在【领域】工具栏中单击【插入】按钮，手动添加领域，效果如图 3-7 所示。

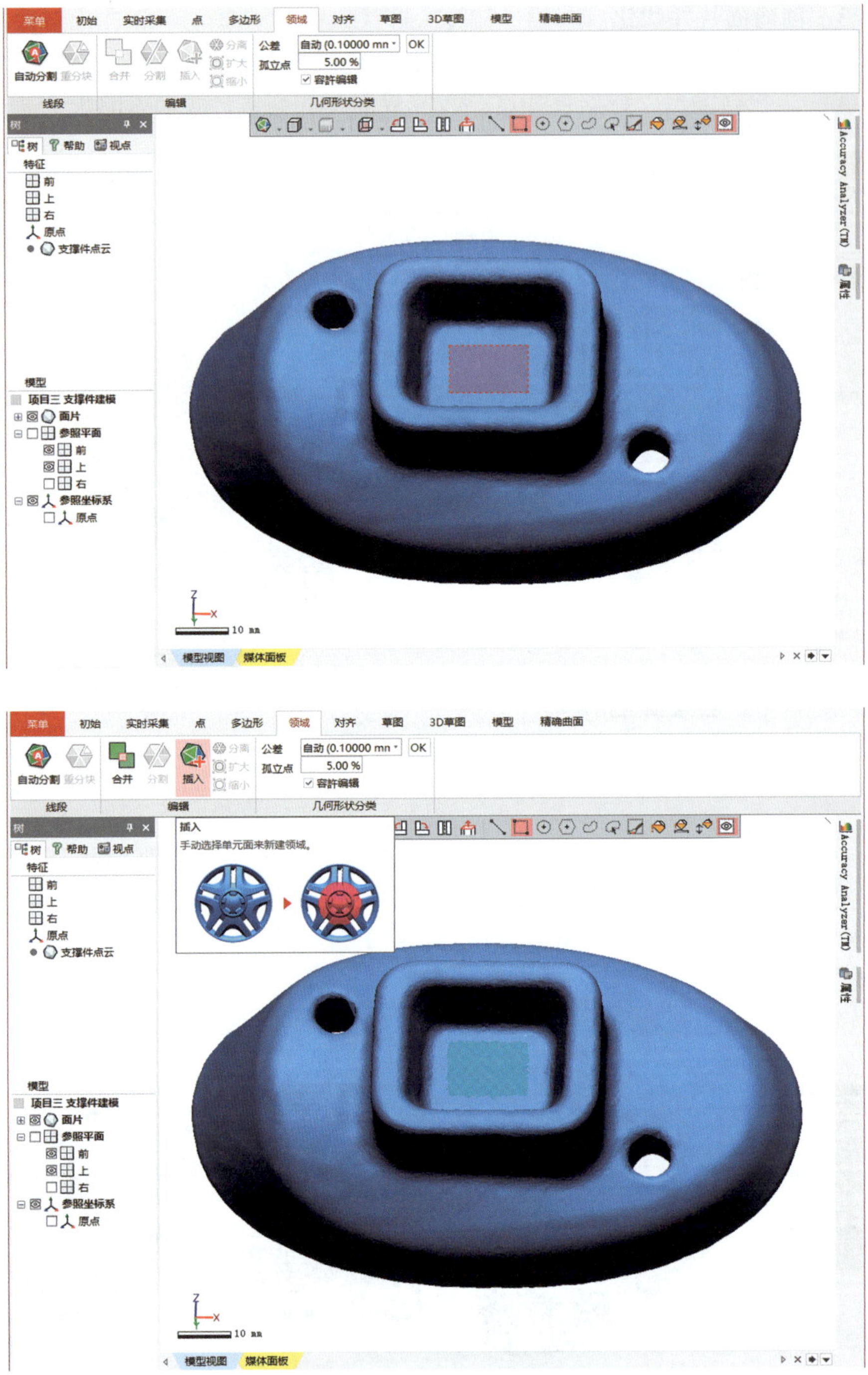

图 3－7　手动添加领域

在【初始】工具栏中单击【平面】按钮，打开“追加平面”对话框，在“要素”栏中选择手动添加的领域，“方法”选择“提取”，单击对话框右上角的按钮完成平面创建。在“树”管理器中可以看到创建好的“平面 1”，单击其左侧的图标可显示 / 隐藏相应的特征。参数设置及效果如图 3－8 所示。

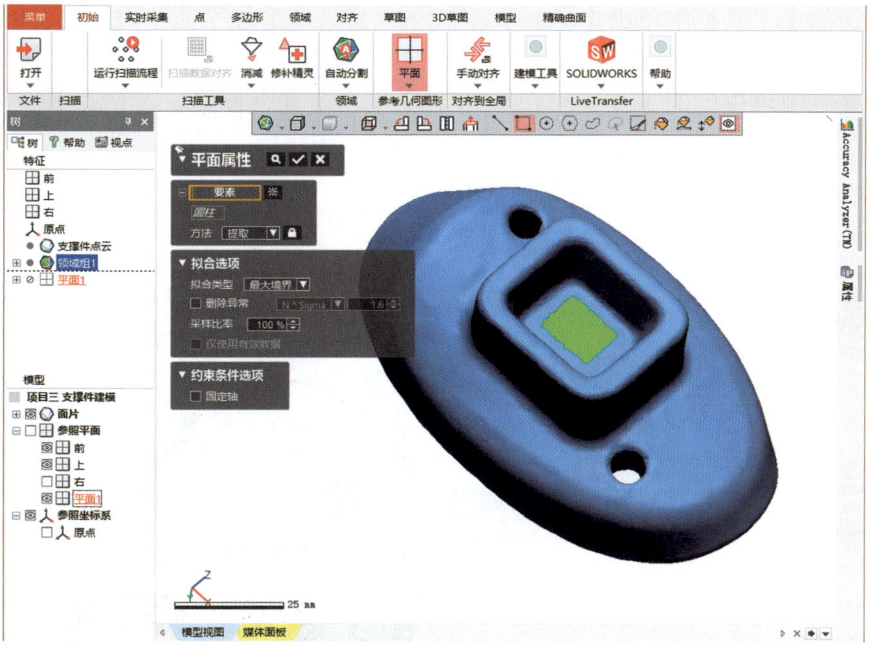

图 3－8　创建辅助平面 1

在【初始】工具栏中单击【平面】按钮，打开“追加平面”对话框，“方法”选择“绘制直线”。使用鼠标右键进行视图旋转，按住“Ctrl”键结合鼠标右键可进行视图平移，使支撑件底部朝前，将视图摆正。通过面片中心自上而下单击鼠标左键绘制一条直线，然后单击对话框右上角的按钮完成平面创建。在“树”管理器中可以看到创建好的“平面 2”。参数设置及效果如图 3－9 所示。

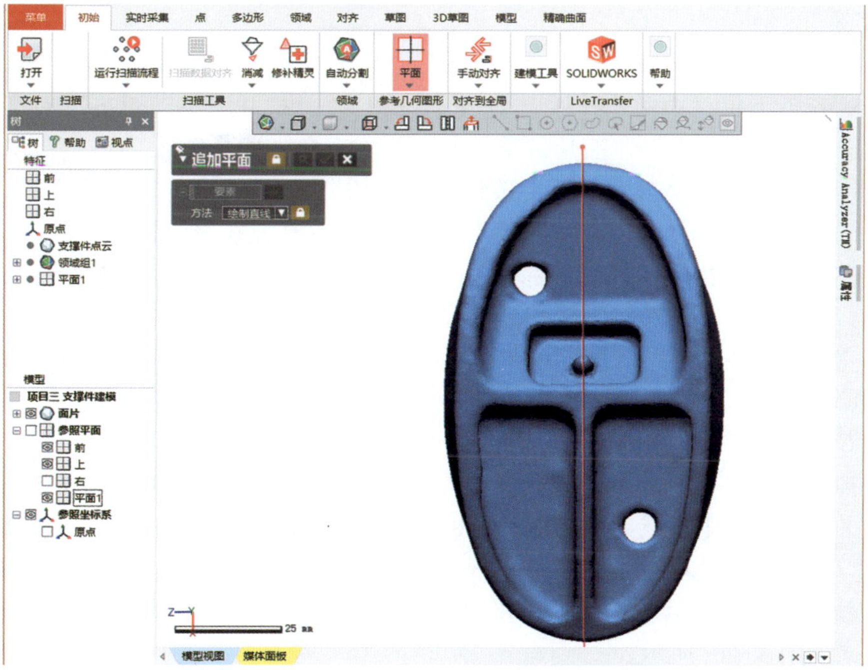

图 3－9　创建辅助平面 2

在【初始】工具栏中单击【平面】按钮，打开“追加平面”对话框，“方法”选择“镜像”，在“要素”栏中通过“树”管理器选择“支撑件点云面片”和“平面2”，按住“Ctrl”键可以同时选中，然后单击对话框右上角的按钮完成平面创建。在“树”管理器中将“平面2”隐藏。参数设置及效果如图3-10所示。

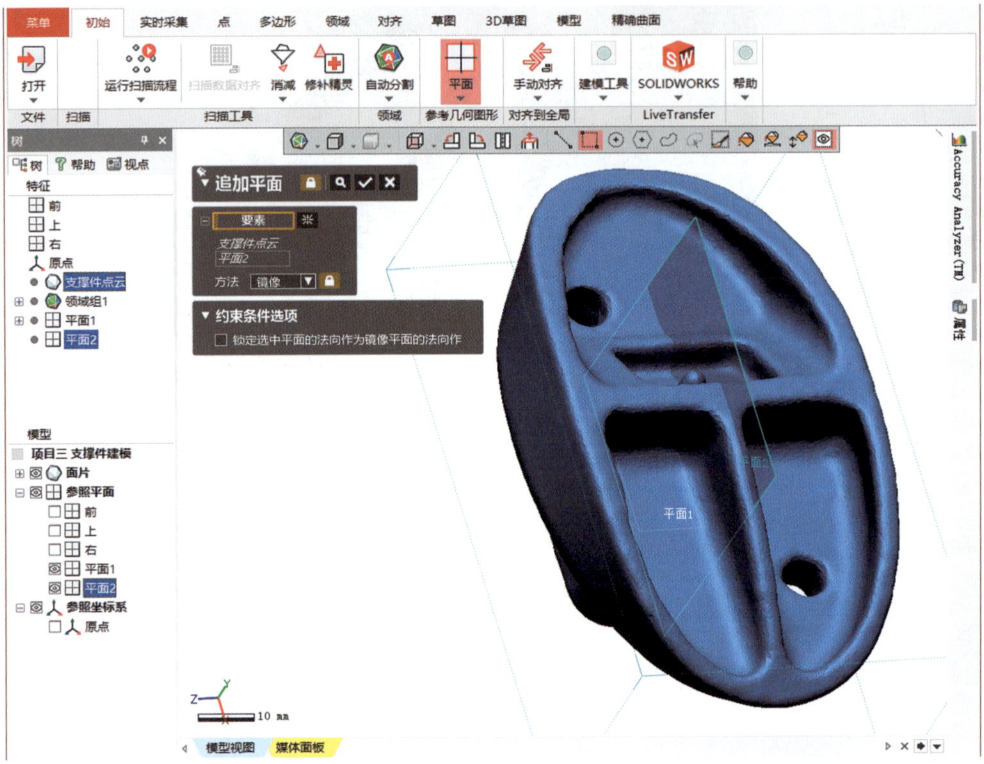

图3-10　创建辅助平面3

在【对齐】工具栏中单击【手动对齐】按钮，打开“手动对齐”对话框，“要素”默认选中“支撑件点云”面片，单击对话框右上角的按钮。在“移动”栏选择“3-2-1”对齐类型，单击【平面】按钮，在“树”管理器中选择“平面1”，然后单击【线】按钮，在“树”管理器中选择“平面3”，主要观察右侧视图中的坐标系发生的变化。在“对象”栏中选择“坐标系”。最后单击对话框右上角的按钮完成手动对齐操作。参数设置及效果如图3-11所示。

对齐完成后，在“树”管理器中单击图标隐藏“平面1”和“平面3”，取消隐藏“前”、“上”和“右”这3个基准平面，即可看到基准坐标系已经对齐了。

步骤5　创建支撑件中间部分上表面曲面。

单击视图下方工具栏中的【选择过滤器】工具条中的【参照平面】按钮，隐藏所有参照平面。单击【领域】工具栏，再单击视图上方工具栏中的【画笔选择模式】按钮，进入画笔选择模式，光标变为粉色圆形，按住鼠标左键对支撑件中间部分的上表面进行领域涂刷。最后在【领域】工具栏中单击【插入】按钮，完成手动领域的创建，效果如图3-12所示。

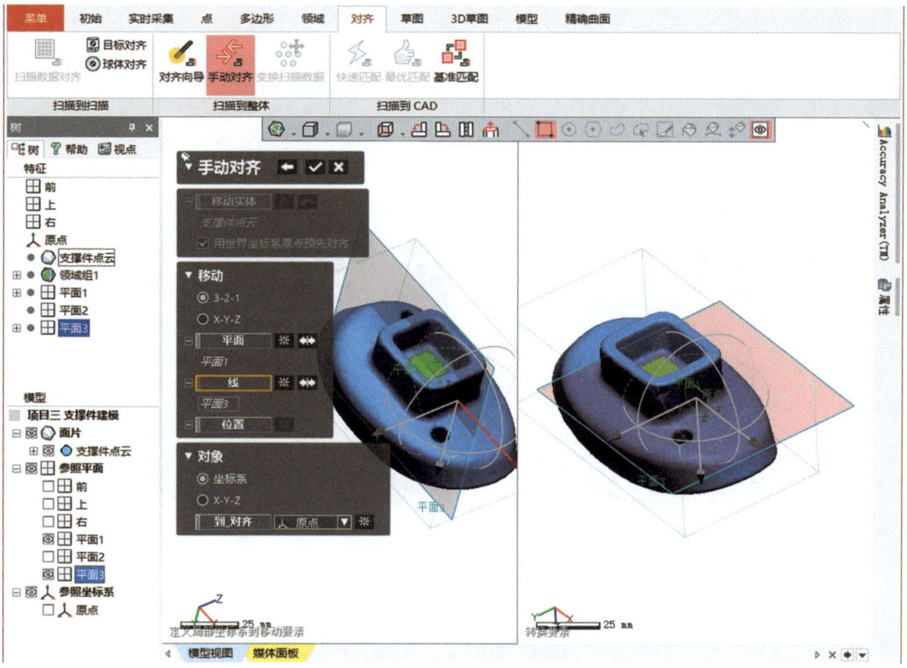

图 3－11　手动对齐

提示

- 涂刷完一部分且松开鼠标左键后，如果想继续进行涂刷，一定要按住“Shift”键再按鼠标左键，否则前面涂刷的部分会消失。如果涂刷失误，可以按住“Ctrl”键再按鼠标左键擦除。

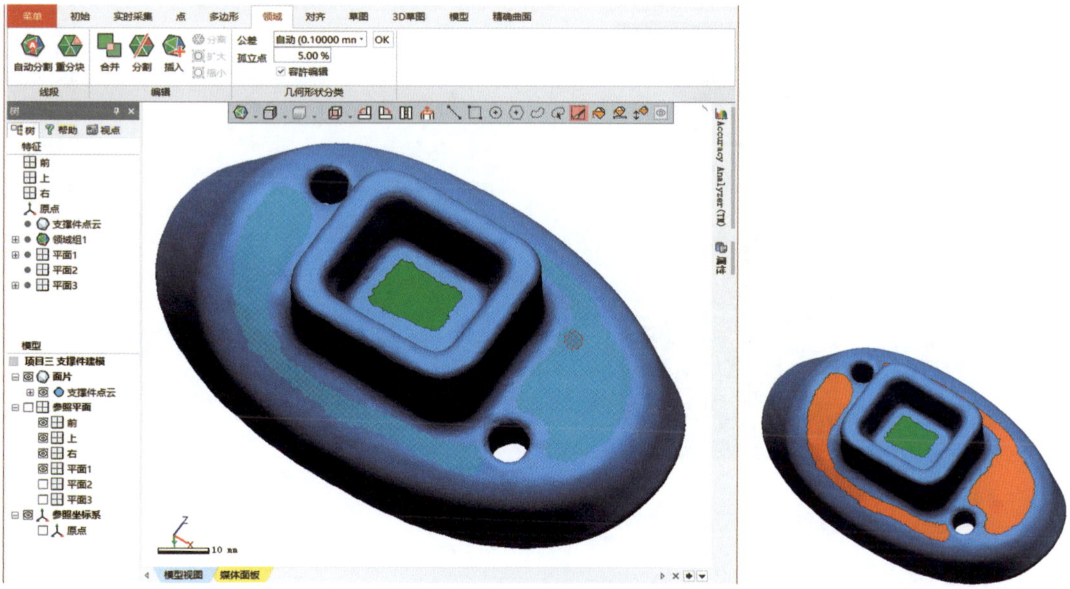

图 3－12　手动创建领域

涂刷领域时一定要注意，涂刷的面一定是同一个特征曲面，对于明显不在同一个特征曲面的区域不要涂刷成同一个领域。为此，涂刷过程中一定要多旋转视图以便观察。如图 3 - 13 所示，支撑件中间部分上表面是一个特征曲面，涂刷时不要将周边的过渡圆角一起涂刷。可以按住“Ctrl”键再按鼠标左键擦除圆角处涂刷的多余部分。

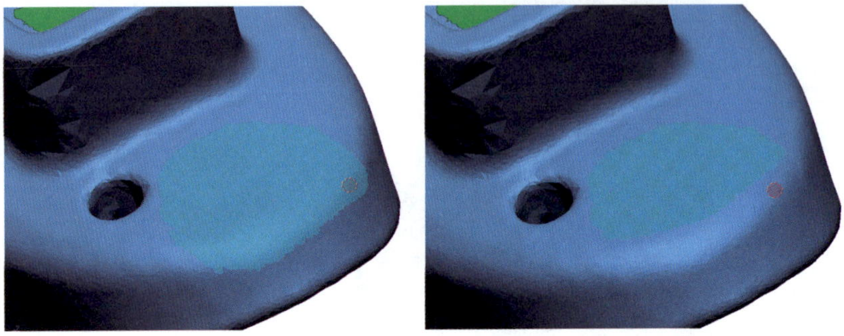

图 3 - 13　领域的涂刷

在【模型】工具栏中单击【面片拟合】按钮，打开“面片拟合”对话框，“领域 / 单元面”选择支撑件中间部分上表面领域，“分辨率”选择“控制点数”，“U 和 V 控制点数”均设为 8，单击预览按钮进行预览。如果面片太小或太大，可以拖曳 4 个角点进行缩放，还可以拖曳把手进行旋转，最后单击对话框右上角的按钮完成操作。参数设置及效果如图 3 - 14 所示。

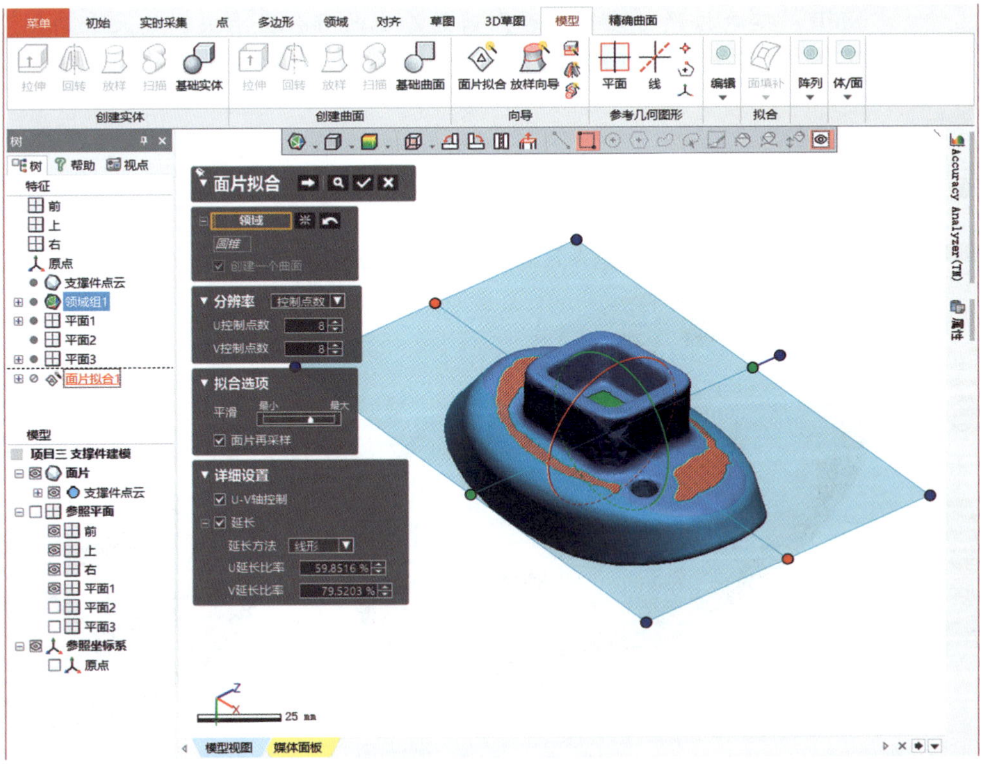

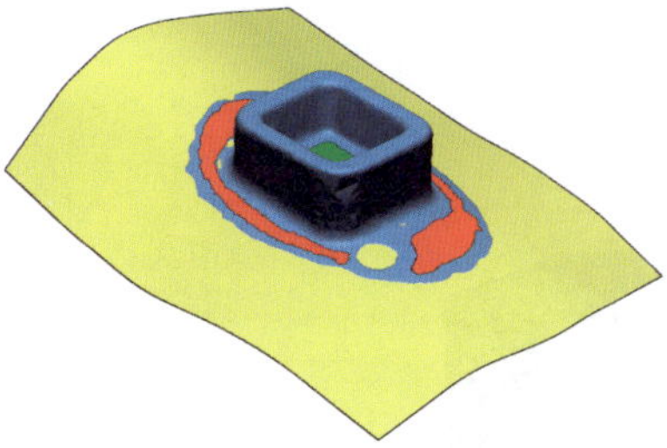

图 3-14　中间部分上表面面片拟合

步骤 6　创建支撑件中间部分侧面曲面。

单击“树”管理器中“曲面体”中的“面片拟合 1”左侧的图标，隐藏“面片拟合 1”。也可单击视图下方工具栏中的【选择过滤器】工具条中的【曲面体】按钮，隐藏所有曲面体。

单击视图下方工具栏中的【选择过滤器】工具条中的【参照平面】按钮，显示所有曲面体，并在“树”管理器中保留显示“前”平面，其余平面隐藏。

在【3D 草图】工具栏中单击【3D 面片草图】按钮，在【3D 草图】工具栏中单击【样条曲线】按钮，从“前”平面左侧开始沿中间部分的侧面与上表面交界的圆角轮廓处绘制样条曲线，单击鼠标左键即可增加一个点，绘制到另一侧超过“前”平面为止。单击鼠标右键，结束样条曲线绘制。最后单击对话框右上角的按钮完成样条曲线的绘制。参数设置及效果如图 3-15 所示。

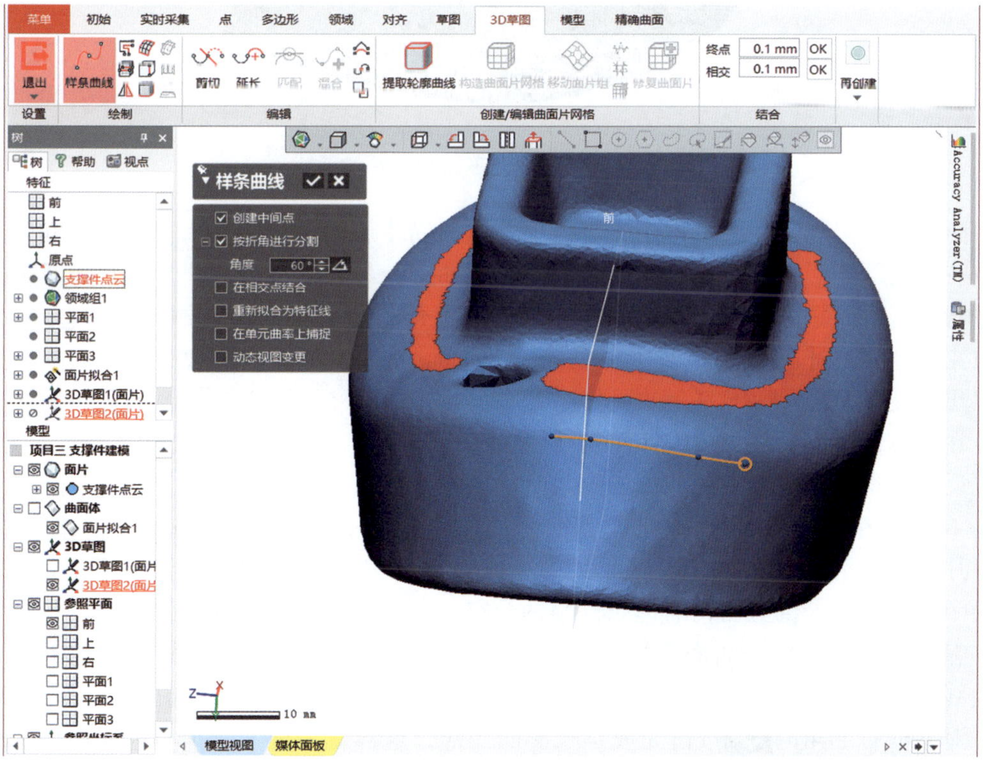

图 3－15　绘制 3D 面片草图样条曲线

用同样的方法从“前”平面左侧开始沿中间部分的侧面与下表面交界的圆角轮廓处绘制样条曲线，如图 3－16 所示。

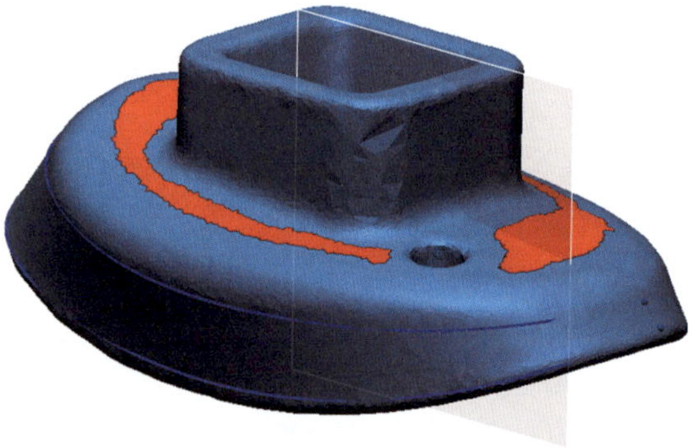

图 3－16　绘制 3D 面片草图样条曲线

隐藏参照平面，在【模型】工具栏中单击曲面【放样】按钮，打开“放样”对话框，在“轮廓”栏中选择刚制作好的两条样条曲线，如果放样方向呈反向，可双击两端的球状手柄更改放样方向，最后单击对话框右上角的按钮完成放样操作。单击视图下方工具栏中的【选择过滤器】工具条中的【面片】按钮，隐藏支撑件面片，这样可以更方便地观察“放样 1”曲面体。如果发现“放样 1”红色向外，证明曲面法向反向，在【模型】工具栏中单击【编辑】下的【反转法线】按钮，选择“放样 1”进行法线反转。参数设置及效果如图 3－17 所示。

单击视图下方工具栏中的【选择过滤器】工具条中的【面片】按钮，隐藏支撑件面片，在“树”管理器中将“面片拟合 1”显示出来，发现两个曲面不相交。如果想对两个空间曲面进行剪切，前提条件是两个空间曲面必须相交。在【模型】工具栏中单击【编辑】下的【延长曲面】按钮，在“边线 / 面”栏中选择侧面曲面的上、下两条边线，“终止条件”栏中的“距离”设置为 20mm，“延长方法”选择“线形”，最后单击对话框右上角的按钮完成延长曲面操作，这样就实现了两个空间曲面的完全相交。参数设置及效果如图 3－18 所示。

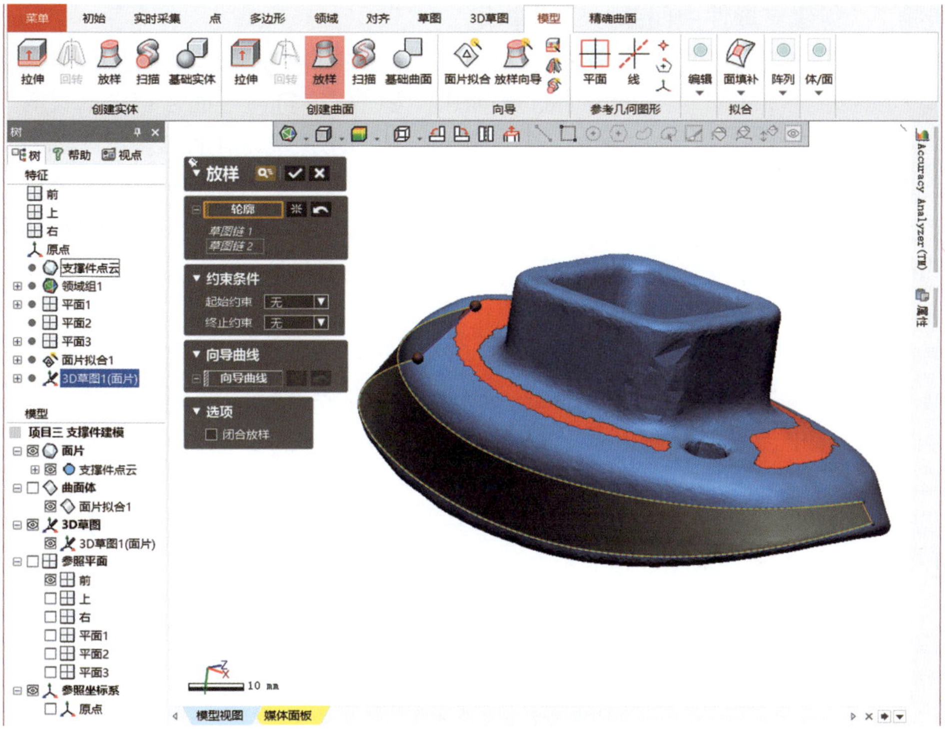

图 3－17　放样中间部分侧面曲面

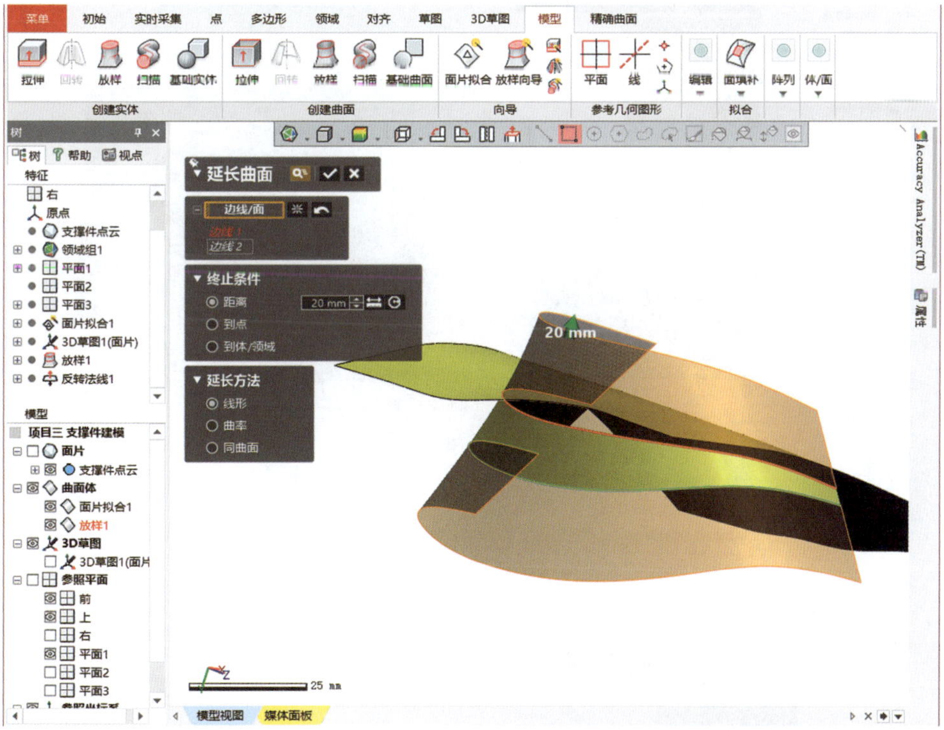

图 3－18　延长曲面

步骤 7　创建支撑件中间部分底部曲面。

单击视图下方工具栏中的【选择过滤器】工具条中的【曲面体】按钮，隐藏所有曲面体。在【草图】工具栏中单击【面片草图】按钮，打开“面片草图的设置”对话框，“Target”栏默认选中“支撑件点云”，选中“平面投影”选项，“基准平面”选择前参照平面；在“追加断面多线段”栏将“轮廓投影范围”设为 80mm，或拖曳视区中较粗的蓝色箭头让半透明立方体容纳所有面片，最后单击对话框右上角的按钮完成面片草图的设置。用户也可以将面片隐藏，这样便于绘制草图。参数设置及效果如图 3－19 所示。

在【草图】工具栏中单击【三点圆弧】按钮，弹出“3 点圆弧”对话框，选中“拟合多线段”复选框，使用鼠标左键选择支撑件界面草图底部的圆弧，拟合出蓝色底部圆弧段，单击对话框右上角的按钮完成操作。在【草图】工具栏中单击【调整】按钮，分别拖曳刚创建好的圆弧两端的端点，使其向外延伸一定长度（超过轮廓边界即可），单击对话框右上角的按钮完成操作。最后单击【草图】工具栏左上角的【退出】按钮，完成草图的绘制，并退出草图环境。参数设置及效果如图 3－20 所示。

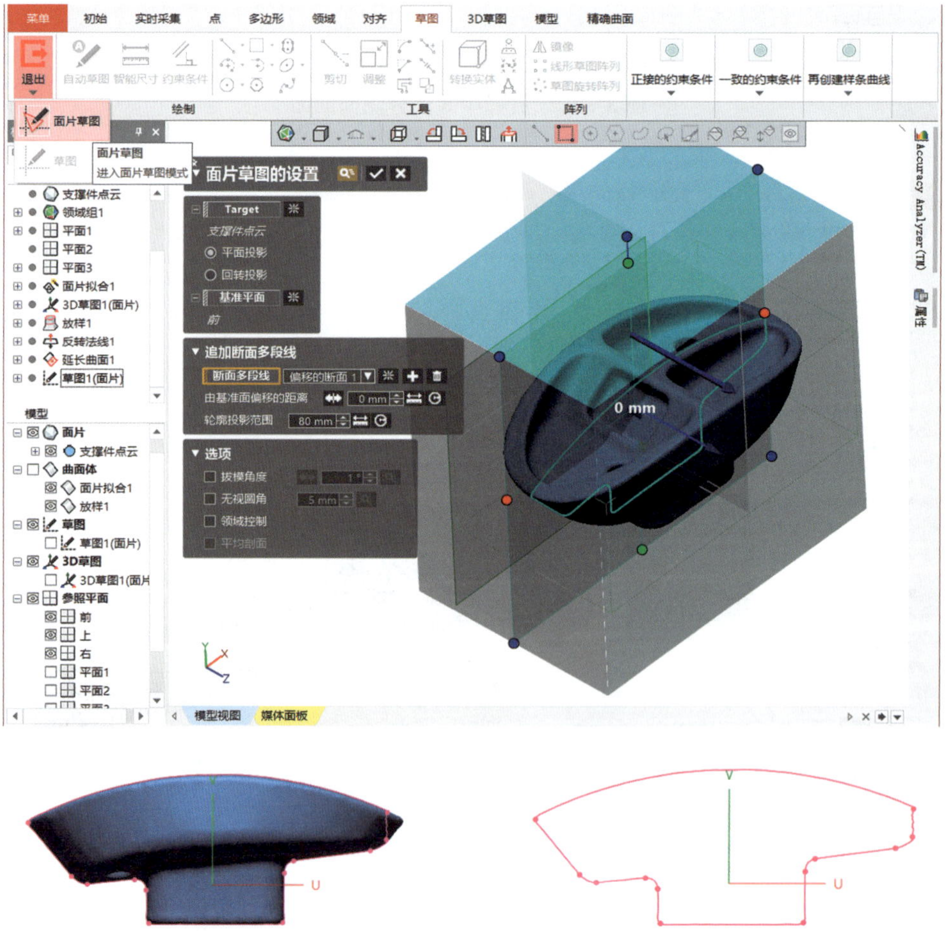

图 3－19　面片草图的设置

提示

- 粉色的线条不是真正的草图线，只是截面轮廓曲线，必须使用草图工具将其转换为真正的草图线。

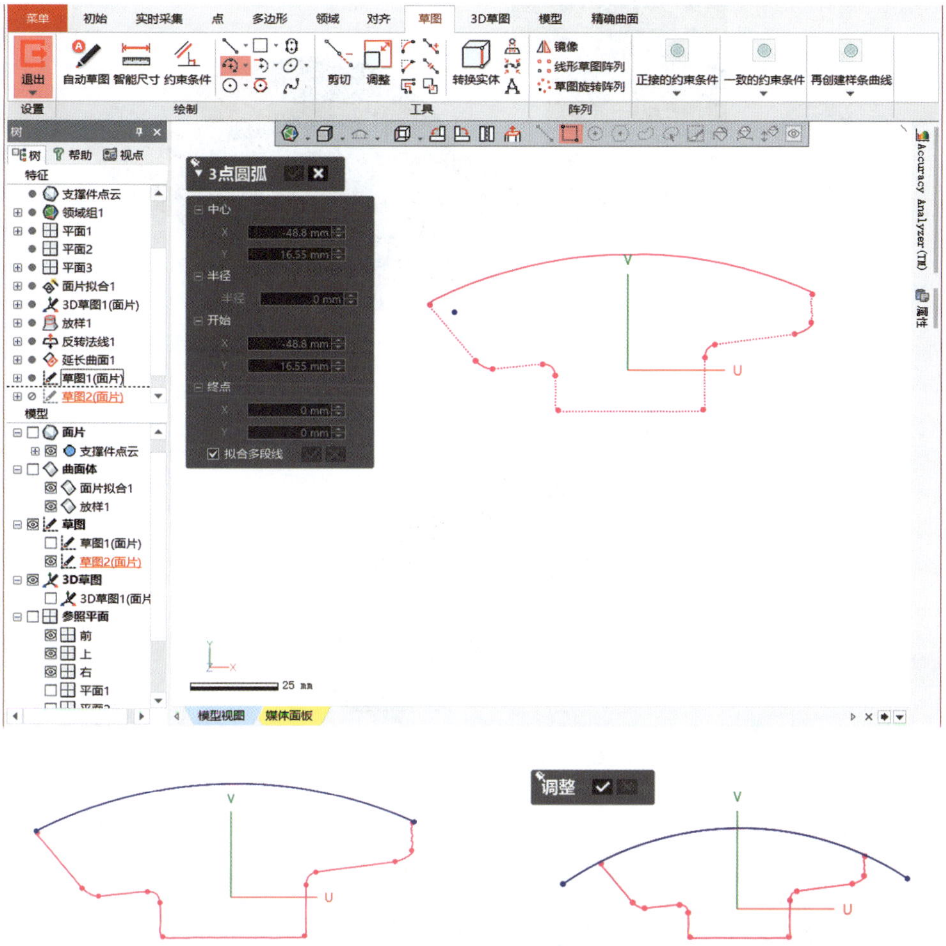

图 3-20　创建支撑件底面草图

单击视图下方工具栏中的【选择过滤器】工具条中的【面片】按钮、【曲面体】按钮，显示所有面片和曲面体。在【模型】工具栏中单击【拉伸】按钮，打开“拉伸”对话框，“轮廓”栏选择“草图 1”；“方向”栏中的“方法”选择“距离”，“长度”设为 40mm；勾选“反方向”复选框，“方法”选择“距离”，“长度”设为 40mm，单击对话框右上角的按钮完成操作。参数设置及效果如图 3-21 所示。

步骤 8　创建支撑件中间部分曲面。

在【模型】工具栏中单击【剪切曲面】按钮，打开“剪切曲面”对话框，“工具”栏中的“工具要素”依次选择 3 个曲面；不勾选“对象”栏，单击对话框右上角的按钮；“结果”栏中的“残留体”依次选择要留下的 3 个曲面，单击对话框右上角的按钮完成操作。参数设置及效果如图 3-22 所示。

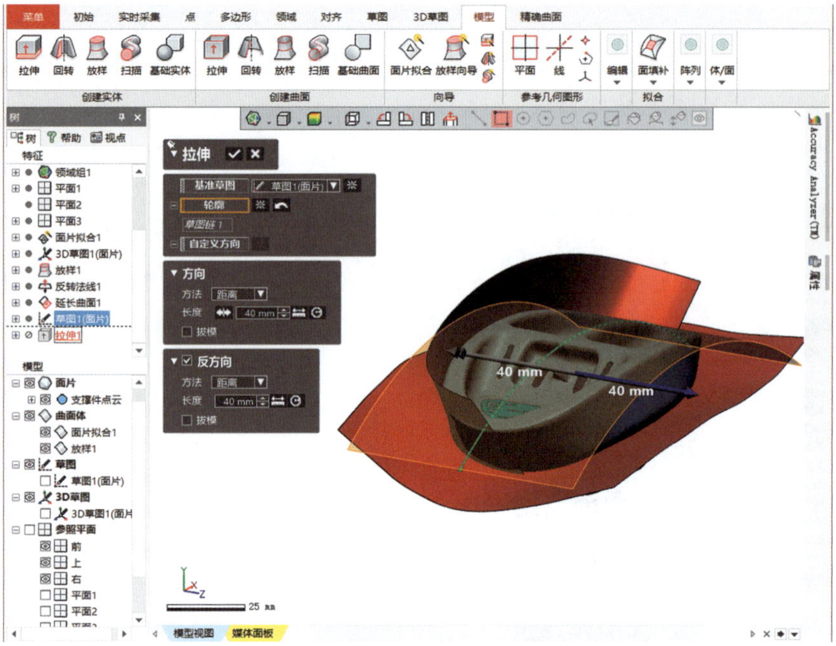

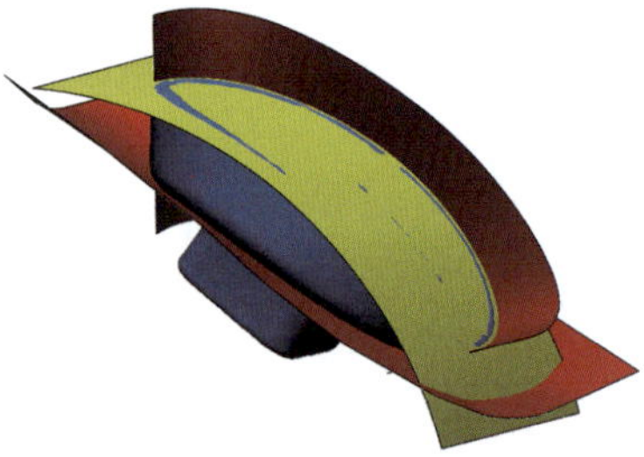

图 3 - 21　拉伸支撑件底面

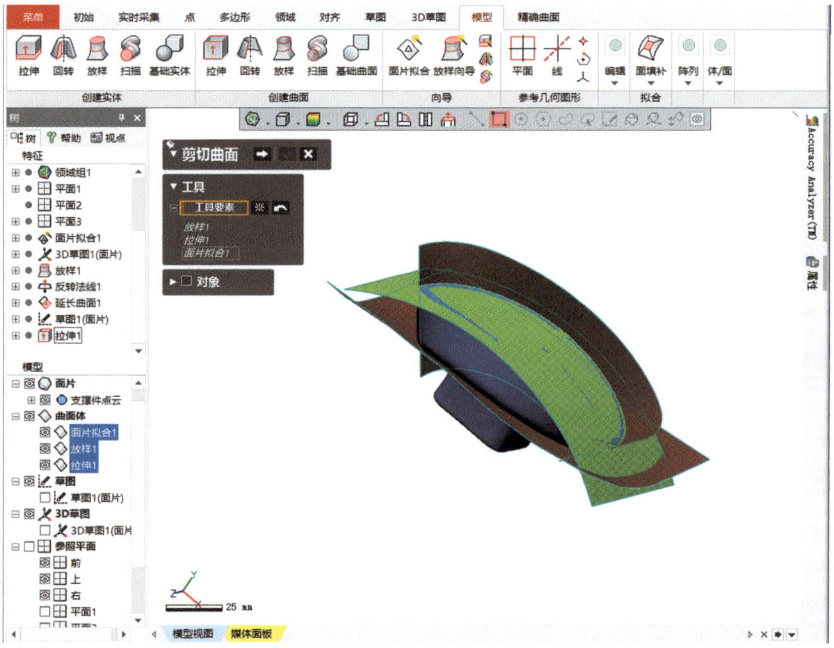

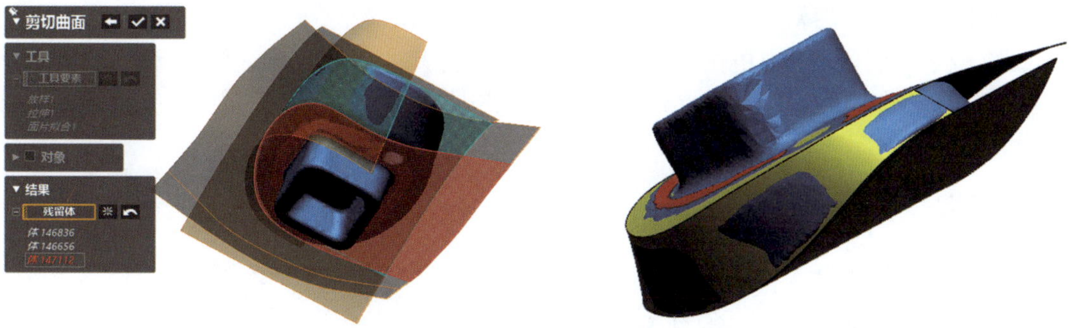

图 3-22　剪切曲面

单击视图下方工具栏中的【选择过滤器】工具条中的【参照平面】按钮，显示参照平面。在【模型】工具栏中单击【剪切曲面】按钮，打开“剪切曲面”对话框，“工具”栏中的“工具要素”选择前参照平面；勾选“对象”栏，“对象体”选择刚刚剪切好的“剪切曲面 1”，单击对话框右上角的按钮；“结果”栏中的“残留体”选择要留下的曲面，单击对话框右上角的按钮完成操作。参数设置及效果如图 3-23 所示。

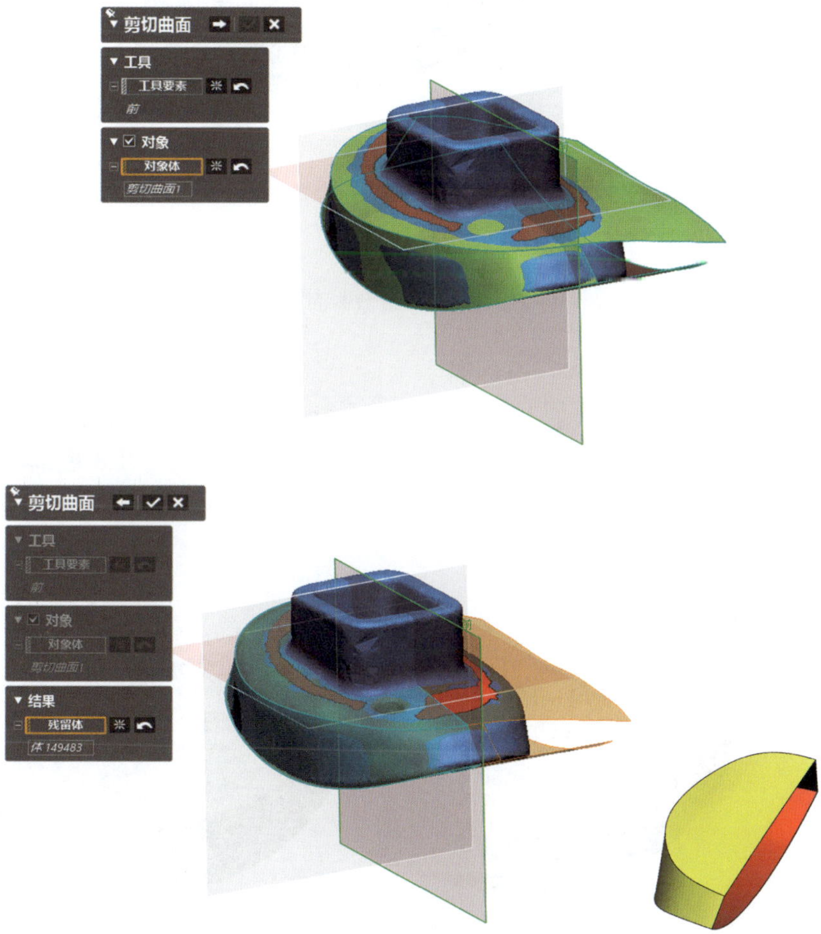

图 3-23　剪切曲面

步骤 9　创建支撑件中间部分实体。

在【模型】工具栏中单击【镜像】按钮，打开“镜像”对话框，“体”选择“剪切曲面 2”，“对称平面”选择前参照平面，单击对话框右上角的按钮完成操作。参数设置及效果如图 3－24 所示。

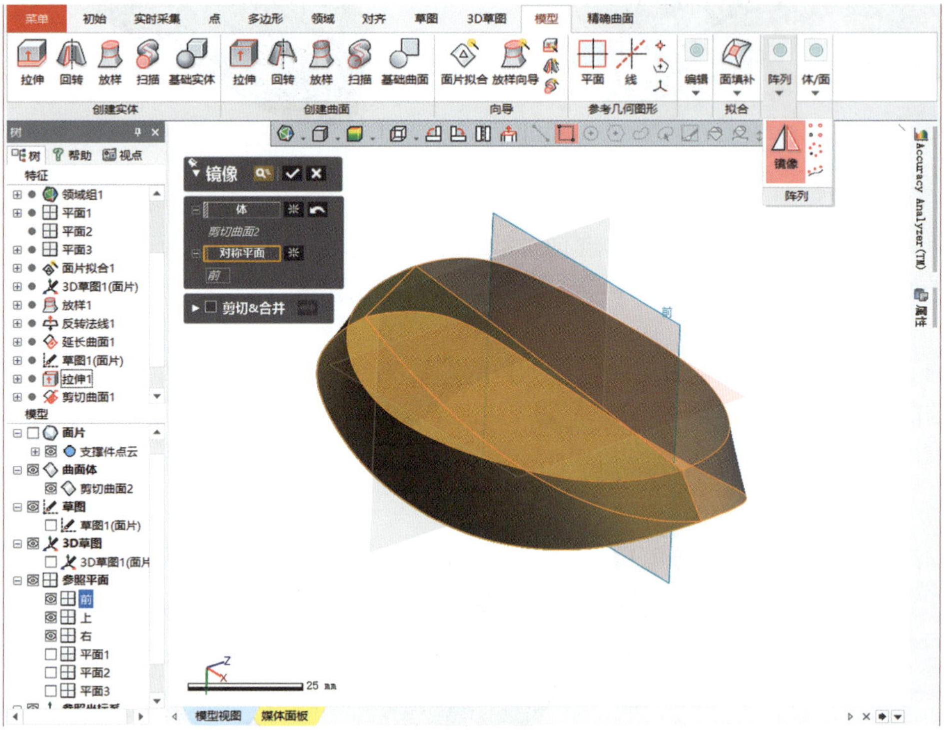

图 3－24　镜像曲面

镜像完成后的对象虽然看似一个整体，实际上只是曲面片包裹的壳子，需要缝合曲面才能够形成实体。在【模型】工具栏中单击【缝合】按钮，打开在“缝合”对话框，“曲面体”选择“剪切曲面 2”和“镜像 1”，单击对话框右上角的按钮，再单击对话框右上角的按钮完成操作，即可看到黄色的曲面变成灰色的实体。参数设置及效果如图 3－25 所示。

图 3－25　缝合曲面

步骤 10　创建支撑件底部不规则凹陷。

单击视图上方工具栏中的【画笔选择模式】按钮，进入画笔选择模式，涂刷如图 3－26 所示的底部凹陷处领域。在【领域】工具栏中单击【插入】按钮，完成领域的创建。单击视图上方工具栏中的【矩形选择模式】按钮，将光标放置在刚创建的领域上，显示“平面”二字，表明系统将涂刷的领域计算为一个平面，与预期一致。

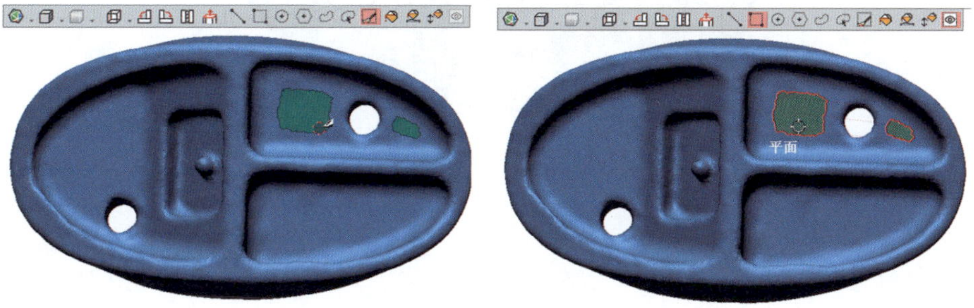

图 3－26　创建底面凹陷处领域

如图 3－27 所示，如果显示的不是“平面”，而是“圆锥”或其他曲面名称，说明涂刷领域的时候范围过大，涂刷到了过渡圆角曲面。在【领域】工具栏中单击【分割】按钮，单击视图上方工具栏中的【画笔选择模式】按钮，涂刷领域中涉及圆角的部分，将其分割去除，单击对话框右上角的按钮完成操作。单击视图上方工具栏中的【矩形选择模式】按钮，将光标放置在刚创建的领域上，显示“平面”二字。

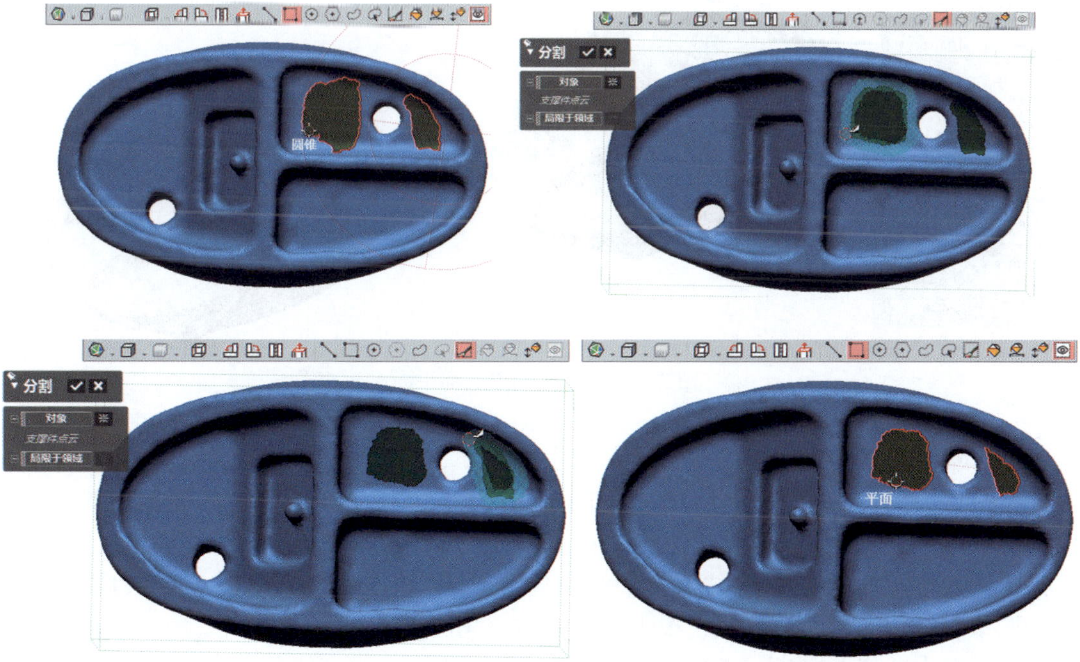

图 3－27　分割领域

用同样的方法涂刷另外两个平面领域，如图 3－28 所示。

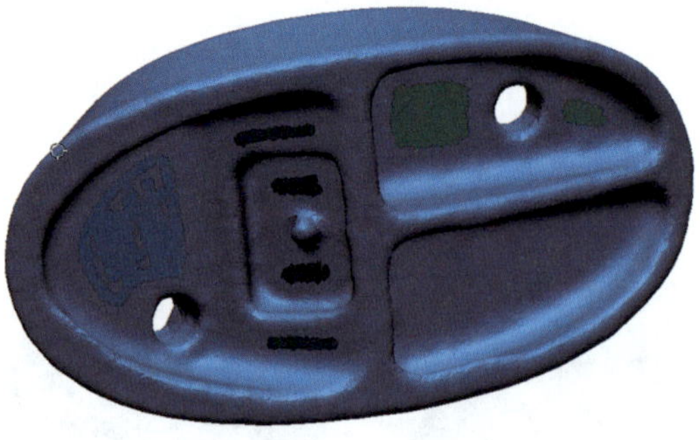

图 3－28　涂刷领域

提示

- 对于统一领域如果一次不能涂刷完成，一定要按住“Shift”键＋鼠标左键继续涂刷，否则前面涂刷的部分会消失。如果涂刷失误，可以按住“Ctrl”键＋鼠标左键擦掉。

使用“面片拟合”工具创建凹陷底部平面，参数设置及效果如图 3－29 所示

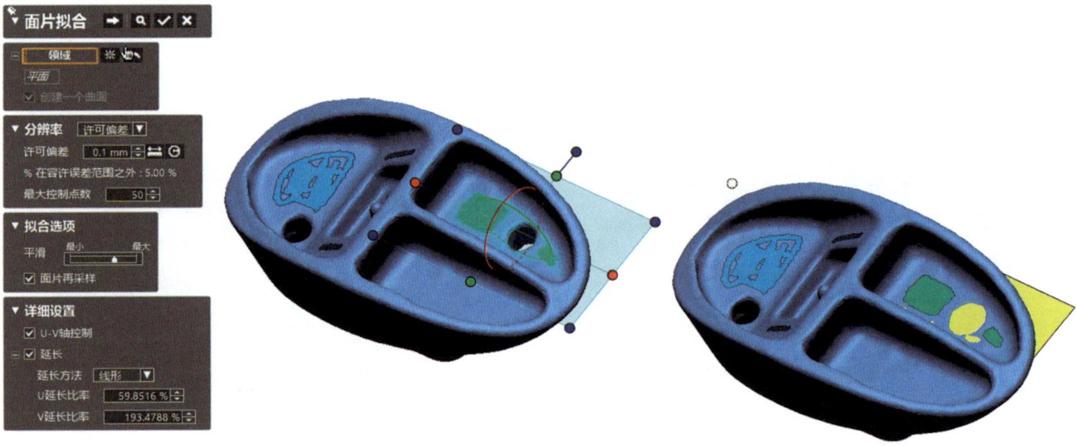

图 3－29　创建凹陷底部平面

在【草图】工具栏中单击【面片草图】按钮，打开“面片草图的设置”对话框，“基准平面”选择上参照平面；在“追加断面多段线”栏中将“由基准面偏移的距离”设为 23mm，单击对话框右上角的按钮完成面片草图的设置。在【草图】工具栏中单击【剪切】按钮，打开“剪切”对话框，选择“相交剪切”模式，依次选择刚创建的两条直线，形成相交直线，单击对话框右上角的按钮完成操作。在【草图】工具栏中单击【调整】按钮，分别拖曳竖直线的上端点和水平线的右端点，使其延长并超过轮廓边界，然后单击对话框右上角的按钮完成操作。最后单击【草图】工具栏

中的【退出】按钮退出草图模式。参数设置及效果如图 3－30 所示。

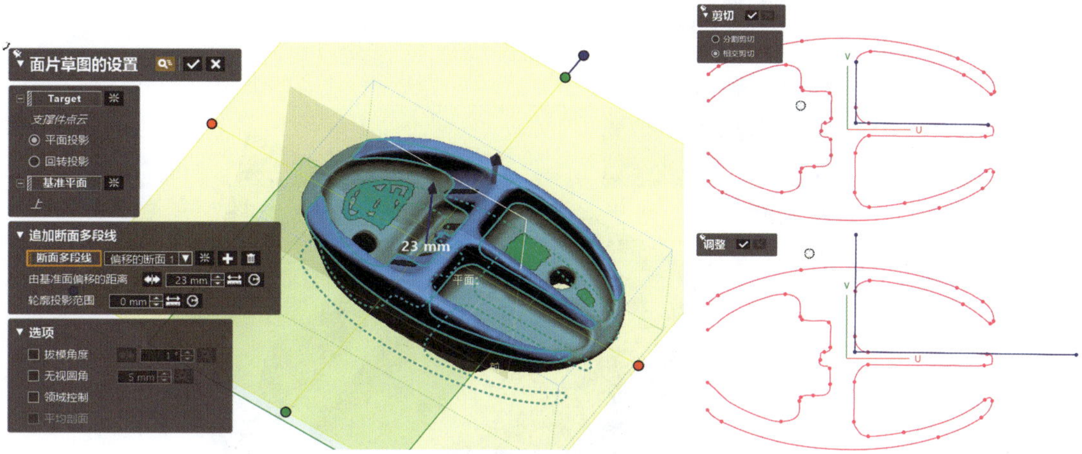

图 3－30　创建草图直线

在【模型】工具栏中单击【拉伸】按钮，打开“拉伸”对话框，对刚创建的“草图 2”进行曲面拉伸；在“方向”栏中将“长度”设为 40mm，单击对话框右上角的✓按钮完成操作。参数设置及效果如图 3－31 所示。

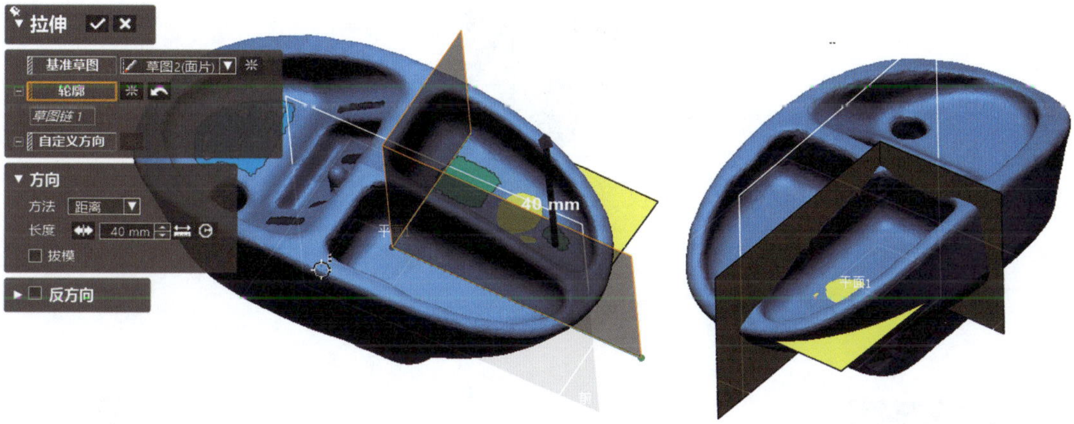

图 3－31　拉伸曲面

在【模型】工具栏中单击【曲面偏移】按钮，打开“曲面偏移”对话框，从“树”管理器中选择前面创建的“放样 1”曲面作为“面”，“偏移距离”设为 4.2mm，单击对话框右上角的✓按钮完成操作。参数设置及效果如图 3－32 所示。

在【模型】工具栏中单击【延长曲面】按钮，打开“延长曲面”对话框，“边线/面”选择“曲面偏移 1”；在“终止条件”栏中选择“距离”并设为 5mm；在“延长方法”栏中选择“线形”，单击对话框右上角的✓按钮完成操作。参数设置及效果如图 3－33 所示。

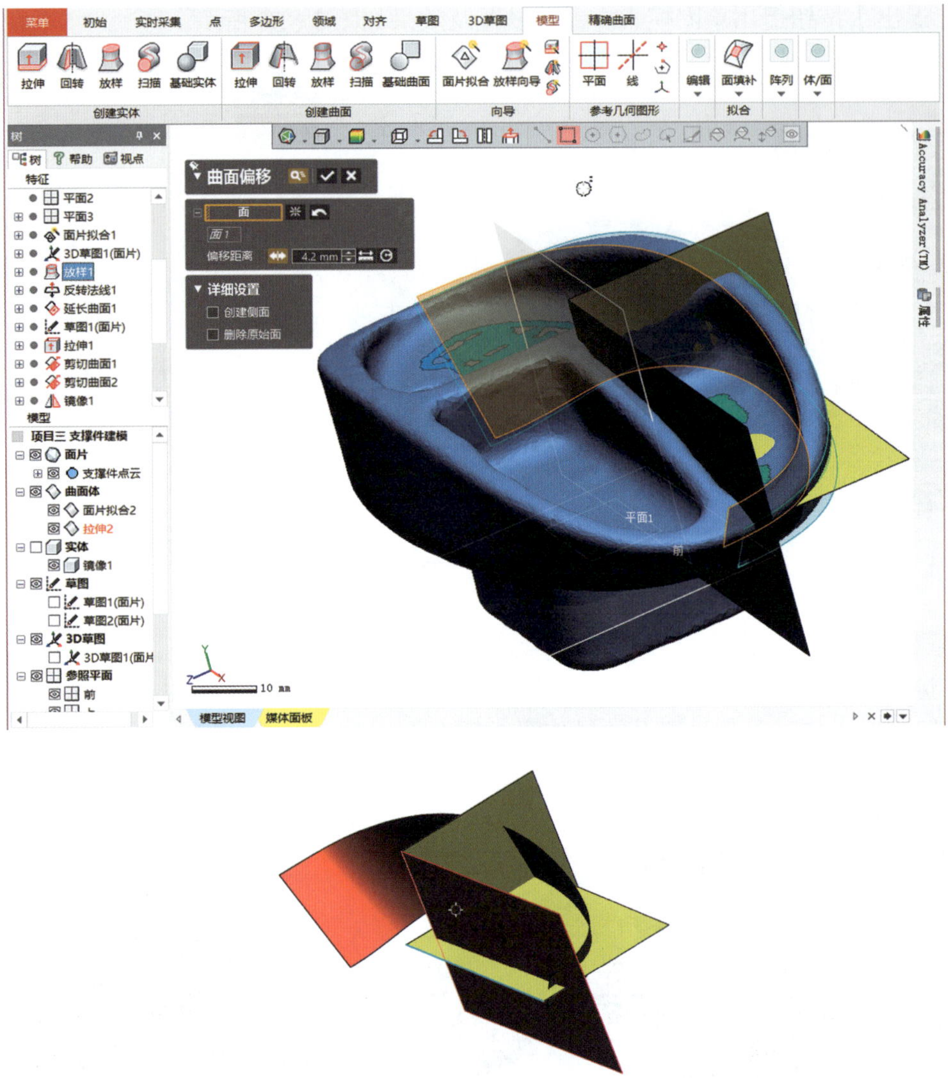

图 3－32　偏移曲面

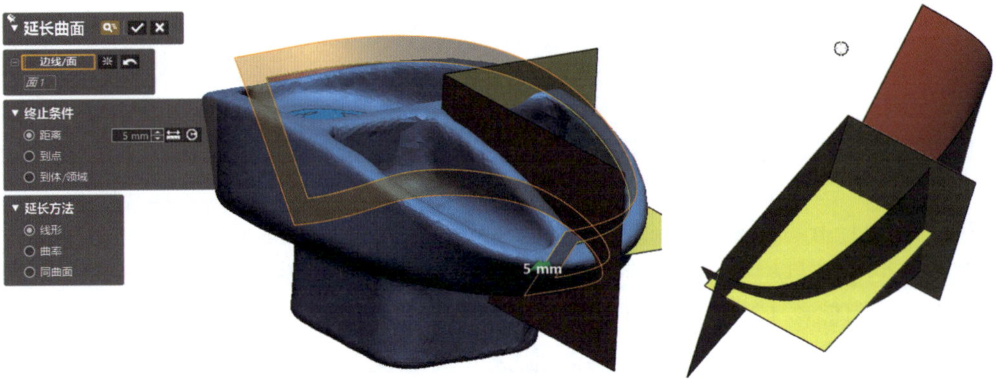

图 3－33　延长曲面

在【模型】工具栏中单击【剪切曲面】按钮，打开“剪切曲面”对话框，“工具”栏中的“工具要素”选择“拉伸 2、面片拟合 2、曲面偏移 1”，单击对话框右上角的按钮；“结果”栏中的“残留体”选择 3 个蓝色的面，单击对话框右上角的按钮完成操作。参数设置及效果如图 3－34 所示。

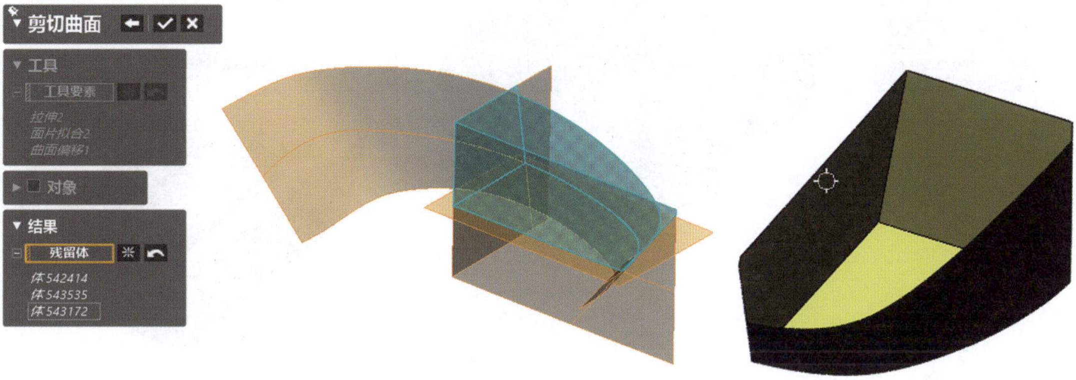

图 3－34　剪切曲面

在【模型】工具栏中单击【圆角】按钮，打开“圆角”对话框。选择如图 3－35 所示的 5 条边线制作圆角，圆角半径设为 4.5mm，单击对话框右上角的按钮完成操作。

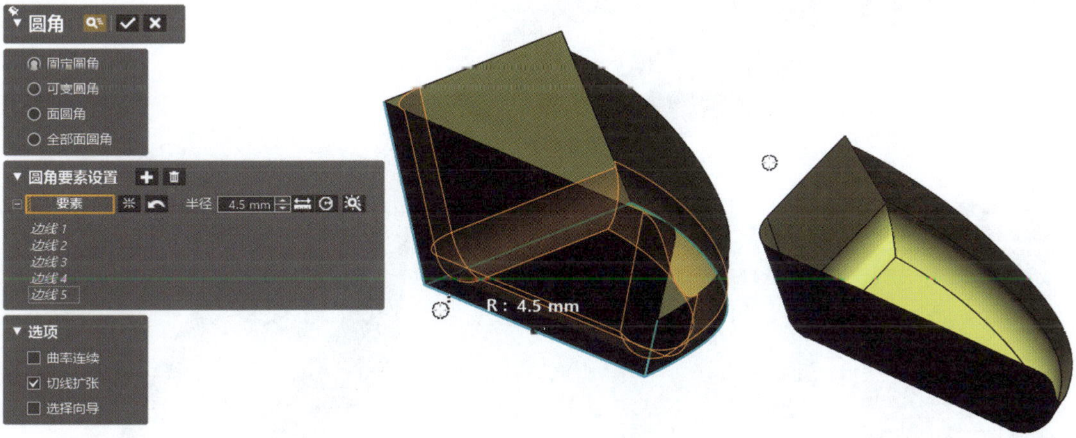

图 3－35　制作曲面圆角

在【模型】工具栏中单击【镜像】按钮，打开“镜像”对话框，“体”选择刚剪切好的曲面，“对称平面”选择前参照平面，单击对话框右上角的按钮完成操作。参数设置及效果如图 3－36 所示。

通过视图下方工具栏中的【选择过滤器】隐藏“面片”、显示“实体”。在【模型】工具栏中单击【切割】按钮，打开“切割”对话框，“工具要素”选择两个曲面，“对象体”选择实体，单击对话框右上角的按钮；“结果”栏中的“残留体”选择要留下的实体，单击对话框右上角的按钮完成操作。参数设置及效果如图 3－37 所示。隐藏曲面体可更好地观察切割后的效果。

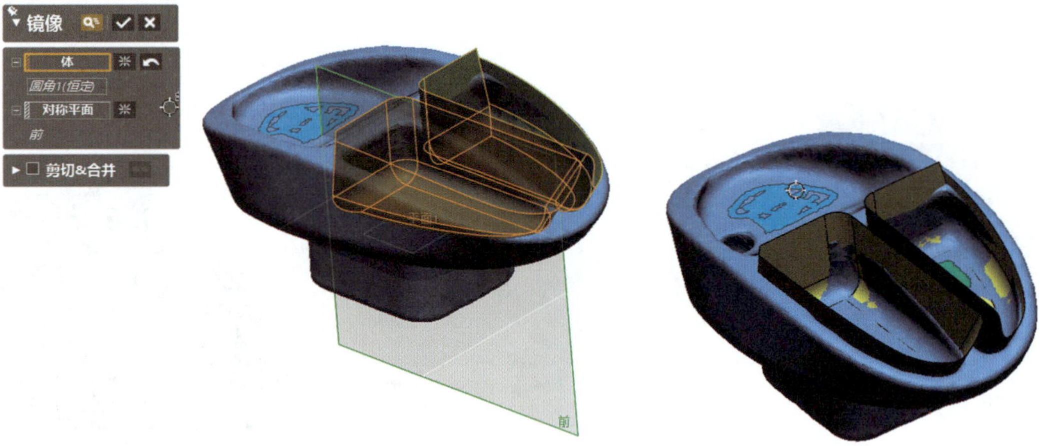

图 3-36　镜像曲面

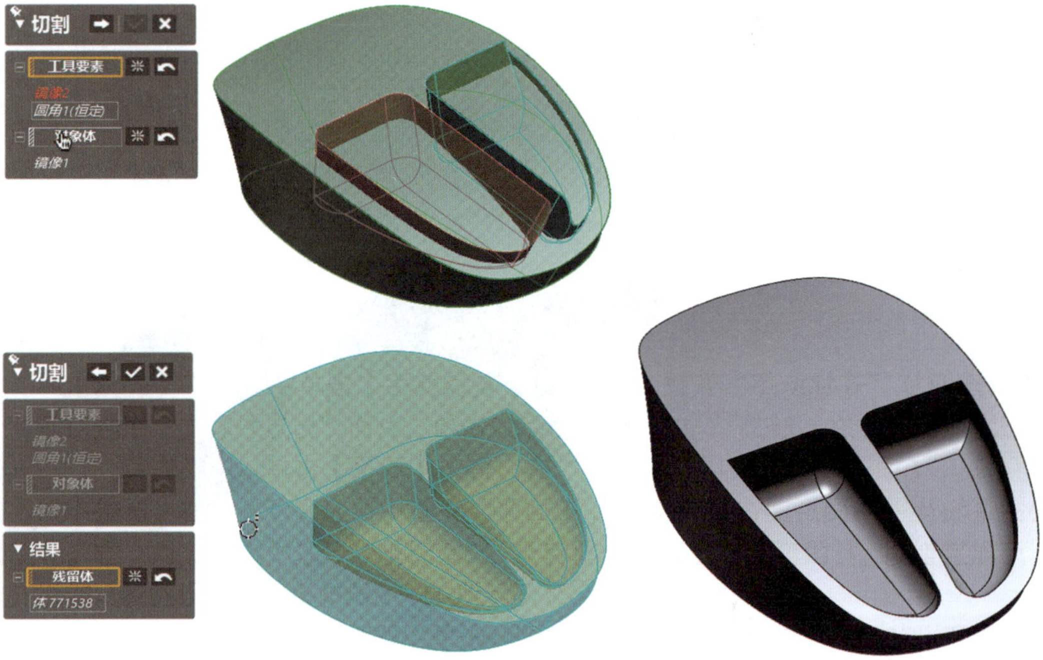

图 3-37　切割实体

步骤 11　创建支撑件底部不规则凹陷及两个螺钉孔。

与“步骤 9”的操作类似，不再赘述。使用【面片拟合】工具制作“面片拟合 3”和“面片拟合 4”。拟合两平面的效果如图 3-38 所示。

使用【剪切曲面】工具对两个平面进行剪切操作，参数设置及效果如图 3-39 所示。

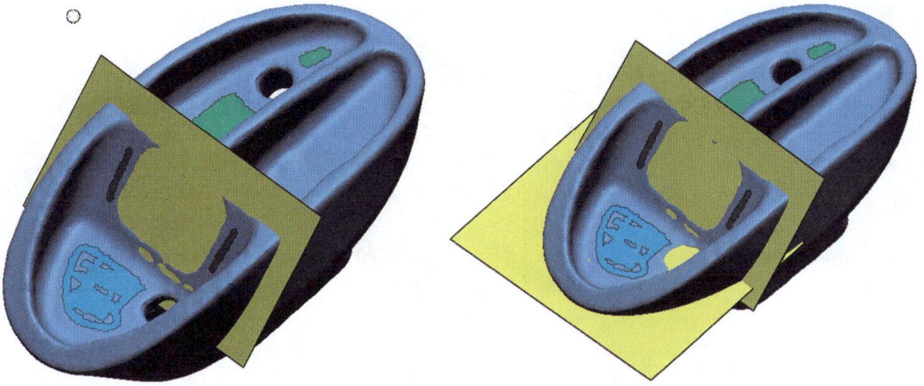

图 3－38　拟合两平面

图 3－39　剪切两平面

使用【面片草图】工具创建面片草图，以“面片草图 3”为“基准平面”，“由基准面偏移的距离”设为 2mm。使用【圆弧】工具拟合出内轮廓曲线，保证 3 段圆弧间的相切关系，端点处适当延长。参数设置及效果如图 3－40 所示。

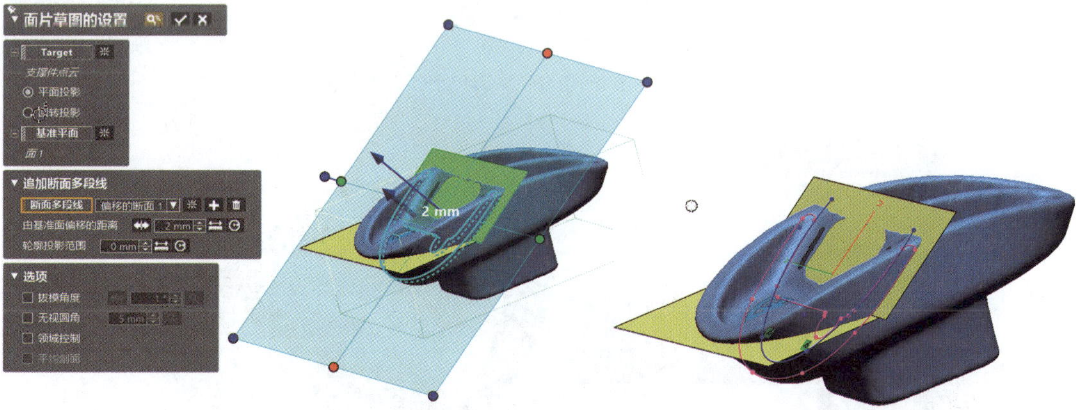

图 3－40　创建面片草图

使用【拉伸】工具将“草图 3”拉伸 40mm，参数设置及效果如图 3－41 所示。

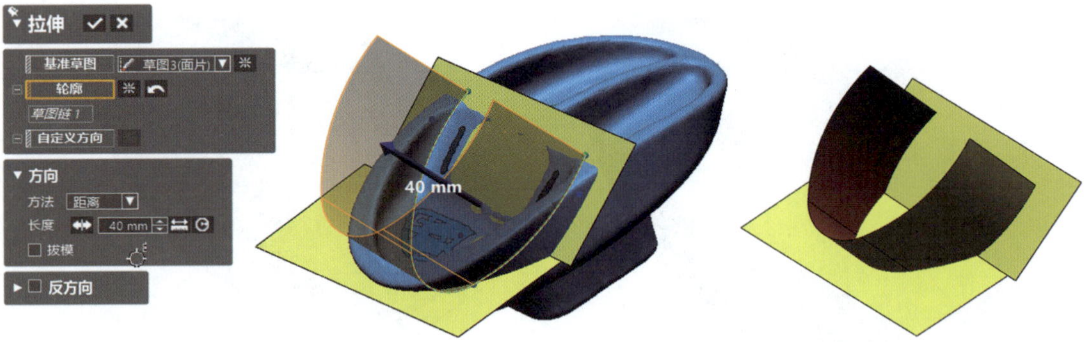

图 3－41　拉伸曲面

使用【剪切曲面】工具对 3 个面进行剪切，参数设置及效果如图 3－42 所示。

图 3－42　剪切曲面

使用【圆角】工具制作底部圆角，半径为 5mm；制作底部周边圆角，半径为 5mm。参数设置及效果如图 3－43 所示。

使用【切割】工具对中间部分实体进行切割，参数设置及效果如图 3－44 所示。

使用【面片草图】工具制作底部矩形凹陷“草图 4”，“基准平面”选择巨型凹陷底部划分的领域，“由基准面偏移的距离”设为 2.7mm。使用【直线】工具拟合出矩形的 4 条边线，再使用【圆角】工具将矩形的 4 个角倒圆角，半径为 4mm。效果如图 3－45 所示。

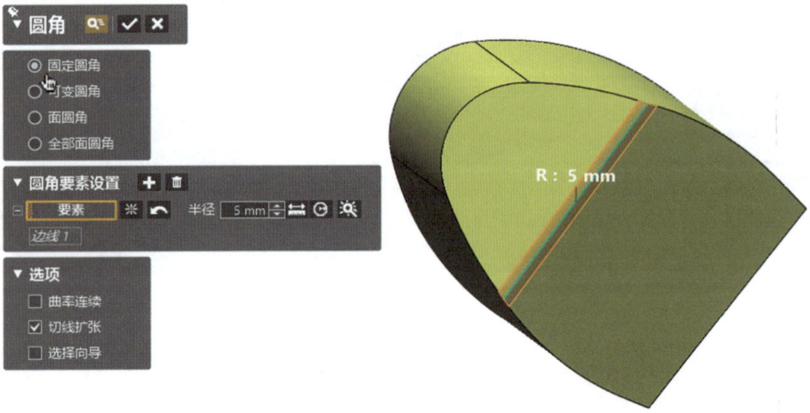

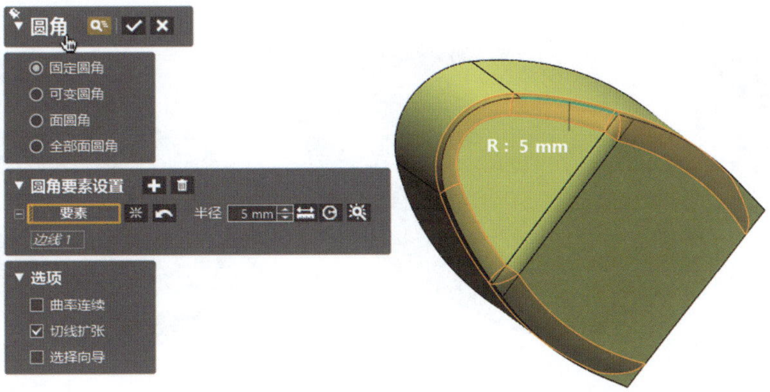

图 3－43　制作圆角

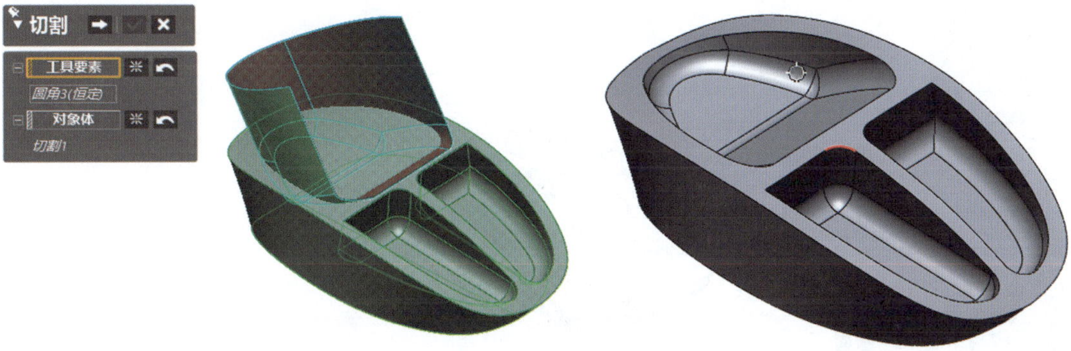

图 3－44　实体切割

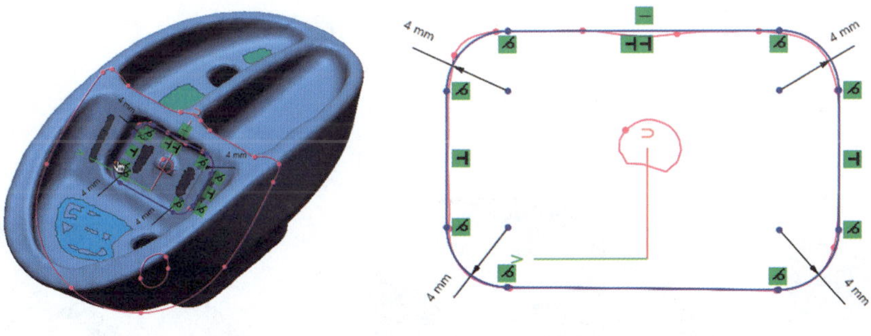

图 3－45　创建面片草图

在【模型】工具栏中单击实体【拉伸】按钮，打开“拉伸”对话框，“轮廓”选择“草图 4”；“方向”栏中的“方法”选择“距离”，“长度”设为 40mm；在“结果运算”栏勾选“切割”。单击对话框右上角的按钮完成操作。参数设置及效果如图 3－46 所示。

使用【面片草图】工具制作矩形凹陷底部凸起草图，再使用【圆】工具拟合圆形草图。参数设置及效果如图 3－47 所示。

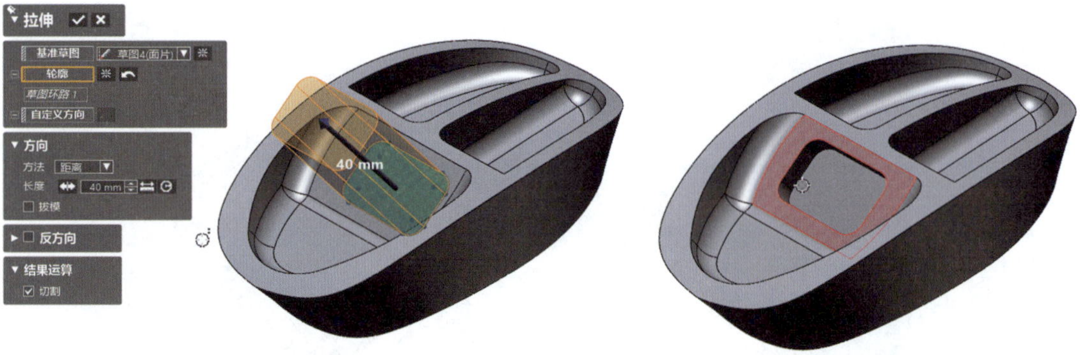

图 3-46　拉伸切割

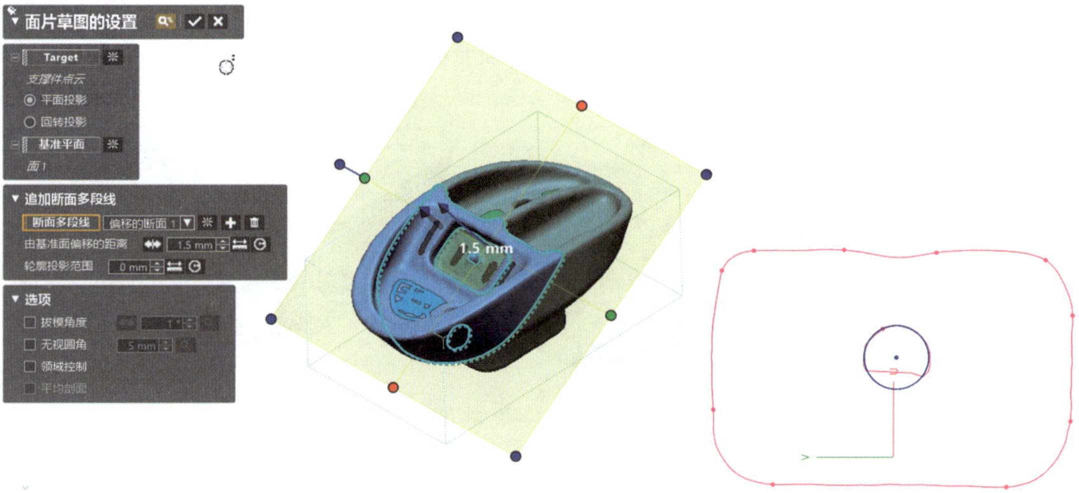

图 3-47　矩形凹陷底部凸起草图

使用实体【拉伸】工具将凸起拉伸起来 4mm，在“结果运算”栏勾选“合并”。参数设置及效果如图 3-48 所示。

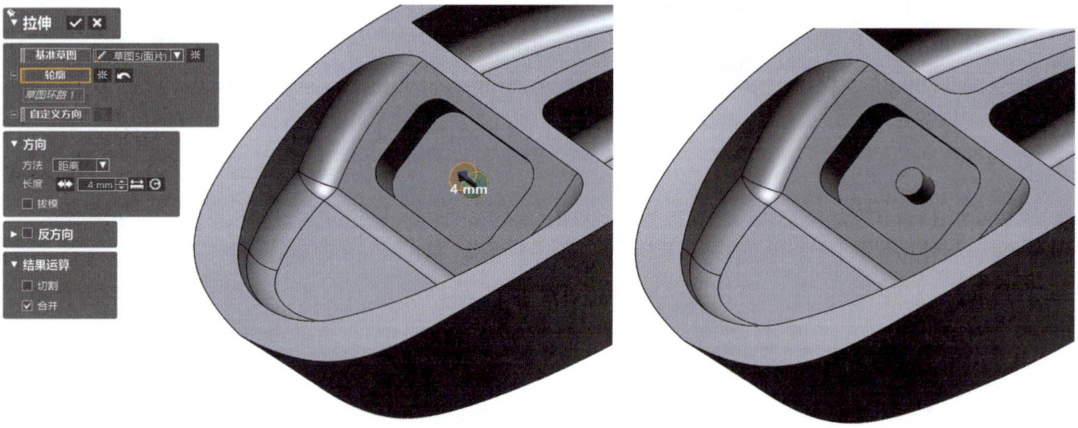

图 3-48　拉伸凸起

使用【圆角】工具制作矩形凹陷底部圆角和凸起顶部圆角，半径分别为 2mm 和 2.2mm，如图 3－49 所示。

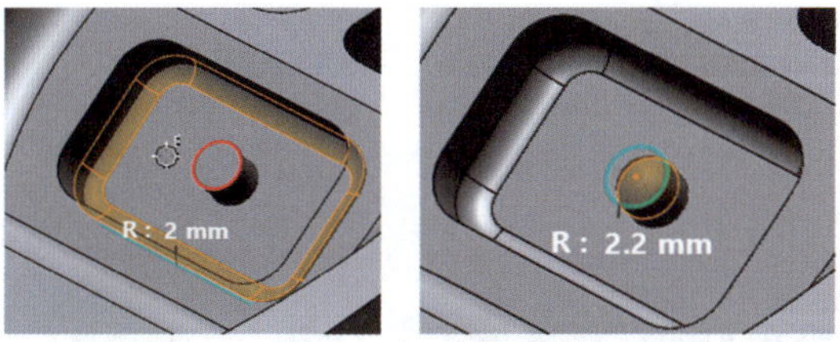

图 3－49　制作圆角

使用【面片草图】工具制作两个孔的草图，“基准平面”选择上参照平面；使用【圆】工具拟合圆形草图，半径为 3.9mm。参数设置及效果如图 3－50 所示。

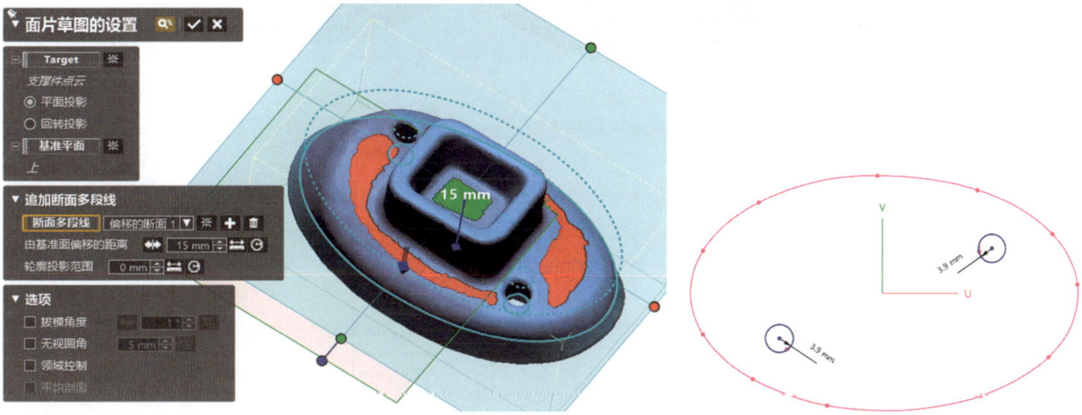

图 3－50　制作两个孔的草图

使用实体【拉伸】工具将两个圆形拉伸起来 40mm，“结果运算”选择“切割”；使用【圆角】工具制作两个孔边缘的圆角，半径均为 2mm。参数设置及效果如图 3－51 所示。

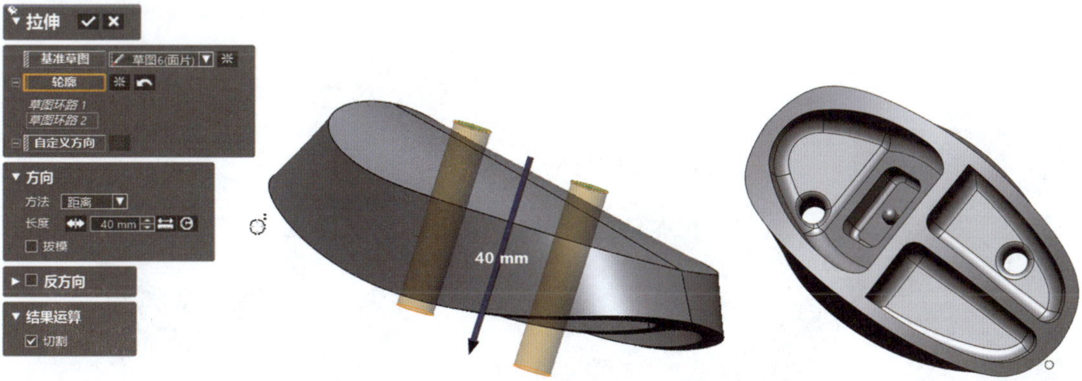

图 3－51　拉伸切割两个孔

步骤 12　创建支撑件上部形状。

使用【面片草图】工具设置支撑架上部矩形草图；使用【矩形】工具拟合矩形 4 条

直线边线；使用【圆角】工具制作矩形4个角的圆角，半径为8mm。参数设置及效果如图3-52所示。

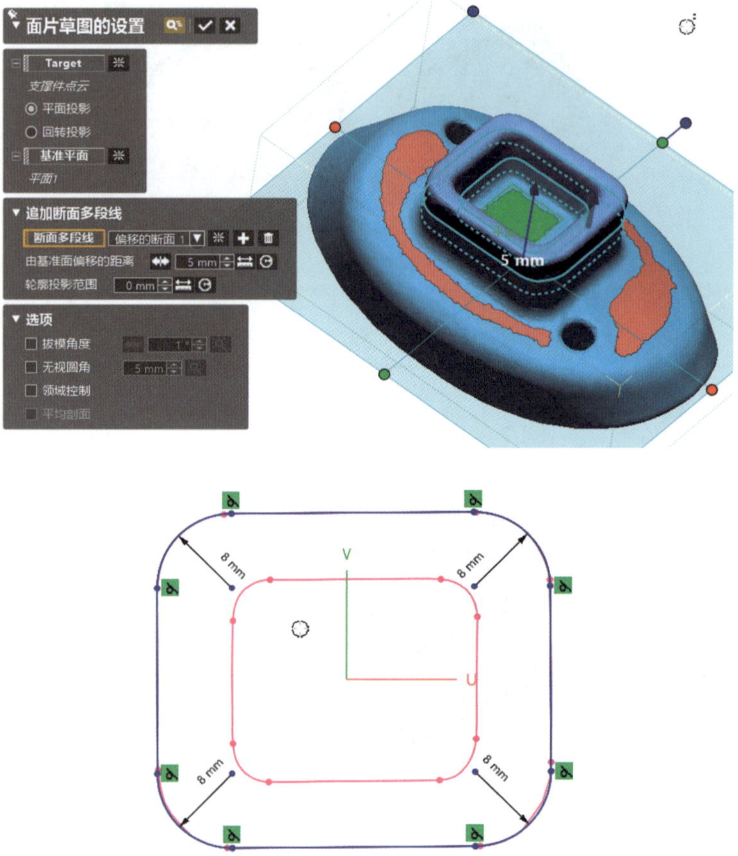

图3-52　支撑件上部矩形草图

使用实体【拉伸】工具对上部矩形进行拉伸，“方法”为“距离”，正方向“长度”为12mm，反方向“长度”为15mm，“结果运算”选择“合并”。参数设置及效果如图3-53所示。

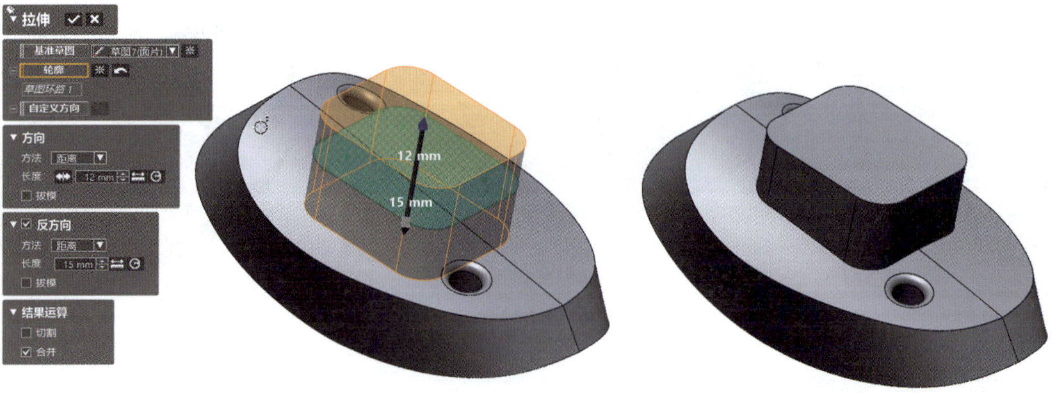

图3-53　上部矩形实体拉伸

使用【面片草图】工具设置支撑架上部矩形凸起中的凹陷部分；使用【矩形】工具拟合矩形 4 条直线边线；使用【圆角】工具制作矩形 4 个角的圆角，半径为 4mm。参数设置及效果如图 3－54 所示。

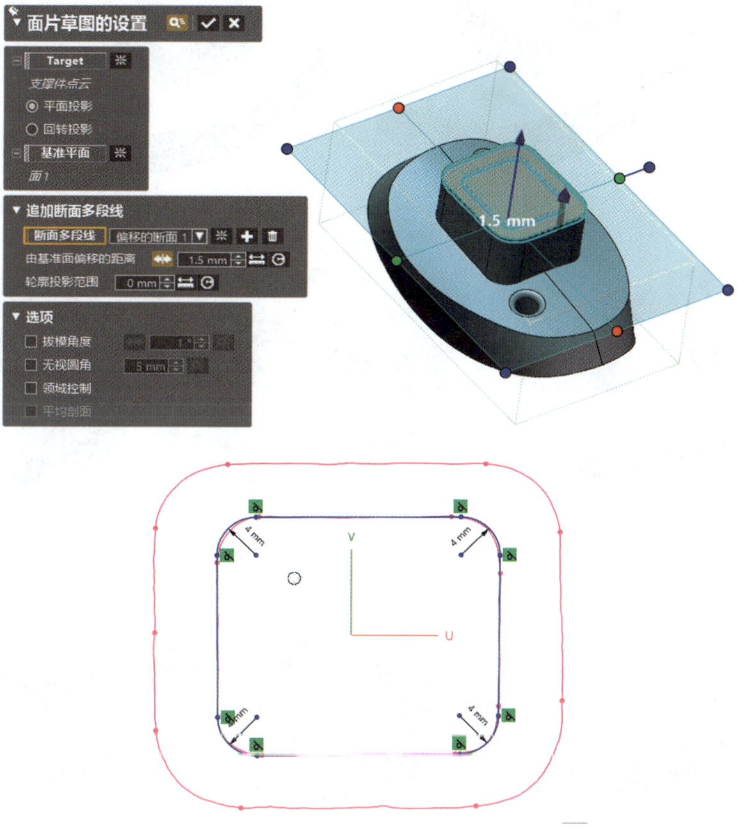

图 3－54　矩形凹陷草图

使用实体【拉伸】工具对上部矩形凹陷部分进行拉伸切割，“方法”为“到曲面”，“选择要素”选择矩形凹陷底部的领域，勾选“拔模”，“角度”设为 12°，“结果运算”勾选“切割”。参数设置及效果如图 3－55 所示。

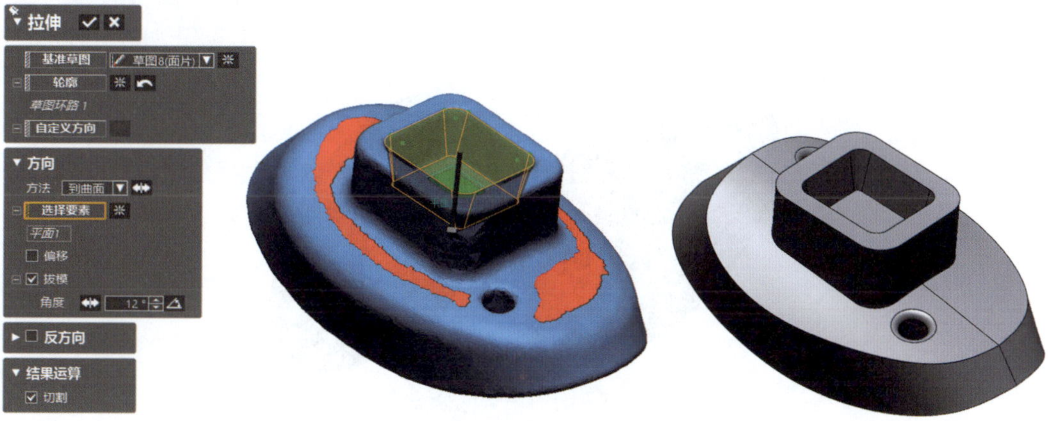

图 3－55　矩形凹陷部分拉伸切割

使用【圆角】工具制作剩余部分圆角，如图 3－56 所示。

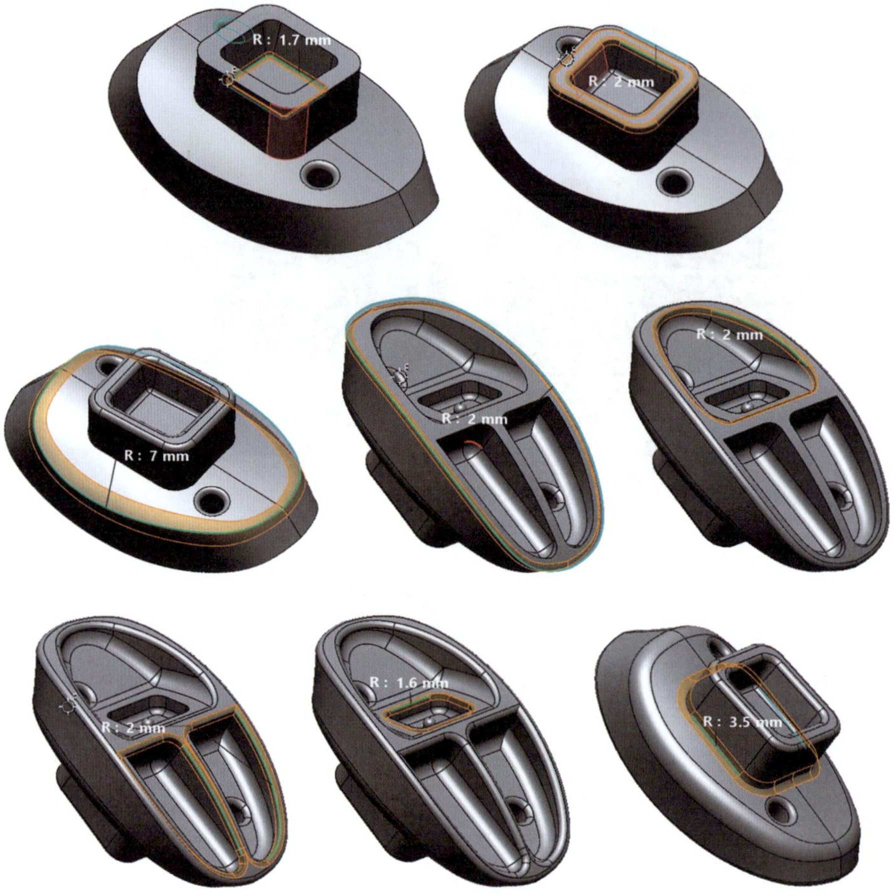

图 3－56　制作剩余部分圆角

步骤 13　体偏差检测。

单击视图上方工具栏中的【体偏差】按钮，系统会自动计算出建模后的实体与原始扫描点云之间的误差，并以色图形式呈现，如图 3－57 所示，绿色代表合格范围，误差范围通常为 -0.1mm ～ 0.1mm。通过色图可以很容易地发现建模不理想的地方，以便进行二次修正。

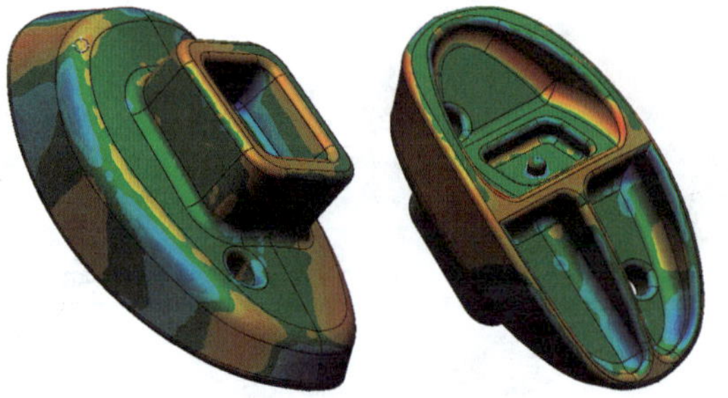

图 3－57　检测体偏差

项目小结

通过本项目的学习，应掌握 Geomagic Design X 建模的技巧及以下技能：

（1）通过使用领域【插入】工具，掌握手动领域的创建过程。

（2）通过使用【3D 面片草图】工具，掌握 3D 草图的绘制。

（3）通过使用【放样】工具，掌握曲面创建的方法。

（4）通过使用【镜像】工具，掌握曲面编辑的方法。

（5）通过使用【缝合】工具，掌握从曲面到实体的制作方法。

考核评价

对配套资源中的测压器（图 3－58）点云文件编制建模步骤，并利用 Geomagic Design X 软件进行建模。

图 3－58　测压器

- 点云文件路径：“工业设计技术 -Geomagic DesignX 逆向设计实用教程 \ 素材 \ 项目三 \ 测压器点云 .gpd”。
- 考核指标见表 3－2。
- 建模步骤自拟表单，或登录中国人民大学出版社官网下载。

表 3－2　考核指标

指标	项目要求	分值	评分细则	得分
技术指标	步骤计划创建合理	10	每缺失一个步骤扣 2 分，某一步骤不合理扣 2 分，累计扣分，扣完为止	
	点云处理精细	5	有多余的杂点扣 2 分，有多余的点云族扣 3 ～ 5 分	
	面片创建平滑	5	有钉状物扣 1 分，累计扣分，扣完为止	
	坐标对齐合理	10	没有进行坐标对齐扣 10 分，基准面选择不合理扣 3 ～ 5 分	
	领域划分合理	10	没有进行领域划分扣 10 分，领域划分不合理扣 3 ～ 5 分	
	曲面创建合理	10	曲面创建不符合设计意图扣 2 分，累计扣分，扣完为止	
	实体创建合理	10	不能形成实体扣 10 分，实体特征缺失扣 2 分，累计扣分，扣完为止	
	体偏差比率	20	根据体偏差检测比率给定	

续表

指标	项目要求	分值	评分细则	得分
素质指标	通过学习【素养提升】内容，结合本项目学习情况谈一谈体会	20	根据体会深刻程度进行评价。 个人体会：	
总分				

项目四 摄像头建模

——面片创建精灵的重点应用

项目导读

摄像头在日常生活中随处可见，如电脑摄像头、监控摄像头等。本项目涉及面片创建、坐标对齐、手动领域分割、面片草图绘制、3D草图创建、放样、曲面剪切、镜像、缝合、切割实体、圆角创建等建模技术。通过本项目的学习，大家可以掌握与摄像头造型相近的物体的建模技巧。

素养提升

从数百万平方公里范围的卫星图像中快速、精准地定位并识别目标，是遥感数据智能解译领域的核心难题。中国科学院空天信息创新研究院科研团队和国际摄影测量与遥感协会合作，构建了一套大规模遥感图像细粒度目标识别数据集（FAIR1M），并面向全球公开发布。该数据集含15000余幅分辨率优于1米、尺寸从上千到上万像素不等的图像，具有100多万精细化标注、多角度分布的目标，场景覆盖全球上百个典型城市、乡镇，以及常用机场、港口等，其中来自我国自主产权高分系列卫星的数据占比超过80%，标注结果均经权威判读专家确认。

项目分析

如图4－1所示，摄像头模型主要分为5个部分：主体部分、主体中部凸起部分、镜头部分、闪光灯部分、支架安装部分。主体中部凸起部分尺寸较小，制作起来有一定的难度。考虑到摄像头主体是左右对称的，因此以中央截面为基础，先制作一半的中间曲面，再进行镜像操作，这样可以更好地保证建模后的对称度。

图4－1 摄像头

摄像头建模步骤见表 4－1。

表 4－1　摄像头建模步骤

序号	建模步骤	效果
1	导入摄像头点云数据：将扫描好的摄像头的点云数据导入 Geomagic Design X 软件	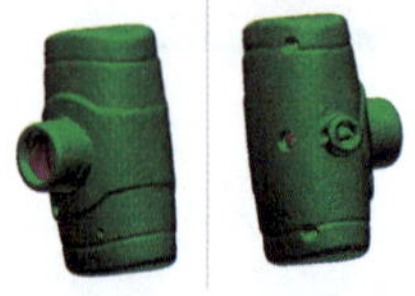
2	优化点云，去除杂点：使用【杂点消除】工具和【套索】工具优化点云	
3	将点云数据面片化并对面片进行优化：使用【面片创建精灵】工具创建摄像头面片，使用【加强形状】和【平滑】工具进行面片优化	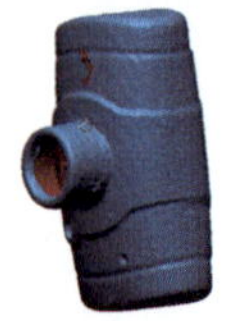
4	对摄像头面片进行坐标对齐：使用【平面】工具创建辅助平面，使用【手动对齐】工具进行坐标系对齐操作	
5	分割特征领域：使用领域【插入】工具对摄像头面片进行手动领域的划分	
6	制作摄像头半个主体部分曲面：使用【3D 草图】、【面片拟合】、【拉伸】和【剪切曲面】等工具制作摄像头半个主体部分曲面	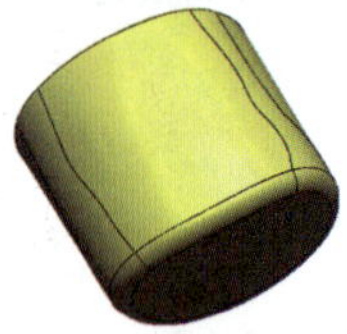
7	制作摄像头主体中部凸起：使用【曲面偏移】、【缝合】、【放样】、【3D 草图】和【剪切曲面】工具制作主体中部凸起	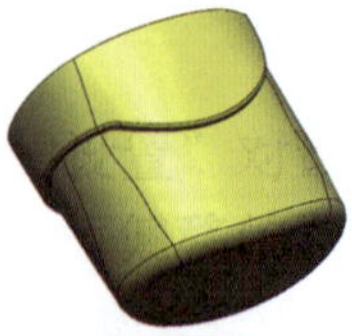
8	制作摄像头主体实体：使用【镜像】、【缝合】、【剪切曲面】和【放样】等工具制作摄像头主体实体	

续表

序号	建模步骤	效果
9	制作摄像头镜头部分和支架安装部分：使用【面片草图】和【拉伸】等工具制作摄像头镜头部分和支架安装部分	
10	制作摄像头闪光灯部分及细部特征：使用【切割】、【曲面偏移】和【延长曲面】等工具制作摄像头闪光灯部分及细部特征	
11	使用【体偏差】工具进行误差分析	

知识技能点

本项目所讲解的摄像头的外形相对复杂，尤其摄像头主体中部凸起部分是工业造型中经常出现的特征。本项目创建过程中将用到前面讲过的绝大部分建模工具。重要的知识及技能点如下：

➢ 手动领域【插入】：手动添加新的特征领域。

操作步骤：

- 使用“画笔选择模式”涂刷想要划分的领域，单击【插入】按钮。
- 选择“工具→领域工具→插入”菜单命令。
- 按住“Shift”键＋鼠标左键可增加涂刷区域。
- 按住“Ctrl”键＋鼠标左键可擦除已涂刷区域。

➢【3D 草图】：创建空间彩图，如空间样条、剖面和现有面上的 UV 曲线。

操作步骤：

- 在【3D 草图】工具栏中单击【3D 草图】按钮。

➢【样条曲线】：样条曲线工具用于在网格或自由三维空间中创建三维曲线。该工具在 3D 草图模式和 3D 面片草图模式下均可用。

操作步骤：

- 创建 3D 草图后，在【3D 草图】工具栏中单击【样条曲线】按钮。
- 选择“工具→ 3D 草图要素→样条曲线”菜单命令。

➢【放样】：该工具可通过多个不同对象创建一个曲面或实体。可以使用【圆】、【样条曲线】和【圆弧】工具将多个对象绘制在 2D 或 3D 草图中。

操作步骤：

- 在【模型】工具栏中单击【放样】按钮或。
- 选择“插入→实体→放样”菜单命令。
- 选择“插入→曲面→放样”菜单命令。

项目实施

摄像头建模 -1

摄像头建模 -2

步骤 1　导入摄像头点云文件。

选择“菜单→插入→导入”菜单命令或单击【初始】工具栏中的【打开】下拉菜单中的【导入】按钮，打开“导入”对话框，在配套资源中找到“工业设计技术 -Geomagic DesignX 项目化设计教程\素材\04 项目四摄像头建模\项目四摄像头点云 .gpd”，单击【仅导入】按钮，完成摄像头点云文件的导入。导入后的点云一般显示为天蓝色，为了更好地观察并消除杂点，可以根据个人习惯更改点云的颜色。在“树”管理器中右击“点云”，右侧会弹出“属性对话框”，单击“材质”右侧的【…】按钮，弹出“材质对话框”，即可更改颜色，最后单击【OK】按钮完成更改。参数设置及效果如图 4－2 所示。

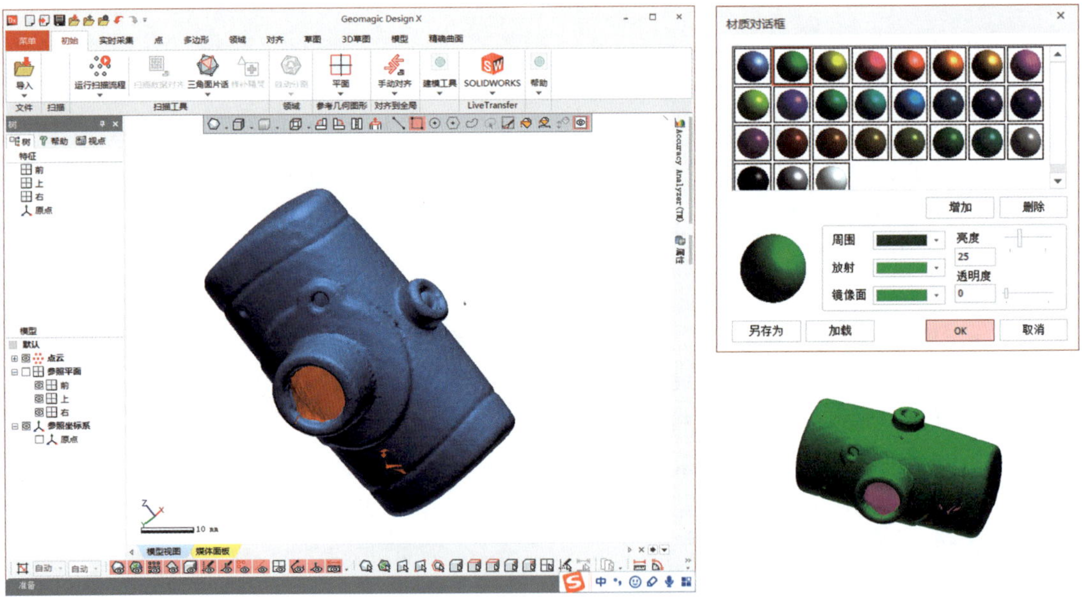

图 4－2　导入摄像头点云文件并更改颜色

步骤 2　点云优化。

在【点】工具栏中单击【平滑】按钮，打开“平滑”对话框，将“平滑程度”设为“最大”，单击对话框右上角的按钮完成操作。参数设置及效果如图 4－3 所示。

步骤 3　创建面片并优化。

在【点】工具栏中单击【面片创建精灵】按钮，打开“面片创建精灵”对话框，通过数据准备、数据编辑、数据合并这三步完成面片的创建，效果如图 4－4 所示。

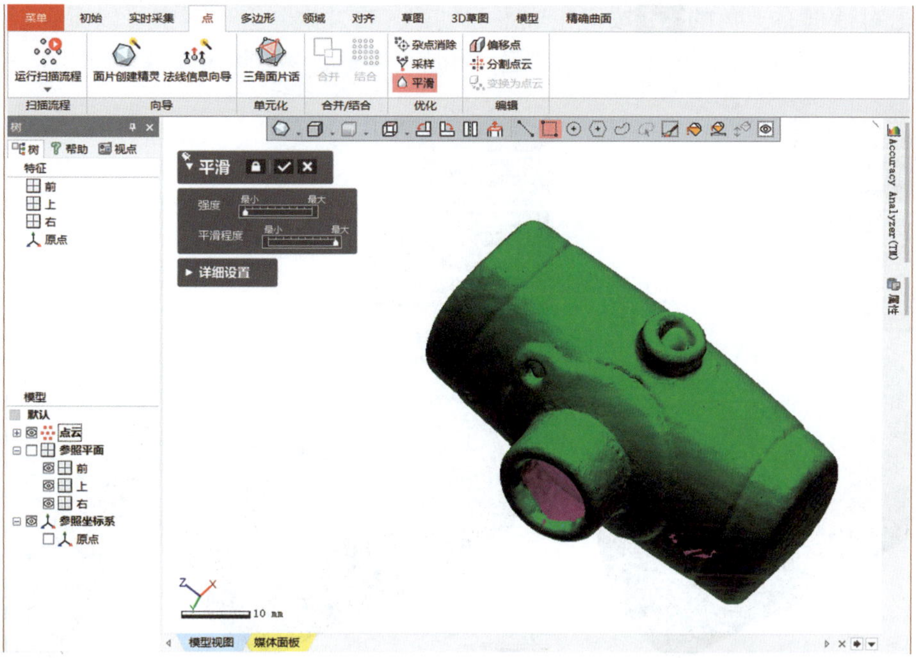

图 4－3　平滑

图 4－4　面片创建

在【多边形】工具栏中单击【加强形状】按钮和【平滑】按钮，分别在打开的对话框中设置适当的参数，对创建好的摄像头面片进行优化。为达到更好的效果，这两个步骤可以重复执行两到三次。参数设置及效果如图 4－5 所示。

步骤 4　坐标对齐。

在【初始】工具栏中单击【平面】按钮，打开“追加平面”对话框，“要素”默认选中刚刚建立的面片，“方法”选择“选择多个点”，然后在镜头凸起的前平面选择多个点，最后单击对话框右上角的✓按钮完成平面创建。在“树”管理器中可以看到创建好的“平面 1”，单击其左侧的◎图标可显示 / 隐藏相应的特征。参数设置及效果如图 4－6 所示。

图 4－5　面片优化

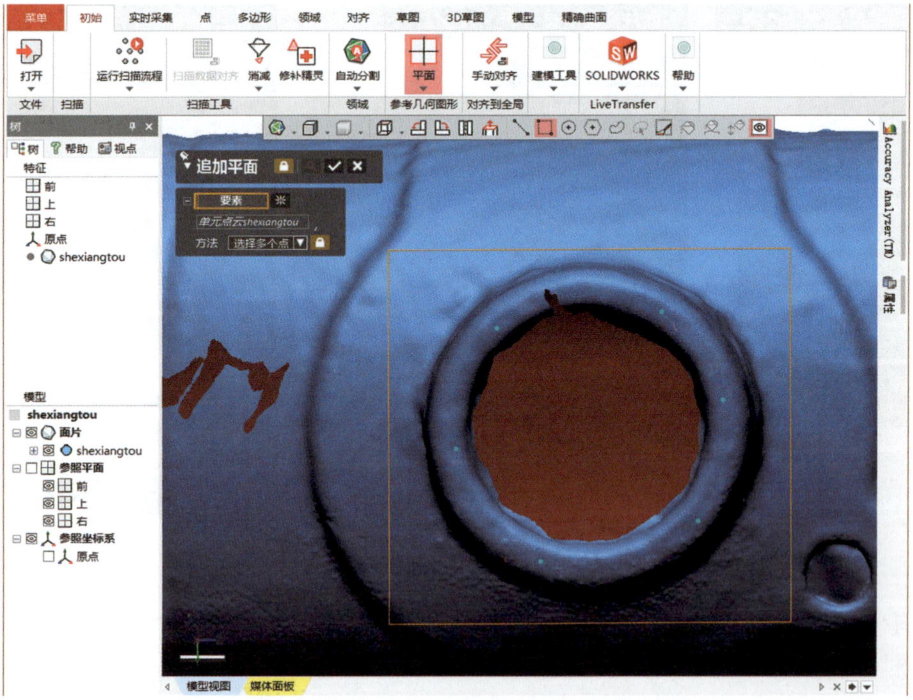

图 4－6　创建辅助平面 1

在【初始】工具栏中单击【平面】按钮⊞，弹出“追加平面”对话框，“方法”选择“绘制直线”。使用鼠标右键进行视图旋转，按住“Ctrl”键＋鼠标右键可实现视图平移，使摄像头镜头面朝前，将视图摆正。通过面片中心自上而下单击鼠标左键绘制一条直线，然后单击对话框右上角的✓按钮完成平面创建。在“树”管理器中可以看到创建好的“平面 2”。参数设置及效果如图 4－7 所示。

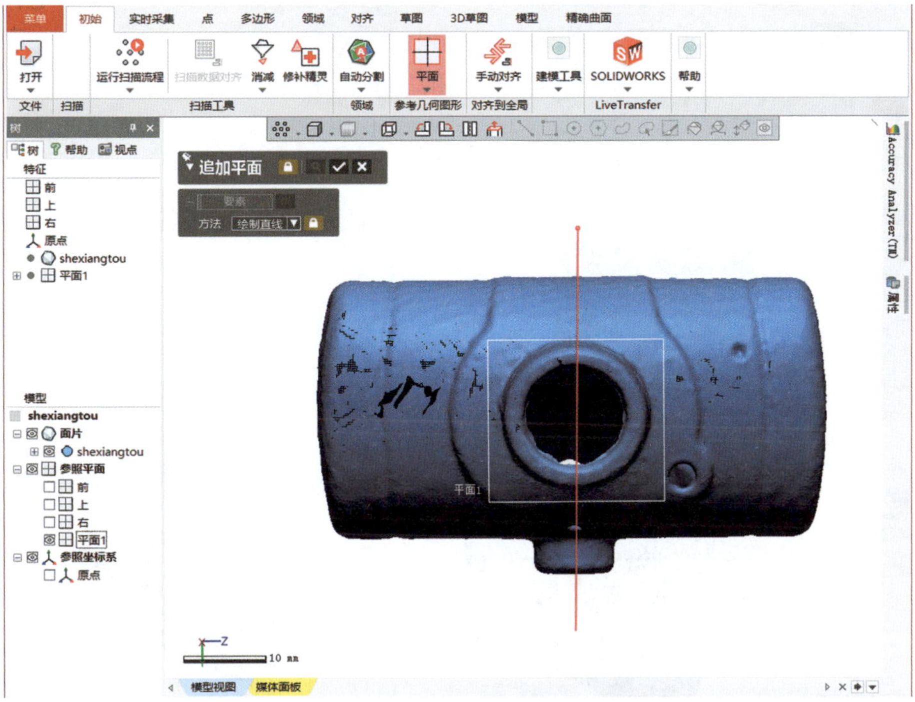

图 4－7　创建辅助平面 2

在【初始】工具栏中单击【平面】按钮，弹出“追加平面”对话框，“方法”选择“镜像”，“要素”通过“树”管理器选择“摄像头点云面片”和“平面 2”，按住“Ctrl”键可以同时选中，然后单击对话框右上角的✓按钮完成平面创建。在“树”管理器中将“平面 2”隐藏。参数设置及效果如图 4－8 所示。

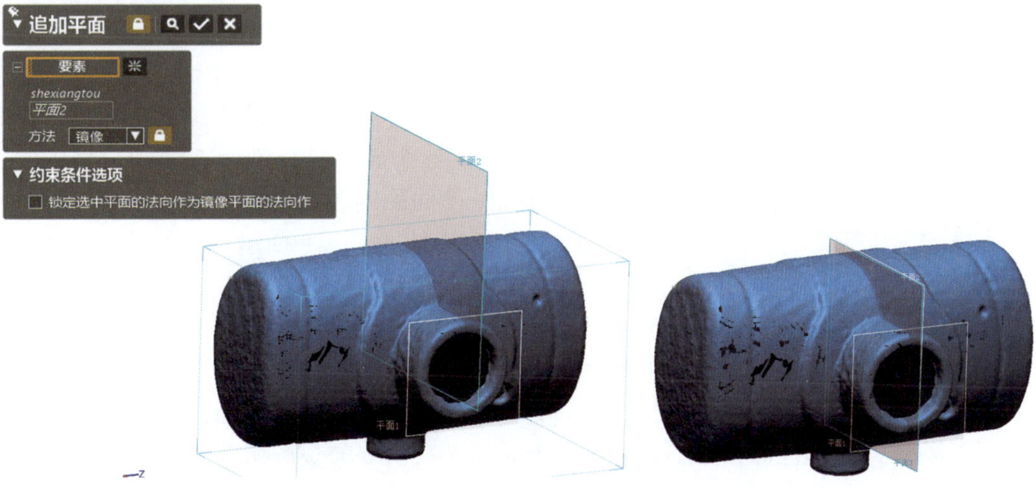

图 4－8　创建辅助平面 3

在【对齐】工具栏中单击【手动对齐】按钮，打开“手动对齐”对话框，“要素”默认选中“摄像头点云”面片，单击对话框右上角的按钮。在“移动”栏中选择“X-Y-Z”对齐类型，单击【平面】按钮，*X*轴选择“平面 1”，*Z*轴选择“平面 3”，观察右侧视图中的坐标系发生的变化。在“对象”栏中选择“坐标系”。最后单击对话框右上角的按钮完成手动对齐操作。参数设置及效果如图 4－9 所示。

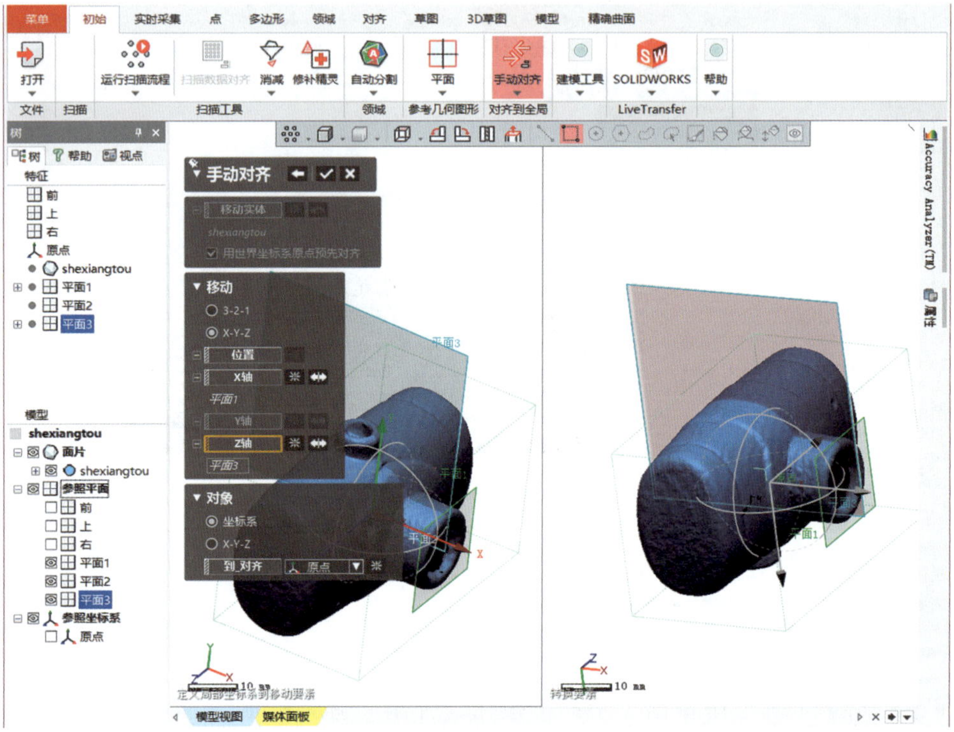

图 4－9　坐标对齐

对齐完成后，在“树”管理器中单击图标隐藏“平面 1”和“平面 3”，取消隐藏“前”、“上”和“右”这 3 个基准平面，即可看到基准坐标系已经对齐了。

步骤 5　分割领域。

单击视图下方工具栏中的【选择过滤器】工具条中的【参照平面】按钮，隐藏所有参照平面。单击【领域】工具栏，再单击视图上方工具栏中的【画笔选择模式】按钮，进入画笔选择模式，分别对摄像头主体的 6 个曲面进行涂刷。涂刷过程中注意避开过渡部分或不在同一曲面的部分，涂刷完一个曲面的领域后要在【领域】工具栏中单击【插入】按钮，然后再涂刷其他曲面。效果如图 4－10 所示。

步骤 6　创建摄像头主体的一半。

在【模型】工具栏中单击【面片拟合】按钮，打开“面片拟合”对话框，“领域 / 单元面”选择摄像头背部表面领域，“分辨率”选择“许可偏差”，“许可偏差”设为 0.1mm，单击预览按钮进行预览。如果面片太小或太大，可以拖曳 4 个角点进行缩放，还可以拖曳把手进行旋转，最后单击对话框右上角的按钮完成操作。参数设置及效果如图 4－11 所示。

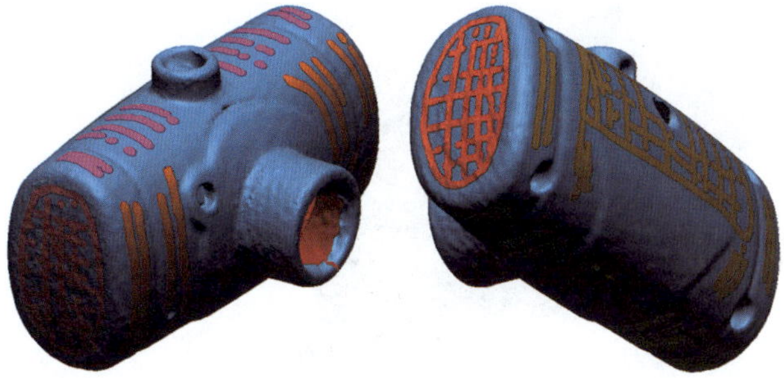

图 4－10　手动创建领域

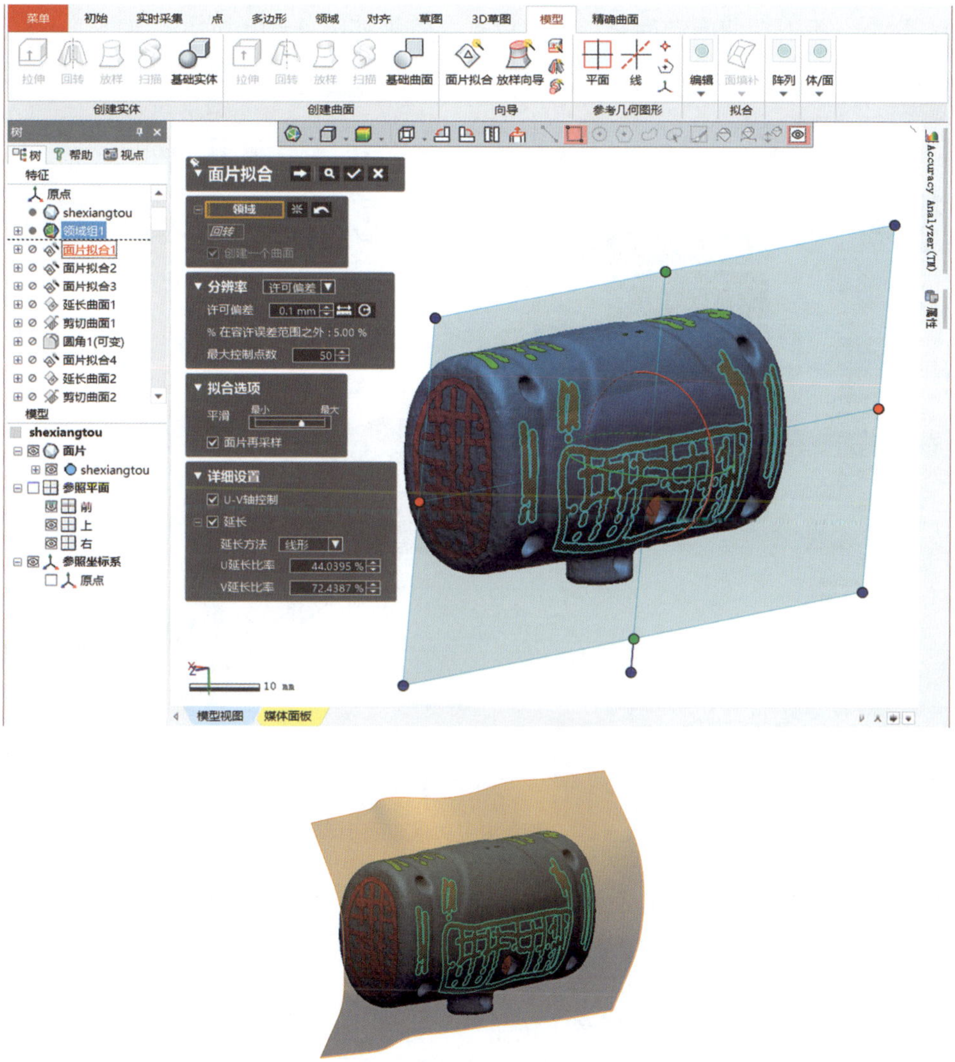

图 4－11　摄像头主体背部面片拟合

用同样的方法对摄像头主体前部和摄像头底部进行面片拟合，效果如图 4－12 所示。

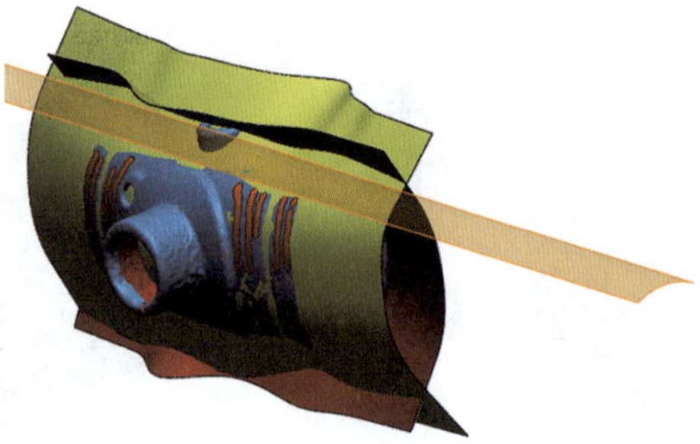

图 4－12　摄像头主体前部和底部面片拟合

在【模型】工具栏中单击【延长曲面】按钮，将摄像头主体底部面片整体延长20mm，为下一步剪切曲面做准备。参数设置及效果如图 4－13 所示。

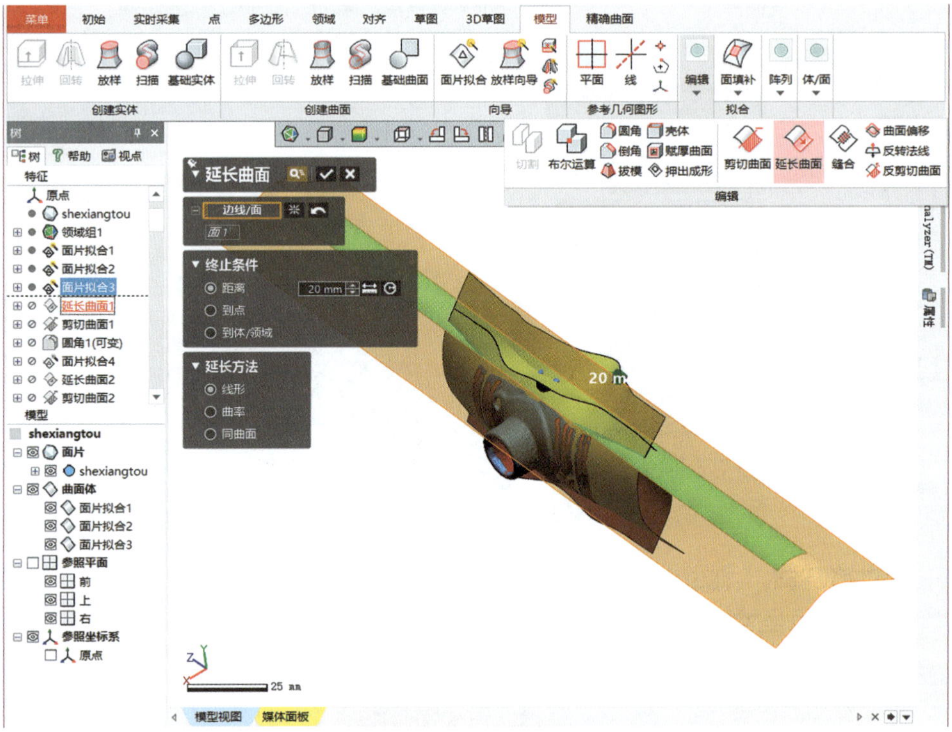

图 4－13　摄像头主体底部面片延长

在【模型】工具栏中单击【剪切曲面】按钮，“工具要素”和“对象体”分别选中前面建立的 3 个面片拟合，然后单击对话框右上角的按钮，“残留体”选择要留下的部分。参数设置及效果如图 4－14 所示。

在【模型】工具栏中单击【圆角】按钮，选择“可变圆角”，“要素”选择图 4－15 所示的边线。在“轮廓视图”中单击鼠标可以增加可变圆角的点数，本例在曲线的中部增加一个可变半径点，形成 3 个点的可变半径轮廓。起点半径设为 10mm，中点半径设为 9mm，终点半径设为 8.5mm。双击视区中的尺寸值可以进行更改，单击某个节点下面的数值也可以进行修改。

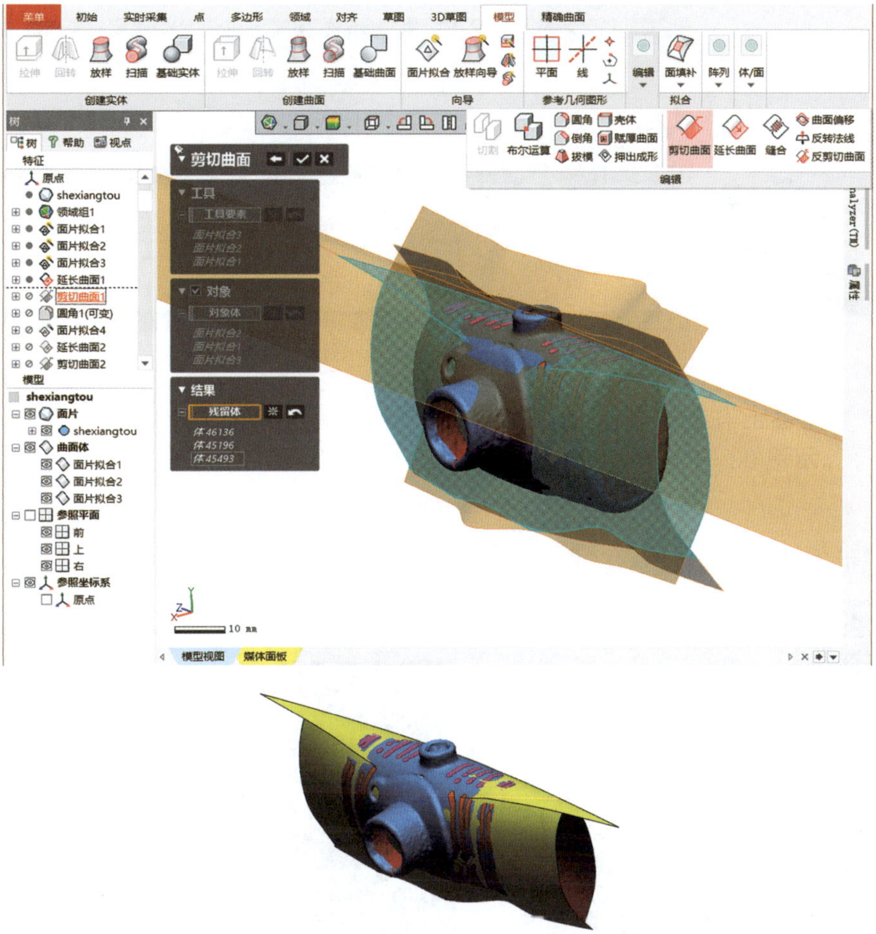

图 4-14 摄像头主体曲面剪切

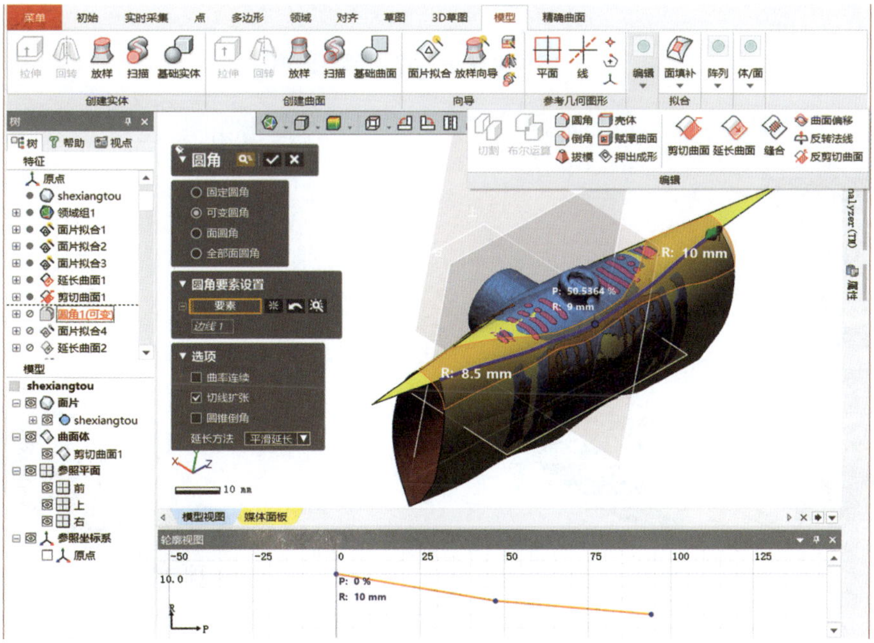

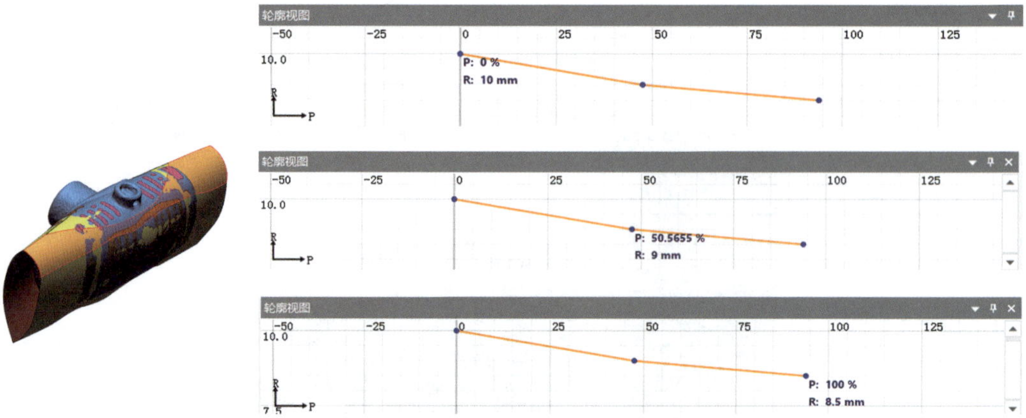

图 4 - 15　制作可变半径圆角

使用【面片拟合】工具对摄像头主体顶部曲面进行拟合，然后对该曲面进行整体延伸，延伸距离为 20mm。参数设置及效果如图 4 - 16 所示。

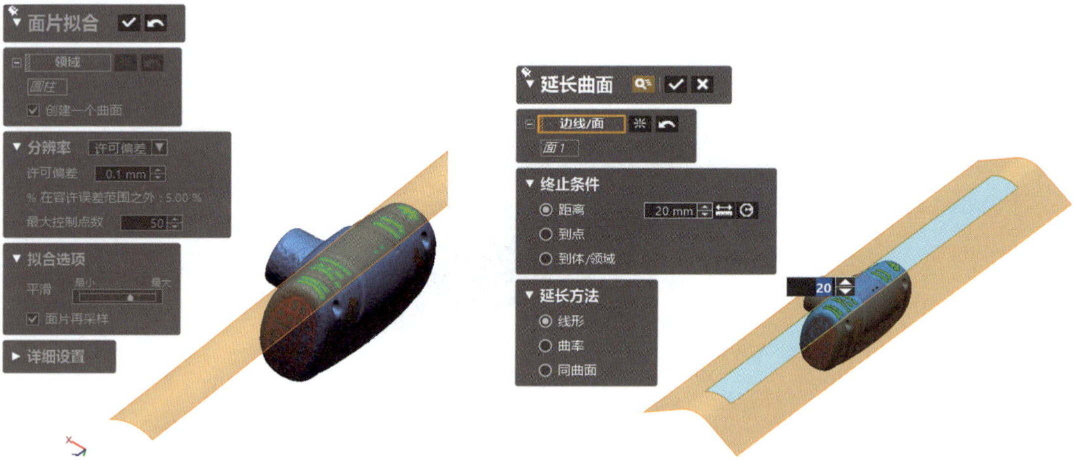

图 4 - 16　摄像头主体顶部曲面拟合

使用【剪切曲面】工具进行曲面剪切，参数设置及效果如图 4 - 17 所示。

图 4 - 17　曲面剪切

使用【面片拟合】工具对摄像头主体侧面进行面片拟合，参数设置及效果如图 4－18 所示。

图 4－18　摄像头主体侧面拟合

使用【剪切曲面】工具对摄像头主体侧面和前面拟合的曲面进行剪切，然后利用前参照平面剪切出半个摄像头主体曲面。参数设置及效果如图 4－19 所示。

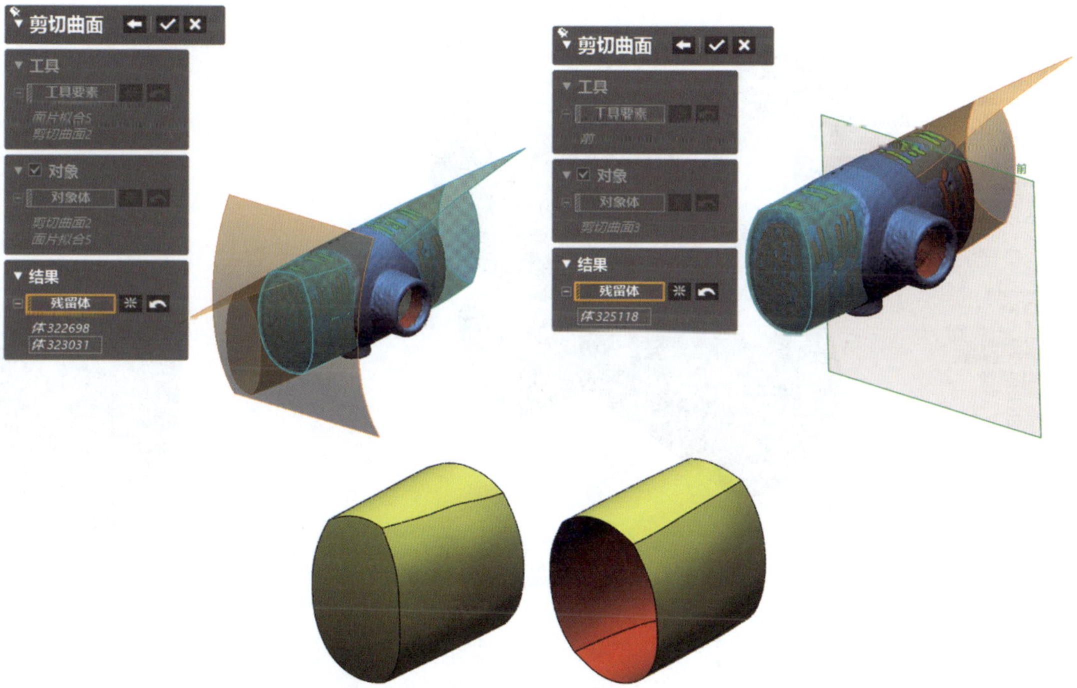

图 4－19　半个摄像头主体曲面剪切

使用【圆角】工具制作 4 条边线的固定圆角，如图 4－20 所示。

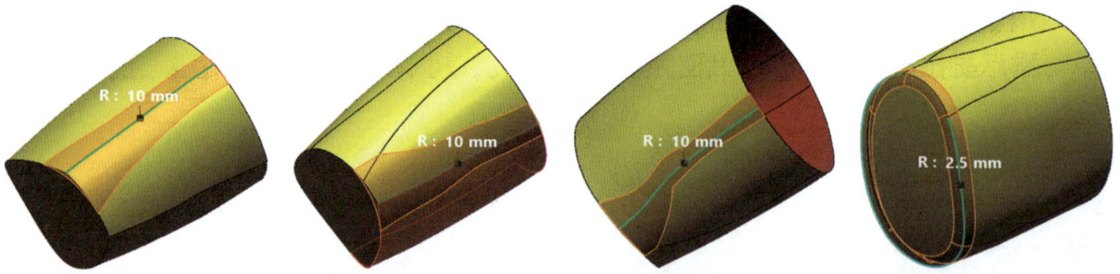

图 4－20　4 条边线的固定圆角

步骤 7　创建摄像头主体中部凸起。

> **提示**
>
> ● 在不知道圆角应设为多大的情况下，可以单击“圆角要素设置”栏中的按钮，通过面片估算半径，然后将估算值作为参考，进行手工圆整。

为了创建摄像头主体中部凸起，使用【曲面偏移】工具将摄像头主体半部前曲面向外偏移 1mm。参数设置及效果如图 4－21 所示。

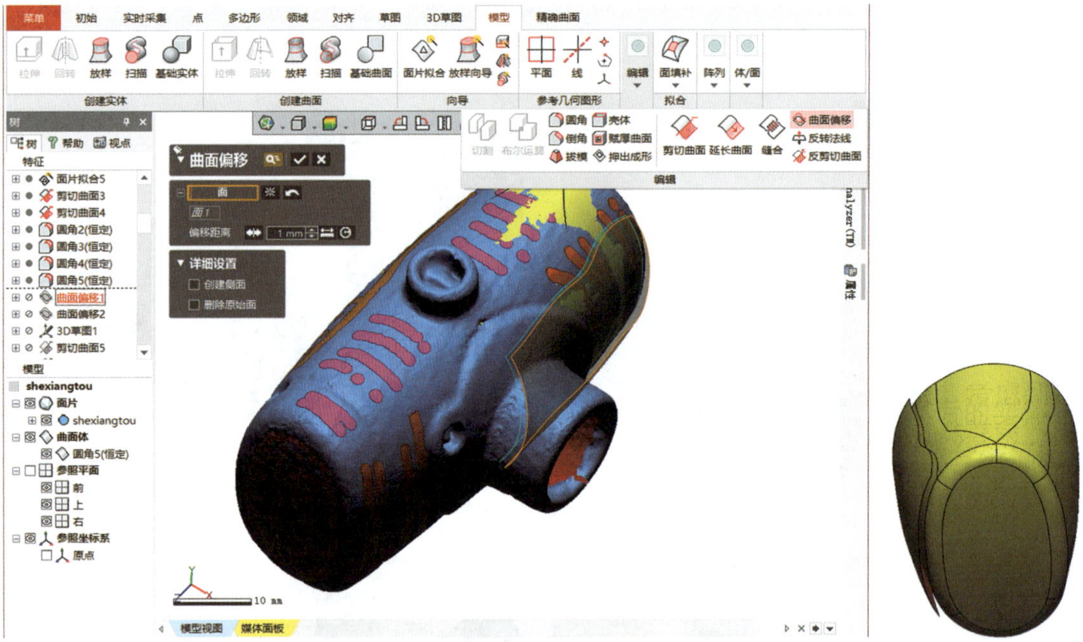

图 4－21　摄像头主体半部前曲面偏移

同理，使用【曲面偏移】工具将摄像头主体半部后曲面向外偏移 1mm。参数设置及效果如图 4－22 所示。

在【3D 草图】工具栏中单击【3D 草图】按钮，创建一个 3D 草图，单击【样条曲线】按钮，在摄像头主体半部后偏移的曲面的不规则边缘绘制两条线，起点和终点一定要捕捉到曲面边线上，如图 4－23 所示。

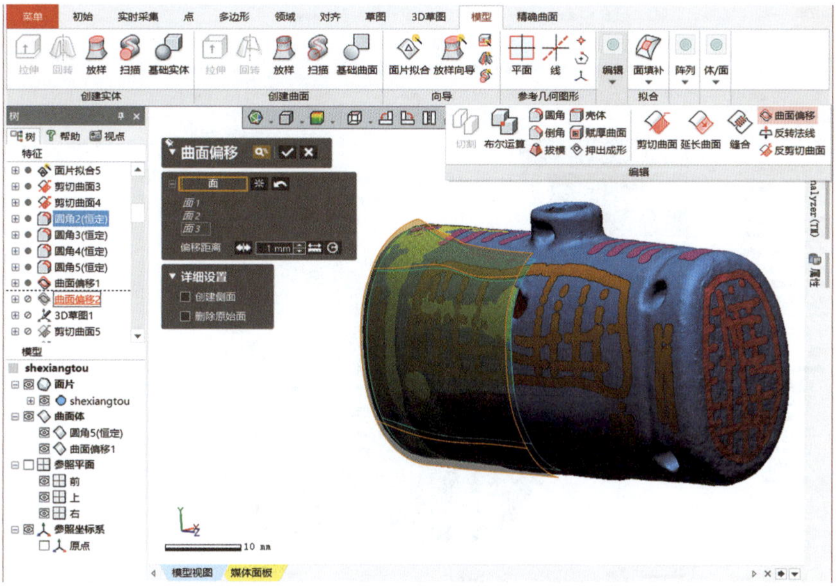

图 4－22　摄像头主体半部后曲面偏移

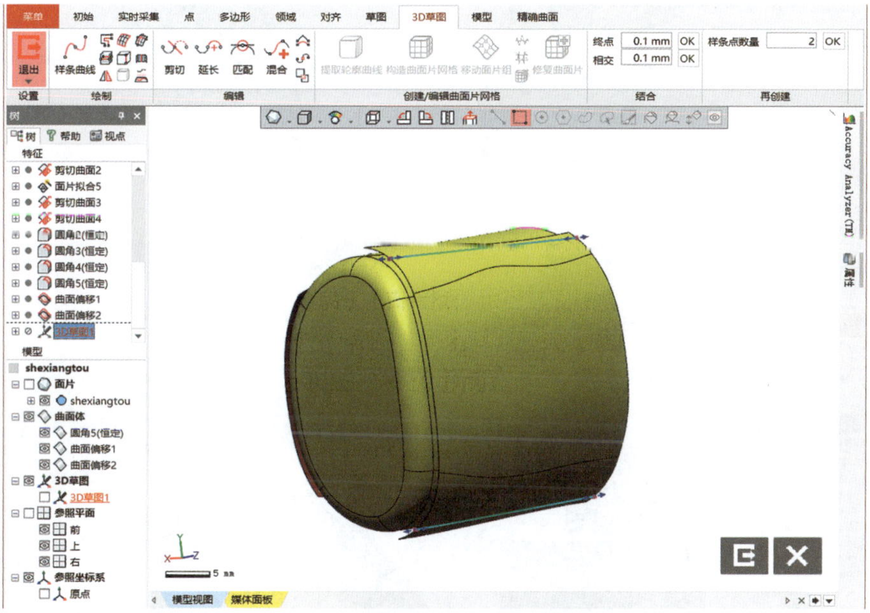

图 4－23　绘制 3D 样条曲线

利用刚绘制好的两条 3D 样条曲线分别对摄像头主体半部后偏移的曲面进行曲面剪切。在【模型】工具栏中单击【剪切曲面】按钮，打开“剪切曲面”对话框，“工具要素”选择刚绘制的 3D 草图直线，“对象”选择偏移曲面。剪切好一端后，采用同样的方法剪切另一端。参数设置及效果如图 4－24 所示。

在【模型】工具栏中单击曲面【放样】按钮，选择两个偏移曲面的下方边线进行放样操作，“起始约束”和“终止约束”都选择“与面相切”，“切线长”均设为“1.35”。参数设置及效果如图 4－25 所示。

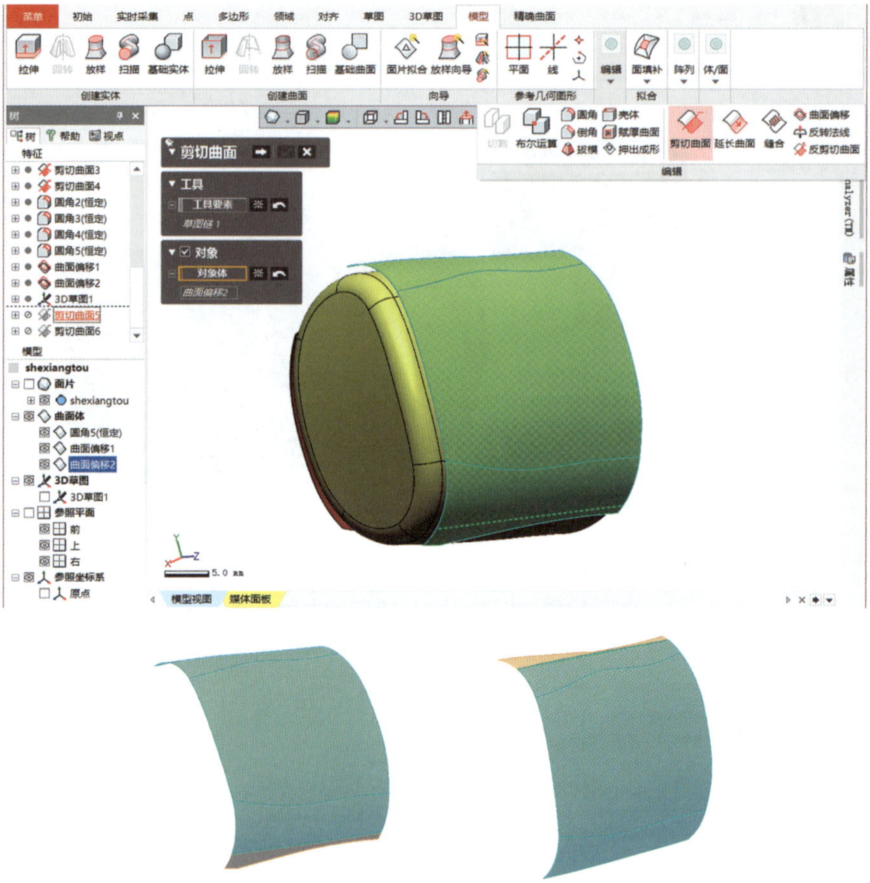

图 4－24　利用 3D 样条曲线剪切曲面

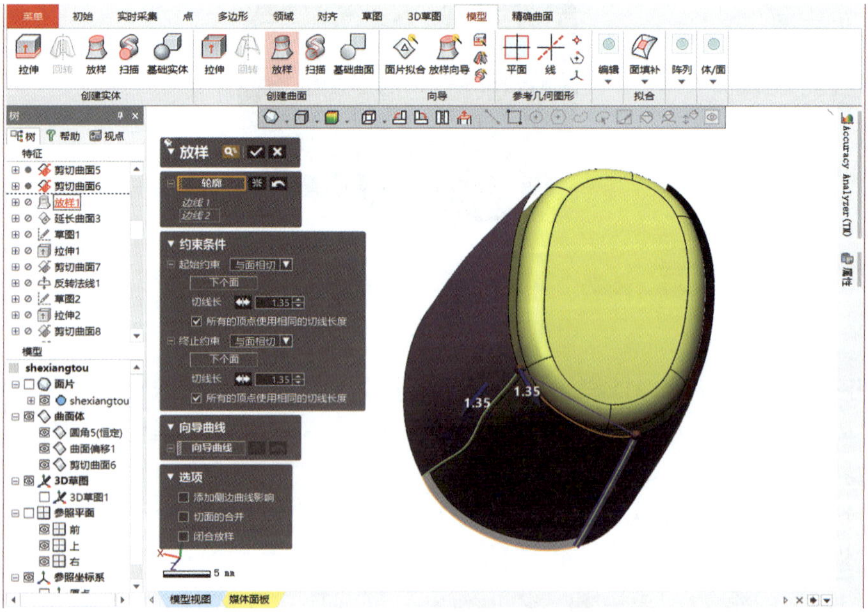

图 4－25　放样曲面

在【草图】工具栏中单击【草图】按钮，在右参照面上创建一个 3D 平面草图。由于镜头附近的凸起不是平面，所以不能使用【面片草图】工具创建，只能使用平面【草图】工具沿着镜头底部凸起轮廓手工绘制一个圆弧和一条直线，如图 4-26 所示。

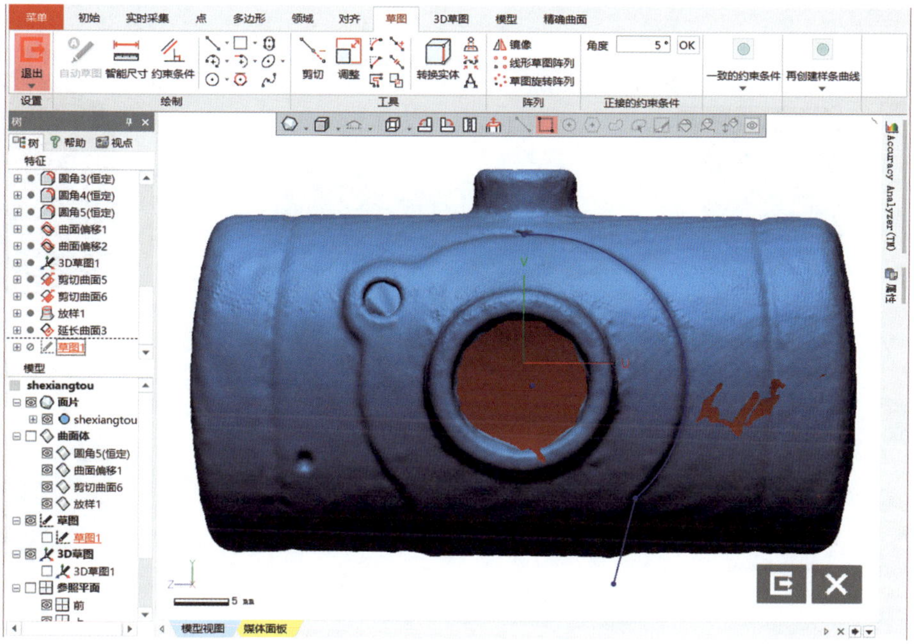

图 4-26 绘制镜头底部凸起轮廓

选择刚创建的平面草图，使用【拉伸】工具进行两个方向的曲面拉伸，距离均为 28mm。参数设置及效果如图 4-27 所示。

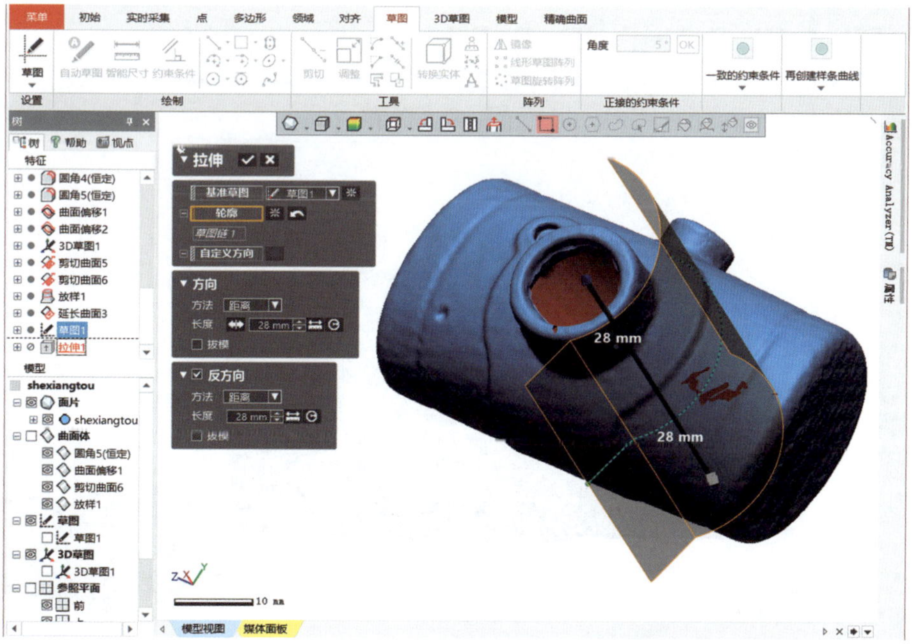

图 4-27 拉伸曲面

使用【剪切曲面】工具，对前面制作的拉伸、放样、偏移曲面进行剪切，然后使用【反转法线】工具进行法向反转。参数设置及效果如图 4－28 所示。

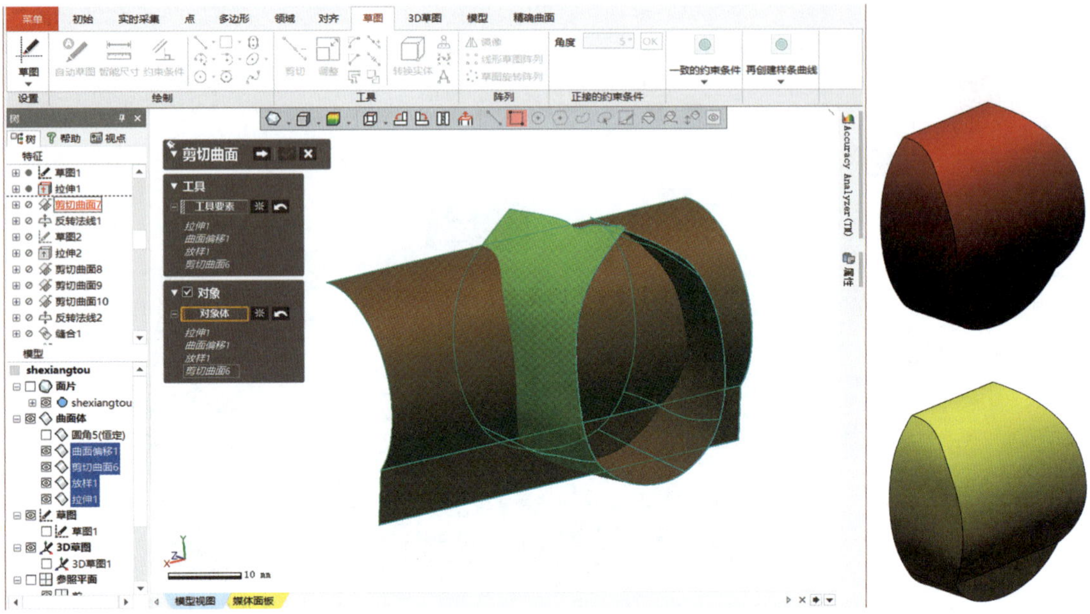

图 4－28　剪切曲面

在【草图】工具栏中单击【草图】按钮，在右参照面上创建一个 3D 平面草图。以前参照平面为起点沿摄像头主体背部的凸起轮廓交界线绘制一条水平直线，如图 4－29 所示。

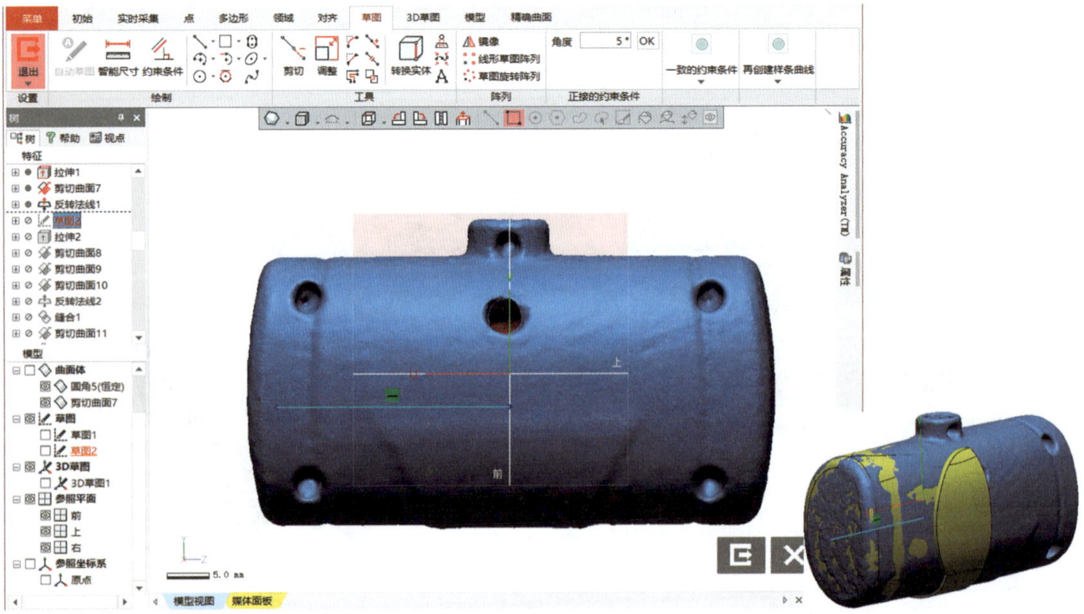

图 4－29　绘制直线

使用曲面【拉伸】工具对刚绘制的草图直线进行拉伸，参数设置及效果如图 4 - 30 所示。

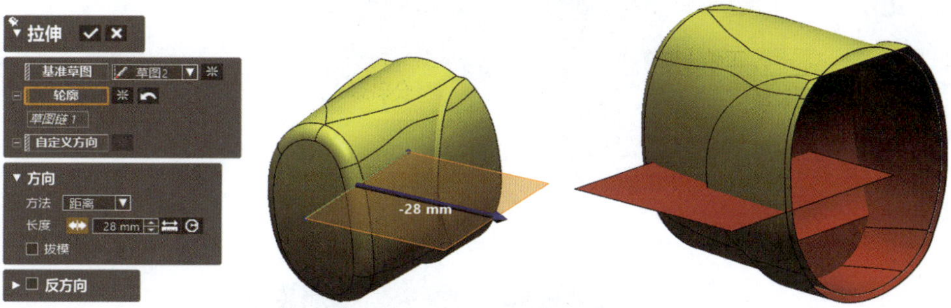

图 4 - 30　拉伸平面

使用【剪切曲面】工具对摄像头主体半部和凸起部分进行剪切，参数设置及效果如图 4 - 31 所示。

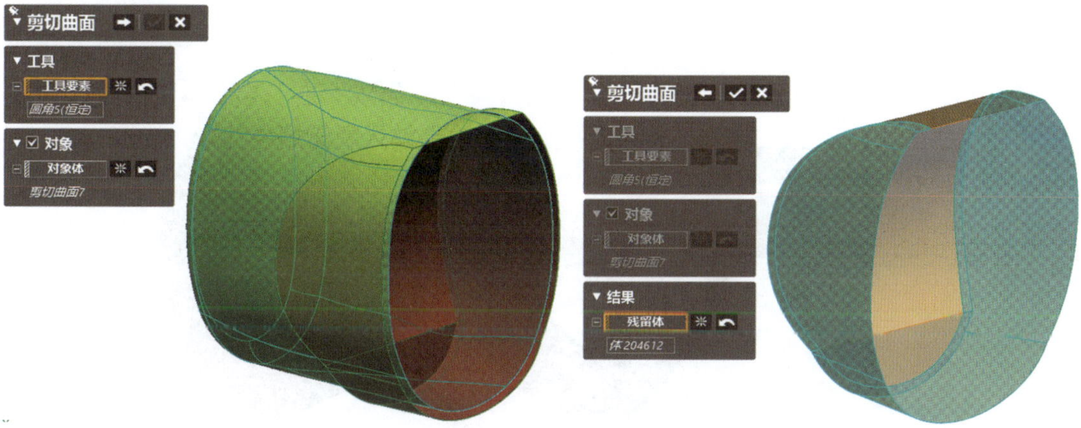

图 4 - 31　剪切曲面

使用【剪切曲面】工具剪切背部凸起部分，参数设置及效果如图 4 - 32 所示。

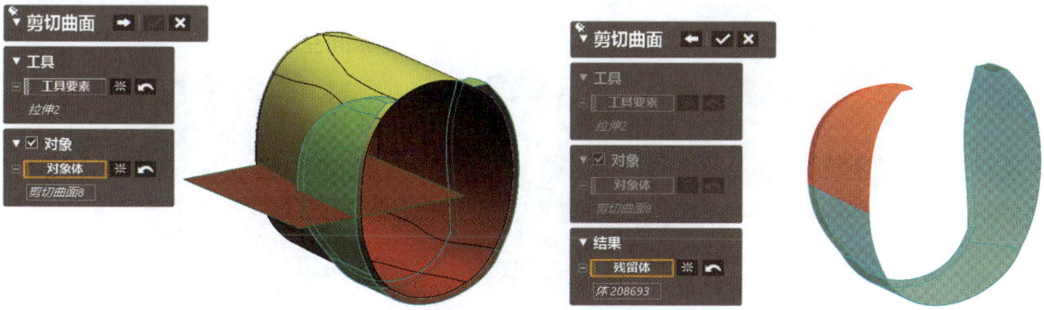

图 4 - 32　剪切曲面

使用【剪切曲面】工具，通过前面拉伸的平面剪切背部凸起的棱台，并反转法线，参数设置及效果如图 4 - 33 所示。

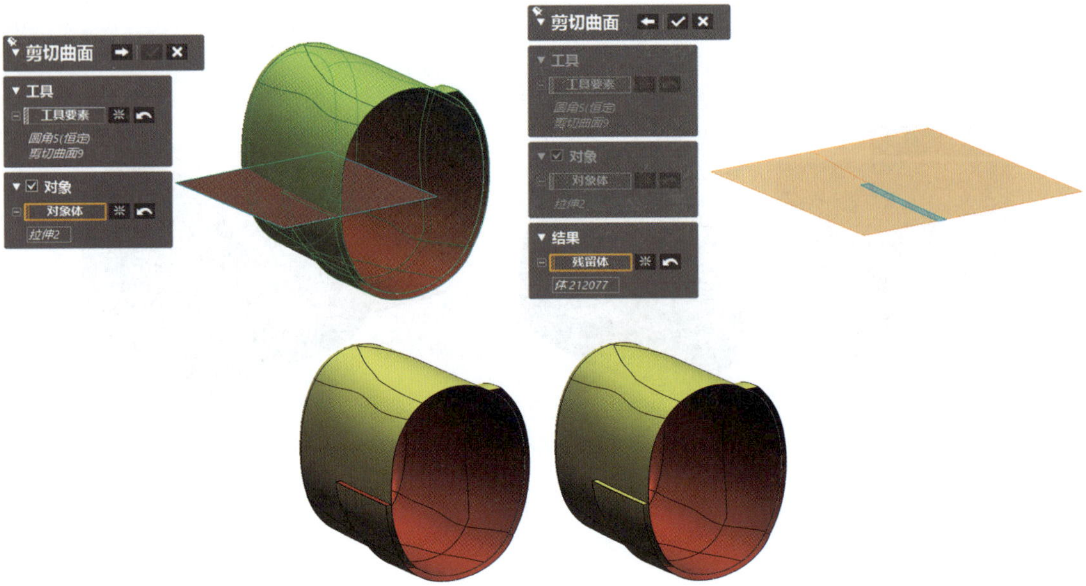

图 4－33　剪切曲面并反转法线

使用【缝合】工具对凸起曲面和小平面进行缝合，参数设置及效果如图 4－34 所示。

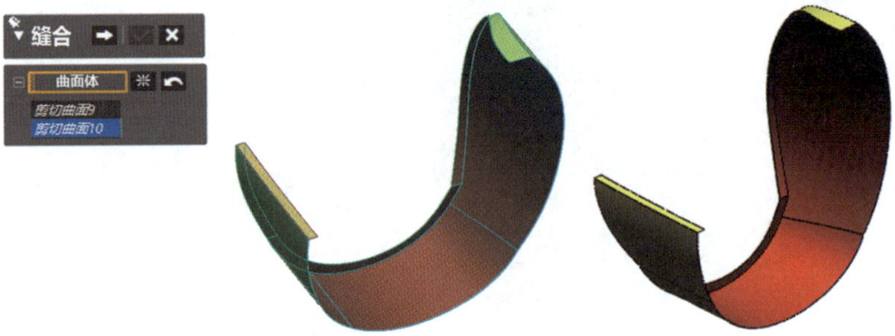

图 4－34　缝合曲面

使用【剪切曲面】工具剪掉凸起部分的内层，参数设置及效果如图 4－35 所示。

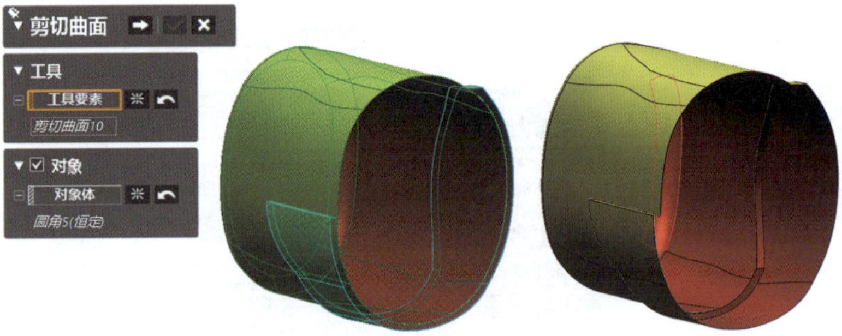

图 4－35　剪切曲面

使用【缝合】工具对凸起曲面和摄像头主体半部曲面进行缝合，参数设置及效果如图 4－36 所示。

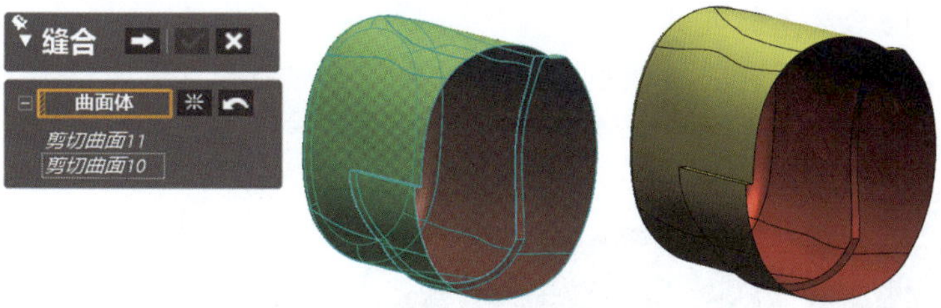

图 4－36　缝合曲面

使用【圆角】和【倒角】工具创建细部圆角和倒角，参数设置及效果如图 4－37 所示。

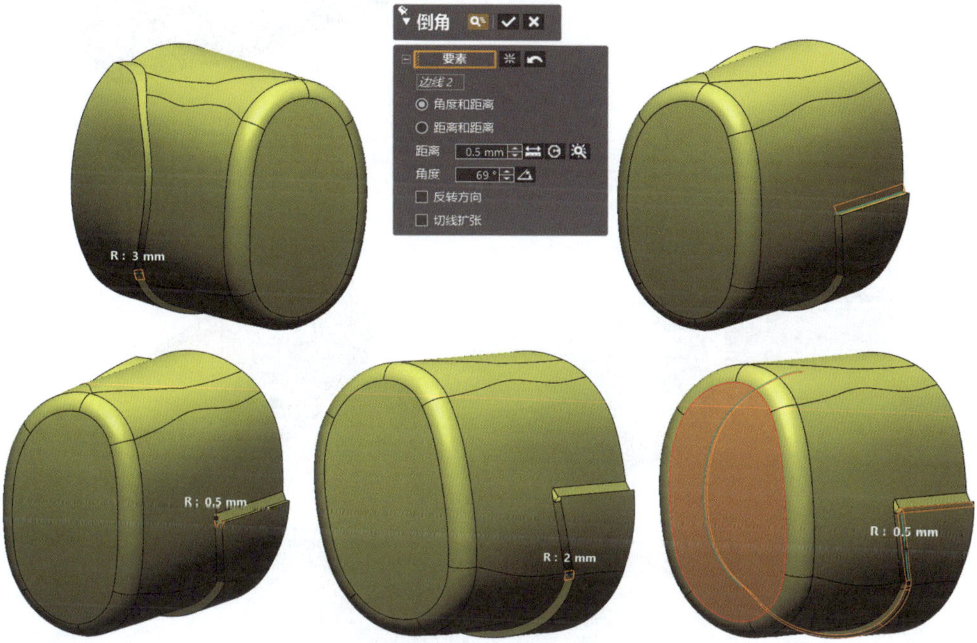

图 4－37　创建细部圆角和倒角

使用【剪切曲面】工具通过前参照平面对缝合好的曲面进行修剪，参数设置及效果如图 4－38 所示。

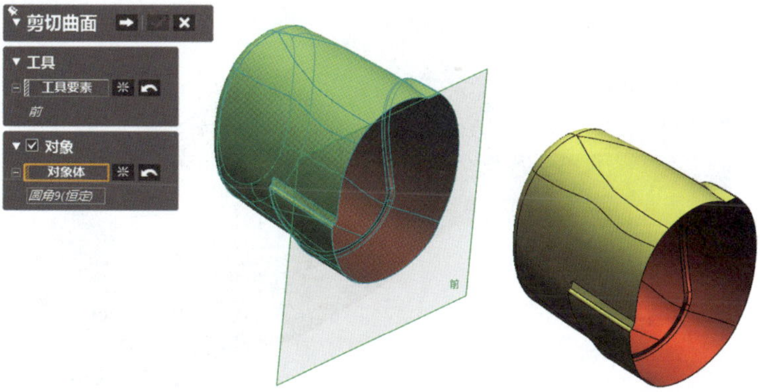

图 4－38　剪切曲面

步骤 8 制作摄像头主体实体。

使用【镜像】工具通过前参照平面对半部曲面进行镜像，形成整体曲面，参数设置及效果如图 4－39 所示。

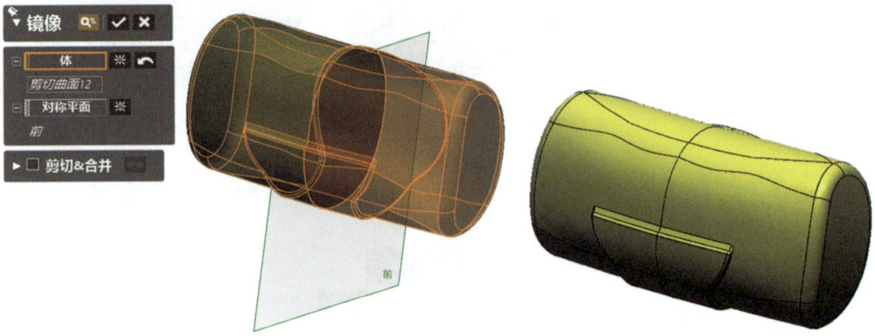

图 4－39　镜像曲面

使用【缝合】工具对两个部分进行缝合，缝合后发现没有形成实体，并存在一些细节问题，如图 4－40 所示。

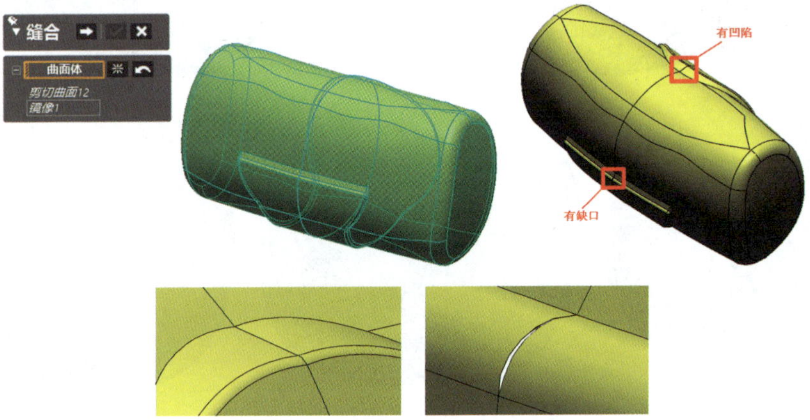

图 4－40　缝合曲面及存在的问题

使用【圆角】工具对图中缺陷部分创建圆角，半径设为 80mm，参数设置及效果如图 4－41 所示。

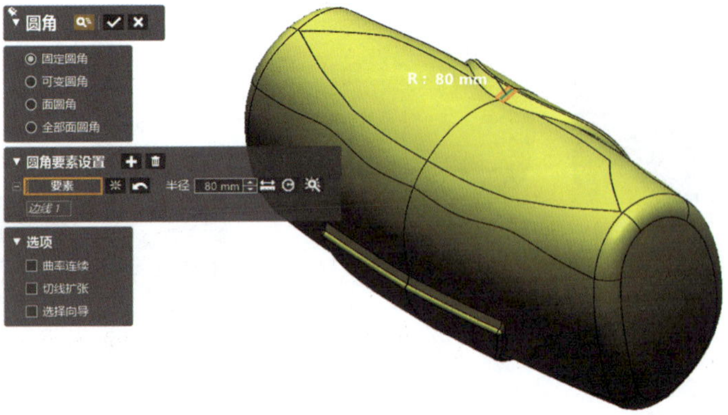

图 4－41　创建圆角

使用【3D 草图】工具中的【样条曲线】工具，沿摄像头背部缺口绘制一个近似矩形的形状，如图 4 - 42 所示。

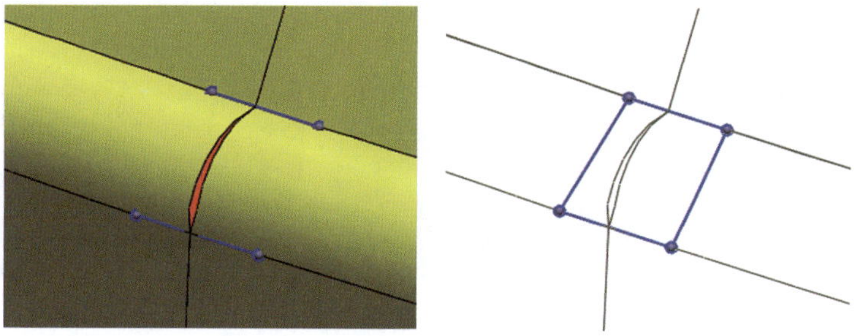

图 4 - 42　绘制 3D 曲线

使用曲面【拉伸】工具对上述矩形进行拉伸，两个方向长度均为 2mm，然后使用【剪切曲面】工具对摄像头主体进行剪切，选择摄像头主体为残留体。参数设置及效果如图 4 - 43 所示。

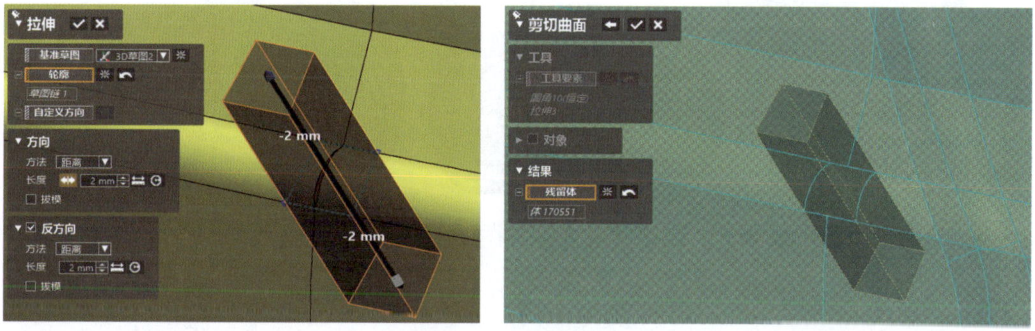

图 4 - 43　剪切曲面

使用【放样】工具对剪切出的方孔进行放样操作。选择两条边线，“起始约束”和“终止约束”均选择“与面相切”，“切线长度”均设为 1。可以采用这种方法修补一些不能缝合的小孔洞。参数设置及效果如图 4 - 44 所示。

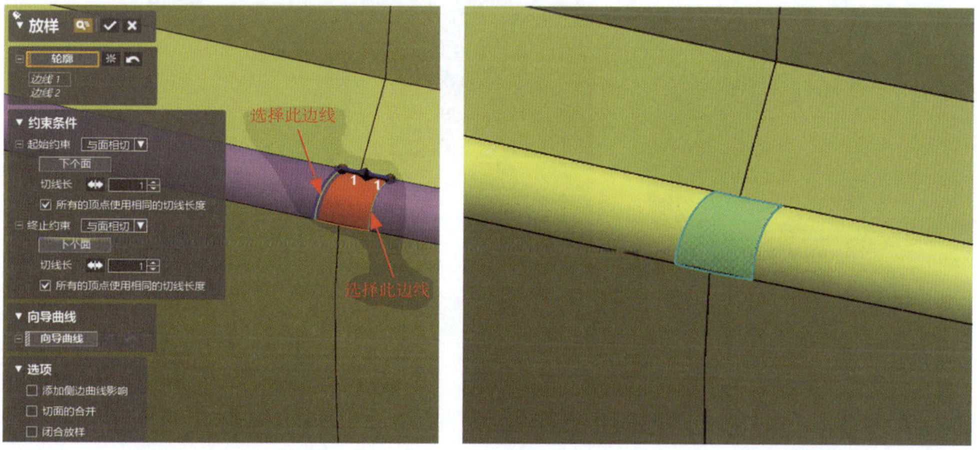

图 4 - 44　放样曲面

使用【缝合】工具对摄像头主体两个部分进行缝合，完成后会自动形成实体，参数设置及效果如图 4－45 所示。

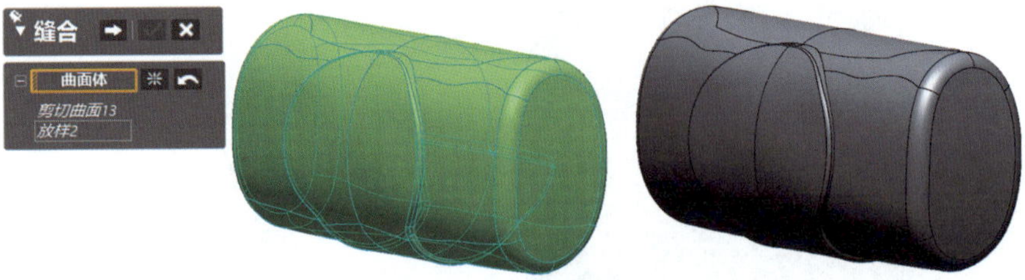

图 4－45　缝合曲面

步骤 9 制作摄像头部分和支架安装部分。

使用【平面】工具，在摄像头镜头前面选择多个点，生成一个参照平面，参数设置及效果如图 4－46 所示。

图 4－46　创建参照平面

使用【面片草图】工具以刚建立的参照平面为基准面创建一张面片草图，使用【圆】工具绘制两个同心圆，直径分别为 8.5mm 和 6.5mm。完成草图后，使用实体【拉伸】工具对草图进行拉伸，拉伸长度为 12.5mm，“结果运算”选择“合并”。参数设置及效果如图 4－47 所示。

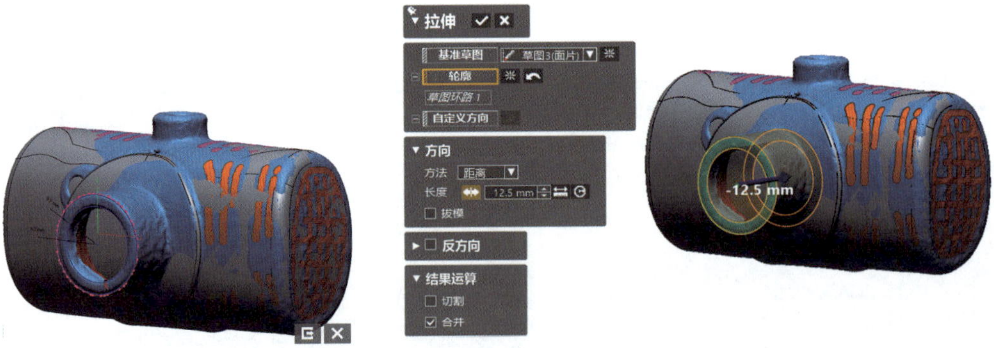

图 4－47　创建草图并拉伸

使用【面片草图】工具以上参照平面为基准面创建一张面片草图，“由基准面偏移的距离”设为 15.85mm。使用【圆】工具拟合出直径为 4.6mm 的圆。参数设置及效果如图 4－48 所示。

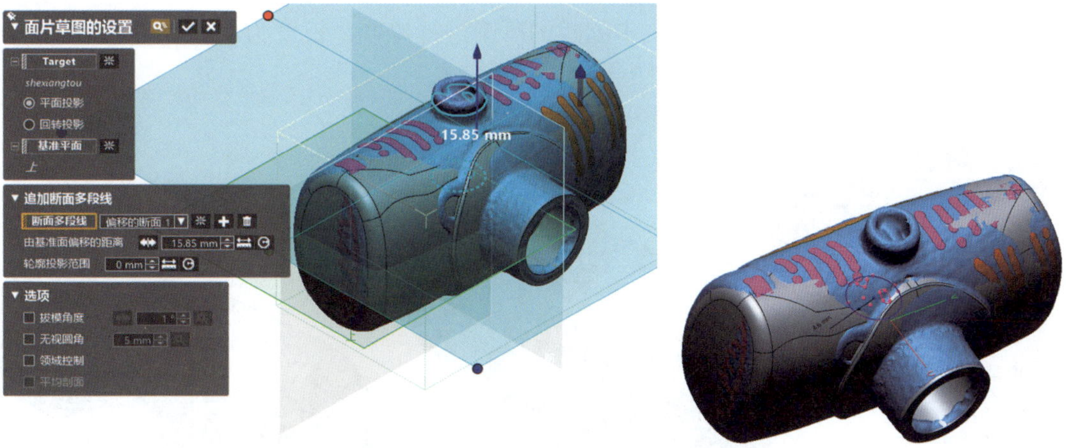

图 4－48　创建草图并拟合圆

使用实体【拉伸】工具对上一步创建的草图进行拉伸，长度为 18.1mm，参数设置及效果如图 4－49 所示。

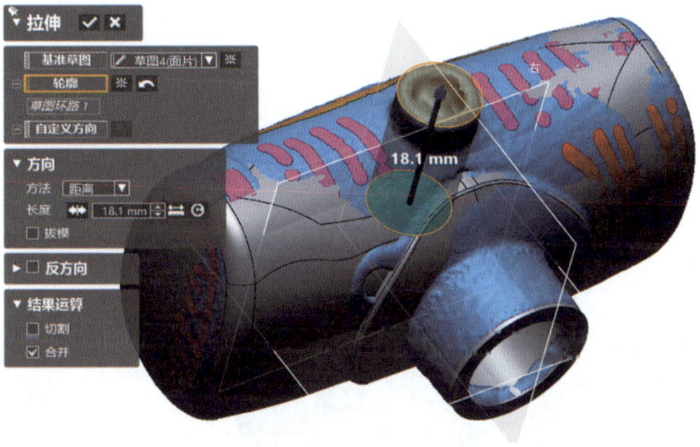

图 4－49　拉伸实体

使用【面片草图】工具以刚建立的圆柱凸台顶面为基准面创建一张面片草图，“由基准面偏移的距离”设为 0.65mm。使用【圆】工具拟合出直径为 3mm 的圆。参数设置及效果如图 4－50 所示。

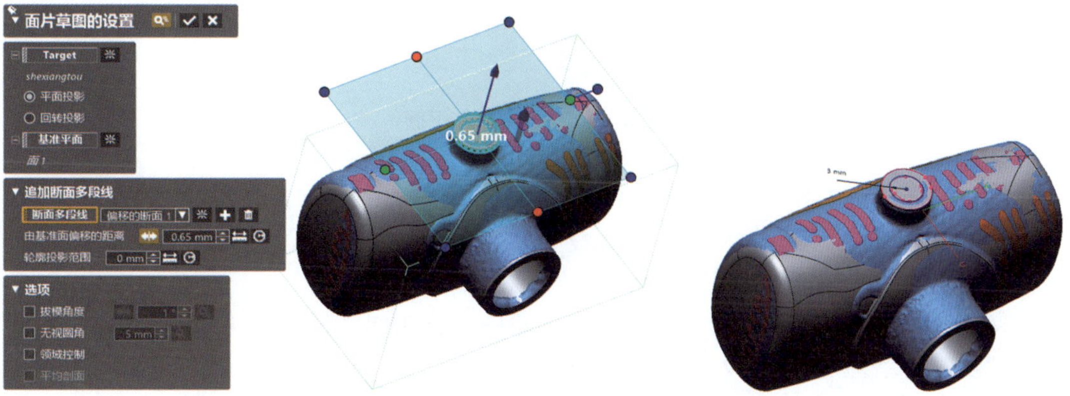

图 4－50　创建草图并拟合圆

使用实体【拉伸】工具对上一步创建的草图进行拉伸，长度为 4.3mm，“结果运算”选择“切割”，参数设置及效果如图 4－51 所示。

图 4－51　拉伸切割

在【初始】工具栏中单击【平面】按钮，打开“平面属性”对话框，“要素”选择右参照平面，“方法”选择“偏移”，偏移的“距离”为 -6.35mm，方向为朝摄像头背部，尽量靠近上一步创建的圆柱体中心。参数设置及效果如图 4－52 所示。

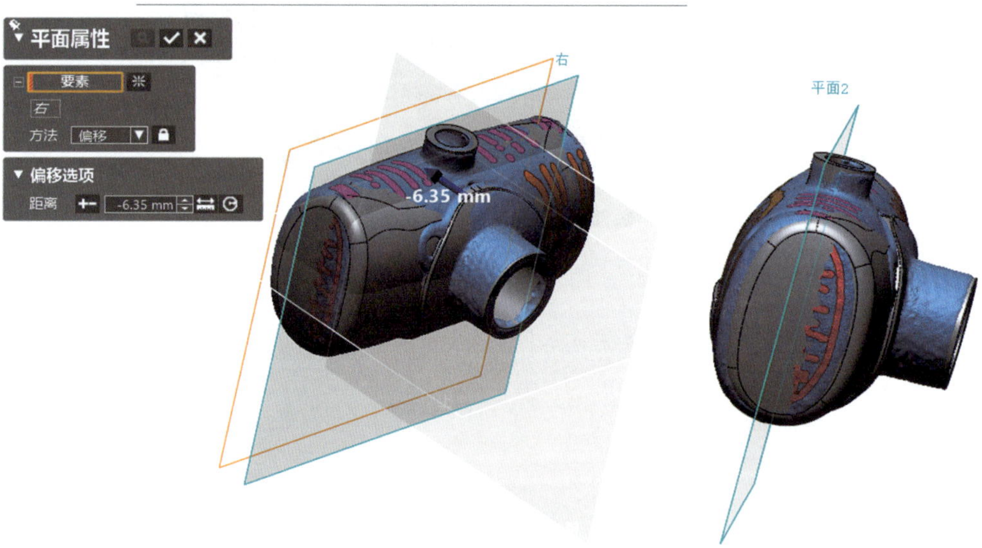

图 4－52　创建参考平面

在【草图】工具栏中单击【面片草图】按钮，打开“面片草图的设置”对话框，“基准平面”选择刚创建好的参考平面，“由基准面偏移的距离”设为 2mm。使用【圆】工具绘制直径为 1.5mm 的圆。参数设置及效果如图 4－53 所示。

使用实体【拉伸】工具对上一步创建的草图进行拉伸，长度为 4.3mm，“结果运算”选择“切割”，参数设置及效果如图 4－54 所示。

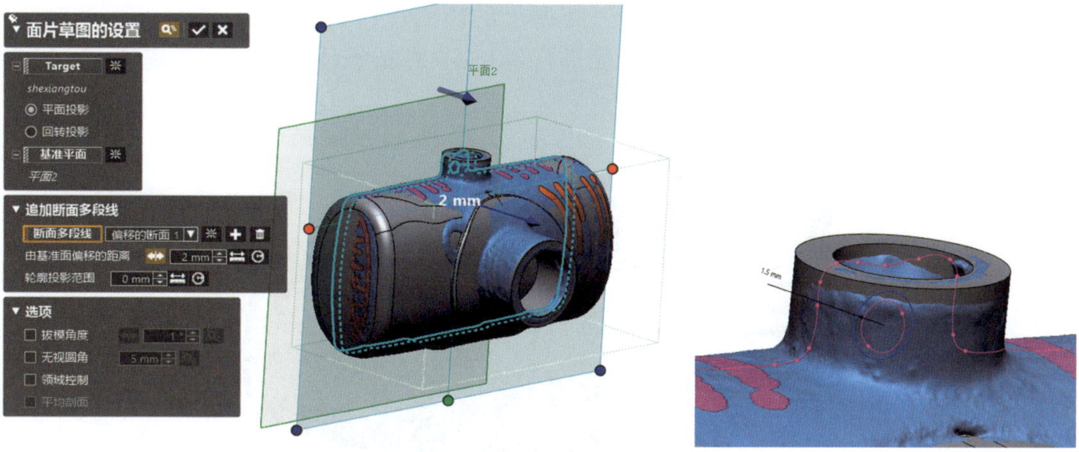

图 4－53　创建草图并绘制圆

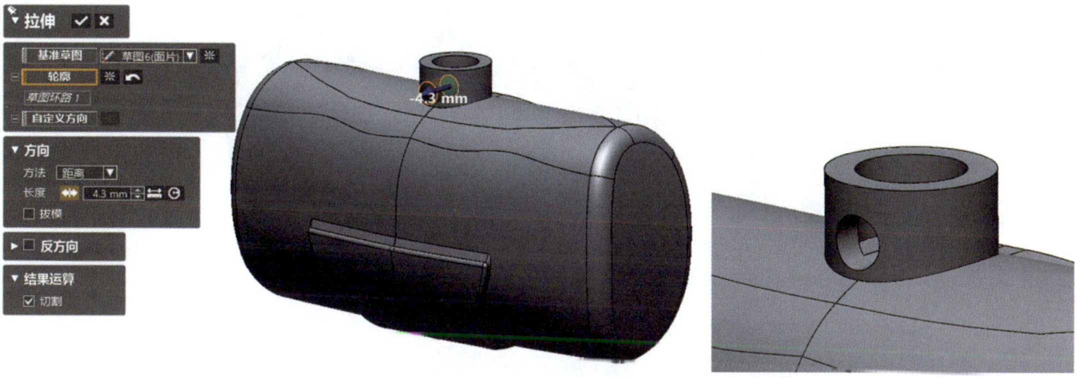

图 4－54　拉伸切割

步骤 10　制作摄像头闪光灯部分及细部特征。

使用【草图】工具选择右参照平面为“基准平面”，使用【圆】工具绘制直径为 3.7mm 和 1.7mm 的两个同心圆，使用实体【拉伸】工具将草图拉伸 20mm。参数设置及效果如图 4－55 所示。

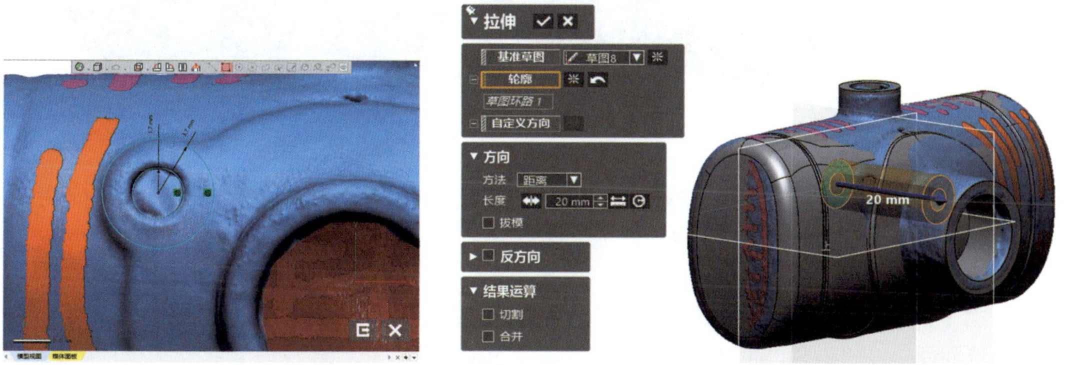

图 4－55　实体拉伸

所以【曲面偏移】工具对如图 4－54 所示的曲面进行偏移，“偏移距离”为 0mm，使用【延长曲面】工具对偏移好的曲面进行延长，“终止条件”选择“距离 6mm”。参数设置及效果如图 4－56 所示。

图 4－56　曲面偏移及延长

使用【切割】工具切割实体，“工具要素”选择刚创建的延长曲面，对象体选择上一步拉伸的实体，参数设置及效果如图 4－57 所示。

图 4－57　切割实体

使用【曲面偏移】工具对如图 4－56 所示的曲面进行偏移，“偏移距离”为 0mm；使用【延长曲面】工具对偏移好的曲面的右边线延长，“终止条件”选择“距离 6mm”。参数设置及效果如图 4－58 所示。

使用【曲面偏移】工具对闪光灯内孔进行偏移，“偏移距离”为 0mm；使用【切割】工具对上一步延长的曲面和闪光灯内孔曲面进行切割。参数设置及效果如图 4－59 所示。

图 4－58　曲面偏移及延长

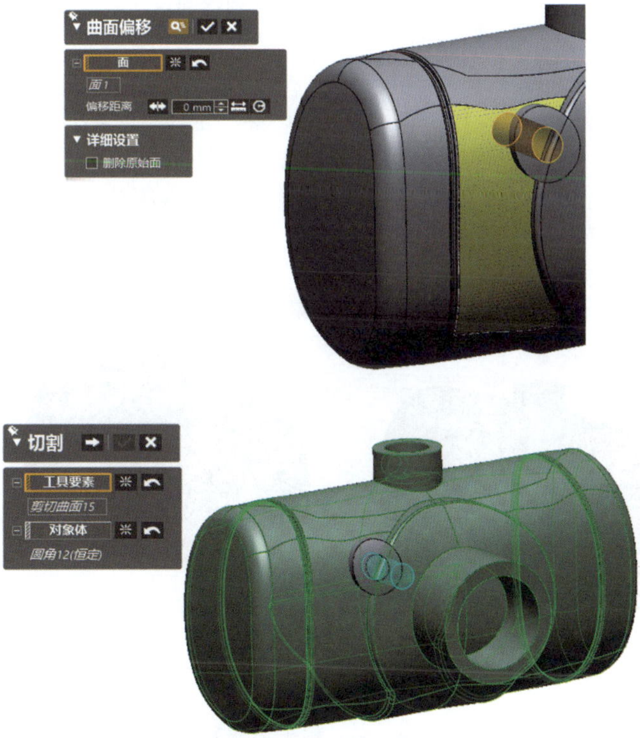

图 4－59　曲面切割

使用【布尔运算】工具对闪光灯部分和摄像头主体部分进行合并，使用“圆角”工具对闪光灯周边创建圆角。参数设置及效果如图 4－60 所示。

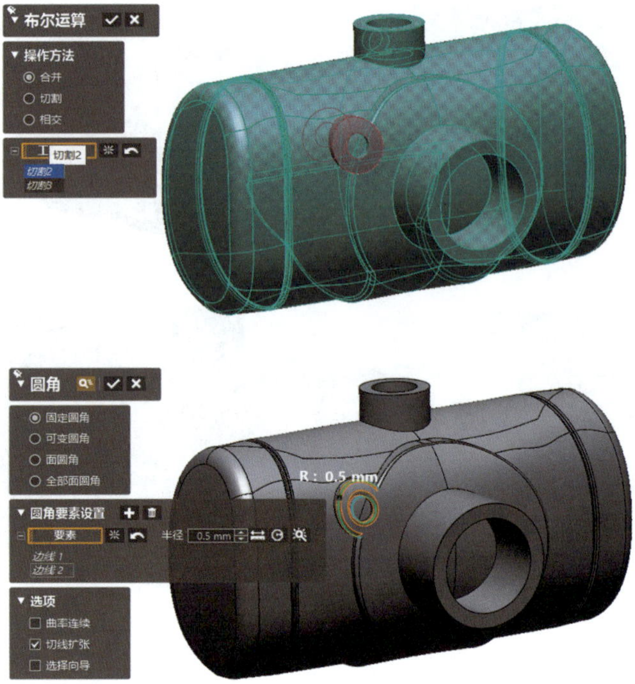

图 4－60　布尔运算并创建圆角

步骤 11　体偏差检测。

单击视图上方工具栏中的【体偏差】按钮，系统会自动计算出建模后的实体与原始扫描点云之间的误差，并以色图形式呈现，如图 4－61 所示，绿色代表合格范围，误差范围通常为 -0.1mm ～ 0.1mm。通过色图可以很容易地发现建模不理想的地方，以便进行二次修正。

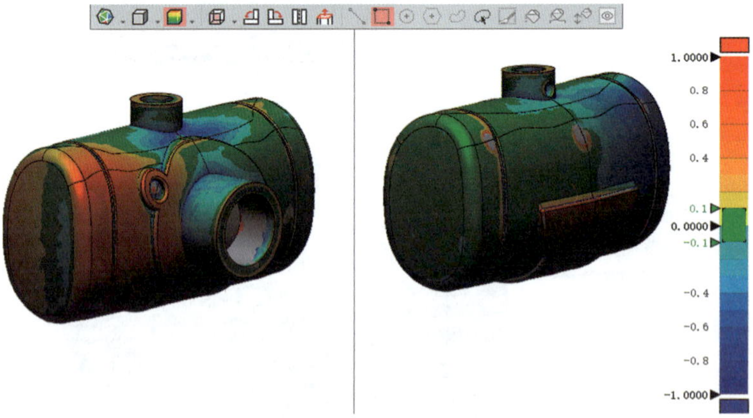

图 4－61　检测体偏差

项目小结

通过本项目的学习，应掌握 Geomagic Design X 建模的技巧及以下技能：

（1）通过使用【3D 草图】工具，掌握 3D 草图绘制的方法。
（2）通过使用【样条曲线】工具，掌握草图绘制的方法。
（3）通过使用【放样】工具，掌握曲面放样的方法。

考核评价

对配套资源中的玩具铲（图 4－62）点云文件编制建模步骤，并利用 Geomagic Design X 软件进行建模。

图 4－62　玩具铲

- 点云文件路径：“工业设计技术 -Geomagic DesignX 逆向设计实用教程 \ 素材 \ 项目四 \ 玩具铲点云 .gpd”。
- 考核指标见表 4－2。
- 建模步骤自拟表单，或登录中国人民大学出版社官网下载。

表 4－2　考核指标

指标	项目要求	分值	评分细则	得分
技术指标	步骤合理	10	每缺失一个步骤扣 2 分，某一步骤不合理扣 2 分，累计扣分，扣完为止	
	点云处理精细	5	有多余的杂点扣 2 分，有多余的点云族扣 3 ～ 5 分	
	面片创建平滑	5	有钉状物扣 1 分，累计扣分，扣完为止	
	坐标对齐合理	10	没有进行坐标对齐扣 10 分，基准面选择不合理扣 3 ～ 5 分	
	领域划分合理	10	没有进行领域划分扣 10 分，领域划分不合理扣 3 ～ 5 分	
	曲面创建合理	10	曲面创建不符合设计意图扣 2 分，累计扣分，扣完为止	
	实体创建合理	10	不能形成实体扣 10 分，实体特征缺失扣 2 分，累计扣分，扣完为止	
	体偏差比率	20	根据体偏差检测比率给定	
素质指标	通过学习【素养提升】内容，结合本项目学习情况谈一谈体会	20	根据体会深刻程度进行评价。	
			个人体会：	
总分				

项目五 遥控器建模

——坐标对齐的重点应用

项目导读

生活中常见的遥控器包括电视遥控器、空调遥控器、玩具遥控器等。本项目涉及面片创建、坐标对齐、手动和自动领域分割、面片草图绘制、3D 草图创建、放样、回转、曲面剪切、布尔运算、缝合、切割实体、创建圆角等建模技术。通过本项目的学习，大家可以掌握与遥控器造型相近的物体的建模技巧。

素养提升

1950 年，美国一家名为 Zenith 的电器公司开发了第一款电视遥控器，该产品为有线遥控器。直到 1961 年，真正意义上的具有多种调节功能的无线遥控器面世。目前，我国的科学家设计出了一种全新的传感器，可附在眼镜上，用于探测眨眼动作，从而使通过眨眼来开关电视等家用电器这种设想成真。该传感器不仅能通过眼睛运作，还能感应人体其他部位的动作，实现对智能机器人的操控。

项目分析

如图 5－1 所示，遥控器模型主要分为 7 个部分：主体部分、背部曲面凹陷部分、发射器部分、背部球形支撑部分、电池盒开关部分、按键部分、背部细节部分。遥控器细节特征比较多，如背部球形支撑、曲面凹陷以及不规则凹陷等特征需要细致处理，

图 5－1 遥控器

遥控器建模步骤见表 5－1。

表 5-1 遥控器建模步骤

序号	建模步骤	效果
1	导入遥控器点云数据：将扫描好的遥控器的点云数据导入 Geomagic Design X 软件	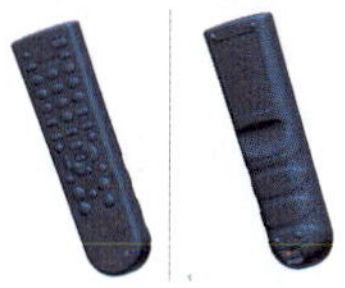
2	优化点云，去除杂点，将点云数据面片化并对面片进行优化：使用【杂点消除】、【面片创建精灵】、【加强形状】和【平滑】工具进行操作	
3	对遥控器面片进行坐标对齐：使用【平面】工具创建辅助平面，使用【手动对齐】工具进行坐标系对齐操作	
4	分割特征领域：使用领域【自动分割】、【插入】和【合并】工具对遥控器面片进行领域的划分	
5	制作遥控器主体部分实体：使用【面片拟合】、【拉伸】、【剪切曲面】和【圆角】等工具制作遥控器主体部分实体	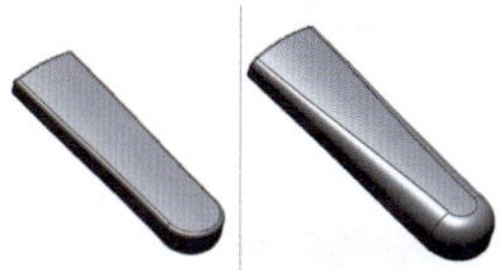
6	制作遥控器背部曲面凹陷：使用【面片拟合】、【切割】和【圆角】工具制作遥控器背部曲面凹陷	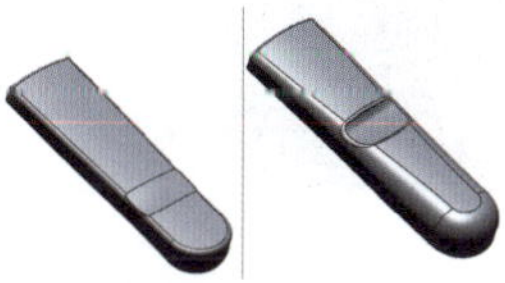
7	制作遥控器发射器部分：使用【草图】、【拉伸】和【圆角】等工具制作遥控器发射器部分	
8	制作遥控器背部球形支撑：使用【基础实体】和【布尔运算】等工具制作遥控器背部球形支撑	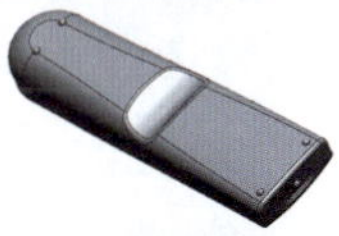
9	制作遥控器电池盒开关部分：使用【面片草图】、【切割】、【拉伸】和【倒角】等工具制作遥控器电池盒开关部分	
10	制作遥控器按键部分：使用【面片草图】、【切割】、【拉伸】、【曲面偏移】和【放样】等工具制作遥控器按键部分	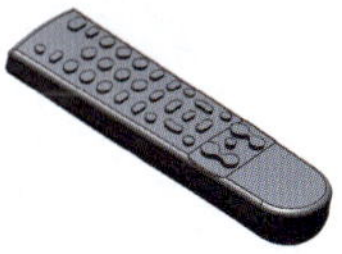
11	制作遥控器背部细节部分：使用【草图】、【拉伸】、【布尔运算】、【平面】、【移动面】和【圆角】等工具制作遥控器背部细节部分	

续表

序号	建模步骤	效果
12	使用【体偏差】工具进行误差分析	

知识技能点

本项目所讲解的遥控器的细节特征较多，尤其是背部细节，会涉及新的操作。本项目创建过程中将用到前面讲过的绝大部分建模工具。重要的知识及技能点如下：

➢ 领域【合并】：合并多个领域为一个单一领域。

操作步骤：

- 按住“Ctrl”键 + 鼠标左键选择想合并的领域，在【领域】工具栏中单击【合并】按钮。
- 选择“工具→领域工具→合并”菜单命令。

➢ 创建【基础实体】：从领域中快速地提取基础实体。可以提取柱体、锥体、球体、圆环等实体基础实体。

操作步骤：

- 在【模型】工具栏中单击【基础实体】按钮。
- 选择“插入→建模精灵→基础实体”菜单命令。

> 提示
> - 由于基础实体是基于领域进行提取的，因此使用基础实体前要先划分好领域。

➢【移动面】：重建和改变实体的表面。

操作步骤：

- 选择实体上要移动的面，在【模型】工具栏中单击【移动面】按钮。
- 选择“插入→建模特征→移动面”菜单命令。

项目实施

步骤 1　导入遥控器点云文件。

遥控器建模 -1　　遥控器建模 -2　　遥控器建模 -3

单击【导入】按钮，打开“导入”对话框，在配套资源中找到“工业设计技术-Geomagic DesignX 项目化设计教程\素材\05 项目五遥控器建模\项目五遥控器点云.gpd”，单击【仅导入】按钮，完成遥控器点云文件的导入。可以根据个人习惯更改点云的颜色。参数设置及效果如图 5－2 所示。

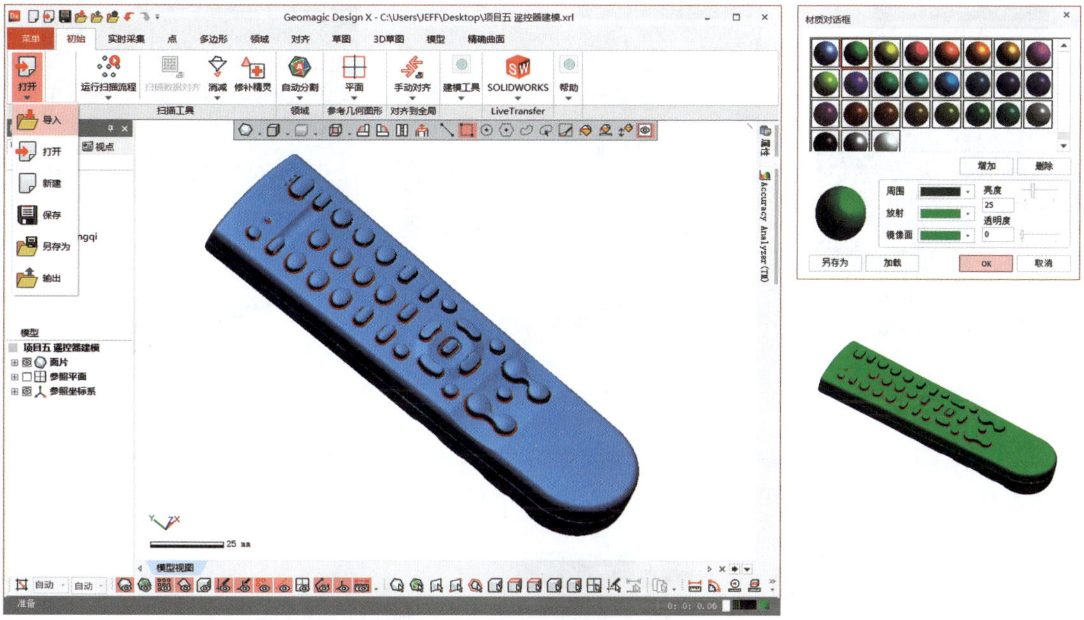

图 5－2　导入遥控器点云文件

步骤 2　点云数据面片并优化。

在【点】工具栏中单击【平滑】按钮，打开“平滑”对话框，将“平滑程度”设为“最大”。参数设置及效果如图 5－3 所示。

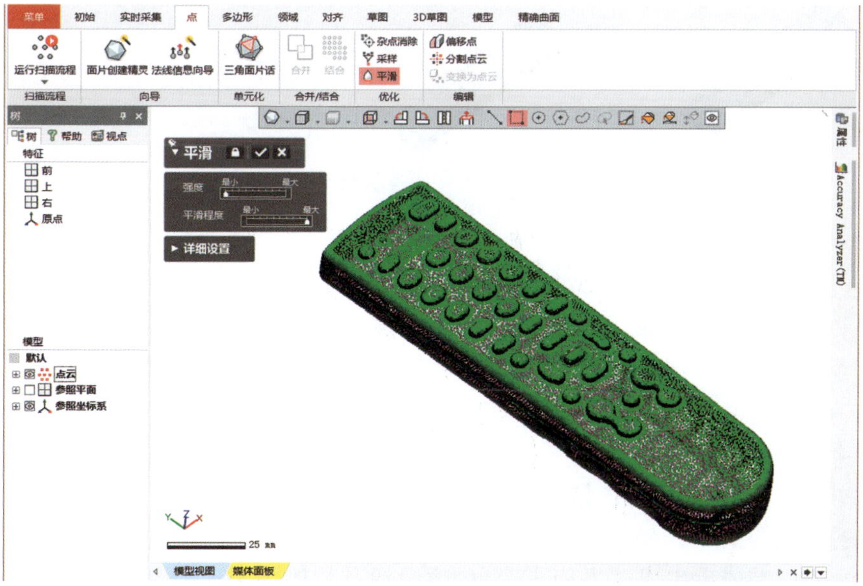

图 5－3　平滑

步骤 3　创建面片并优化。

使用【面片创建精灵】工具创建遥控器面片。参数设置及效果如图 5－4 所示。

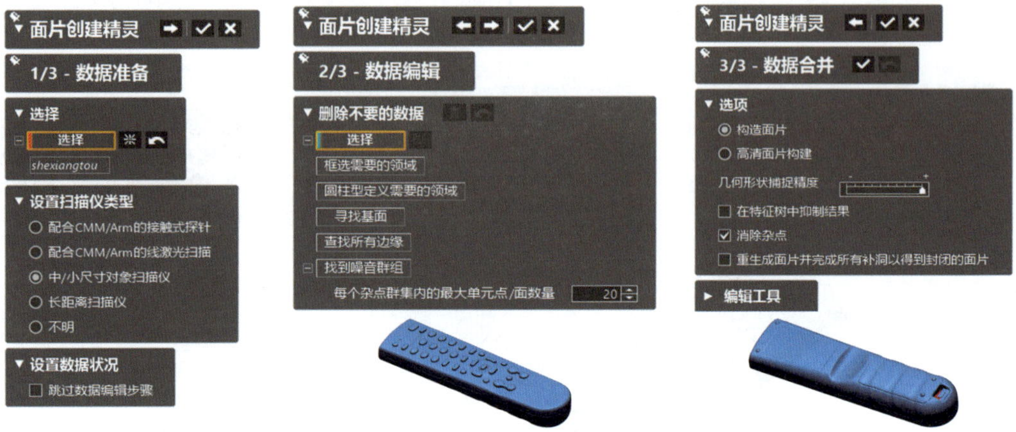

图 5－4　创建遥控器面片

使用【多边形】工具栏中的【加强形状】工具和【平滑】工具对创建好的遥控器面片进行优化。这两个步骤重复执行两到三次效果更好。创建遥控器面片如图 5－5 所示。

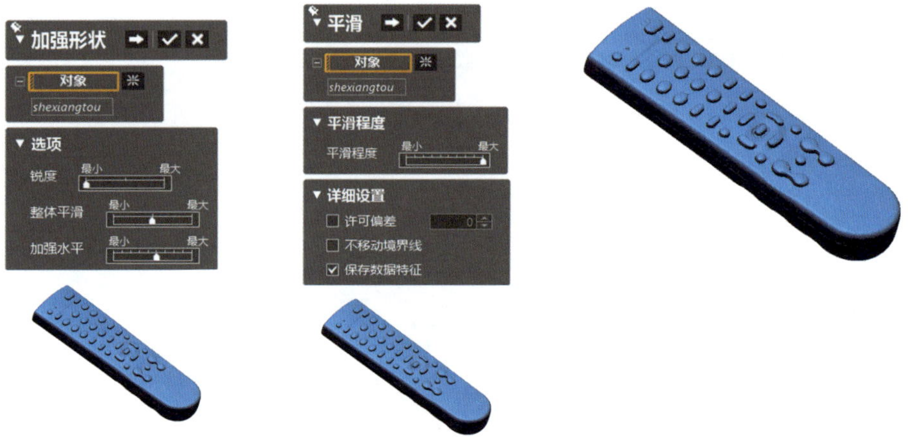

图 5－5　面片优化

> **提示**
>
> - 虽然【加强形状】工具和【平滑】工具可以使面片表面变得非常光滑，但也要适可而止，过多应用会导致一些细节特征缺失，影响后续的建模工作。

步骤 4　坐标对齐。

在【初始】工具栏中单击【平面】按钮，打开“追加平面”对话框，“要素”默认选中刚刚建立的面片，“方法”选择“提取”，采用“画笔选择模式”对遥控器背部平坦面进行涂刷，完成后生成“平面 1”。参数设置及效果如图 5－6 所示。

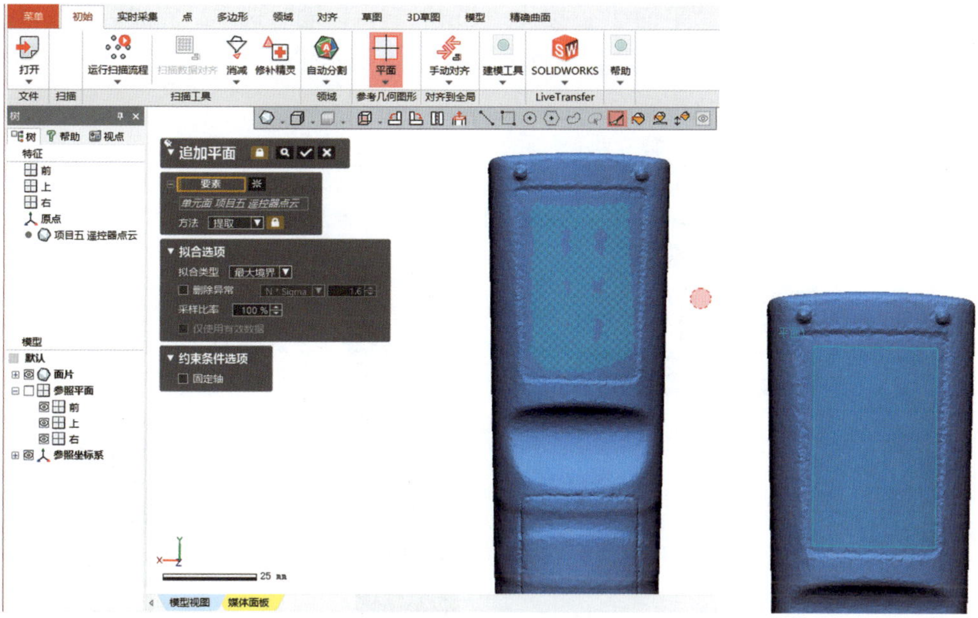

图 5-6　创建辅助平面 1

再次单击【平面】按钮，“方法”选择“绘制直线”，通过鼠标右键进行视图旋转，按住“Ctrl”键+鼠标右键平移视图，使遥控器按键朝前，将视图摆正。通过面片中心自上而下单击鼠标左键绘制一条直线，完成后生成“平面 2”。参数设置及效果如图 5-7 所示。

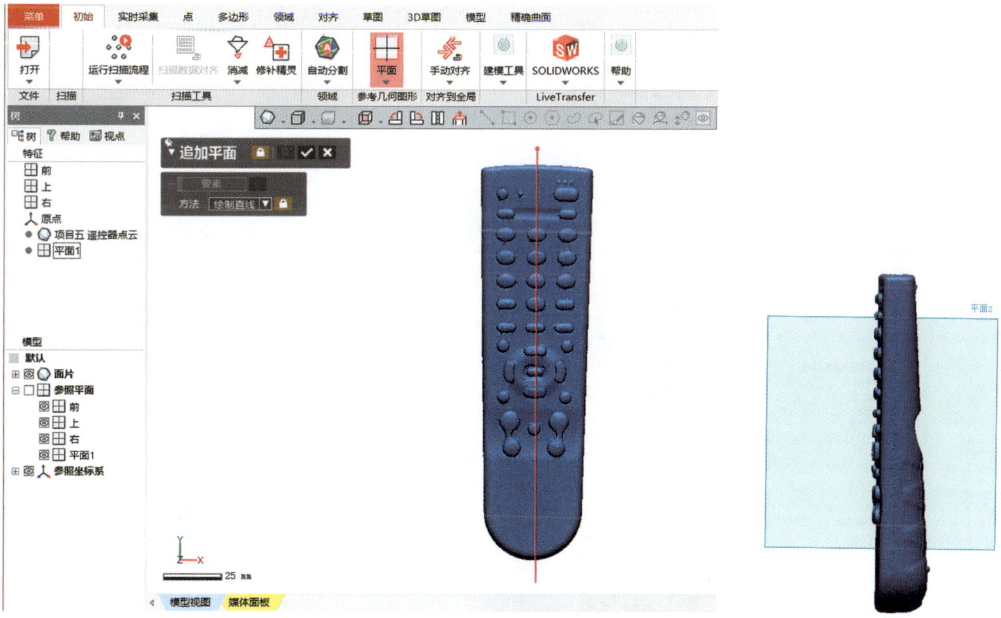

图 5-7　创建辅助平面 2

再次单击【平面】按钮，“方法”选择“镜像”，“要素”通过“树”管理器选择“遥控器点云面片”和“平面 2”，按住“Ctrl”键可以同时选中，完成后生成“平面 3”，并将“平面 2”隐藏。参数设置及效果如图 5-8 所示。

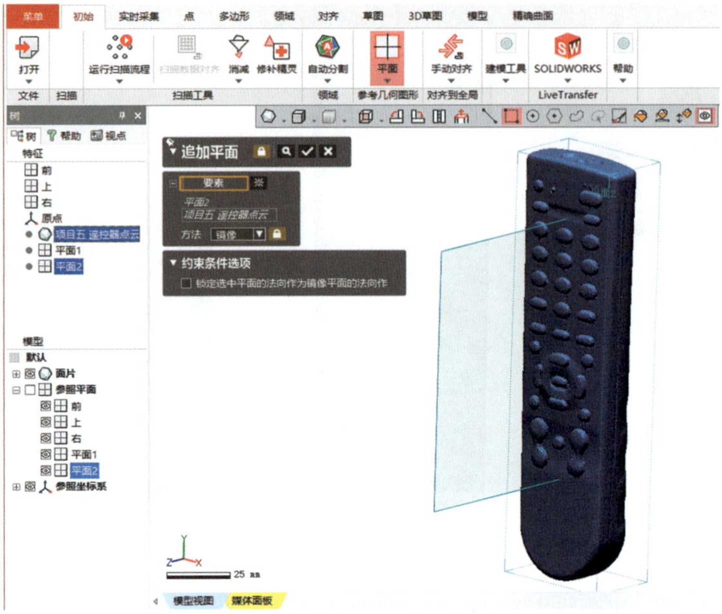

图 5-8　创建辅助平面 3

在【初始】工具栏中单击【手动对齐】按钮，打开“手动对齐”对话框，在“移动”栏中选择“3-2-1”对齐类型。在【初始】工具栏中单击【平面】按钮，打开“平面属性”对话框，X 轴选择“平面 1”，“线”选择“平面 3”，完成坐标对齐操作。对齐完成后，在“树”管理器中隐藏“平面 1”和“平面 3”，取消隐藏“前”“上”“右”基准平面，即可看到基准坐标已经对齐了。参数设置及效果如图 5-9 所示。

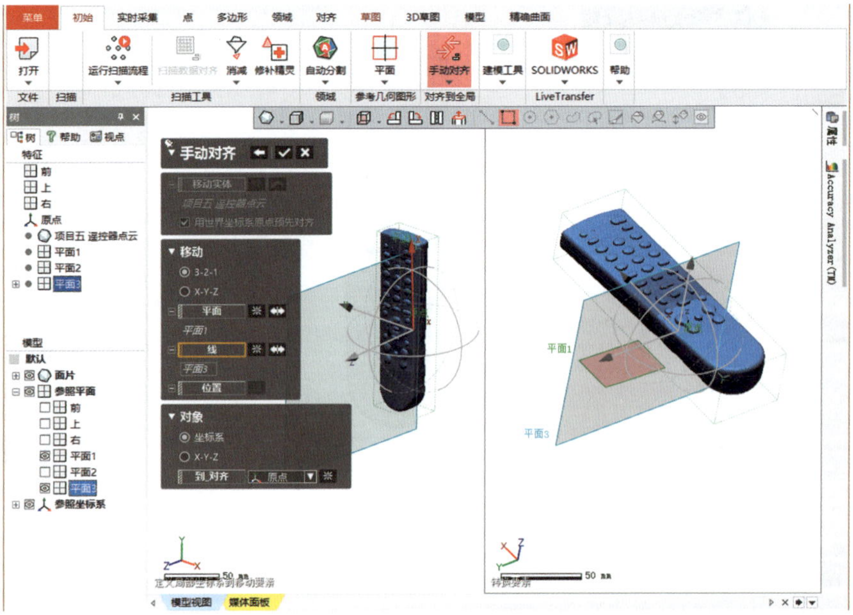

图 5－9　坐标对齐

步骤 5　分割领域。

使用【自动分割】工具对遥控器面片进行自动领域分割。参数设置及效果如图 5－10 所示。

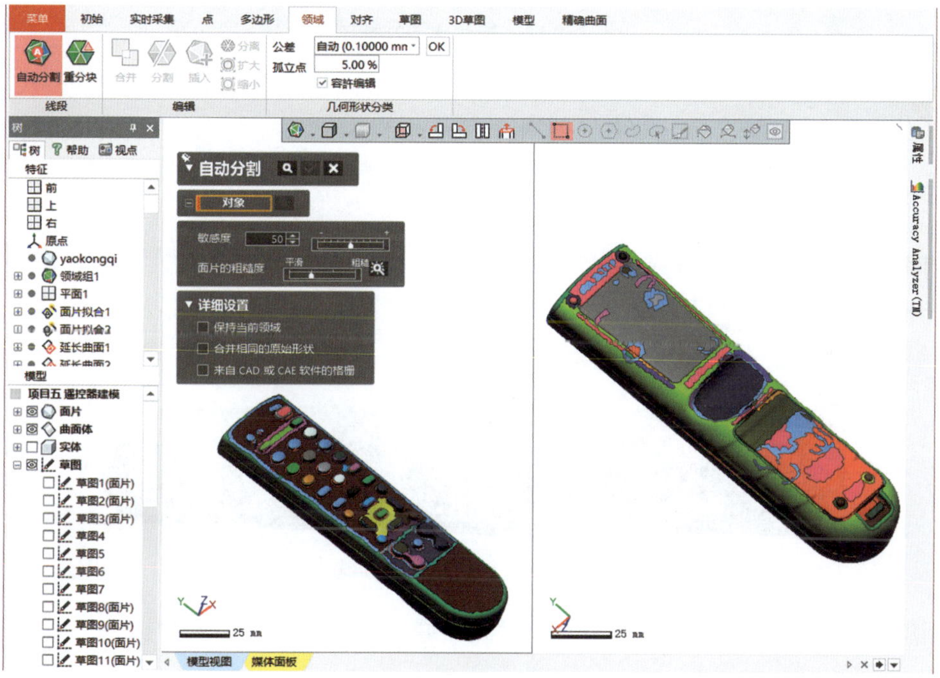

图 5－10　自动分割

自动分割后，部分细节特征还是不尽如人意，需要手工重新分割，然后进行合并，这样才能达到预期的效果。例如，遥控器背部特征较多，自动分割后的背部大面提取得不准确，会导致后续拟合背部曲面困难。因此，需要对背部进行手动重新划分及合并，使背部大面形成同一个领域。

单击【领域】工具栏，采用“画笔选择模式”涂刷如图 5－11 所示的 4 部分领域，并分别单击【插入】按钮，然后按住“Ctrl”键选择刚刚涂刷的 4 部分领域，单击【合并】按钮，使其成为一个领域。

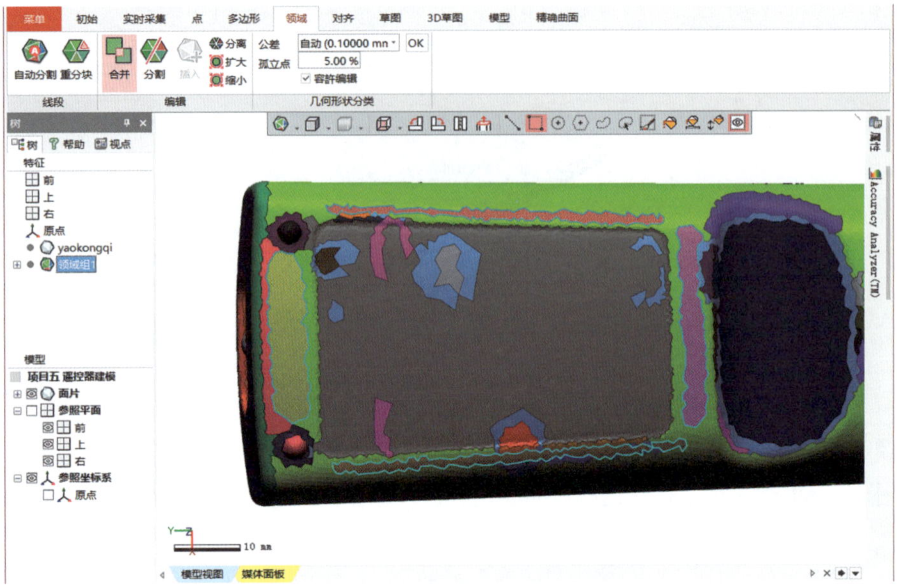

图 5－11　合并 4 部分领域

提示

- 按住“Alt”键＋鼠标左键可以调整画笔大小。

用同样的方法将遥控器背部剩下的领域重新进行手动插入并合并。如果不方便观察，可以先将领域隐藏，再将两次合并后的大领域合并为一个整体背部领域，如图 5－12 所示。

图 5－12　手动创建并合并领域（背）

用同样的方法将遥控器正面两部分过渡领域重新进行手动插入并合并，如图 5－13 所示。

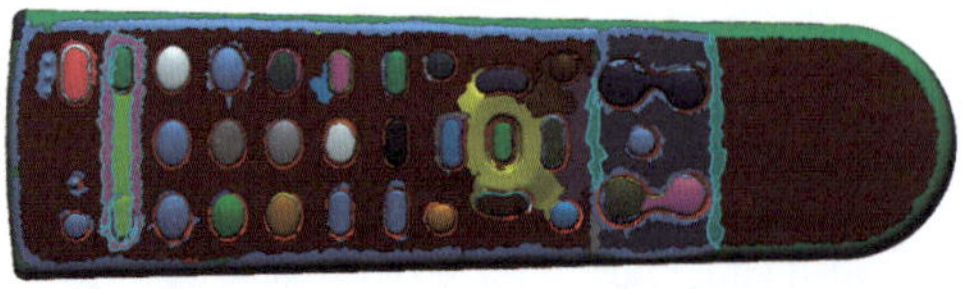

图 5－13　手动创建并合并领域（正）

步骤 6　制作遥控器主体部分实体。

在【模型】工具栏中单击【面片拟合】按钮，打开“面片拟合”对话框，“领域”选择遥控器前部表面领域，“分辨率”选择“许可偏差”，“许可偏差”设为 0.1mm。参数设置及效果如图 5－14 所示。

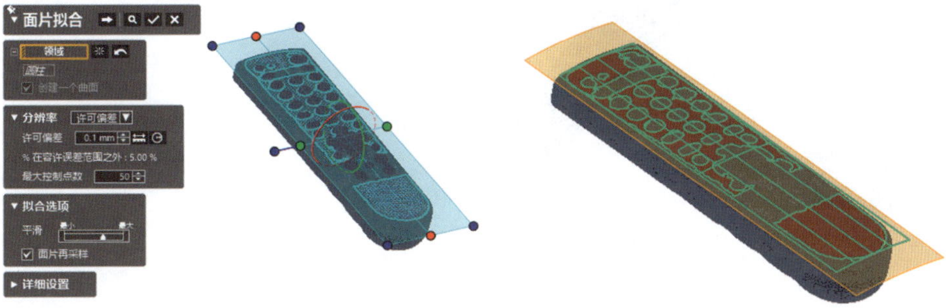

图 5－14　遥控器主体前部面片拟合

用同样的方法对遥控器主体背部进行面片拟合。参数设置及效果如图 5－15 所示。

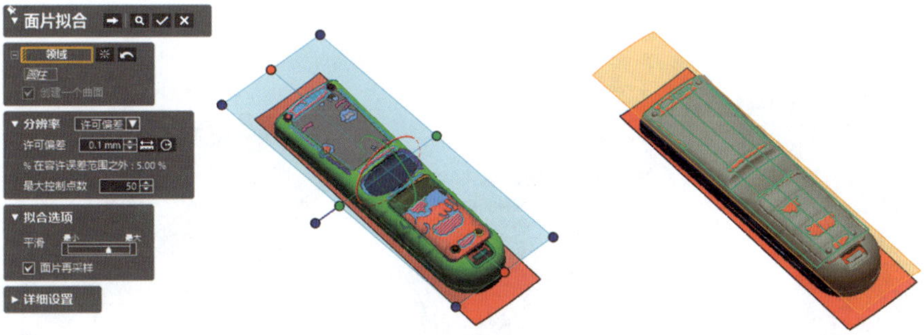

图 5－15　遥控器主体背部面片拟合

使用【模型】工具栏中【编辑】下拉菜单中的【延长曲面】工具将遥控器主体前部和背部面片的长边线延长，延长距离为 20mm。参数设置及效果如图 5－16 所示。

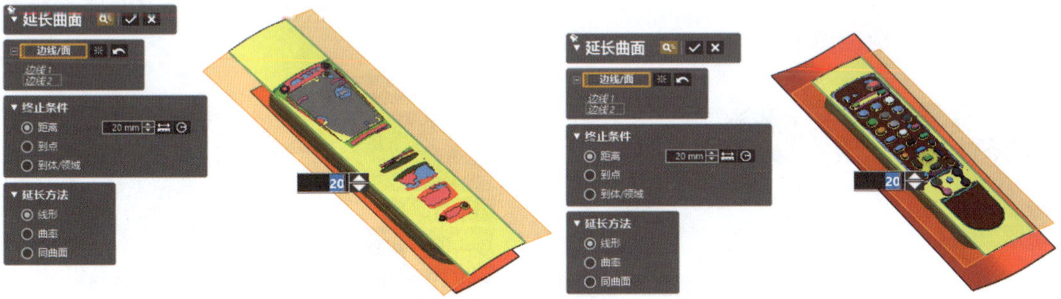

图 5－16　遥控器主体前部和背部面片延长

使用【面片草图】工具制作遥控器侧面轮廓的面片草图，“基准平面”选择前基准平面；使用【直线】、【3 点圆弧】、【剪切】和【调整】等草图工具绘制遥控器侧面轮廓草图，注意底部圆弧要与侧边相切。参数设置及效果如图 5－17 所示。

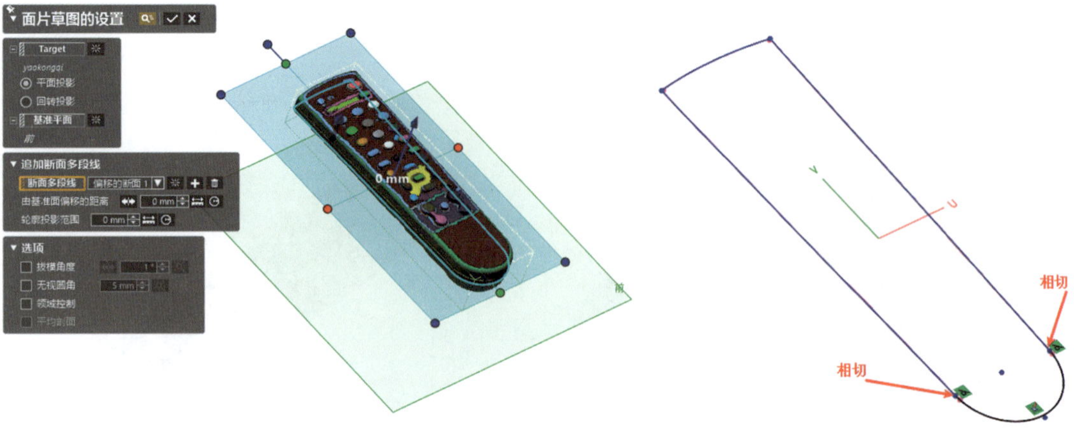

图 5－17　遥控器侧面面片草图

使用片体【拉伸】工具对上步制作的面片草图进行拉伸，正、反方向拉伸“长度”均为 30mm。参数设置及效果如图 5－18 所示。

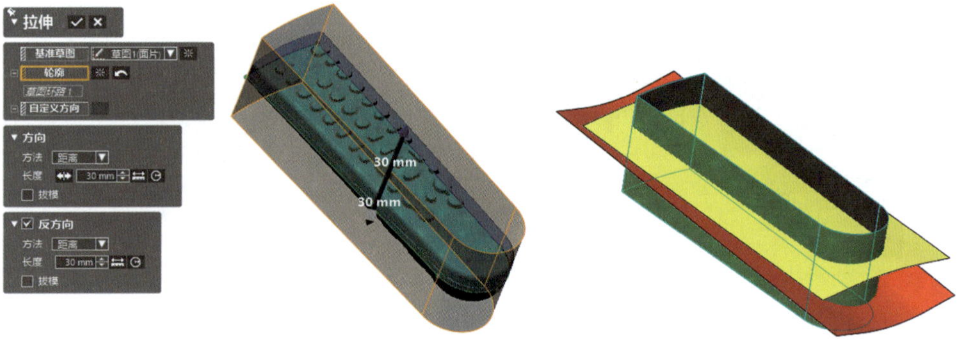

图 5－18　遥控器侧面拉伸

在【模型】工具栏中单击【剪切曲面】按钮，打开“剪切曲面”对话框，“工具要素”选择刚建立的 3 个曲面，“残留体”选择遥控器主体部分，确定后会形成遥控器主体实体。参数设置及效果如图 5－19 所示。

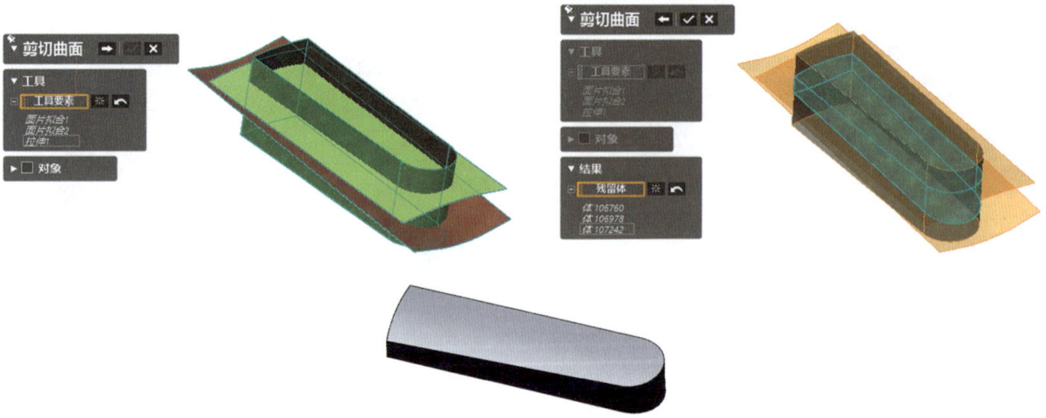

图 5－19　剪切曲面

> **提示**
> - 如果剪切曲面后视区中的图形都消失了，是因为曲面被剪切后如果形成了封闭空间，软件会自动形成实体，将【实体】显示按钮打开即可显示图形。

使用【圆角】工具制作遥控器底部可变圆角，“要素”选择底部3条边线，通过“轮廓视图”中的折线图可以调整可变圆角的位置和数值，顶部圆角值为5mm，底部圆角值为12.6mm。参数设置及效果如图5-20所示。

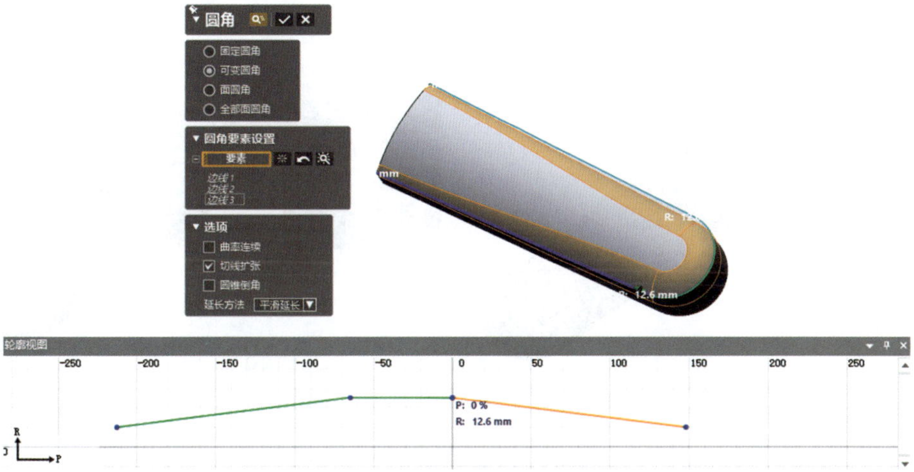

图5-20　遥控器背部可变圆角

使用【圆角】工具制作遥控器顶部固定圆角，“要素”选择顶部3条边线，“半径”设为2mm。参数设置及效果如图5-21所示。

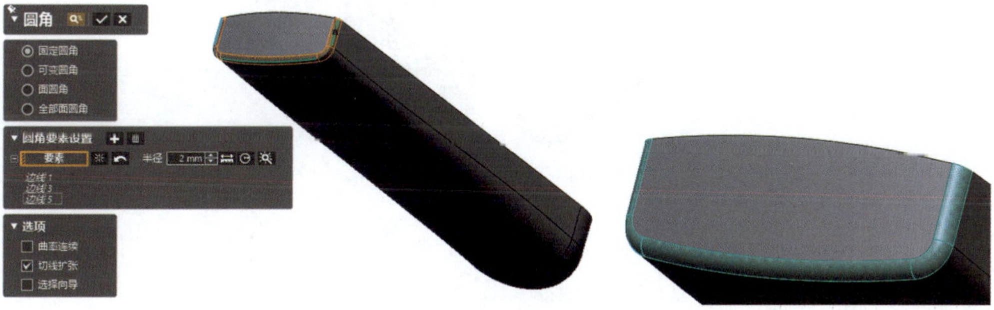

图5-21　遥控器顶部固定圆角

使用【圆角】工具制作遥控器上部固定圆角，“要素”选择上部4条边线，“半径”设为3mm。参数设置及效果如图5-22所示。

步骤7　制作遥控器背部和前部凹陷。

使用【面片拟合】工具制作遥控器背部凹陷曲面，“领域”选择前面自动划分好的遥控器背部凹陷处的领域，“分辨率”选择“许可偏差”，“许可偏差”设为0.1mm。参数设置及效果如图5-23所示。

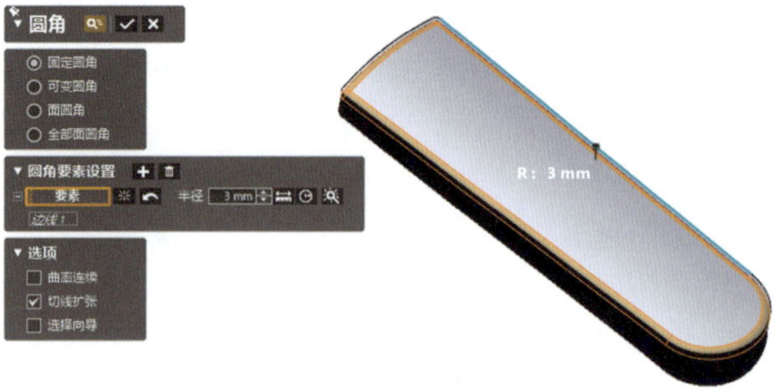

图 5-22　遥控器上部固定圆角

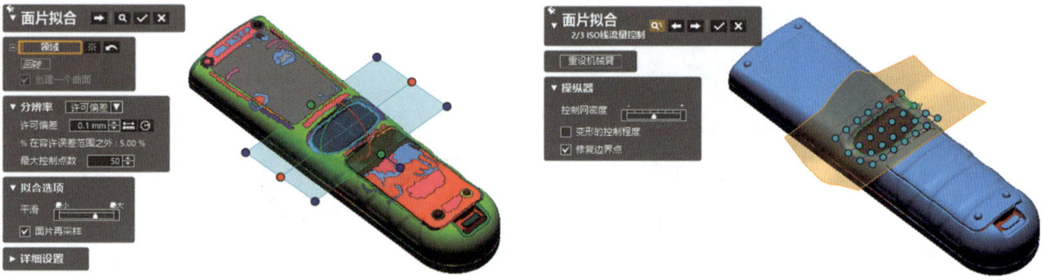

图 5-23　遥控器背部凹陷曲面

使用【切割】工具对遥控器主体部分背部凹陷进行切割，“工具要素”选择刚制作的凹陷部分的曲面，“对象体”选择遥控器主体实体，“残留体”选择遥控器主体实体。参数设置及效果如图 5-24 所示。

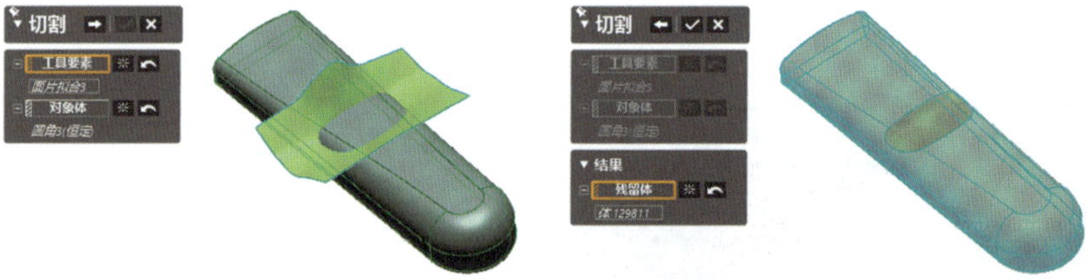

图 5-24　遥控器背部凹陷切割

隐藏上步制作的面片拟合，使用【圆角】工具制作遥控器背部凹陷处周边的固定圆角，“半径”设为 3mm。参数设置及效果如图 5-25 所示。

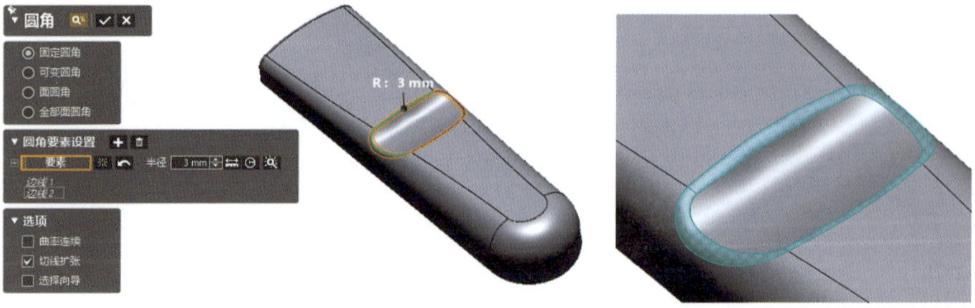

图 5-25　遥控器背部凹陷周边的固定圆角

使用【面片拟合】工具制作遥控器上部凹陷曲面，“领域”选择前面自动划分好的遥控器上部凹陷处的领域，“分辨率”选择“许可偏差”，“许可偏差”设为 0.1mm。参数设置及效果如图 5－26 所示。

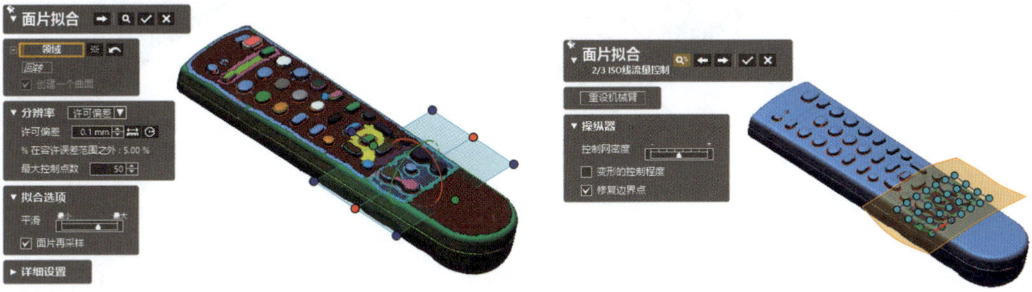

图 5－26 遥控器上部凹陷面片拟合

使用【切割】工具对遥控器主体部分上部凹陷进行切割，“工具要素”选择刚制作的凹陷部分的曲面，“对象体”选择遥控器主体实体，“残留体”选择遥控器主体实体。参数设置及效果如图 5－27 所示。

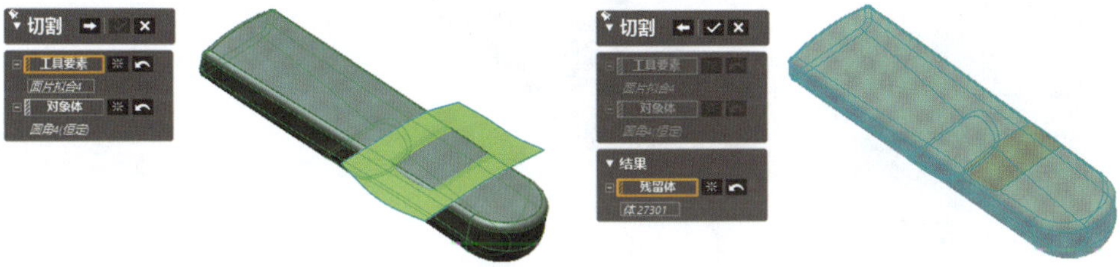

图 5－27 遥控器上部凹陷切割

隐藏上步制作的面片拟合，使用【圆角】工具制作遥控器背部凹陷处周边的固定圆角，“半径”设为 1mm。参数设置及效果如图 5－28 所示。

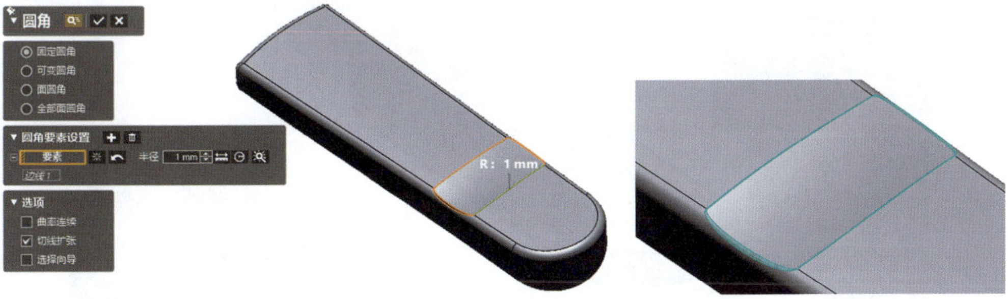

图 5－28 遥控器背部凹陷处周边的固定圆角

步骤 8 制作遥控器发射部分。

使用【平面】工具制作一个参照平面，“要素”选择遥控器顶部发射部分的底面领域，“方法”选择“提取”。参数设置及效果如图 5－29 所示。

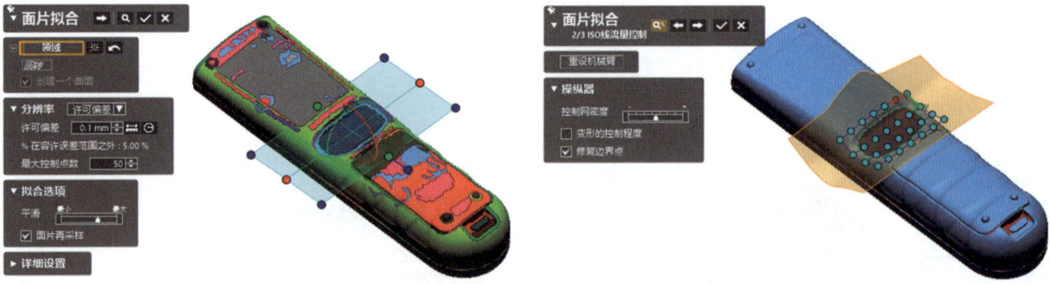

图 5－29　遥控器发射器部分参照平面

使用【面片草图】工具制作遥控器发射器轮廓的面片草图，“基准平面”选择刚建立的“平面 2”基准平面，“由基准面偏移的距离”设为 0.5mm；使用【直线】、【3 点圆弧】、【剪切】和【调整】等草图工具绘制遥控器侧面轮廓草图，注意两端圆弧要与直线边相切。参数设置及效果如图 5－30 所示。

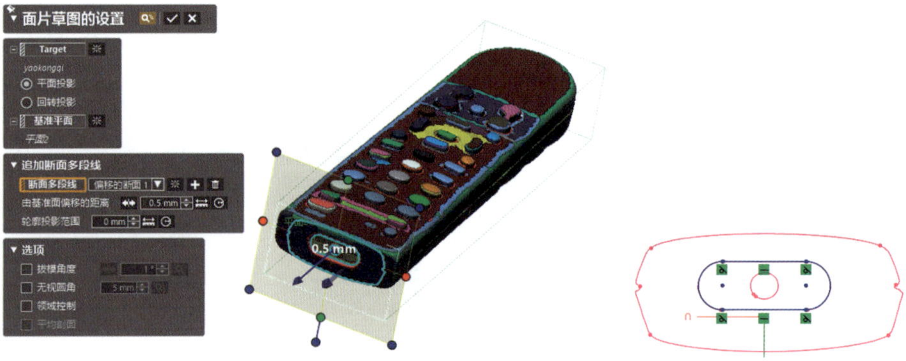

图 5－30　遥控器发射部分轮廓草图

使用实体【拉伸】工具对上步制作的面片草图进行拉伸，拉伸“长度”为 5mm，“结果运算”选择“切割”。参数设置及效果如图 5－31 所示。

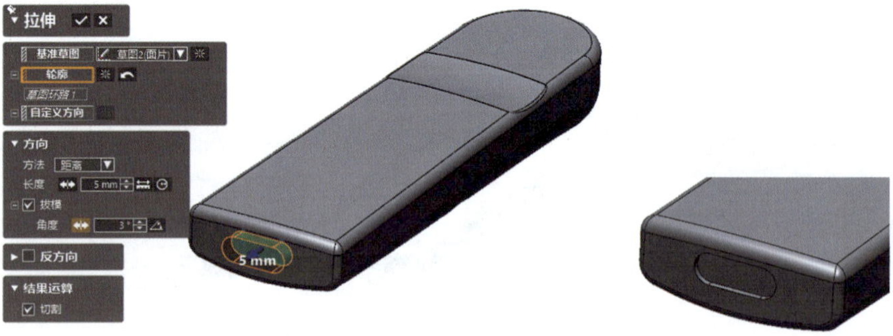

图 5－31　遥控器发射器部分拉伸切割

使用【圆角】工具制作发射器部分底部和顶部圆角，“半径”均为 1mm。参数设置及效果如图 5－32 所示。

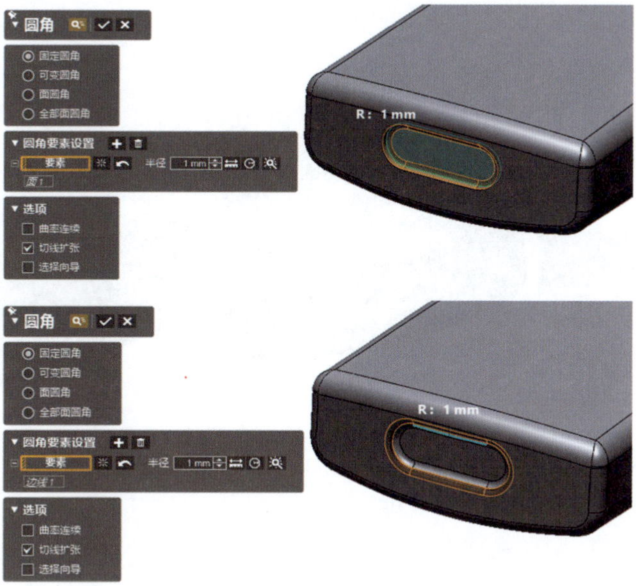

图 5－32　遥控器发射器部分圆角

使用【面片草图】工具制作遥控器发射传感器的面片草图，“基准平面”选择前面建立的“平面 2”基准平面，“由基准面偏移的距离”设为 0.25mm；使用【圆】草图工具绘制遥控器发射传感器轮廓草图。参数设置及效果如图 5－33 所示。

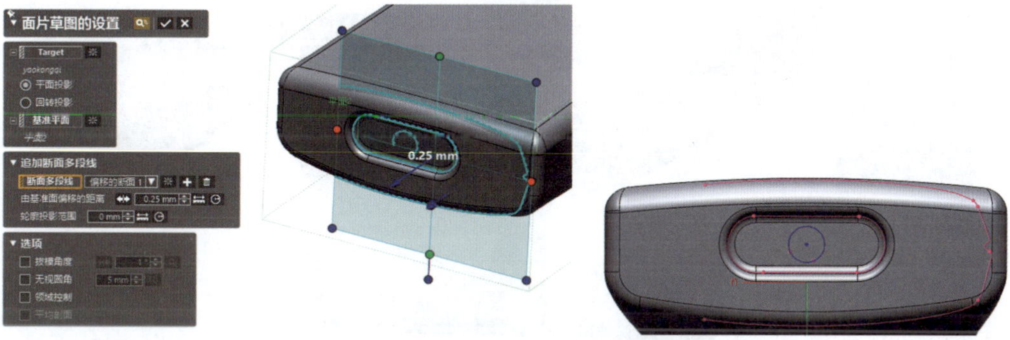

图 5－33　遥控器发射传感器轮廓草图

使用实体【拉伸】工具对上步制作的面片草图进行拉伸，拉伸“长度”为 1.5mm，“结果运算”选择“合并”。参数设置及效果如图 5－34 所示。

图 5－34　遥控器发射器部分拉伸切割

使用【圆角】工具制作遥控器发射传感器部分圆角，“半径”为 2mm。参数设置及效果如图 5－35 所示。

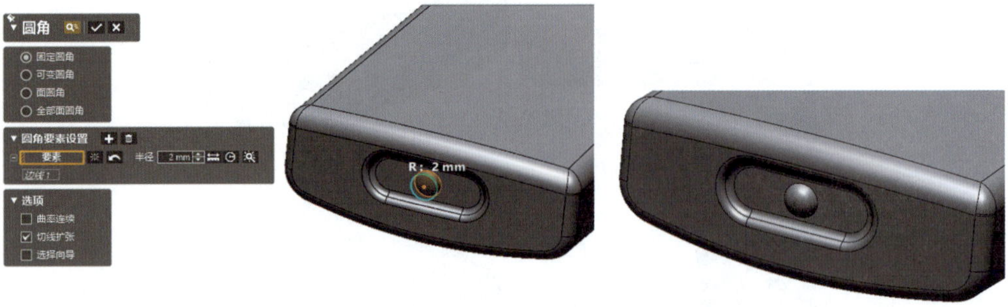

图 5－35　遥控器发射传感器部分圆角

步骤 9　制作遥控器背部球形支撑。

在【模型】工具栏中单击【基础实体】按钮，打开“几何形状”对话框，“领域”选择遥控器背部球形支撑领域，“提取形状”选择“球”，单击对话框右上角的按钮预览并确认结果。用同样的方法制作其余 3 个球形支撑体。参数设置及效果如图 5－36 所示。

图 5－36　遥控器背部球形支撑

使用【布尔运算】工具将制作好的球形支撑与遥控器主体实体进行“合并”。参数设置及效果如图 5－37 所示。

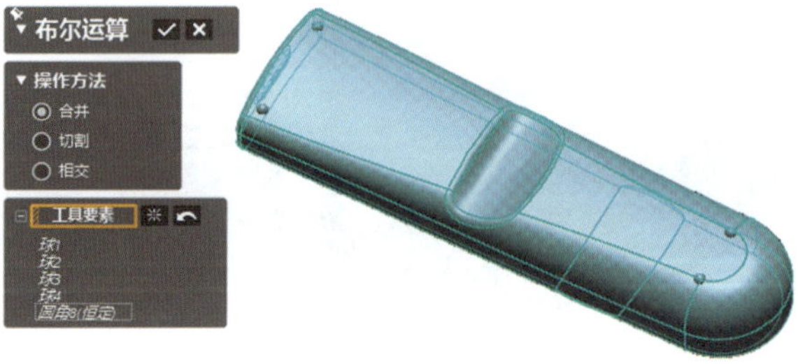

图 5－37　遥控器主体合并球形支撑

步骤 10　制作遥控器电池盒开关部分。

使用【面片草图】工具制作遥控器电池盒开关槽轮廓的面片草图，“基准平面”选择右基准平面；使用【直线】、【剪切】和【调整】等草图工具绘制遥控器电池盒开关槽轮廓草图。参数设置及效果如图 5－38 所示。

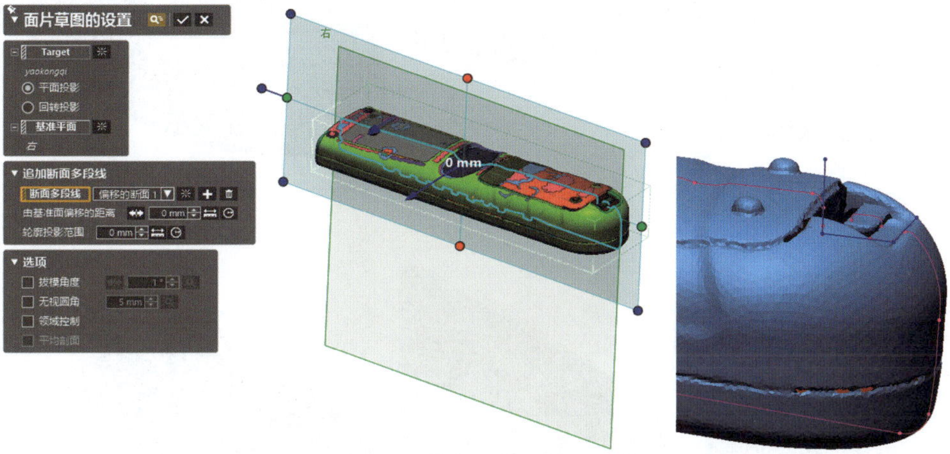

图 5－38　遥控器电池盒开关槽部分轮廓草图

使用片体【拉伸】工具对上步制作的面片草图进行拉伸，正、反方向拉伸“长度”均为 10mm。参数设置及效果如图 5－39 所示。

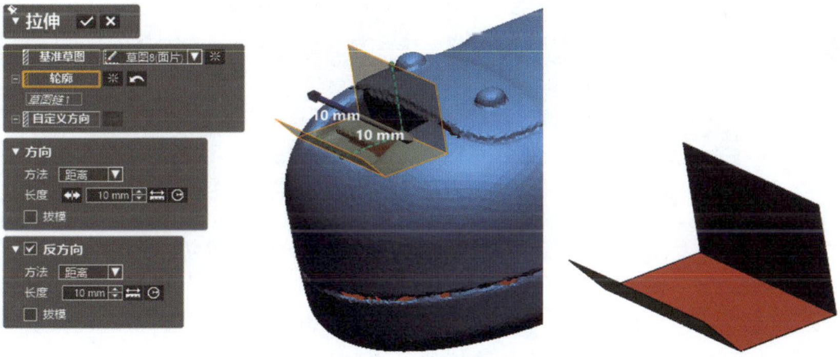

图 5－39　遥控器电池盒开关槽部分片体拉伸

使用【面片草图】工具制作遥控器电池盒开关轮廓的面片草图，“基准平面”选择右基准平面；使用【直线】、【剪切】和【调整】等草图工具绘制遥控器电池盒开关槽侧面轮廓草图。参数设置及效果如图 5－40 所示。

使用片体【拉伸】工具对上步制作的面片草图进行拉伸，拉伸“长度”为 94mm。参数设置及效果如图 5－41 所示。

使用【剪切曲面】工具对前两步建立的曲面进行剪切，“工具要素”选择 3 个曲面，“残留体”选择中间部分。参数设置及效果如图 5－42 所示。

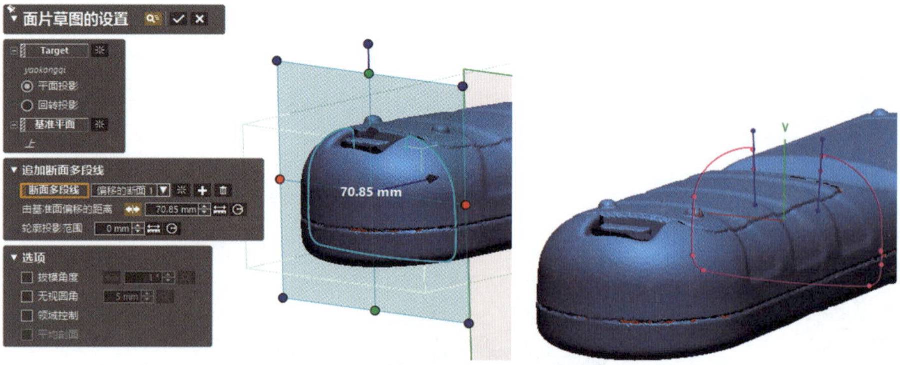

图 5－40　遥控器电池盒开关槽侧面部分轮廓草图

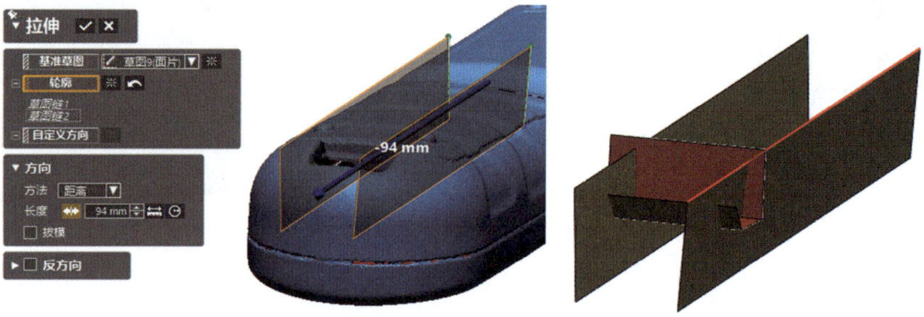

图 5－41　遥控器电池盒开关槽侧面部分片体拉伸

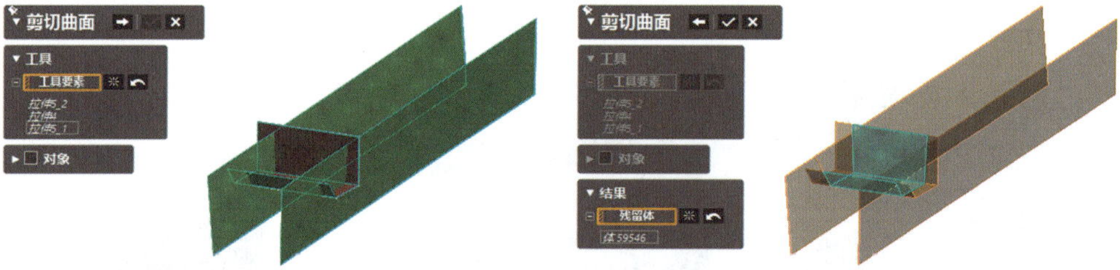

图 5－42　遥控器电池盒开关槽部分曲面剪切

使用【切割】工具对遥控器主体电池盒开关槽部分进行切割，“工具要素”选择刚制作的曲面，“对象体”选择遥控器主体实体，“残留体”选择遥控器主体实体。参数设置及效果如图 5－43 所示。

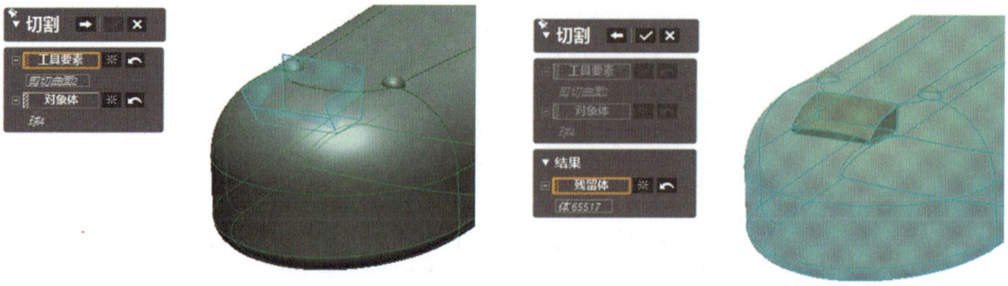

图 5－43　遥控器电池盒开关槽部分切割

使用【面片草图】工具制作遥控器电池盒开关部分轮廓的面片草图，“基准平面”选择右基准平面；使用【直线】、【剪切】和【调整】等草图工具绘制遥控器电池盒开关部分轮廓草图。参数设置及效果如图 5 - 44 所示。

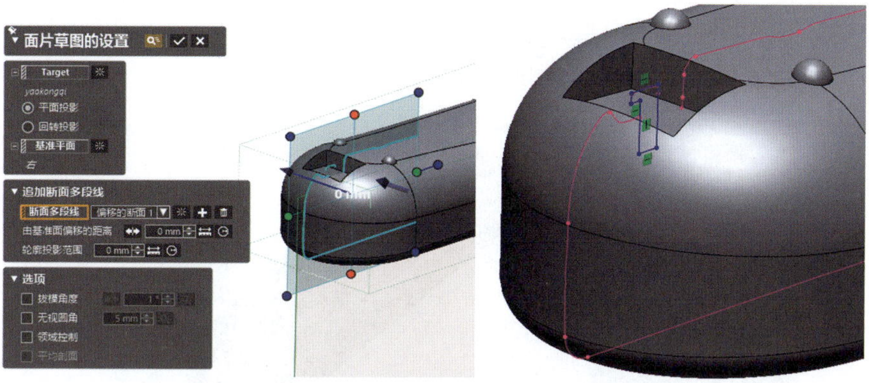

图 5 - 44 遥控器电池盒开关部分轮廓草图

使用实体【拉伸】工具对上步制作的面片草图进行拉伸操作，正方向拉伸“长度”为 4.5mm，反方向拉伸“长度”为 5.5mm，“结果运算”选择“合并”。参数设置及效果如图 5 - 45 所示。

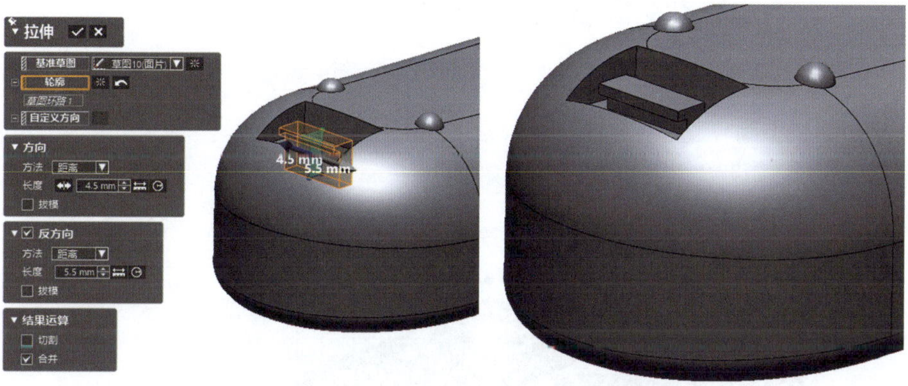

图 5 - 45 遥控器电池盒开关部分实体拉伸

使用【倒角】工具制作遥控器电池盒开关尾部倒角，“距离”设为 0.5mm，“角度”设为 45°。参数设置及效果如图 5 - 46 所示。

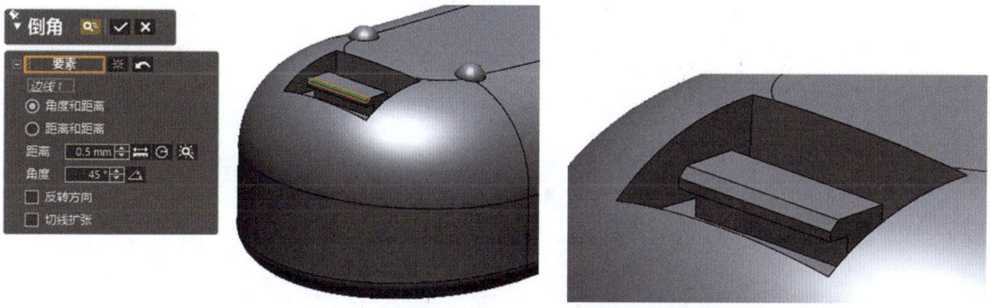

图 5 - 46 遥控器电池盒开关尾部倒角

步骤 11　制作遥控器按键部分。

使用【面片草图】工具制作遥控器按键轮廓的面片草图，“基准平面”选择前基准平面，“由基准面偏移的距离”设为 12.4mm；使用【直线】、【3 点圆弧】、【剪切】和【调整】等草图工具绘制遥控器按键轮廓草图，注意与圆弧连接部分要制作相切约束。参数设置及效果如图 5－47 所示。

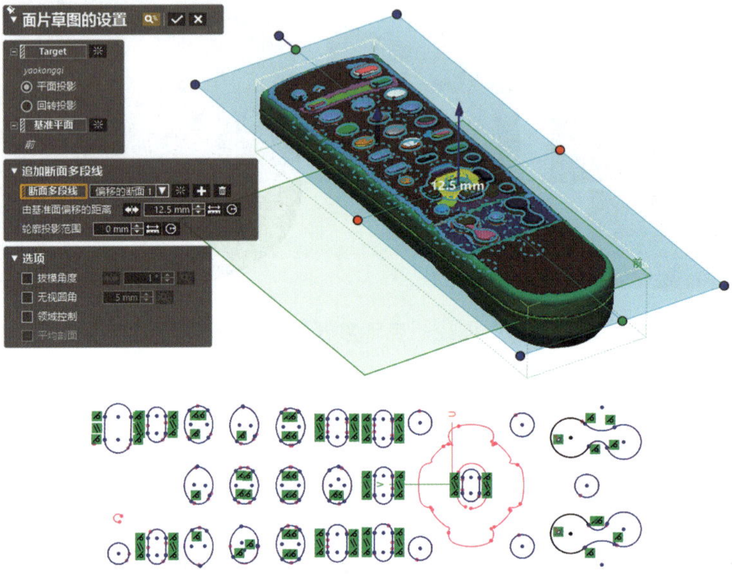

图 5－47　遥控器按键部分轮廓草图

用同样的方法制作遥控器中间 4 个方向的按键草图轮廓，“由基准面偏移的距离”设为 13.2mm。参数设置及效果如图 5－48 所示。

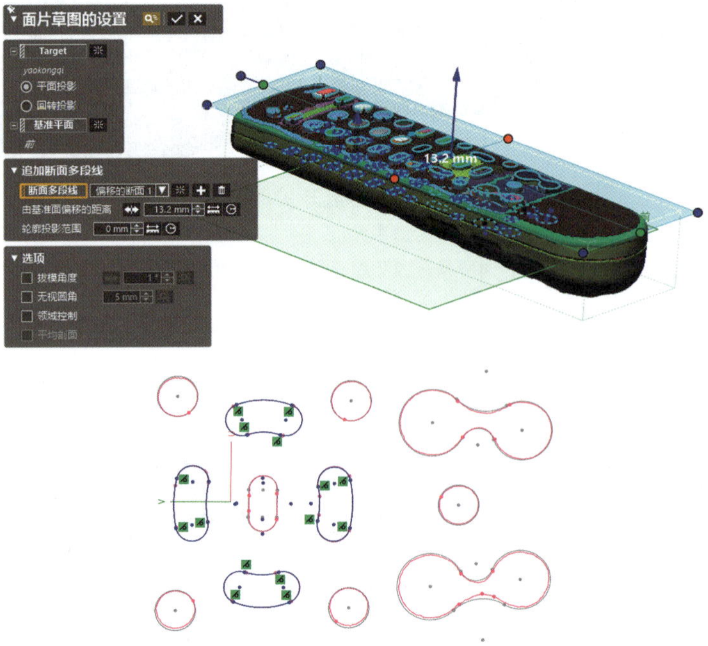

图 5－48　遥控器中间 4 个方向的按键轮廓草图

使用实体【拉伸】工具对上步制作的两个按键的面片草图进行拉伸操作，正方向拉伸“长度”为 28mm。参数设置及效果如图 5－49 所示。

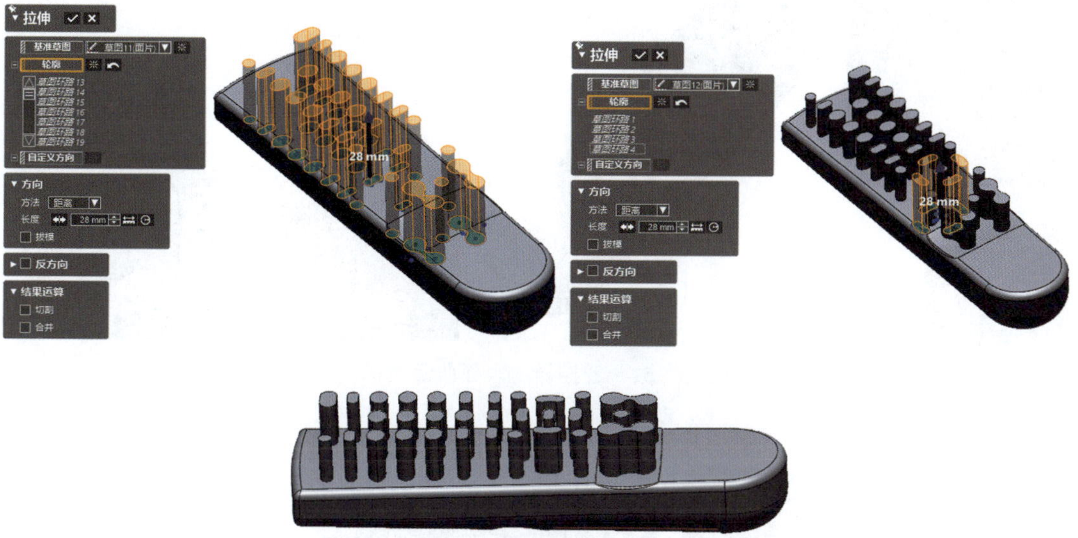

图 5－49　遥控器按键实体拉伸

使用【曲面偏移】工具将遥控器实体的上表面向上偏移 1.8mm，“面”选择遥控器实体的上表面的两个曲面，“偏移距离”设为 1.8mm。参数设置及效果如图 5－50 所示。

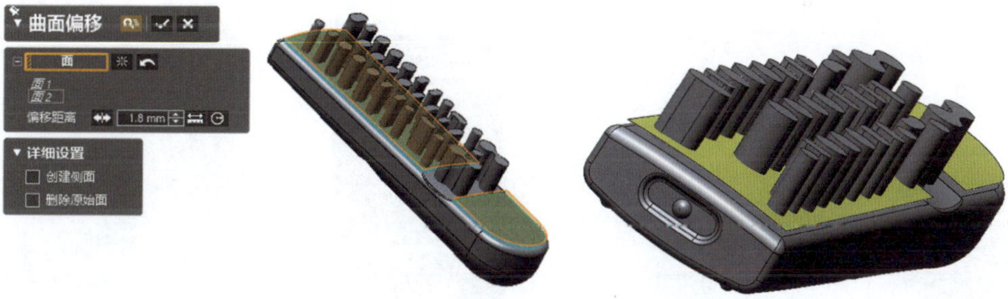

图 5－50　遥控器上表面曲面偏移

使用曲面【放样】工具将上步偏移后的两个曲面进行放样连接，“轮廓”选择两个曲面断开部分的两条边线，“起始约束”和“终止约束”均选择“与面相切”，“切线长”设为 1mm；使用【反转法线】工具反转放样曲面的法向。参数设置及效果如图 5－51 所示。

使用【缝合】工具对上步制作的 3 个曲面进行缝合操作。参数设置及效果如图 5－52 所示。

使用【切割】工具对按键部分进行切割，“工具要素”选择刚缝合好的曲面，“对象体”选择所有按键实体，“残留体”选择按键的下半部分。参数设置及效果如图 5－53 所示。

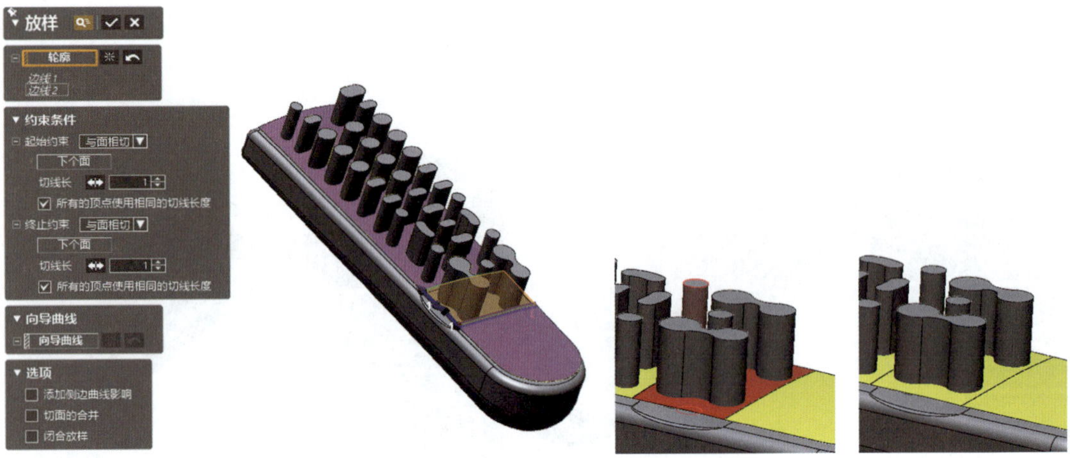

图 5－51　遥控器上表面曲面放样

图 5－52　曲面缝合

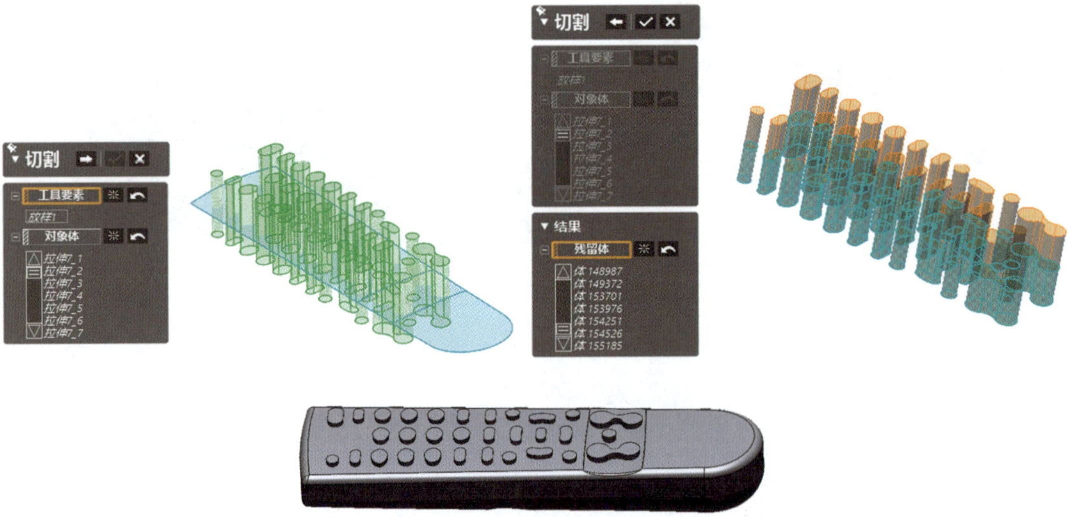

图 5－53　切割按键

使用【布尔运算】工具将按钮与遥控器实体进行合并。参数设置及效果如图 5－54 所示。

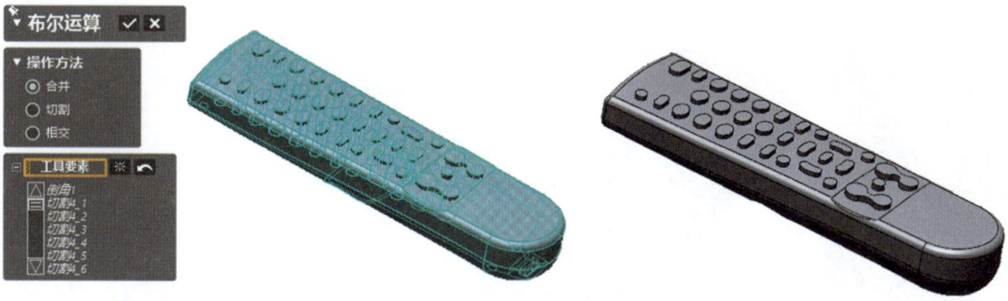

图 5－54 合并按键

步骤 12 制作遥控器背部细节。

使用【平面】工具制作遥控器背部凹陷底面平面，“要素”选择遥控器背部凹陷底面领域，“方法”选择“提取”。参数设置及效果如图 5－55 所示。

图 5－55 背部凹陷底面平面

由于此凹陷深度非常浅，不能通过面片草图实现，因此使用【草图】工具手工绘制凹陷的边缘轮廓，草图“基准平面”选择上步建立的“平面 7”；使用【直线】、【圆角】、【剪切】和【调整】等草图工具绘制遥控器背部凹陷轮廓草图。参数设置及效果如图 5－56 所示。

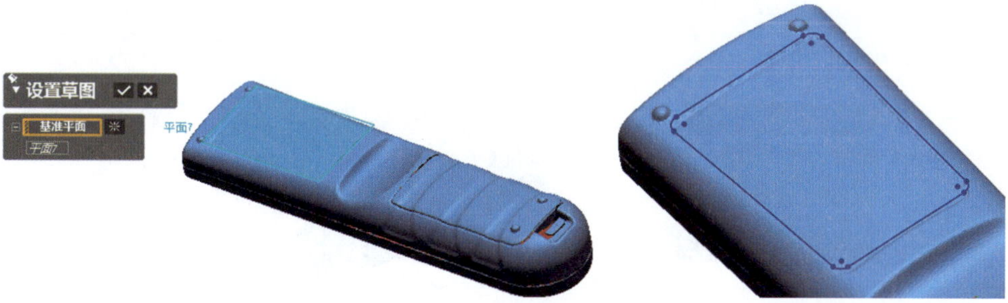

图 5－56 背部凹陷轮廓草图

使用实体【拉伸】工具对上步制作的草图进行拉伸操作，正方向拉伸“方法”选择“到领域”，“选择要素”选择遥控器背部凹陷底面，勾选“偏移”复选框，“距离”设为 0.3mm，反方向拉伸“方法”选择“距离”，“长度”设为 5mm。参数设置及效果如图 5－57 所示。

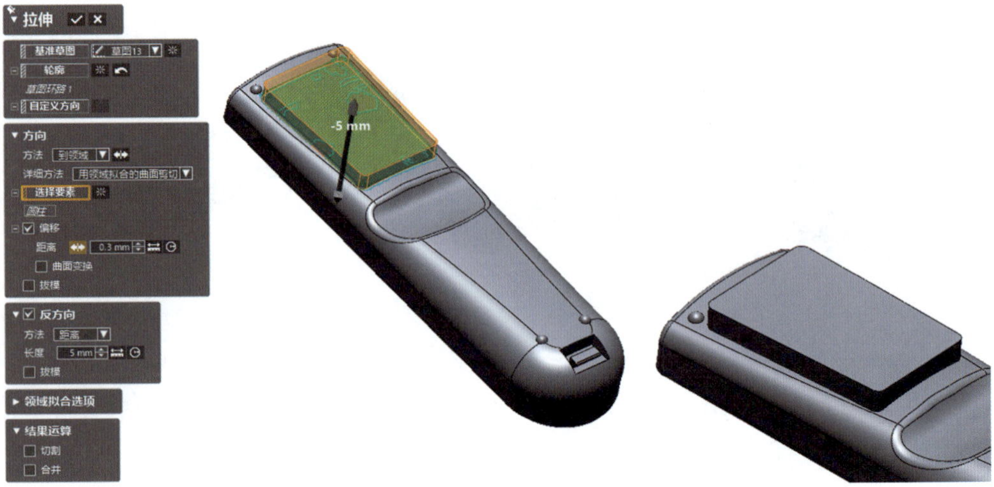

图 5－57　遥控器按键实体拉伸

使用【布尔运算】工具对凹陷实体与遥控器实体进行切割。参数设置及效果如图 5－58 所示。

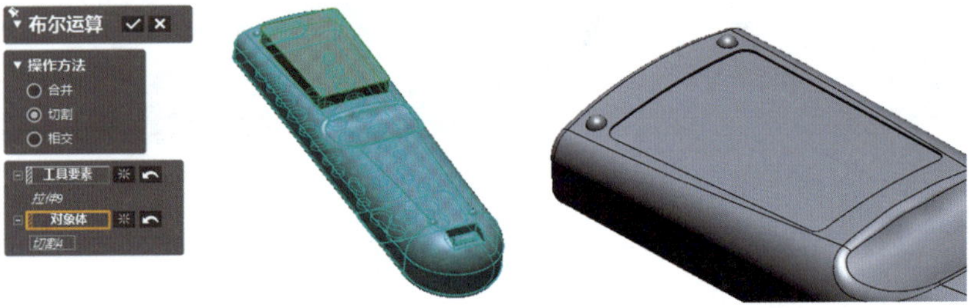

图 5－58　切割凹陷

使用【平面】工具制作一个相对于前参照平面偏移的参照平面，“要素”选择前参照平面，“方法”选择“偏移”，“距离”设为 -28mm。参数设置及效果如图 5－59 所示。

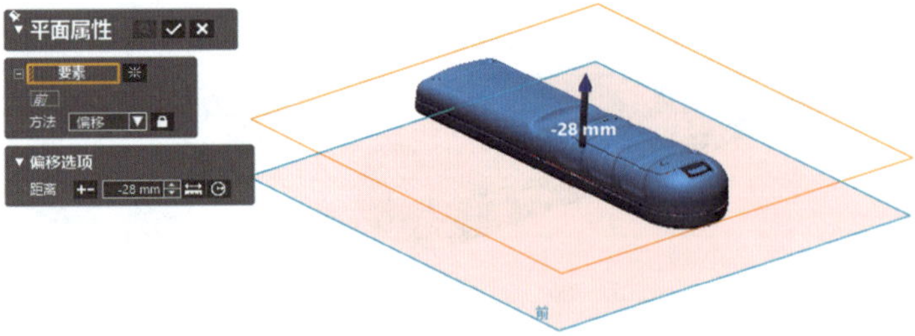

图 5－59　偏移参照平面

由于背部不规则凹陷深度非常浅，不能通过面片草图实现，因此使用【草图】工具手工绘制凹陷的边缘轮廓，草图“基准平面”选择上步建立的“平面 8”；使用【样条曲线】和【调整】等草图工具绘制遥控器背部不规则凹陷轮廓草图。效果如图 5－60 所示。

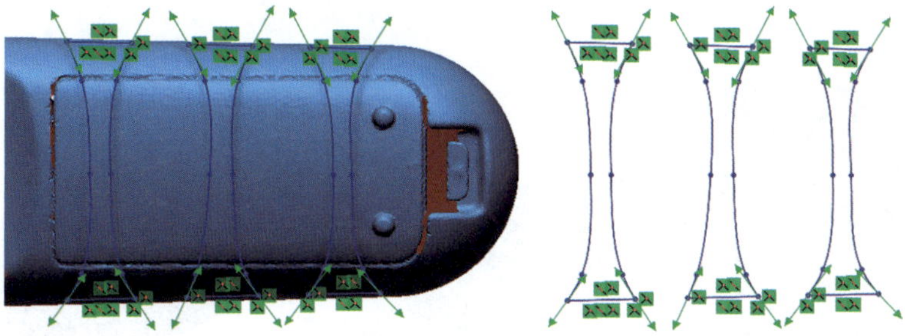

图 5－60　背部不规则凹陷轮廓草图

使用实体【拉伸】工具对上步制作的草图进行拉伸操作，正方向拉伸“方法”选择“到体”，“选择要素”选择遥控器主体实体。参数设置及效果如图 5－61 所示。

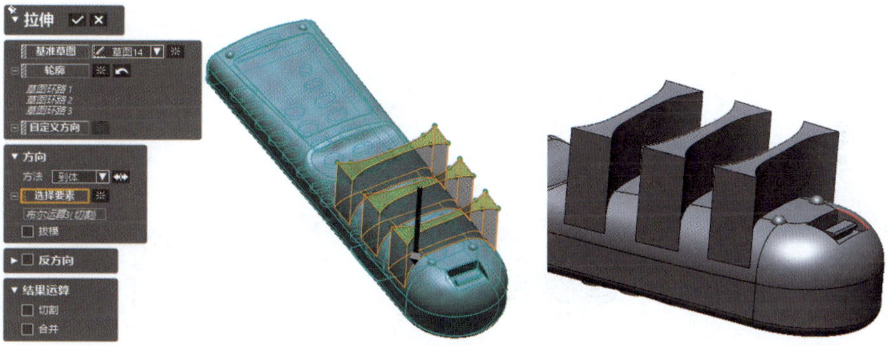

图 5－61　遥控器背部不规则凹陷实体拉伸

目前，3 个实体的底面是与遥控器主体表面完全贴合的，为了制作比较浅的凹陷，需要将 3 个实体的贴合面向下移动一个凹陷距离，为下一步进行布尔运算做准备。将遥控器主体实体隐藏，在【模型】工具栏中单击【移动面】按钮，打开“移动面”对话框，“面”选择凹陷实体与遥控器主体实体贴合的 3 个曲面，“方向”选择前参照平面，“距离”设为 1mm。用同样的方法对其余两个实体进行移动面操作。参数设置及效果如图 5－62 所示。

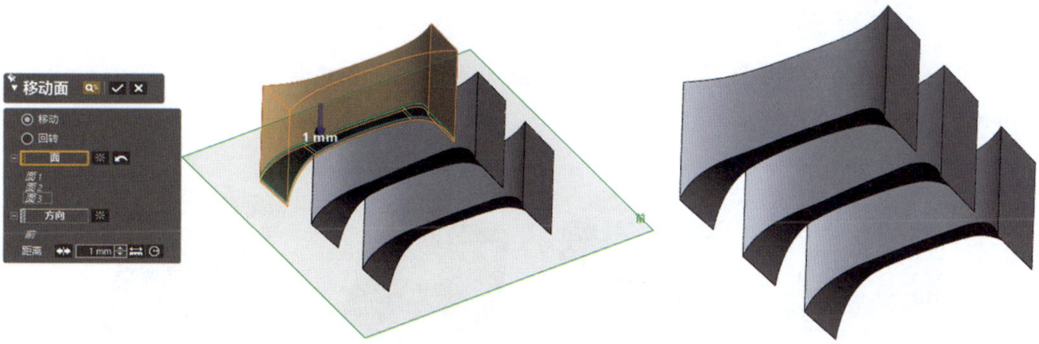

图 5－62　遥控器背部不规则凹陷实体曲面偏移

使用【布尔运算】工具对凹陷实体与遥控器实体进行切割。参数设置及效果如图

5－63 所示。

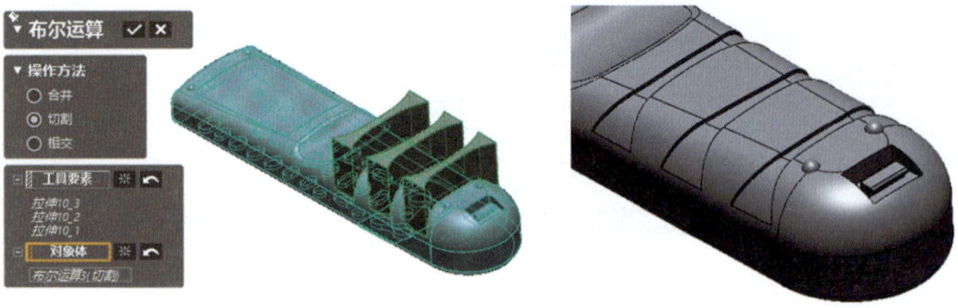

图 5－63　切割凹陷

使用【圆角】工具在 3 个不规则凹陷处边缘制作圆角，“半径”设为 0.28mm。参数设置及效果如图 5－64 所示。

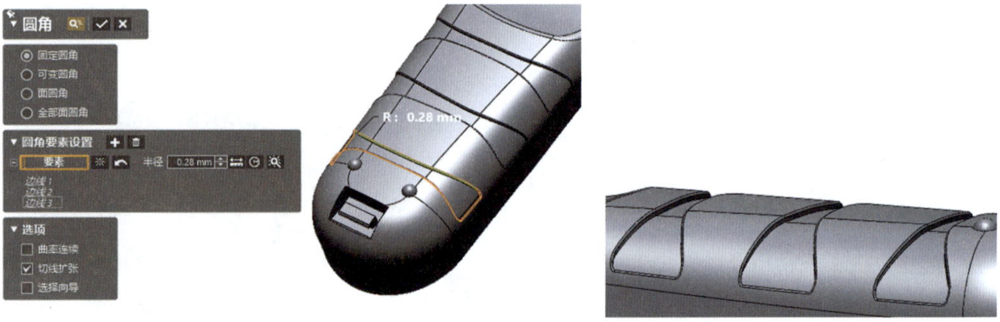

图 5－64　制作圆角

项目小结

通过本项目的学习，应掌握 Geomagic Design X 建模的技巧及以下技能：

（1）通过使用【合并】工具，掌握将多个领域合并为一个单一领域的方法。

（2）通过使用【基础实体】工具，掌握从领域中快速提取基础实体的方法。

（3）通过使用【移动面】工具，掌握实体表面曲面的移动方法。

考核评价

对配套资源中的计算器（图 5－65）点云文件编制建模步骤，并利用 Geomagic Design X 软件进行建模。

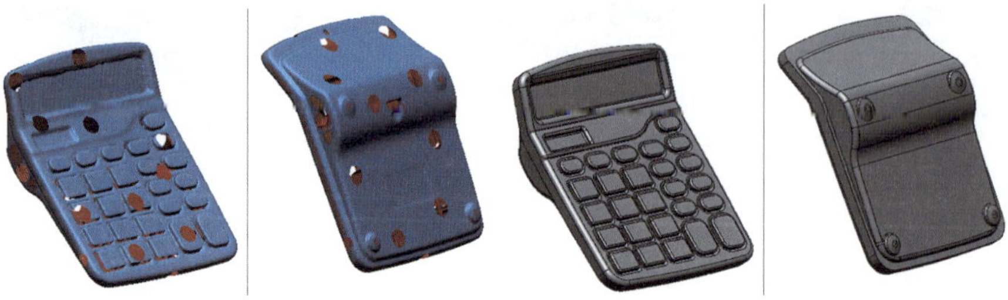

图 5－65　计算器

- 点云文件路径：“工业设计技术 -Geomagic DesignX 逆向设计实用教程 \ 素材 \ 项目五 \ 计算器点云 .gpd”。
- 考核指标见表 5－2。
- 建模步骤自拟表单，或登录中国人民大学出版社官网下载。

表 5－2　考核指标

指标	项目要求	分值	评分细则	得分
技术指标	步骤合理	10	每缺失一个步骤扣 2 分，某一步骤不合理扣 2 分，累计扣分，扣完为止	
	点云处理精细	5	有多余的杂点扣 2 分，有多余的点云族扣 3 ～ 5 分	
	面片创建平滑	5	有钉状物扣 1 分，累计扣分，扣完为止	
	坐标对齐合理	10	没有进行坐标对齐扣 10 分，基准面选择不合理扣 3 ～ 5 分	
	领域划分合理	10	没有进行领域划分扣 10 分，领域划分不合理扣 3 ～ 5 分	
	曲面创建合理	10	曲面创建不符合设计意图扣 2 分，累计扣分，扣完为止	
	实体创建合理	10	不能形成实体扣 10 分，实体特征缺失扣 2 分，累计扣分，扣完为止	
	体偏差比率	20	根据体偏差检测比率给定	
素质指标	通过学习【素养提升】内容，结合本项目学习情况谈一谈体会	20	根据体会深刻程度进行评价。	
			个人体会：	
总分				

项目六 连杆建模

——面片草图的重点应用

项目导读

连杆是传动机构中的常见构件，如在内燃机中用于连接活塞和曲轴，并将活塞受到的作用力传递给曲轴，从而将活塞的往复运动转换为曲轴的旋转运动。连杆体由 3 部分构成，与活塞销连接的部分称为连杆小头，与曲轴连接的部分称为连杆大头，小头与大头之间的杆部称为连杆杆身。本项目所介绍的连杆有空气动力学要求，呈流线型，且外型较复杂。通过本项目的学习，大家可以掌握复杂曲面模型的建模技巧。

素养提升

70 多年前，在新中国开国大典的阅兵式上，我国拥有的飞机的数量还不足以形成编队，于是安排飞行了两遍。70 年，弹指一挥间。新时代的中国，早已是山河无恙、国富兵强。制造业是立国之本、强国之基，是经济高质量发展的主战场。随着我国制造业的飞速发展，我国正走在从制造大国迈向制造强国的道路上，我们的飞机再也不用飞第二遍了。

项目分析

如图 6－1 所示，连杆模型主要分为 3 个部分：两头圆柱、杆身上半部分和杆身下半部分，其中杆身部分的曲面多且复杂，是建模难点。在进行杆身部分建模时，首先需要创建分型面将其分成上、下两部分，再分别创建曲面。这里需要注意的是对曲面进行合理地领域划分，这就需要对杆身部分的每个曲面进行分析和归类，并用合适的方法将其创建出来，再通过曲面剪切等环节，最终得到我们想要的模型。

图 6－1　连杆

连杆建模步骤见表 6 - 1。

表 6 - 1　连杆建模步骤

序号	建模步骤	效果
1	导入连杆面片数据：将连杆 STL 数据导入 Geomagic Design X 软件	
2	分割特征领域并进行坐标对齐：使用领域【插入】工具对连杆面片进行手动领域的划分，使用【平面】工具创建辅助平面，使用【面片草图】工具制作辅助线，使用【手动对齐】工具对坐标系进行对齐操作	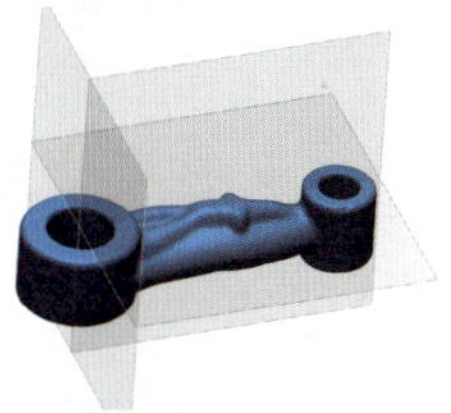
3	制作连杆模型分型面：使用【草图】和【拉伸】等工具制作分型面	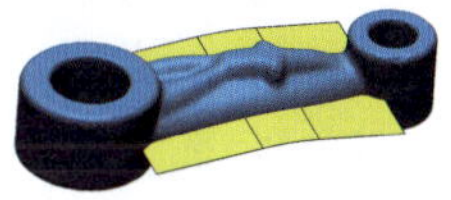
4	制作连杆杆身上半部分曲面：使用领域【插入】、【放样向导】、【面片拟合】、【3D 面片草图】和【放样】等工具制作连杆杆身上半部分曲面	
5	制作连杆杆身上半部分加强筋特征：使用【圆角】、【剪切曲面】、【延长曲面】、【放样】和【缝合】等工具制作连杆杆身上半部分加强筋特征	
6	制作连杆杆身下半部分曲面：使用【3D 草图】、【拉伸】、【面片拟合】、【剪切曲面】、【放样】、曲面【拉伸】和【扫描】等工具制作连杆杆身下半部分曲面	
7	制作连杆两圆柱实体特征：使用【面片草图】和【拉伸】等工具制作连杆两圆柱实体特征	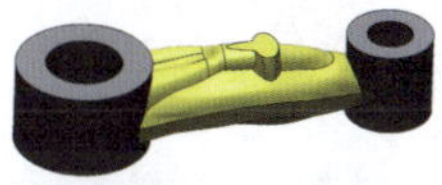
8	制作连杆杆身实体特征：使用【曲面偏移】、【剪切曲面】和【布尔运算】等工具制作连杆杆身实体特征	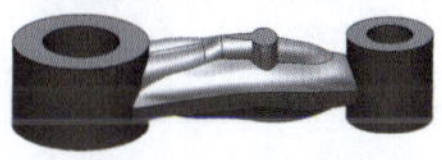
9	制作圆角特征：使用【圆角】工具在相应边角处制造圆角	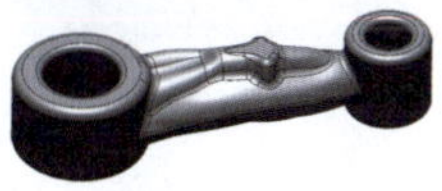

知识技能点

本项目导入的是连杆面片数据，即 STL 文件，故不需要进行点云处理，可直接进行后续操作。连杆杆身部分的曲面较为复杂，特征要素相对较多，制作过程中用到了前面讲过的基本建模工具，如手动领域【插入】、【平面】、【面片草图】、【手动对齐】、【拉伸】、【面片拟合】、【3D 面片草图】、【放样】、【圆角】、【剪切曲面】、【延长曲面】、【缝合】和【曲面偏移】等工具。此外，还会用到一些新的建模工具，如领域【合并】、【放样向导】、【断面】、【转换实体】和【扫描】。重要的知识及技能点如下：

➢ 领域【合并】：将多个领域整合为一个领域并对新曲率形状进行重新分类，用于合并位于同一平面或曲面的领域。

操作步骤：

- 在【领域】工具栏中选中多个领域后单击【合并】按钮。
- 选择"工具→领域工具→合并"菜单命令。

➢【放样向导】：从单元面或领域中提取放样对象，系统会自动以智能方式计算多个断面轮廓并基于所选数据创建放样路径。

操作步骤：

- 在【模型】工具栏中单击【放样向导】按钮。
- 选择"工具→建模精灵→放样向导"菜单命令。

➢【断面】：创建面片上的断面曲线和实体曲面，该功能对于定义放样曲面、用于建模的引导曲线和曲面片网格中可包含的草图要素大有用处。

操作步骤：

- 在【3D 草图】工具栏中单击【断面】按钮。
- 选择"工具→ 3D 草图要素→断面"菜单命令。

➢【转换实体】：将建模过程中存在的边线、曲线或草图转换为当前草图。

操作步骤：

- 在【3D 草图】工具栏中单击【转换实体】按钮。
- 选择"工具→ 3D 草图工具→转换实体"菜单命令。

➢【扫描】：通过两个不同对象创建一个曲面或实体。扫描操作需要两个草图，即一个路径和一个轮廓。沿向导路径拉伸轮廓，可以创建开放扫描曲面或者封闭扫描实体，草图可以用圆、样条、线和圆弧等绘制。

提示

- 【扫描】分为曲面【扫描】和实体【扫描】，曲面【扫描】使用工具，实体【扫描】使用工具。曲面扫描的轮廓可以不封闭，实体扫描需要将轮廓封闭。

操作步骤：

- 在【模型】工具栏中单击【扫描】按钮或。
- 选择"插入→实体→扫描"菜单命令。
- 选择"插入→曲面→扫描"菜单命令。

连杆建模 -1

连杆建模 -2

项目实施

步骤 1　导入连杆面片文件。

选择"菜单→插入→导入"菜单命令或单击【初始】工具栏中的【打开】下拉菜单中的【导入】按钮，打开"导入"对话框，在配套资源中找到"工业设计技术 -Geomagic DesignX 项目化设计教程 \ 素材 \ 项目六连杆 \liangan.stl"，单击【仅导入】按钮，完成连杆面片文件的导入，如图 6 - 2 所示。导入的连杆面片文件如图 6 - 3 所示。

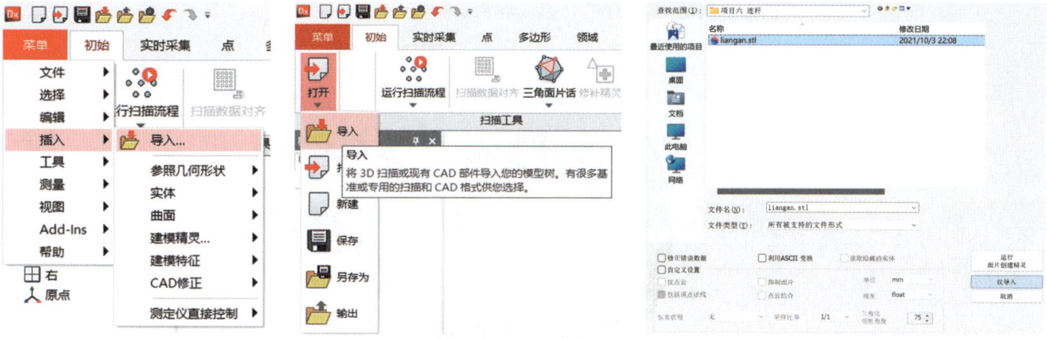

图 6－2　导入文件

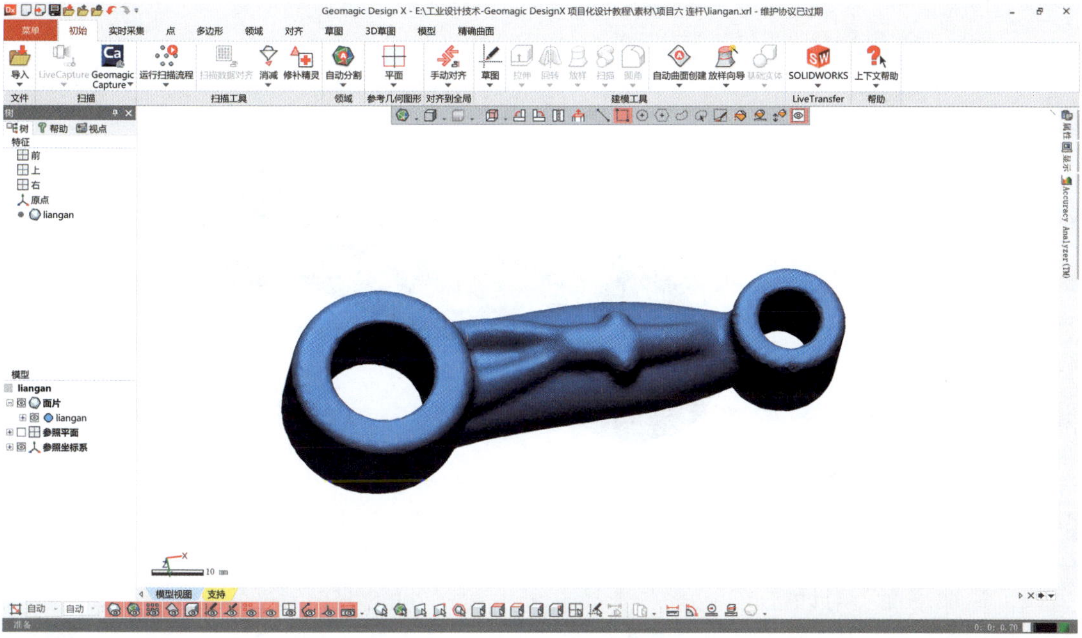

图 6－3　导入的连杆面片文件

步骤 2　坐标系手动对齐。

单击【领域】工具栏，再单击视图上方工具栏中的【画笔选择模式】按钮，进入画笔选择模式，光标变为粉色圆形，按住鼠标左键在圆柱上表面的中间位置进行领域涂刷，注意一定在上表面中间的位置涂刷，可将画笔大小调小一些，确保不会涂刷到周围的过渡圆角。按住“Shift”键＋鼠标左键可在间断后继续涂刷，按住“Ctrl”键＋鼠标左键可擦除多余部分。在【领域】工具栏中单击【插入】按钮，完成手动领域的创建。用同样的方法划取连杆另一端圆柱上表面中间位置的领域并插入。单击视图上方工具栏中的【矩形选择模式】按钮，选中两个领域之后单击【合并】按钮，将两个领域合并为一个。手动添加领域效果如图 6－4 所示。

提示

- 按住“Alt”键的同时按住鼠标左键拖动可以调整画笔大小。

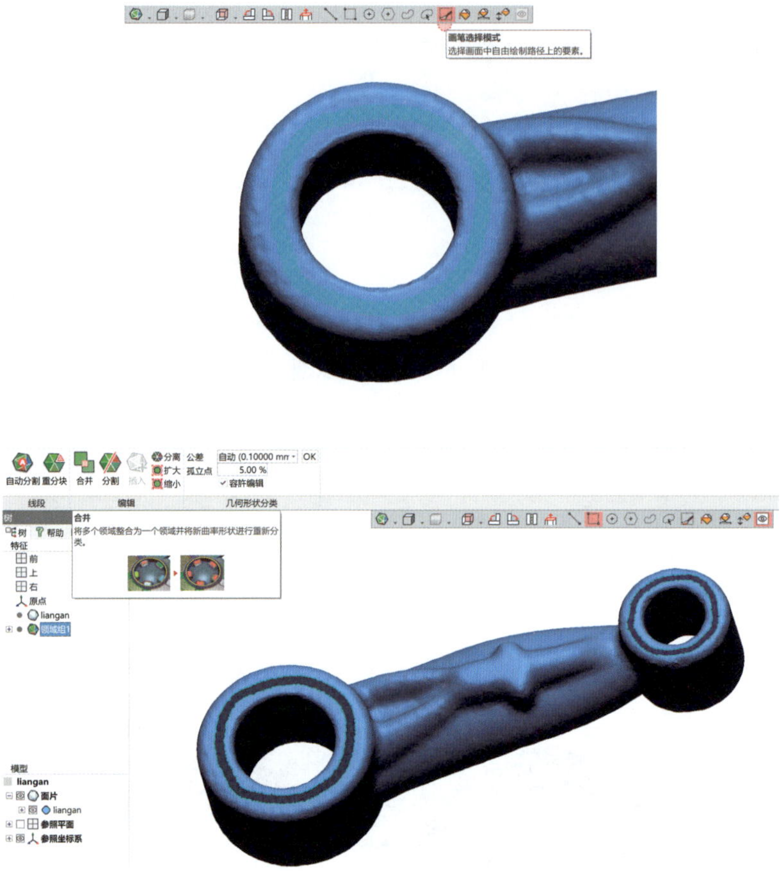

图 6－4　手动添加领域

创建基准平面作为对齐参照特征一。在【初始】工具栏中单击【平面】按钮⊞，大块“追加平面”对话框，“要素”选择上步手动划分的圆柱上表面领域特征，“方法”选择“提取”，单击【预览】按钮🔍可观察平面创建结果，单击对话框右上角的✔按钮完成平面创建。在“树”管理器中可以看到创建好的“平面 1”，单击其左侧的👁图标可显示/隐藏相应的特征。参数设置及效果如图 6－5 所示。

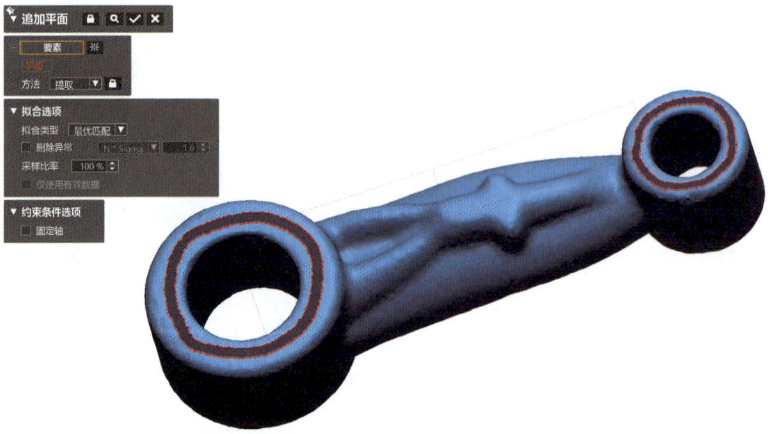

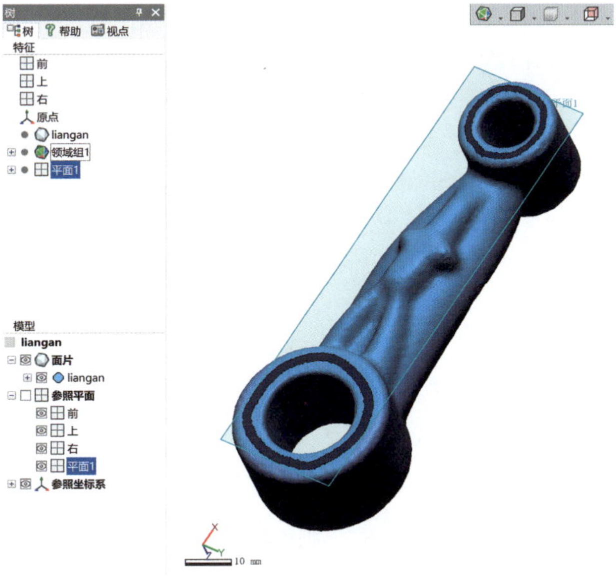

图 6－5　创建基准平面 1

创建辅助线作为对齐参照特征二。在【草图】工具栏中单击【面片草图】按钮，打开“面片草图的设置”对话框。在“Target”栏中选择“liangan”面片和“平面投影”，“基准平面”选择“平面 1”；在“追加断面多线段”栏中将“由基准面偏移的距离”设为 10mm，或利用视图中蓝色细箭头拖曳，使偏移距离达到 10mm；单击对话框右上角的按钮完成面片草图的设置。参数设置及效果如图 6－6 所示。

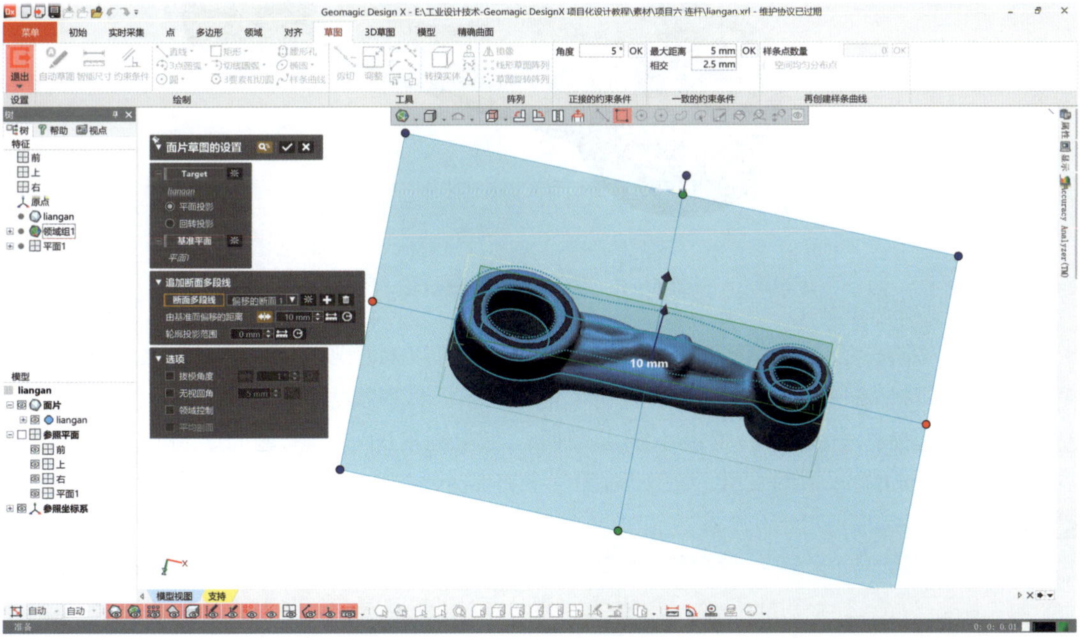

图 6－6　创建面片草图

视图会自动正视于“草图 1”，为了方便观察和制作草图，可以在“树”管理器中单击“面片”前的图标将面片和领域隐藏。在【草图】工具栏中单击【圆】按钮，打开“圆”对话框，勾选“拟合多线段”复选框，然后依次单击两侧的圆轮廓（单击第一个圆轮廓后，一定要先单击对话框右下角的“试用拟合”按钮再单击另一个圆轮廓，或者在空白处双击），创建好两个圆之后单击对话框右上角的按钮确认。在【草图】工具栏中单击【直线】按钮，绘制一条直线连接两圆心，之后便可删掉之前画的两个圆仅保留最后画的直线，如图 6－7 所示。

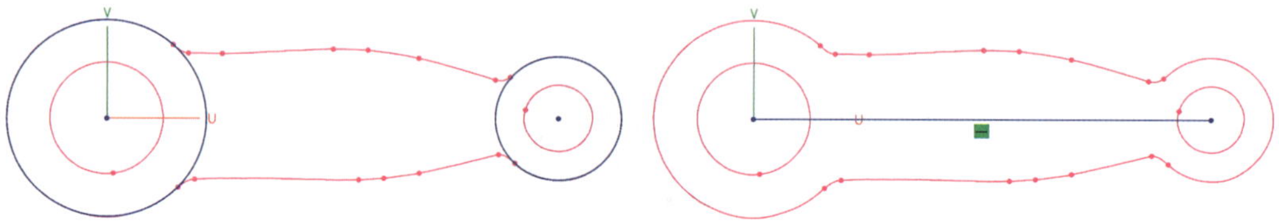

图 6－7 创建辅助线

在【初始】工具栏中单击【手动对齐】按钮，打开“手动对齐”对话框，在“移动实体”栏中选择“ liangan”面片，单击对话框右上角的按钮。参数设置及效果如图 6－8 所示。

图 6－8 手动对齐第一阶段

进入第二阶段后，会出现左右两个视图窗口，可以对比观察坐标对齐后的效果。在“手动对齐”对话框的“移动”栏中选择“3－2－1”对齐类型；单击【平面】按钮，在左侧视图中选择“平面 1”；单击【线】按钮，在左侧视图中选择之前绘制的“曲线 1”，观察右侧视图的坐标系的变化；在“对象”栏中选择“坐标系”；单击对话框右上角的按钮完成手动对齐操作。参数设置及效果如图 6－9 所示。

对齐完成后，在“树”管理器中单击图标隐藏“平面 1”和“草图 1”，取消隐藏“前”“上”“右”3 个基准平面，单击【视图】按钮切换不同视图查看是否对齐，如图 6－10 所示。

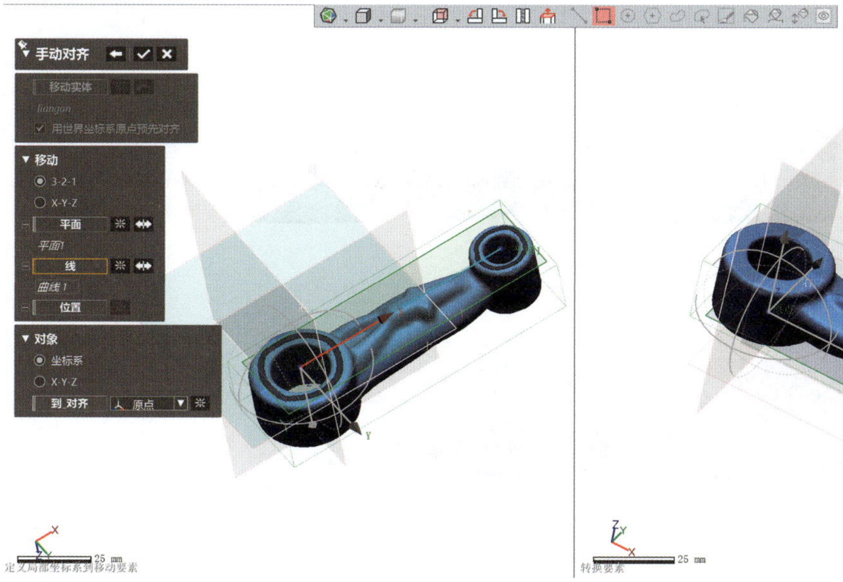

图 6－9 手动对齐第二阶段

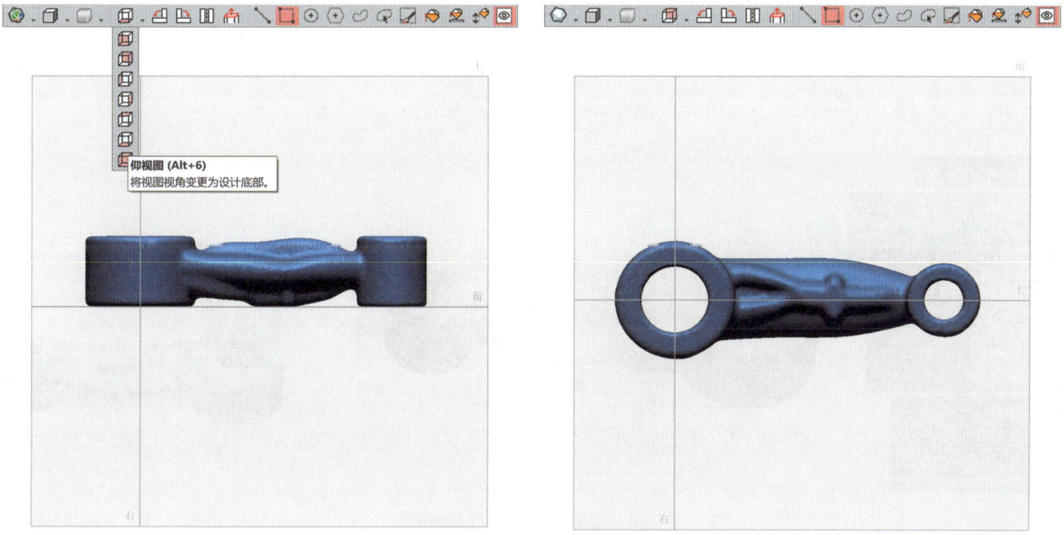

图 6－10 查看对齐情况

步骤 3 创建分型面。

在【草图】工具栏中单击【面片草图】下的【草图】按钮，打开“设置草图”对话框“基准平面”选择“上平面”。使用【草图】工具栏中的【直线】和【三点圆弧】工具绘制草图。绘制完两条直线和一条圆弧之后，分别在两条直线和圆弧之间添加“相切”约束：单击一条直线，按住“Ctrl”键单击中间的圆弧将其选中，然后在圆弧上单击鼠标右键，在弹出的快捷菜单中选择“相切约束”，如图 6－11 所示。约束添加成功后，

两条曲线相交处会出现符号，可拖动曲线调整草图位置。

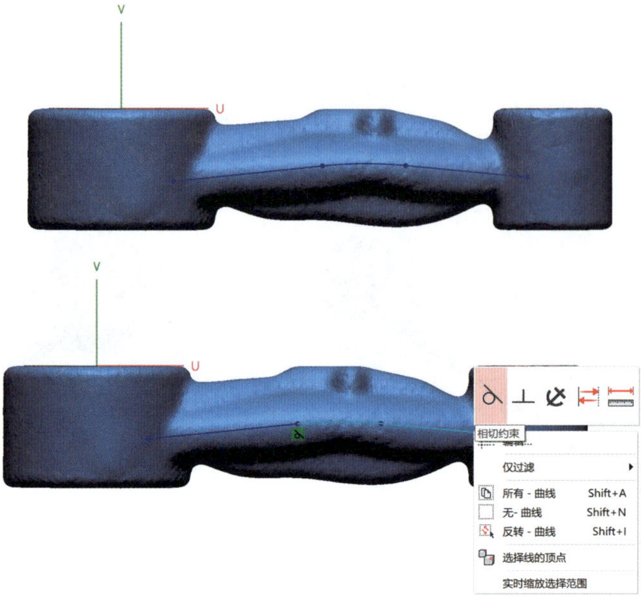

图 6－11　绘制草图并添加约束

在【模型】工具栏中单击曲面【拉伸】按钮，打开“拉伸”对话框，“轮廓”选择“草图 1”，“方向”栏中的“方法”选择“距离”，“长度”为 20mm，勾选“反方向”复选框，“长度”同样为 20mm。参数设置及效果如图 6－12 所示。

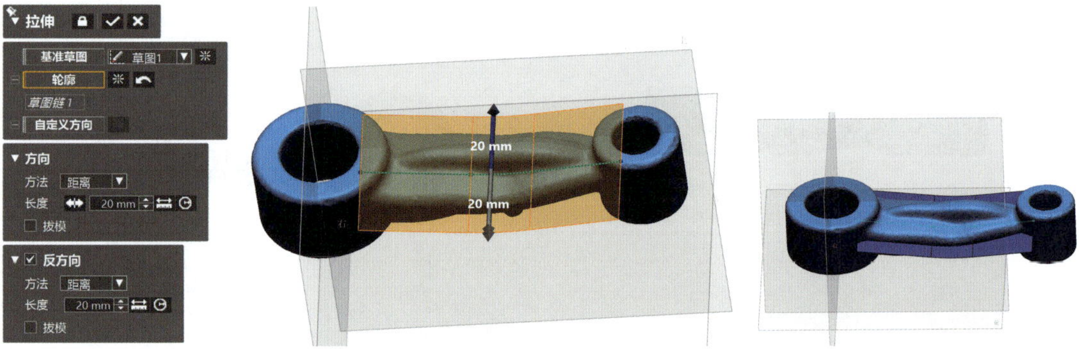

图 6－12　创建分型面

步骤 4　创建连杆杆身上半部分曲面。

单击视图下方工具栏中的【选择过滤器】工具条中的【参照平面】按钮，隐藏所有参照平面。单击【领域】工具栏，再单击视图上方工具栏中的【画笔选择模式】按钮，按住鼠标左键对连杆杆身上面的两侧曲面进行领域涂刷。在【领域】工具栏中单击【插入】按钮，完成手动领域的创建，如图 6－13 所示。

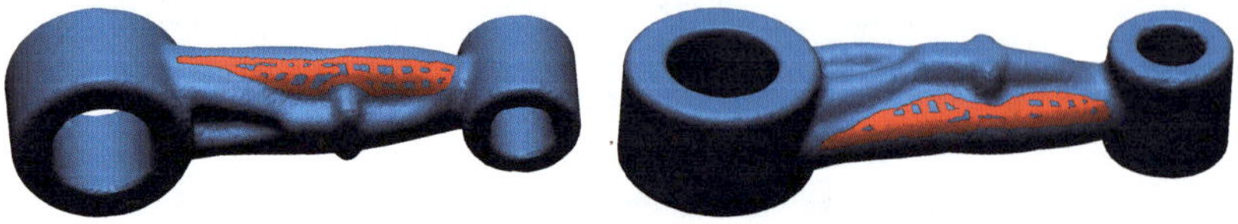

图 6－13　手动添加领域

为了方便后续操作，将上半面部分的其他领域一同创建出来，如图 6－14 所示。方法同前，细节部分不再赘述。创建的时候注意根据特征的情况进行，涂刷的面一定是同一个特征曲面，先创建领域的外轮廓，再用网格式线条填充中间部分。

提示

- 划分领域时，涂刷完一个领域后单击【插入】按钮再涂刷另一个领域。如果是对称位置的相同特征，可以按住“Shift”键一起涂刷为同一领域。相同颜色的领域即为同一领域组。

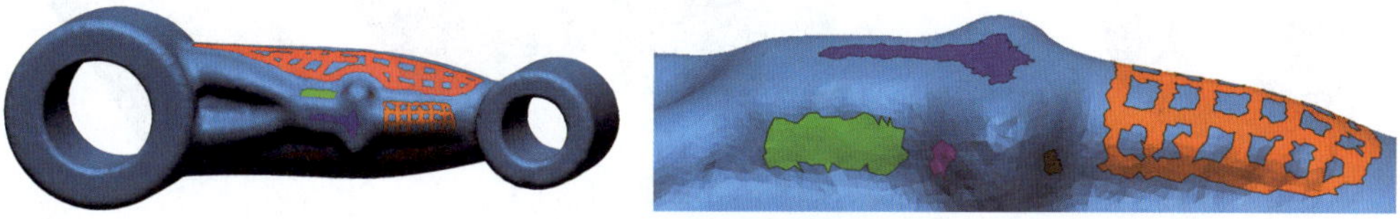

图 6－14　创建领域

在【模型】工具栏中单击【放样向导】按钮，打开“放样向导”对话框。“领域 / 单元面”选择连杆杆身上表面两侧“回转”领域，单击对话框右上角的按钮预览效果，最后单击对话框右上角的按钮完成放样曲面创建。参数设置及效果如图 6－15 所示。

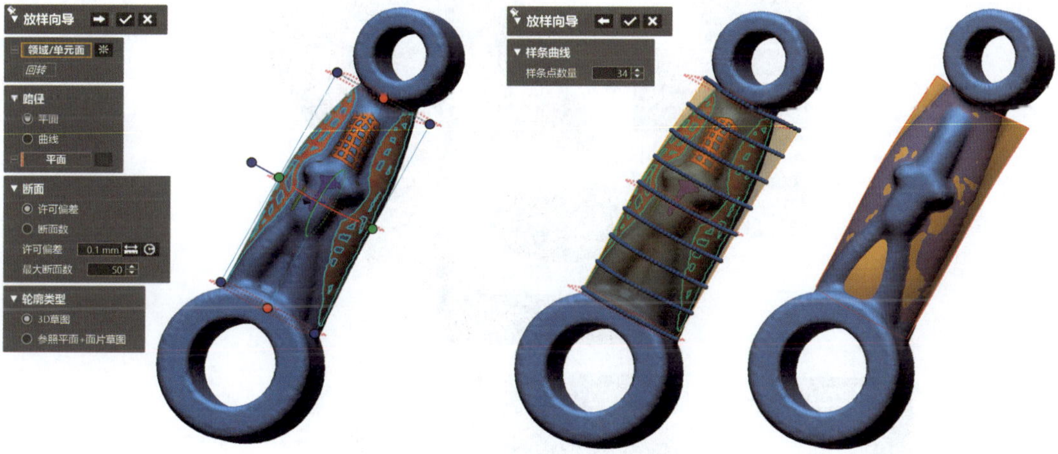

图 6－15　创建放样曲面 1

在【模型】工具栏中单击【面片拟合】按钮，打开“面片拟合”对话框。“领域 / 单元面”选择连杆的靠近连杆小头的加强筋上面的领域，“分辨率”选择“控制点数”，“U 控制点数”和“V 控制点数”均设为 8，单击【预览】按钮预览。为了嵌入上一步创建的放样曲面后方便修剪，预览时可单击【体偏差】按钮查看曲面的拟合情况。最后单击对话框右上角的按钮完成操作。参数设置及效果如图 6－16 所示。

图 6－16　创建面片拟合 1

在【模型】工具栏中单击【面片拟合】按钮，打开“面片拟合”对话框。“领域/单元面”选择加强筋上面连杆小头方向的“圆柱”领域，“分辨率”选择“许可偏差”，“许可偏差”设为 0.1mm，通过拖曳缩放和旋转手柄调整面片的大小和角度，单击【预览】按钮预览，最后单击对话框右上角的按钮完成操作。参数设置及效果如图 6－17 所示。

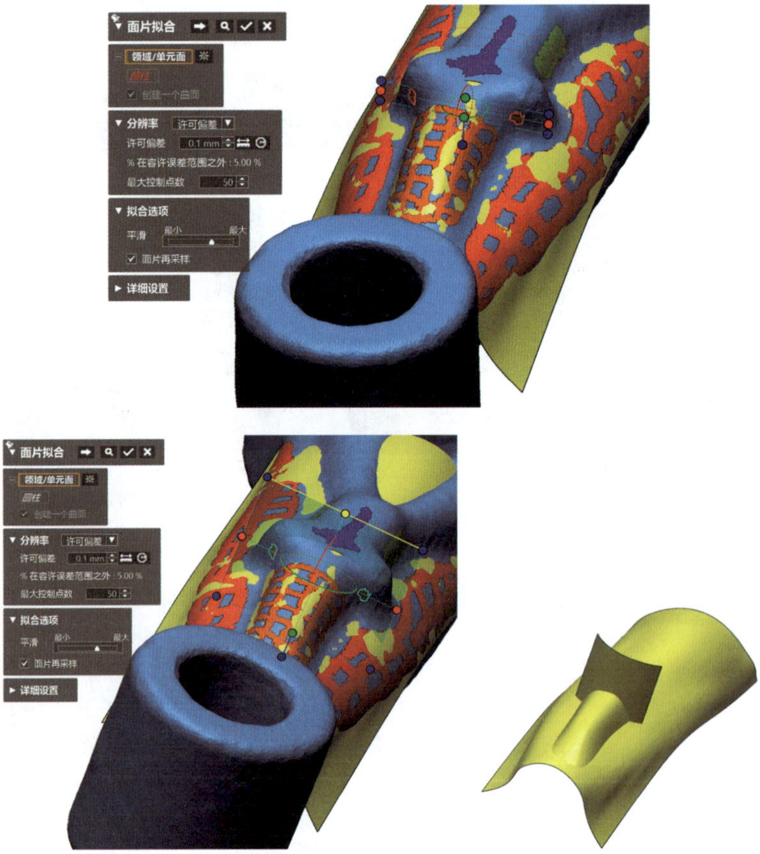

图 6－17　创建面片拟合 2

用同样的方法创建加强筋上面连杆大头方向的“圆柱”领域、加强筋两侧面“圆柱”领域以及加强筋上表面“平面”领域的面片拟合。参数设置及效果如图 6－18、图 6－19、图 6－20 所示。

提示

- 为了方便观察及后续操作，可以在“树”管理器中隐藏前面创建的面片拟合。

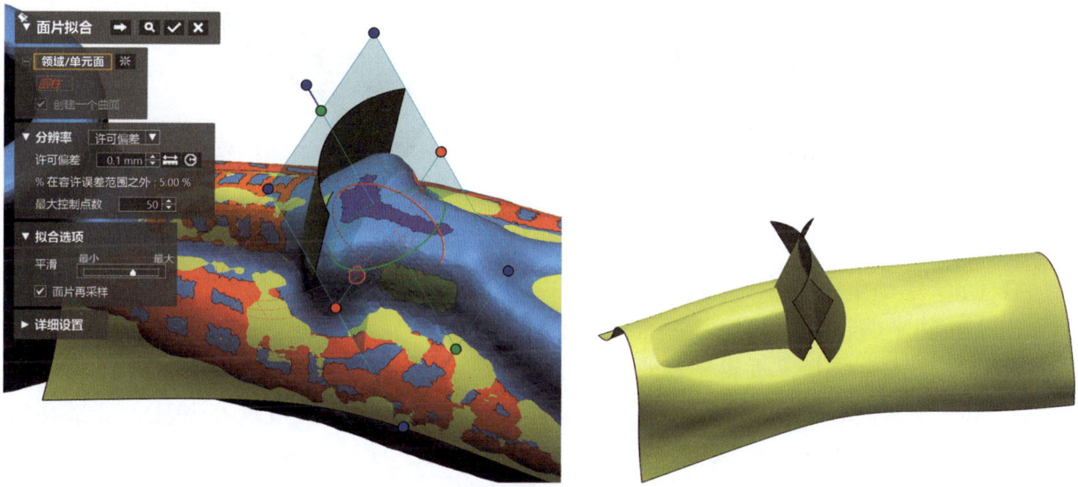

图 6－18　创建面片拟合 3

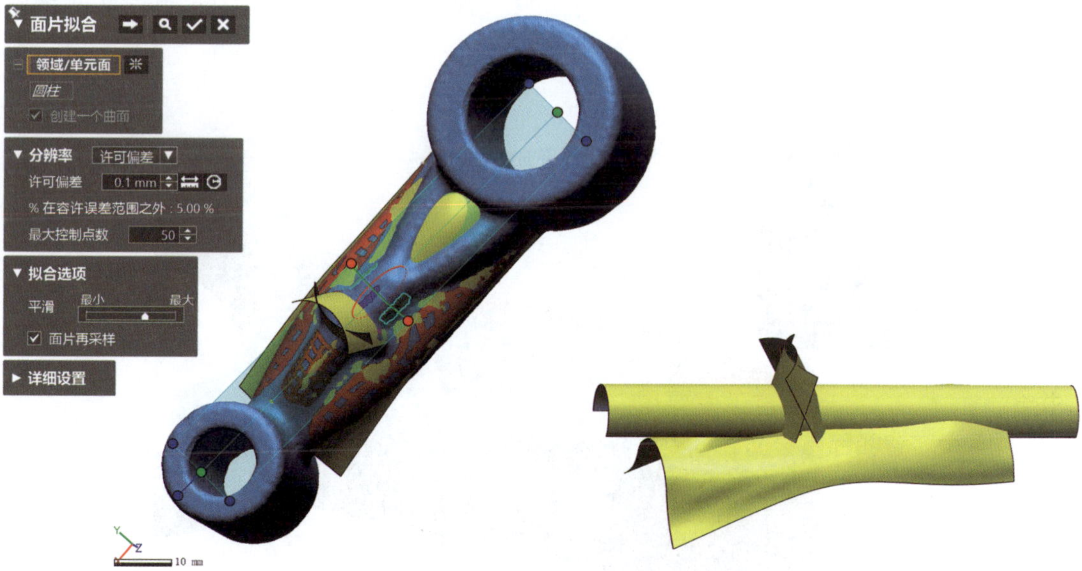

图 6－19　创建面片拟合 4

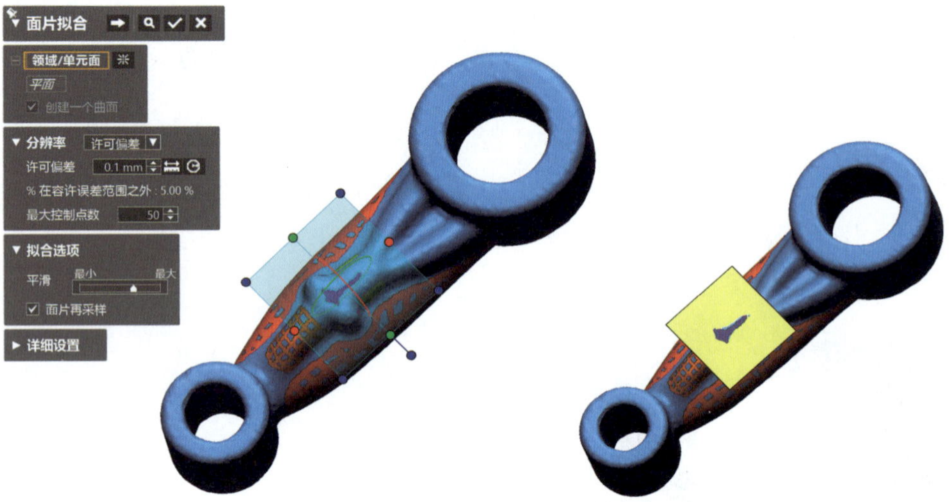

图 6-20　创建面片拟合 5

在【3D 草图】工具栏中单击【3D 面片草图】按钮，然后在【3D 草图】工具栏中单击【断面】按钮，打开“断面”对话框。选择“绘制画面上的线”选项，按住鼠标左键绘制直线后松开，垂直于靠近连杆大头的加强筋部分绘制 5 条如图 6-21 所示的直线，单击对话框右上角的按钮完成 3D 面片草图绘制。通过观察发现，底部相应位置也画上了 5 条曲线，可以将底部的五条曲线选中，使其呈高亮蓝色，按“Delete”键进行删除，如图 6-22 所示。按同样的方法绘制另一侧 3D 面片草图：在【3D 草图】工具栏中单击【分割】按钮，选择“选择点”选项，在每条曲线上选择一个点，以便将曲线的起始点控制在一条曲线上，创建分割点后将多余部分删除，分别选中每一条曲线，将【3D 草图】工具栏中的“样条点数量”均改为 7，确保曲线的光顺程度。参数设置及效果如图 6-23 所示。

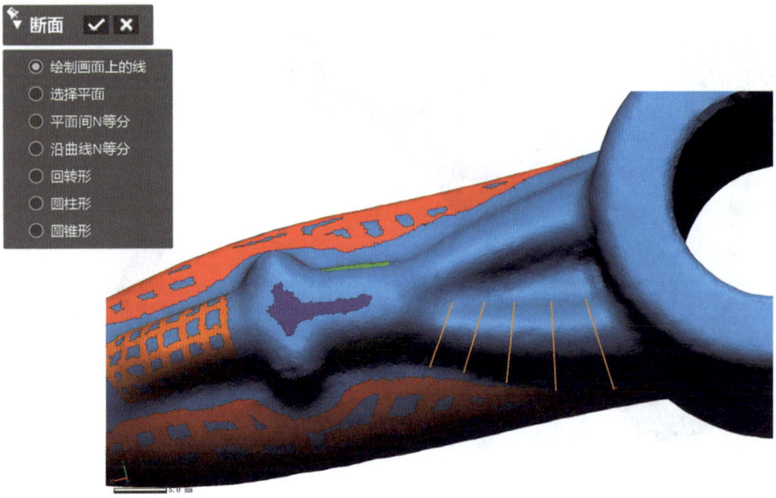

图 6-21　绘制断面曲线

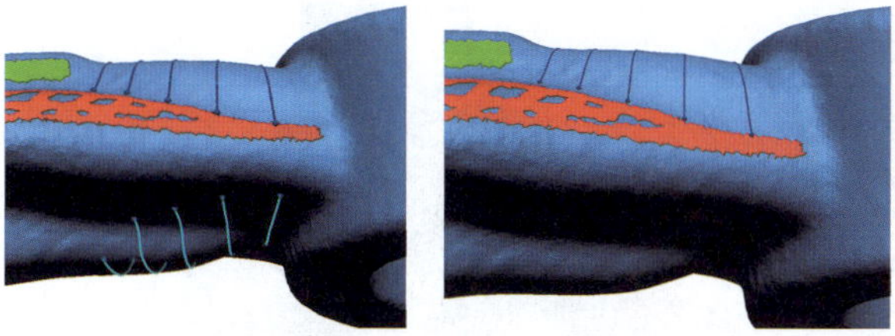

图 6－22　删除多余曲线

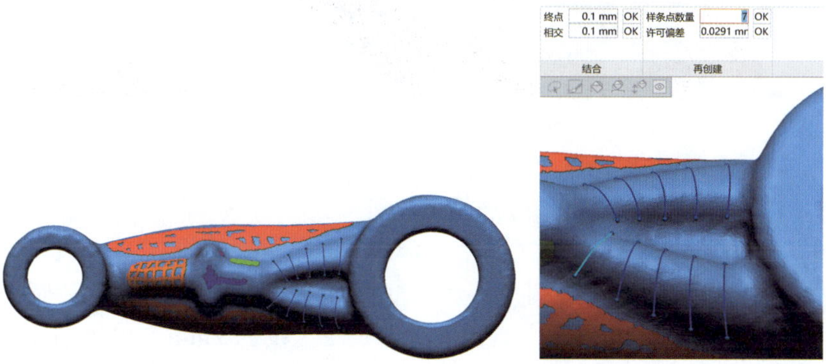

图 6－23　绘制 3D 面片草图

在【模型】工具栏中单击曲面【放样】按钮，打开“放样”对话框。在“轮廓”栏中依次选择同一侧的 5 条曲线，注意在每条曲线大致相同的位置单击鼠标选择曲线，然后单击对话框右上角的按钮完成放样操作。用同样的方法创建另一侧的放样曲面。参数设置及效果如图 6－24 所示。

提示

- 如果操作过程中看不到 3D 草图曲线，可在“树”管理器中将 3D 草图前面的点开，查看 3D 面片草图是否隐藏，如隐藏单击图标取消隐藏即可。

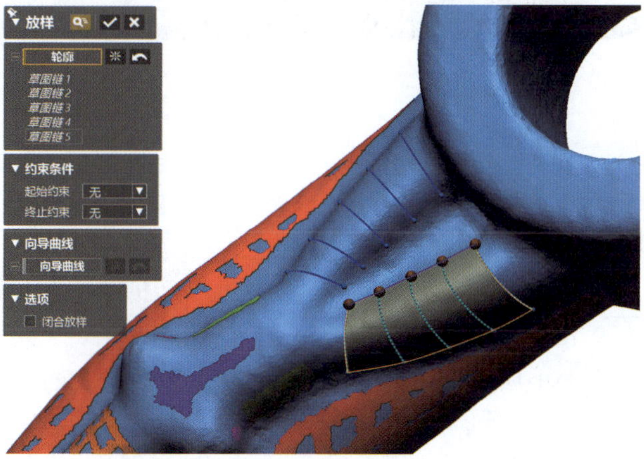

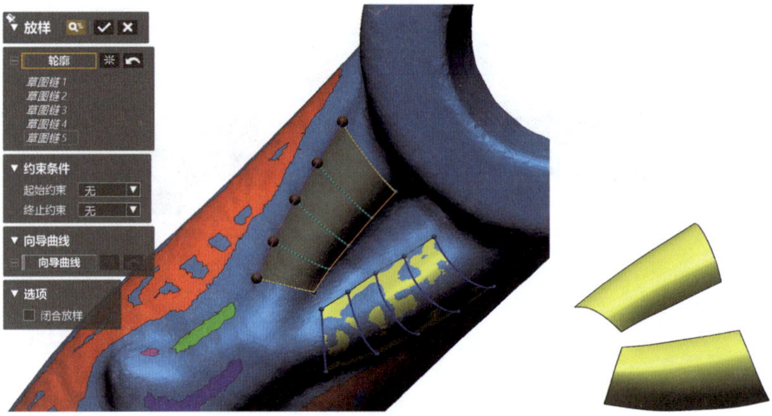

图 6-24　创建放样曲面 2、3

步骤 5　创建连杆杆身上半部分加强筋特征。

在“树”管理器中取消隐藏“面片拟合 2”和“面片拟合 3”。在【模型】工具栏中单击【圆角】按钮，打开“圆角”对话框，选择“面圆角”选项，“圆角要素设置”分别选择“面片拟合 2”和“面片拟合 3”，“半径”设为 2mm，单击对话框右上角的按钮确定。参数设置及效果如图 6-25 所示。

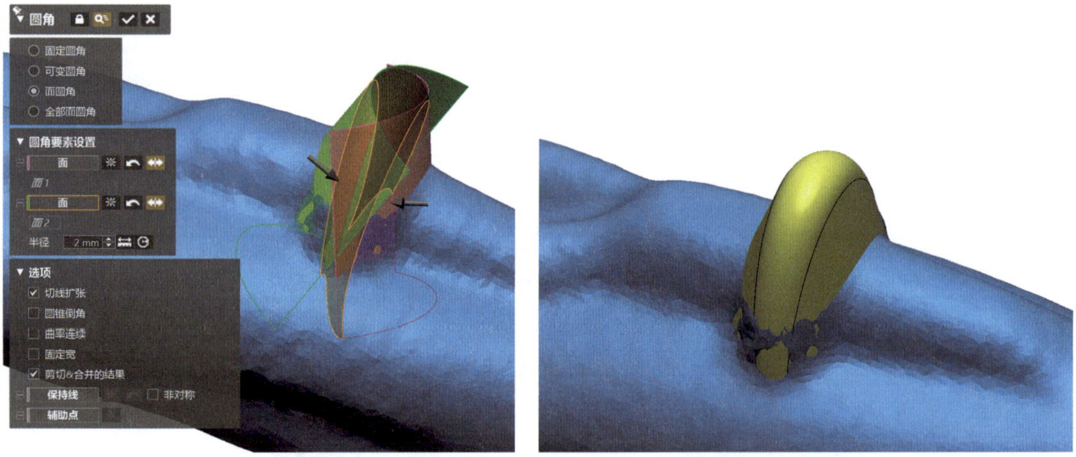

图 6-25　制作面圆角

在“树”管理器中取消隐藏“面片拟合 1”。在【模型】工具栏中单击【剪切曲面】按钮，打开“剪切曲面”对话框，“工具要素”栏选择刚创建的“圆角 1”和“面片拟合 1”，勾选“对象”栏，“对象体”默认为与“工具要素”相同，单击对话框右上角的按钮，“残留体”栏选择要留下的曲面，单击对话框右上角的按钮完成操作。参数设置及效果如图 6-26 所示。

在“树”管理器中取消隐藏“面片拟合 4”。在【模型】工具栏中单击【剪切曲面】按钮，打开“剪切曲面”对话框，“工具要素”栏选择刚创建的“剪切曲面 1”，勾选“对象”栏，“对象体”选择“面片拟合 4”，单击对话框右上角的按钮，“残留体”栏选择要留下的曲面，单击对话框右上角的✓按钮完成操作。参数设置及效果如图 6 - 27 所示。

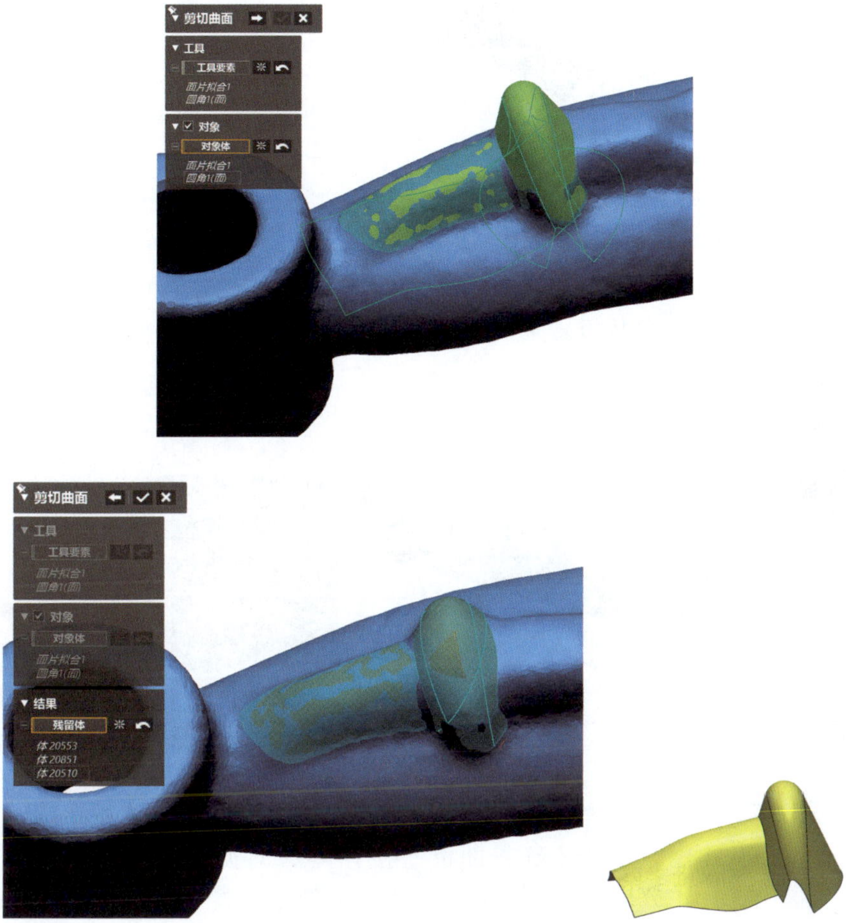

图 6 - 26　剪切曲面 1

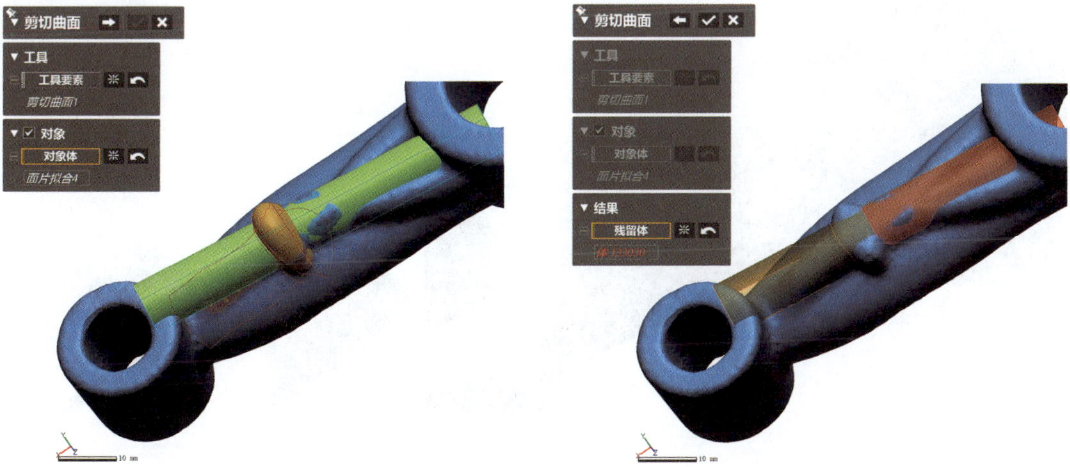

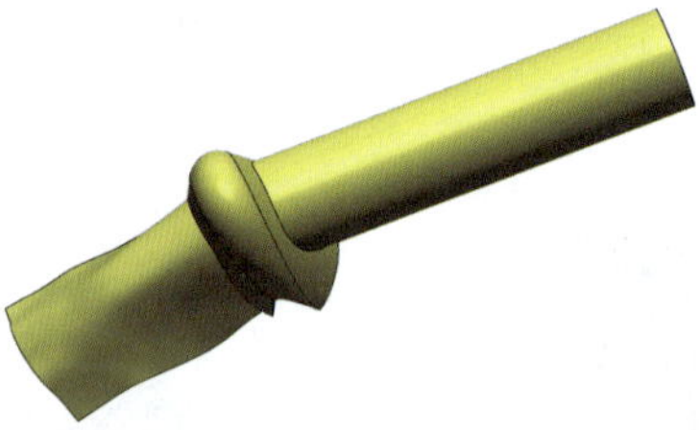

图 6－27　剪切曲面 2

在【模型】工具栏中单击【剪切曲面】按钮，打开“剪切曲面”对话框，“工具要素”栏选择刚创建的“剪切曲面 2”，勾选“对象”栏，“对象体”选择“剪切曲面 1”，单击对话框右上角的按钮，“残留体”栏选择要留下的曲面，单击对话框右上角的按钮完成操作。参数设置及效果如图 6－28 所示。

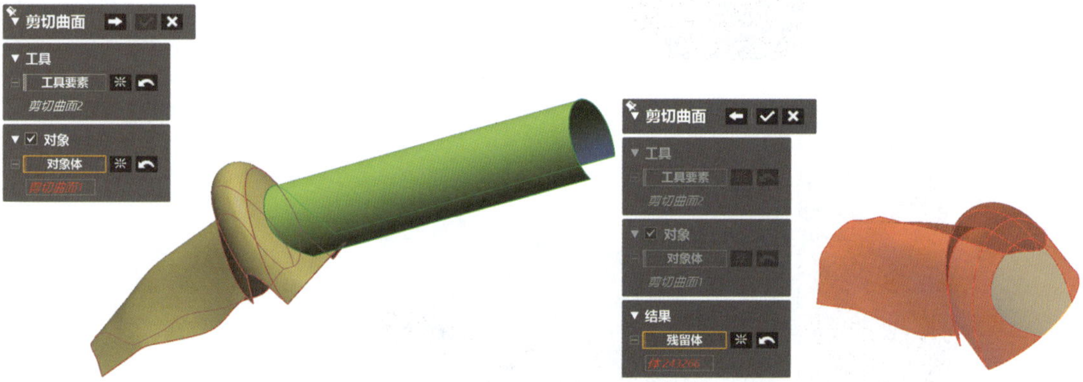

图 6－28　剪切曲面 3

在【模型】工具栏中单击【延长曲面】按钮，打开“延长曲面”对话框，在“边线 / 面”栏中选择“放样 2”，“终止条件”栏中的“距离”设为 5mm，“延长方法”选择“线形”，单击对话框右上角的按钮完成操作。用同样的方法延长“放样 3”曲面。参数设置及效果如图 6－29 所示，这样便实现了两个空间曲面的完全相交。

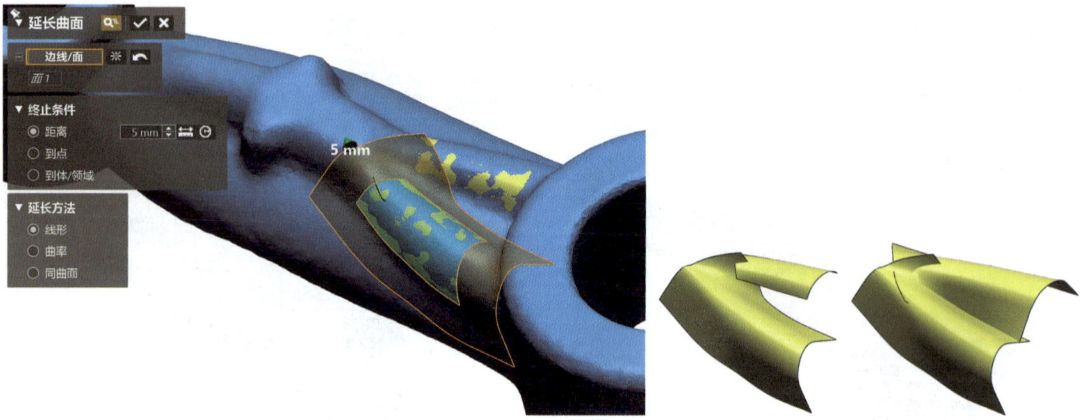

图 6－29　延长曲面

由于上述两个曲面的一端交叉在一起，为了避免修剪时出现错误，可创建基准平面辅助修剪。单击视图下方工具栏中的【选择过滤器】工具条中的【参照平面】按钮，显示参照平面。在【初始】工具栏中单击【平面】按钮，打开“追加平面”对话框，“要素”栏中选择“右平面”，“方法”选择“偏移”，“距离”为32.5mm，单击对话框右上角的按钮完成平面创建。用同样的方法创建偏移距离为36.5mm的基准平面。参数设置及效果如图6－30所示。

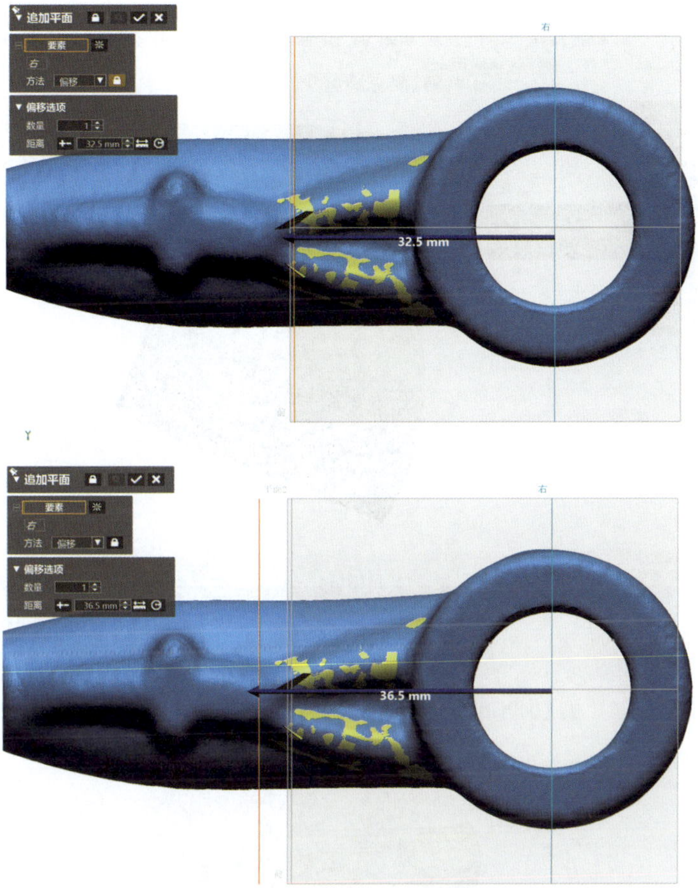

图6－30　创建基准平面2、基准平面3

使用“平面2”对延长后的“放样2”和“放样3”曲面进行剪切，再对“放样2”和“放样3”曲面进行互相剪切，曲面剪切方法不再赘述。两次曲面剪切的结果如图6－31所示。

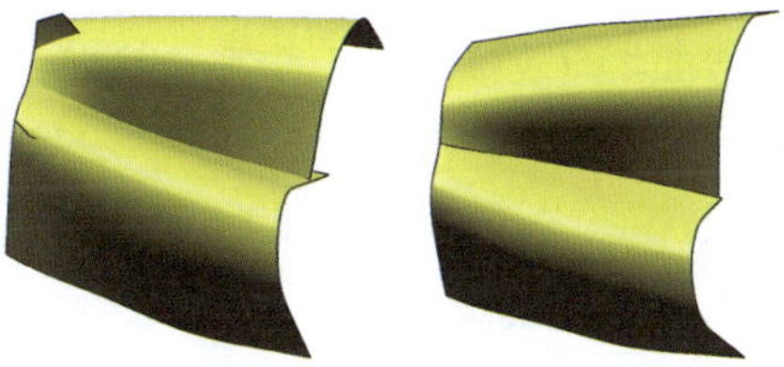

图6－31　曲面剪切结果

在【模型】工具栏中单击【圆角】按钮，打开“圆角”对话框，选择“固定圆角”，“圆角要素设置”选择两放样曲面的中间交线，单击“半径”右侧的“由面片估算半径”按钮，预估半径值，单击视图上方工具栏中的【体偏差】按钮查看圆角的拟合情况，然后进行半径值调整，单击对话框右上角的按钮确定。参数设置及效果如图 6－32 所示。

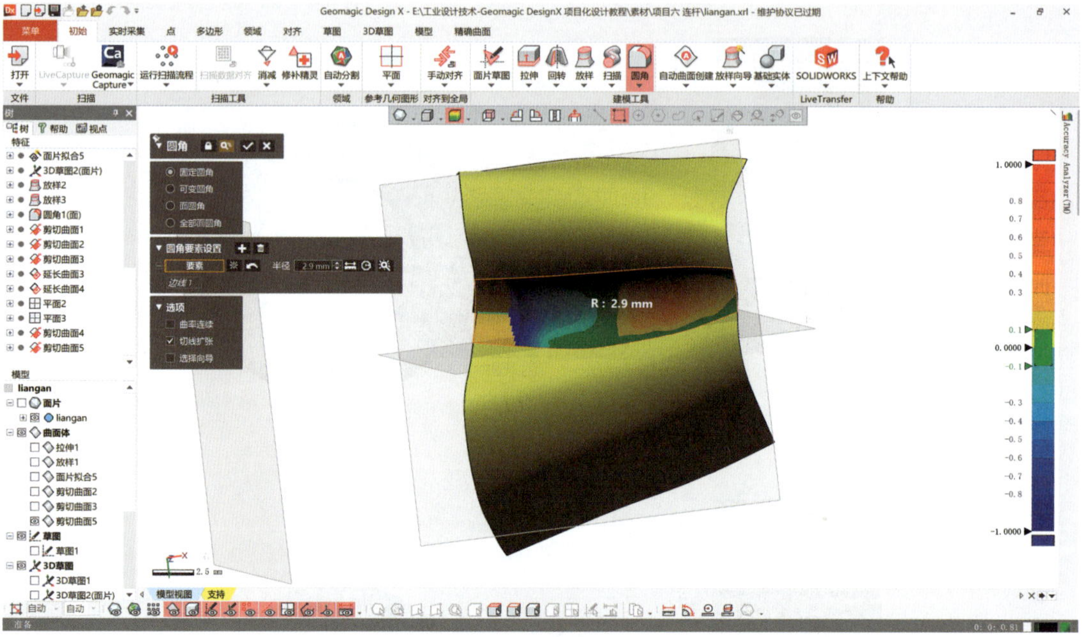

图 6－32　创建圆角

使用“平面 3”对“剪切曲面 2”进行剪切，剪切结果如图 6－33 所示。

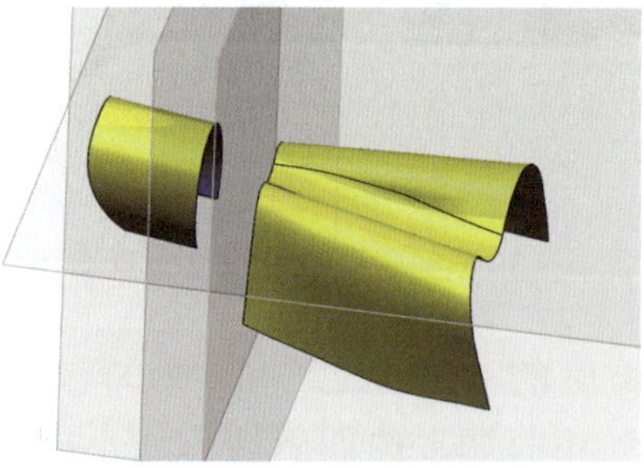

图 6－33　曲面剪切结果

在【模型】工具栏中单击曲面【放样】按钮，打开“放样”对话框，在“轮廓”栏中先单击“剪切曲面 2”的边线，再单击“放样 2”的边线，按住“Shift”键选择“圆角 2”和“放样 3”的边线，“约束条件”中的“起始约束”和“终止约束”均选择“与面相切”，单击对话框右上角的按钮完成放样操作。参数设置及效果如图 6－34 所示。

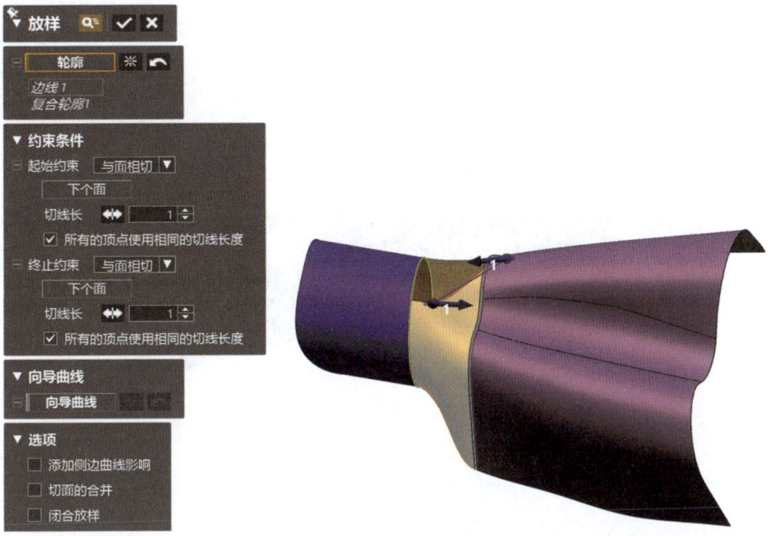

图 6-34　创建放样曲面 4

在【模型】工具栏中单击【缝合】按钮，打开“缝合”对话框，“曲面体”栏选择“剪切曲面 3”、“剪切曲面 6”、“放样 4”和“圆角 2”，单击对话框右上角的按钮。缝合后曲面之间相交的位置没有出现红线，说明相交的位置没有问题，出现红色线段说明存在漏洞、交叉面等，单击对话框右上角的按钮完成操作。看到黄色的曲面变成了灰色的实体，参数设置及效果如图 6-35 所示。

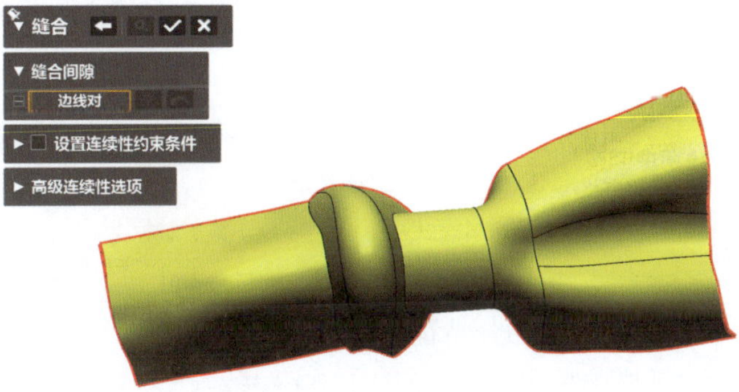

图 6-35　曲面缝合

在“树”管理器中取消隐藏“放样 1”，将“放样 1”与刚缝合的曲面进行互相剪切，保留“放样 1”的外部和缝合曲面的中间部分，具体操作方法不再赘述，结果如图 6-36 所示。剪切完成后对这两个曲面进行缝合操作。

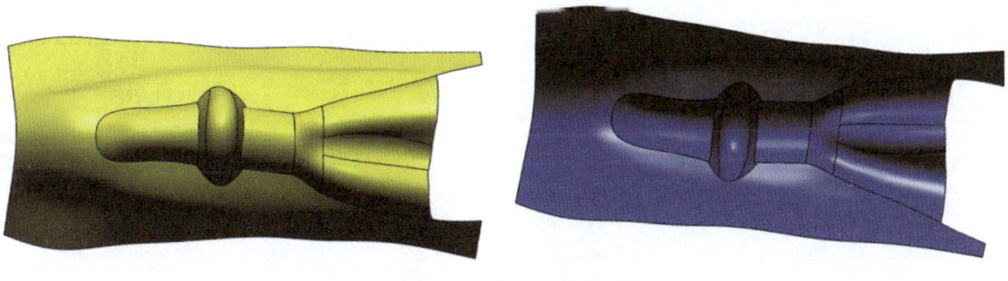

图 6-36　曲面剪切结果

在“树”管理器中取消隐藏“面片拟合 5”，使“面片拟合 5”与上一步缝合的曲面进行互相剪切，保留“面片拟合 5”中间的一小部分和缝合曲面的下面主要部分，曲面剪切结果如图 6-37 所示。

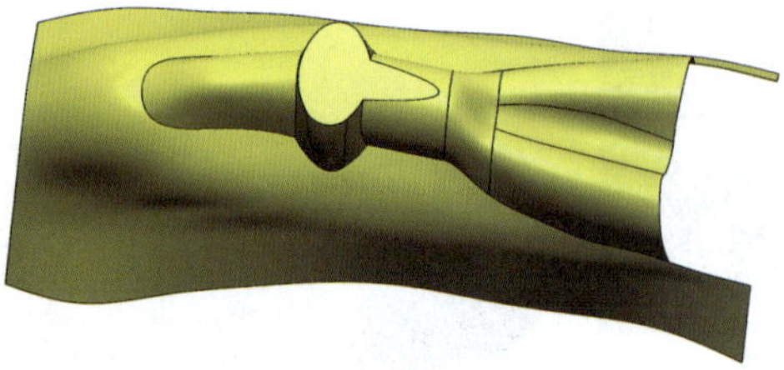

图 6-37　曲面剪切结果

在“树”管理器中取消隐藏分型面“拉伸 1”，使用分型面“拉伸 1”对上一步得到的“剪切曲面 8”进行剪切，剪切结果如图 6-38 所示。至此，连杆杆身上半部分加强筋特征创建完成。

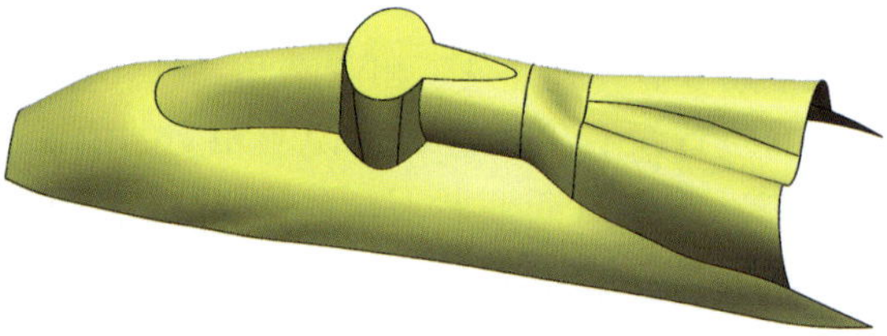

图 6-38　曲面剪切结果

提示

- 如果在剪切过程中发现曲面之间存在没有相交的情况，可以用【延长曲面】命令将曲面延长至相交后再进行曲面剪切操作。

步骤 6　创建连杆杆身下半部分特征。

在【3D 草图】工具栏中单击【3D 草图】按钮，进入 3D 草图绘制界面，在【3D 草图】工具栏中单击【转换实体】按钮，“要素”选择上半部分曲面与分型面的交线，单击对话框右上角的按钮完成操作。在【3D 草图】工具栏中单击【退出】按钮，完成 3D 草图的绘制。参数设置及效果如图 6-39 所示。

在【模型】工具栏中单击曲面【拉伸】按钮，打开“拉伸”对话框，“轮廓”选择刚绘制的 3D 草图“草图链 1”和“草图链 2”，单击视图下方工具栏中的【选择过滤器】工具条中的【参照平面】按钮，显示参照平面。单击“自定义方向”后选择前基准平面，“方向”栏中的“方法”选择“距离”，“长度”为 20mm，勾选“拔模”复选框，观察拔模角度是否向内，如果方向向外，单击“反转方向”按钮，“角度”即变为 2。参数设置及效果如图 6-40 所示。

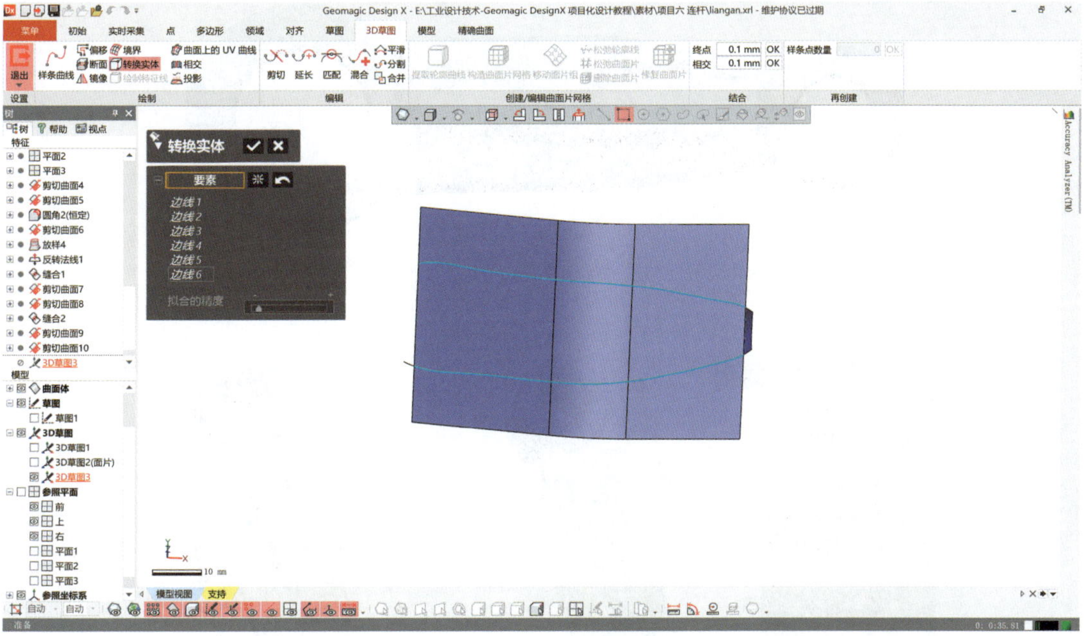

图 6-39　绘制 3D 草图

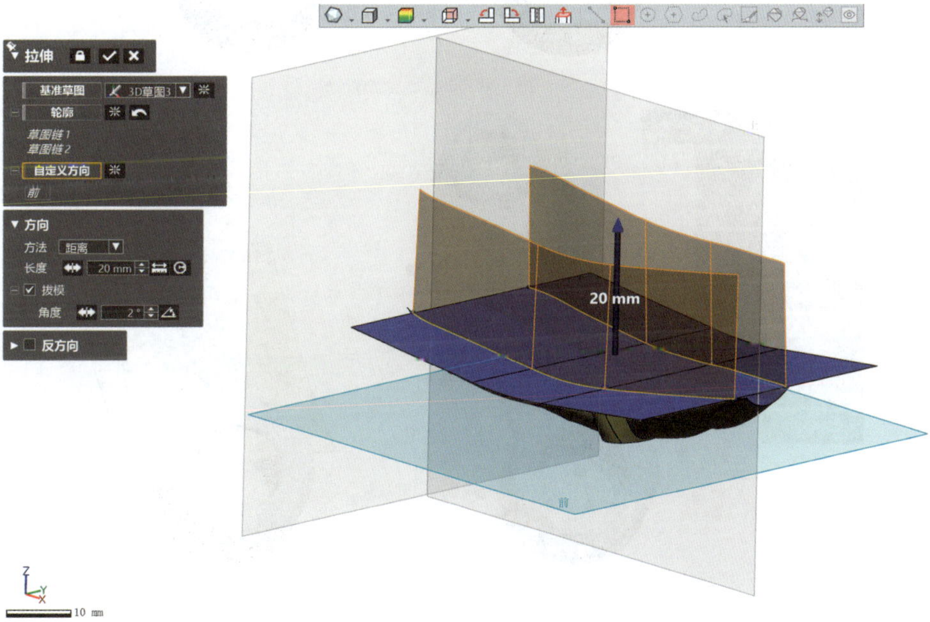

图 6-40　曲面拉伸

手动插入如图 6-41 所示的新领域，并根据两个领域分别创建面片拟合，参数设置及效果如图 6-42 所示。

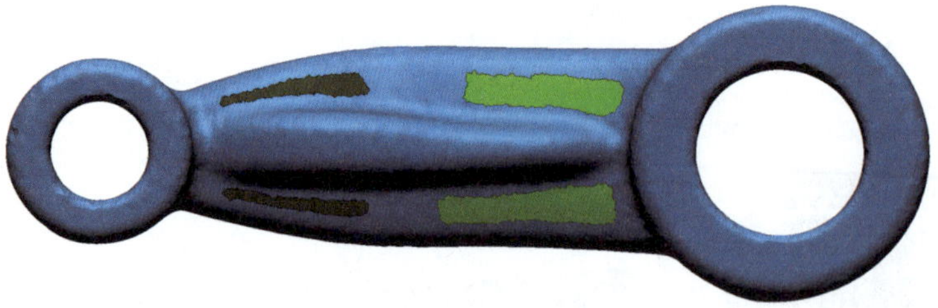

图 6－41　手动插入连杆下半部分的新领域

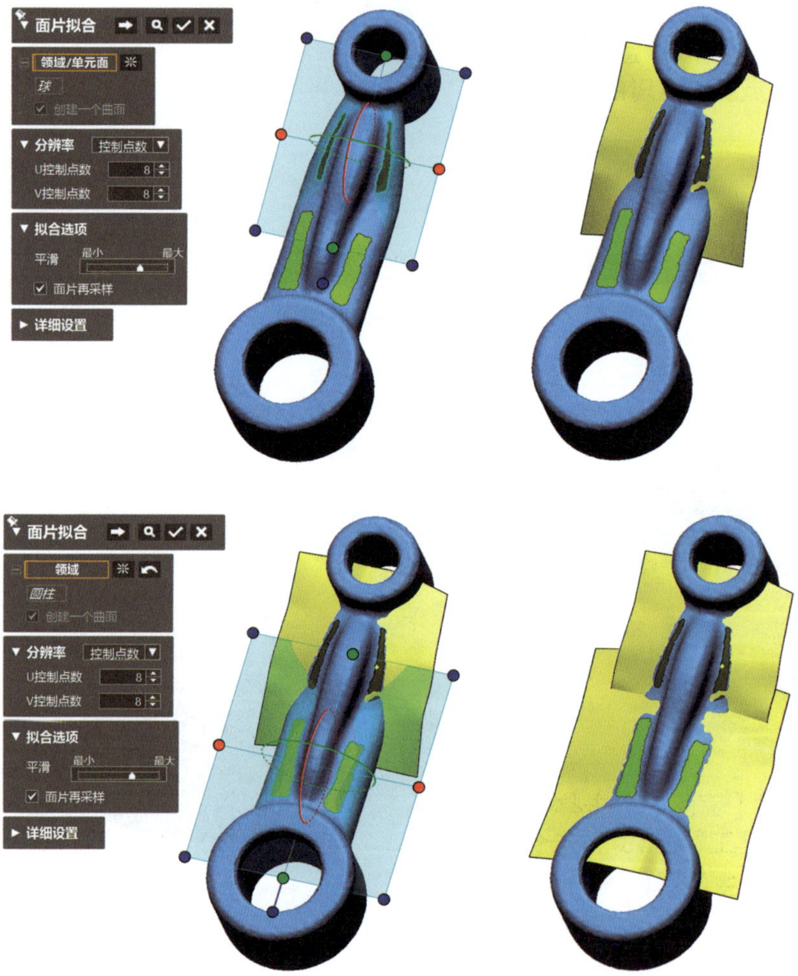

图 6－42　创建面片拟合 6、面片拟合 7

在【初始】工具栏中单击【平面】按钮，打开“平面属性”对话框，“要素”栏中选择“平面 3”，“方法”选择“偏移”，大概位置为上面两个面相交圆角的端点位置，“距离”为 6.5mm，单击对话框右上角的✓按钮完成平面 4 的创建。用同样的方法创建偏移距离为 7.35mm 的基准平面 5。参数设置及效果如图 6－43 所示。

图 6－43　创建基准平面 4、基准平面 5

使用“平面 4”和“平面 5”对“面片拟合 6”和“面片拟合 7”这两个曲面进行剪切，保留两端曲面。参数设置及效果如图 6－44 所示。

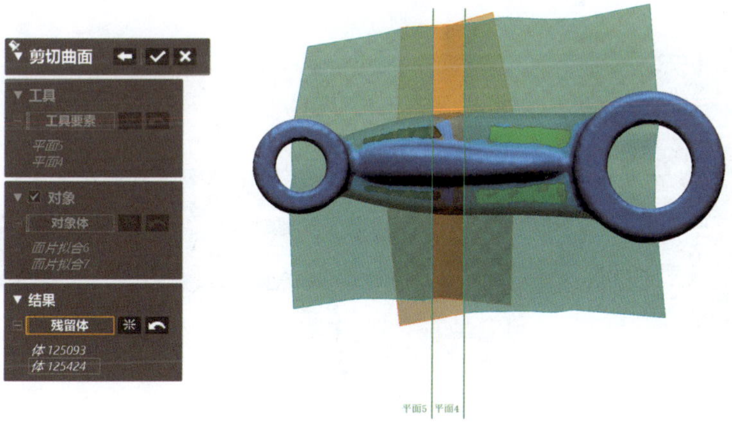

图 6－44　曲面剪切结果

用放样曲面连接两个曲面中间断开的地方，参数设置及效果如图 6－45 所示。对连接后的 3 个面进行缝合操作。

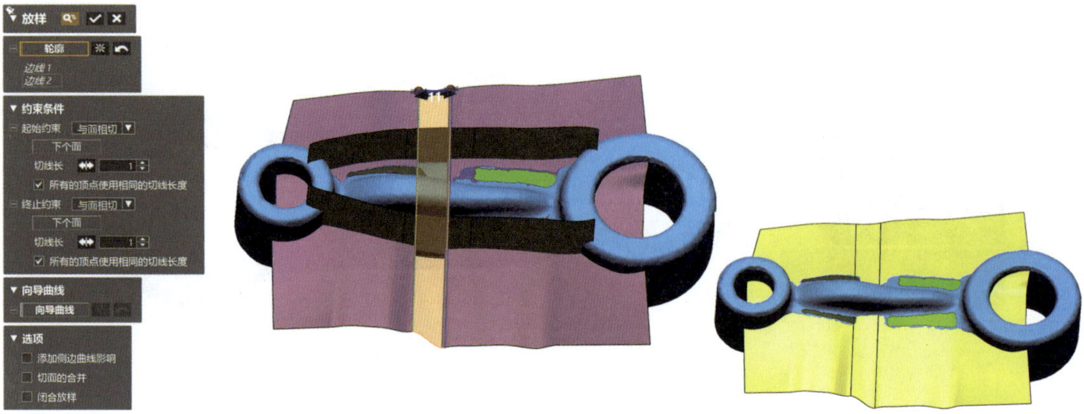

图 6-45　创建放样曲面 5

在【草图】工具栏中单击【面片草图】按钮，打开“面片草图的设置”对话框，在“Target”栏中选择“liangan”面片和“平面投影”，“基准平面”选择上基准平面，截取连杆下半部分加强筋的轮廓线。根据参照线进行草图绘制，绘制过程中尽量与粉色线贴合。参数设置及效果如图 6-46 所示。

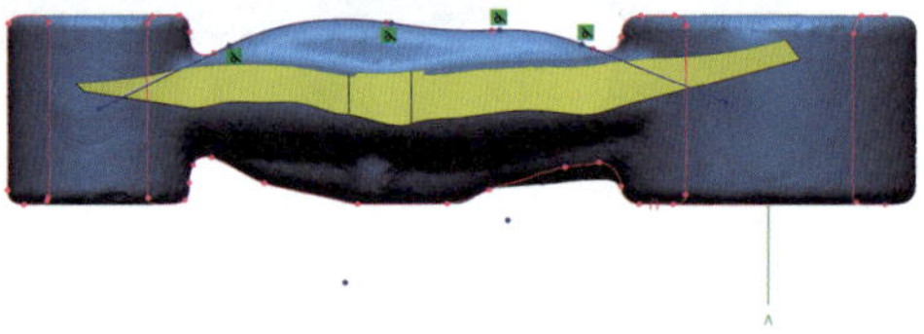

图 6-46　面片草图绘制

对绘制的面片草图进行曲面拉伸，拉伸距离超过连杆杆身两侧边界即可。参数设置及效果如图 6-47 所示。

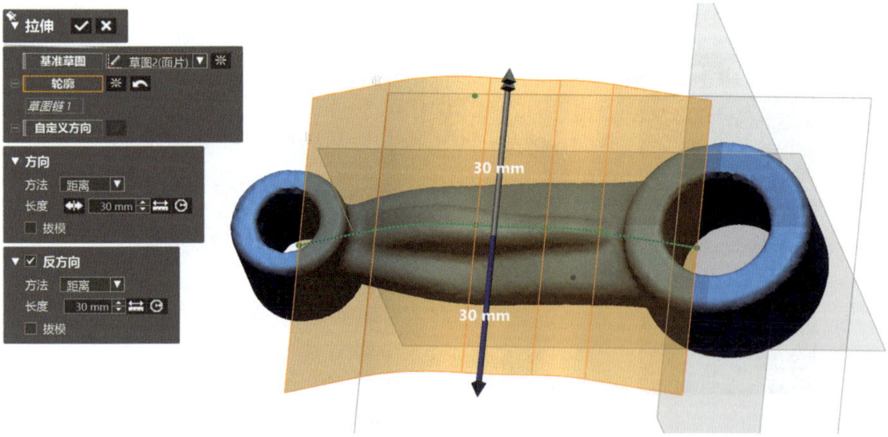

图 6-47　曲面拉伸

在【3D 草图】工具栏中单击【3D 面片草图】按钮，再在【3D 草图】工具栏中单击【样条曲线】按钮，在加强筋两侧立面绘制如图 6-48 所示的样条曲线，单击鼠标左键即可增加一个点，单击鼠标右键即可结束样条曲线绘制。

图 6－48　绘制样条曲线

在【模型】工具栏中单击曲面【扫描】按钮，打开“扫描”对话框，在“轮廓”栏中选择一侧横向较长的样条曲线，在“路径”栏中选择同一侧纵向较短的样条曲线，单击对话框右上角的按钮完成扫描操作。用同样的方法创建另一侧扫描曲面。参数设置及效果如图 6－49 所示。

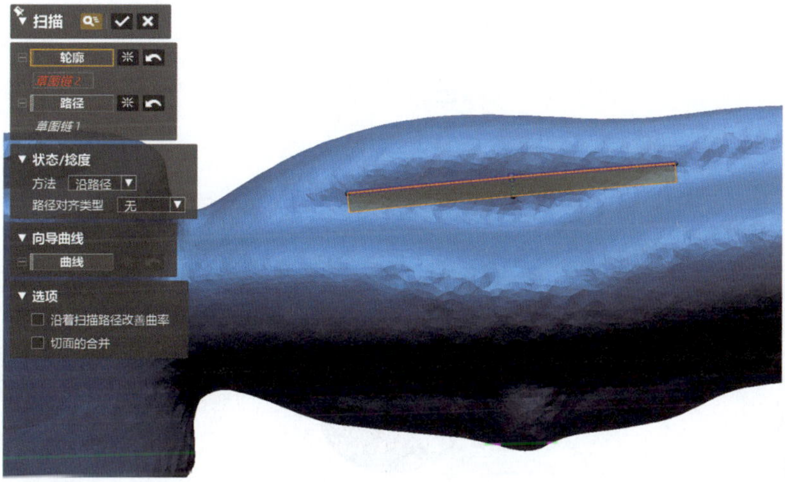

图 6－49　创建扫描曲面

对上述两个扫描曲面进行曲面延长操作，使其与其他面相交。参数设置及效果如图 6－50 所示。

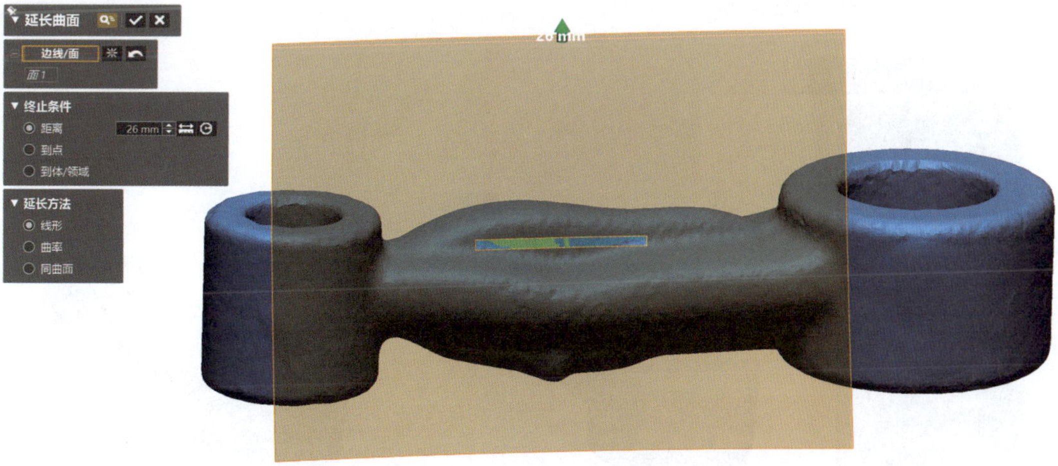

图 6－50　延长曲面

将“拉伸 3”、“扫描 1”和“扫描 2”这 3 个曲面进行互相剪切，保留中间加强筋特征部分。参数设置及效果如图 6－51 所示。

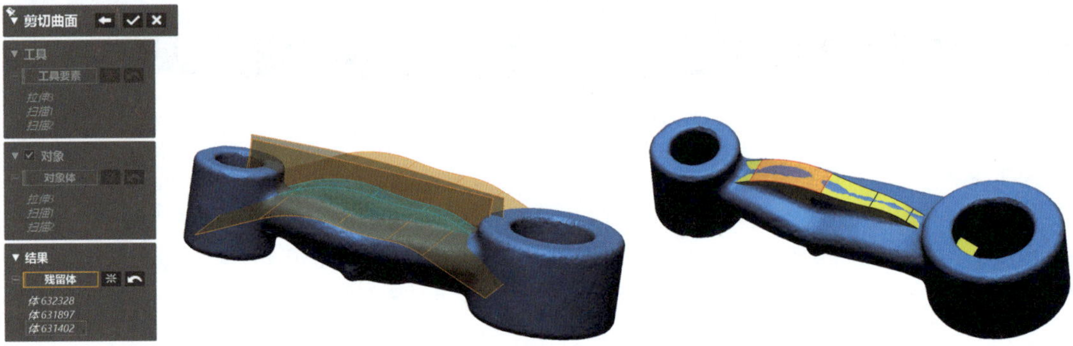

图 6－51　曲面剪切结果

将剪切完的部分与“放样 5”曲面进行互相剪切，保留“剪切曲面 12”的上半部分和“放样 5”的外面部分。参数设置及效果如图 6－52 所示。

图 6－52　曲面剪切结果

再将剪切完的部分与“拉伸 2”的两个曲面进行互相剪切，保留“剪切曲面 13”的中间部分和“拉伸 2”的下面部分。参数设置及效果如图 6－53 所示。至此，连杆杆身下半部分加强筋特征创建完成。

图 6－53　曲面剪切结果

步骤 7　创建连杆两圆柱实体特征。

在【草图】工具栏中单击【面片草图】按钮，打开“面片草图的设置”对话框，在“Target”栏中选择“liangan”面片和“平面投影”，“基准平面”选择前基准平面，在“追加断面多线段”栏中将“由基准面偏移的距离”设为 5mm，或利用视图中的蓝色细箭头拖曳，使偏移距离达到 10mm，最后单击对话框右上角的按钮完成面片草图设置。使用【圆】工具绘制杆两边圆柱的轮廓线，注意同一侧两个同心圆的关系。效果如图 6－54 所示。

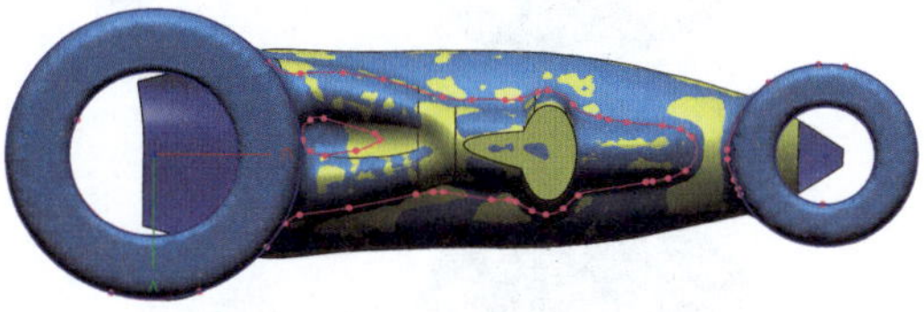

图 6－54　绘制面片草图

在【模型】工具栏中单击实体【拉伸】按钮，打开“拉伸”对话框，“轮廓”选择刚创建的草图轮廓，“方向”栏中的“方法”选择“距离”，然后将箭头拖动到圆柱另一个端面，单击视图上方工具栏中的【体偏差】按钮，查看端面的偏差情况，根据偏差调整拉伸距离，这里的拉伸“长度”为 22.9mm，单击对话框右上角的按钮完成连杆两边带孔圆柱实体的创建。参数设置及效果如图 6－55 所示。

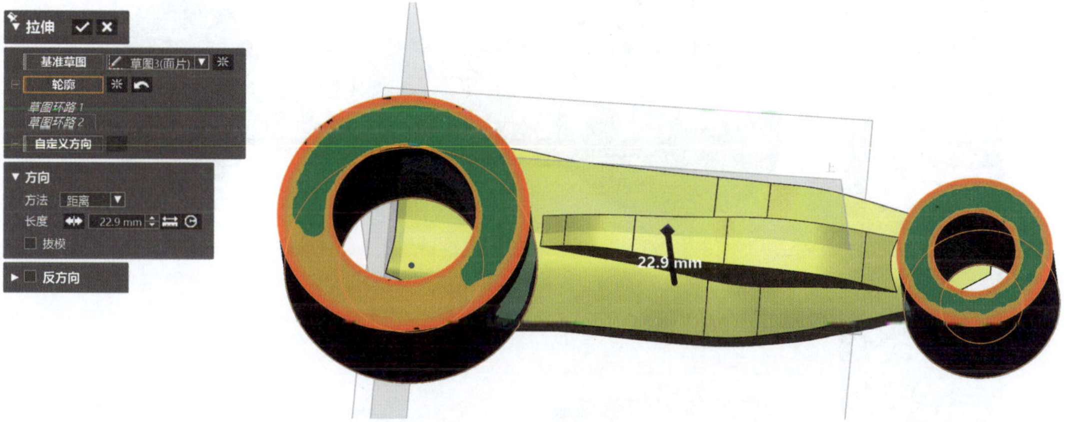

图 6－55　拉伸圆柱

步骤 8 创建连杆杆身实体特征。

在【模型】工具栏中单击【曲面偏移】按钮，打开“曲面偏移”对话框，“面”栏选择刚创建的两个圆柱特征的外表面，“偏移距离”设为 0mm，相当于将圆柱实体的外表面复制成一个曲面，单击对话框右上角的按钮完成操作。参数设置及效果如图 6－56 所示。

将连杆杆身上、下两部分曲面以及刚偏移的两个圆柱外表面进行相互剪切，保留杆身部分、杆身和两边圆柱相交线内侧部分，使其成为一个封闭体。剪切后会发现绘图区变为空白，单击视图下方工具栏中的【选择过滤器】工具条中的【实体】按钮即可看到截切后封闭的面片自动已形成实体。参数设置及效果如图 6－57 所示。

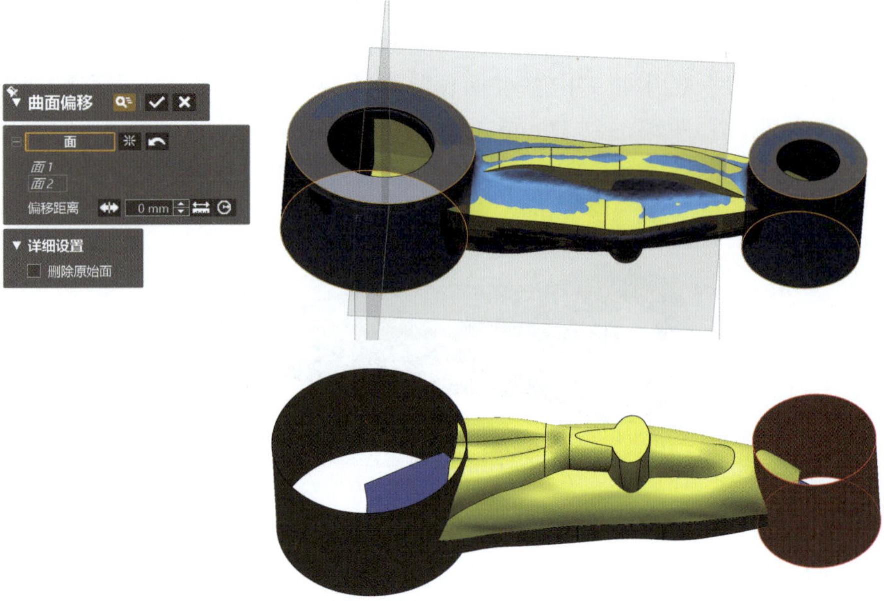

图 6－56 曲面偏移

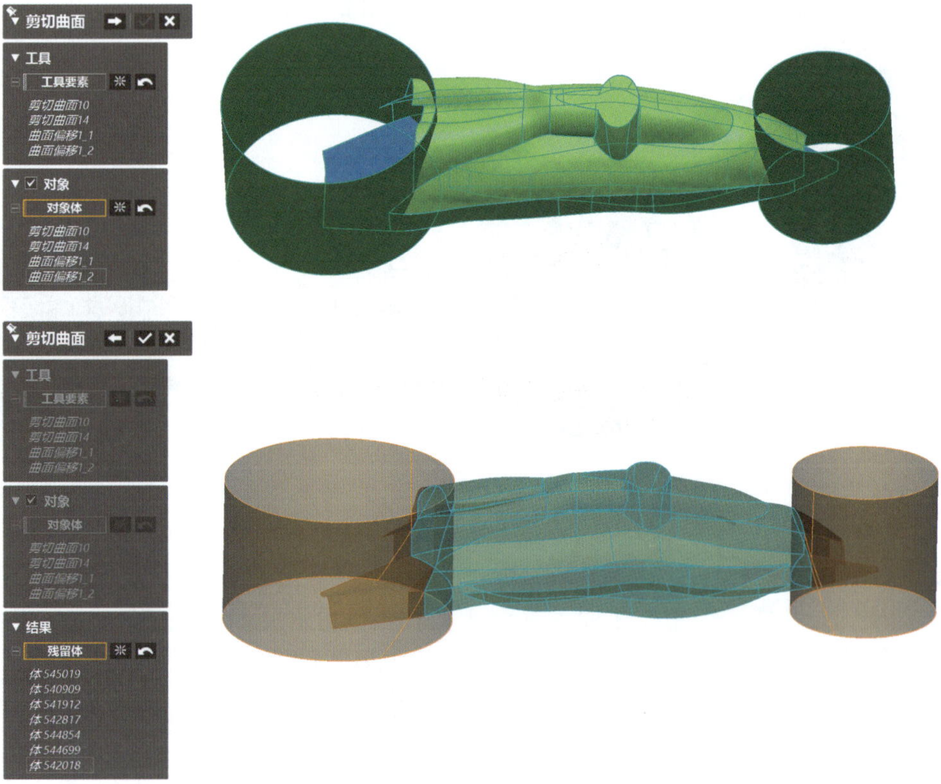

图 6－57 曲面剪切

在【模型】工具栏中单击【布尔运算】按钮，打开“布尔运算”对话框，“操作方法”选择“合并”，“工具要素”选择两圆柱实体和刚创建的杆身部分实体，将它们合并为一个实体。参数设置及效果如图 6 - 58 所示。

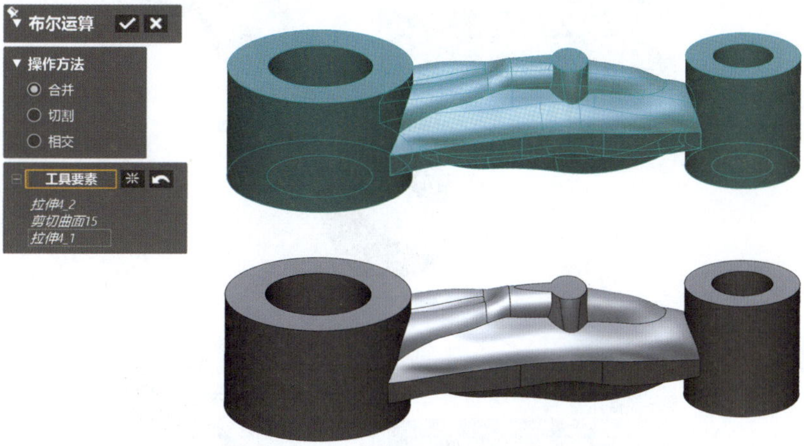

图 6 - 58　合并后的实体特征

步骤 9　创建圆角特征。

使用【圆角】工具制作圆角特征。参数设置及效果如图 6 - 59 所示。

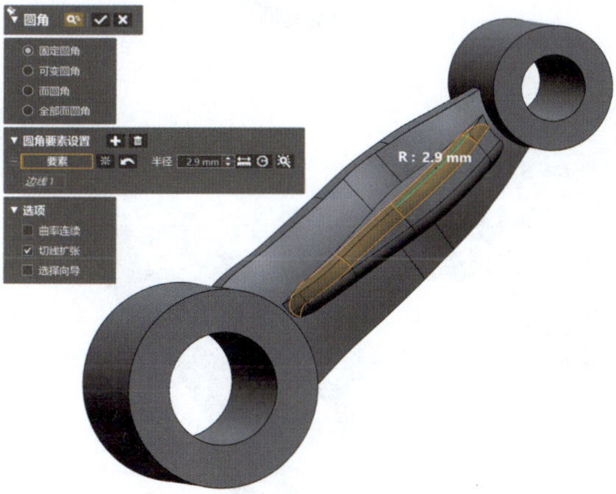

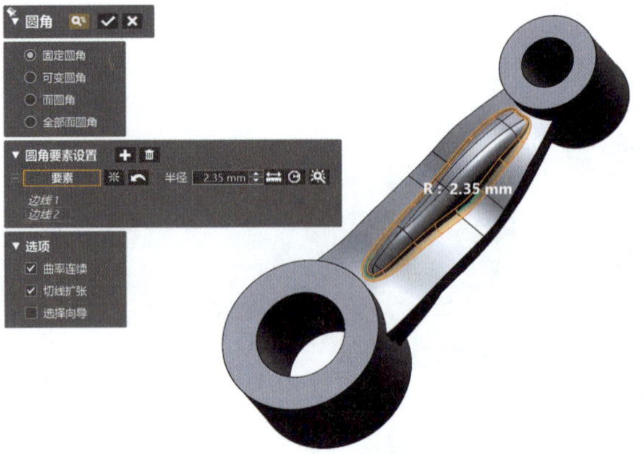
圆角
固定圆角
可变圆角
面圆角
全部面圆角
圆角要素设置
要素
半径
2.35 mm
边线1
边线2
选项
曲率连续
切线扩张
选择向导
R：2.35 mm

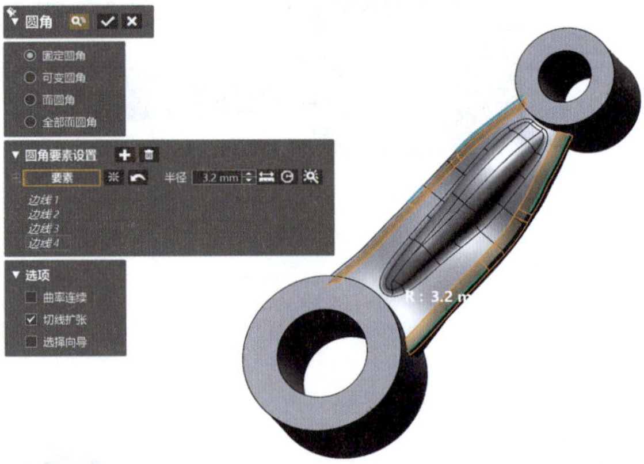
圆角
固定圆角
可变圆角
面圆角
全部面圆角
圆角要素设置
要素
半径
3.2 mm
边线1
边线2
边线3
边线4
选项
曲率连续
切线扩张
选择向导
R：3.2 m

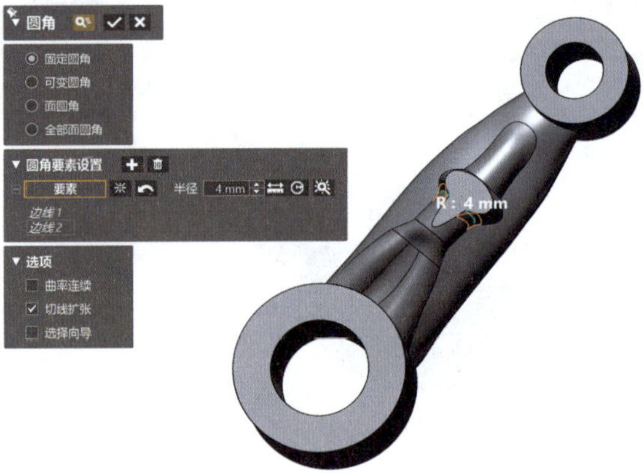
圆角
固定圆角
可变圆角
面圆角
全部面圆角
圆角要素设置
要素
半径
4 mm
边线1
边线2
选项
曲率连续
切线扩张
选择向导
R：4 mm

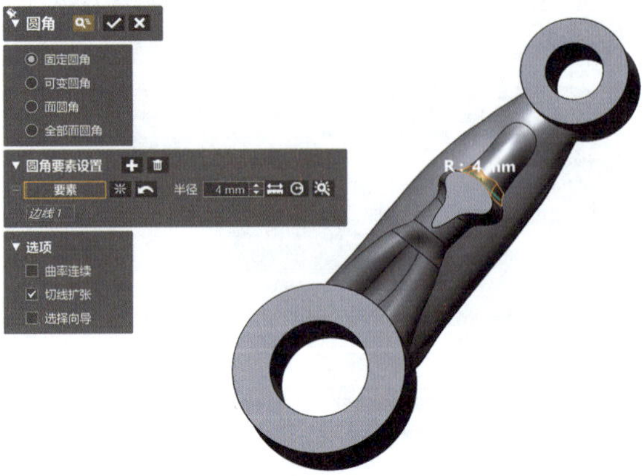
圆角
固定圆角
可变圆角
面圆角
全部面圆角
圆角要素设置
要素
半径
4 mm
边线1
选项
曲率连续
切线扩张
选择向导
R：4 mm

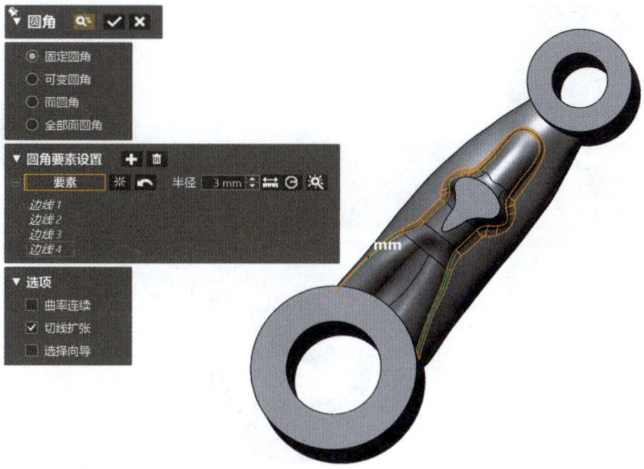
圆角
固定圆角
可变圆角
面圆角
全部面圆角
圆角要素设置
要素
半径
3 mm
边线 1
边线 2
边线 3
边线 4
选项
曲率连续
切线扩张
选择向导

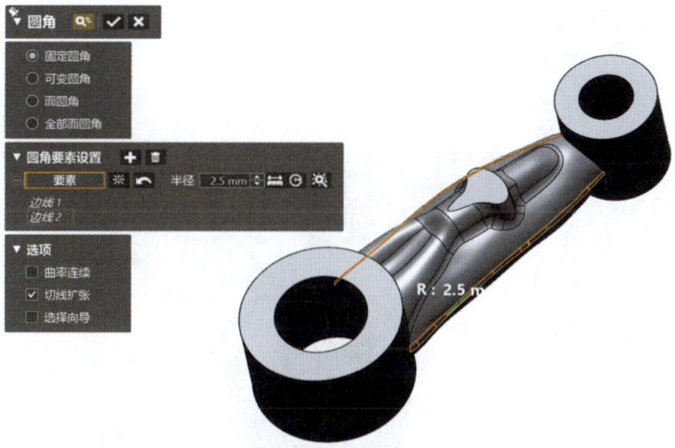
圆角
固定圆角
可变圆角
面圆角
全部面圆角
圆角要素设置
要素
半径
2.5 mm
边线 1
边线 2
选项
曲率连续
切线扩张
选择向导

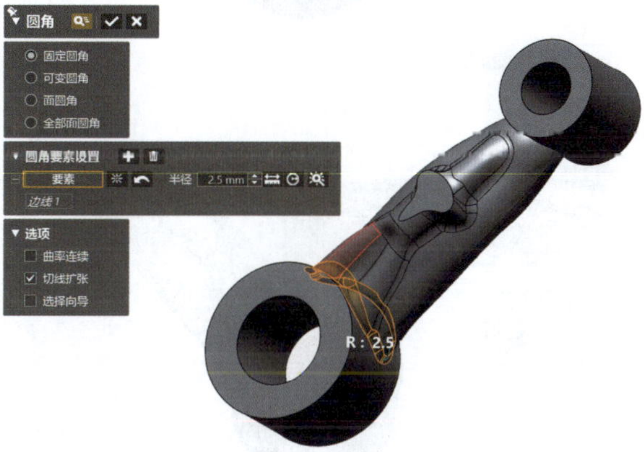
圆角
固定圆角
可变圆角
面圆角
全部面圆角
圆角要素设置
要素
半径
2.5 mm
边线 1
选项
曲率连续
切线扩张
选择向导

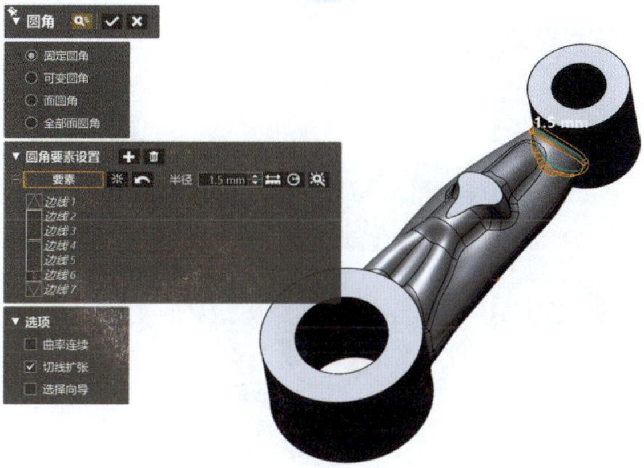
圆角
固定圆角
可变圆角
面圆角
全部面圆角
圆角要素设置
要素
半径
1.5 mm
边线 1
边线 2
边线 3
边线 4
边线 5
边线 6
边线 7
选项
曲率连续
切线扩张
选择向导

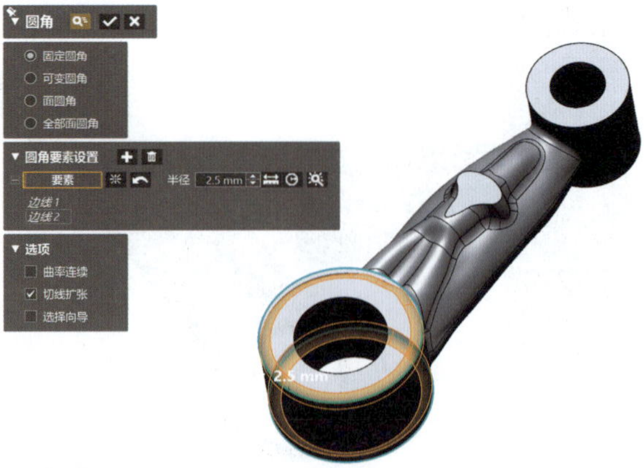
圆角
固定圆角
可变圆角
面圆角
全部面圆角
圆角要素设置
要素
半径
2.5 mm
边线 1
边线 2
选项
曲率连续
切线扩张
选择向导
2.5 mm

圆角
固定圆角
可变圆角
面圆角
全部面圆角
圆角要素设置
要素
半径
1.5 mm
边线 1
边线 2
选项
曲率连续
切线扩张
选择向导
1.5 mm

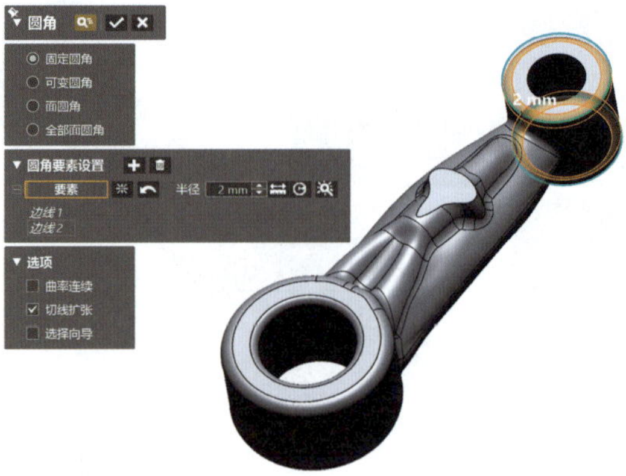
圆角
固定圆角
可变圆角
面圆角
全部面圆角
圆角要素设置
要素
半径
2 mm
边线 1
边线 2
选项
曲率连续
切线扩张
选择向导
2 mm

圆角
固定圆角
可变圆角
面圆角
全部面圆角
圆角要素设置
要素
半径
1.5 mm
边线 1
边线 2
选项
曲率连续
切线扩张
选择向导
1.5 mm

图 6－59　圆角特征

步骤 10　体偏差检测。

单击视图上方工具栏中的【体偏差】按钮，系统会自动计算出建模后的实体与原始扫描点云之间的误差，并以色图形式呈现，如图 6－60 所示。绿色代表合格范围，误差范围通常为 -0.1mm ～ 0.1mm。通过色图可以很容易地发现建模不理想的地方，以便进行二次修正。

图 6－60　体偏差检测

项目小结

通过本项目的学习，应掌握 Geomagic Design X 建模的技巧及以下技能：

（1）通过使用【放样向导】工具，掌握从单元面或领域中提取放样对象的方法。

（2）通过使用【断面】和【转换实体】工具，掌握绘制 3D 草图的方法。

（3）通过使用【扫描】工具，掌握创建实体的方法。

考核评价

对配套资源中的鼠标（图 6－61）面片文件编制建模步骤，并利用 Geomagic Design X 软件进行建模。

图 6-61　鼠标

- 面片文件路径："工业设计技术 -Geomagic DesignX 逆向设计实用教程 \ 素材 \ 项目六 \ 鼠标 .stl"。
- 考核指标见表 6-2。
- 建模步骤自拟表单，或登录中国人民大学出版社官网下载。

表 6-2　考核指标

指标	项目要求	分值	评分细则	得分
技术指标	步骤合理	10	每缺失一个步骤扣 2 分，某一步骤不合理扣 2 分，累计扣分，扣完为止	
	点云处理精细	5	有多余的杂点扣 2 分，有多余的点云族扣 3 ~ 5 分	
	面片创建平滑	5	有钉状物扣 1 分，累计扣分，扣完为止	
	坐标对齐合理	10	没有进行坐标对齐扣 10 分，基准面选择不合理扣 3 ~ 5 分	
	领域划分合理	10	没有进行领域划分扣 10 分，领域划分不合理扣 3 ~ 5 分	
	曲面创建合理	10	曲面创建不符合设计意图扣 2 分，累计扣分，扣完为止	
	实体创建合理	10	不能形成实体扣 10 分，实体特征缺失扣 2 分，累计扣分，扣完为止	
	体偏差比率	20	根据体偏差检测比率给定	
素质指标	通过学习【素养提升】内容，结合本项目学习情况谈一谈体会	20	根据体会深刻程度进行评价。	
			个人体会：	
总分				

项目七

异形连接件建模

——拉伸工具的重点应用

项目导读

某雷达产品的信息获取功能是以异形连接件左右摆动、扩大视野为基础的。异形连接件在外形设计上做了功能伪装，曲面流线复杂，中间球形凸出物为模拟猫眼，用于获取电磁信号。本项目涉及点云优化、坐标对齐、手动领域分割、面片草图绘制、切割实体、回转、创建圆角等建模技术。通过本项目的学习，大家可以掌握与异形连接件造型相近的物体的建模技巧。

素养提升

现代战争中，空中力量扮演的角色越来越重要。没有空防就没有国防，而没有雷达兵和雷达网也就等同于没有空防。每年的4月22日是空军雷达兵成立70周年纪念日。70多年前，在新中国怀抱中诞生的雷达兵，为撑起国家空防的预警天网，历尽战火、上下求索。70年弹指一挥间。如今，第一代雷达兵许多已离我们而去。然而，他们在艰苦创业中所展现的特别能吃苦、特别能奉献、特别能战斗的精神风貌，他们为构建与中国大国地位相称的空天预警网，守望祖国空天安全，所做出的历史性贡献，永远为后来人景仰铭记。

项目分析

如图7-1所示，异形连接件模型主要分为3个部分：主体部分、底部特征、孔，其中主体部分两侧曲面复杂，是建模难点。建模时应运用减法思维，首先创建主体部分拉伸实体，再利用两侧曲面进行切割操作，最终得到想要的特征。

图7-1　异形连接件

异形连接件建模步骤见表7-1。

表 7-1　异形连接件建模步骤

序号	建模步骤	效果
1	导入异形连接件点云数据：将扫描好的异形连接件的点云数据导入 Geomagic Design X 软件	
2	优化点云，去除杂点：使用【杂点消除】工具和【套索】工具优化点云	
3	将点云数据面片化并对面片进行优化：使用【面片创建精灵】工具创建异形连接件面片，使用【加强形状】和【平滑】工具进行面片优化	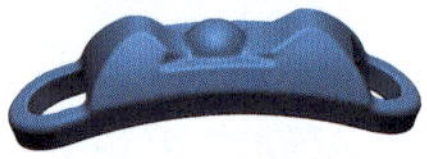
4	分割特征领域：使用领域【插入】工具对异形连接件面片进行手动领域的划分	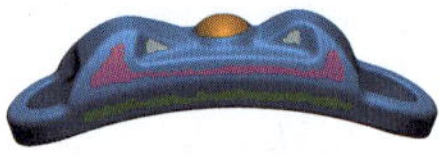
5	对异形连接件面片进行坐标对齐：使用【平面】工具创建辅助平面，使用【线】工具创建辅助线，使用【手动对齐】工具进行坐标系对齐操作	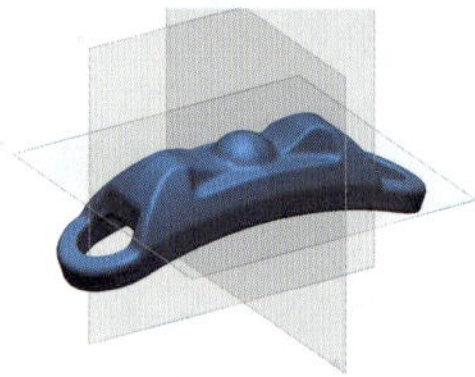
6	制作异形连接件主体部分：使用【面片草图】、【拉伸】和【圆角】等工具制作异形连接件的主体部分	
7	制作异形连接件两侧特征：使用【面片拟合】、【切割】、【面片草图】、【拉伸】、【延长曲面】和【剪切曲面】等工具制作异形连接件的两侧特征	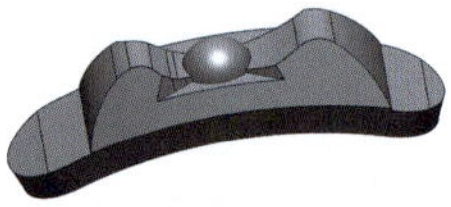
8	制作异形连接件底部及孔特征：使用【面片草图】、【拉伸】、【圆角】和【布尔运算】等工具制作异形连接件的底部及孔特征	
9	制作圆角特征：使用【圆角】工具在相应边角处制造圆角	

知识技能点

本项目所讲解的异形连接件外形较为复杂，特征要素相对较多，用到的基本建模工具包括：手动领域【插入】、【平面】、【面片草图】、【手动对齐】、【拉伸】、【切割】、【面片拟合】、【圆角】、【剪切曲面】、【延长曲面】和【布尔运算】等。此外，本项目还会用到新的建模工具——【回转】。重要的知识及技能点如下：

➢【回转】：将草图轮廓绕某一轴线或某一条边线进行任意角度的回转，以生成回转曲面或回转实体。

操作步骤：

- 在【模型】工具栏中单击【回转】按钮或。
- 选择“插入→实体→回转”菜单命令。
- 选择“插入→曲面→回转”菜单命令。

提示

- 【回转】分为曲面【回转】和实体【回转】，曲面【回转】使用工具，而实体【回转】使用工具。曲面回转的轮廓可以不封闭，而实体回转需要将草图轮廓封闭。

项目实施

步骤 1　导入异形连接件点云文件。

选择“菜单→插入→导入”菜单命令或单击【初始】工具栏中的【打开】下拉菜单中的【导入】按钮，打开“导入”对话框，在配套资源中找到“工业设计技术 -Geomagic DesignX 项目化设计教程\素材\项目七异形连接件\异形连接件.asc”，单击【仅导入】按钮，完成异形连接件点云文件的导入。导入后的点云一般显示为天蓝色，为了更好地观察并消除杂点，可以根据个人习惯更改点云的颜色。在“树”管理器中右击“点云”，右侧会弹出“属性对话框”，单击“材质”右侧的【…】按钮，弹出“材质对话框”，即可更改颜色，最后单击【OK】按钮完成更改。参数设置及效果如图 7－2 所示。

异形连接件建模 -1

异形连接件建模 -2

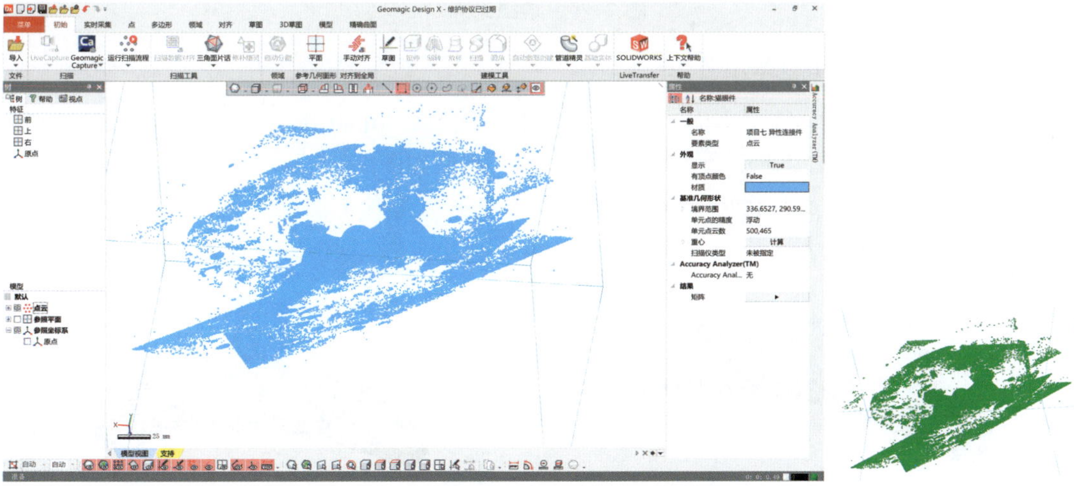

图 7－2　导入异形连接件点云文件并更改颜色

步骤 2　点云优化。

在【点】工具栏中单击【杂点消除】按钮，打开“杂点消除”对话框，选中“过滤离群领域”复选框，再选择“用包围盒过滤”，将“过滤噪音点云”复选框选中，“每个杂点群集内的最大单元点数量”设为 50，拖动包围盒周围的箭头将其范围缩小到仅包裹住异形连接件点云，单击对话框右上角的按钮完成操作。效果如图 7-3 所示。

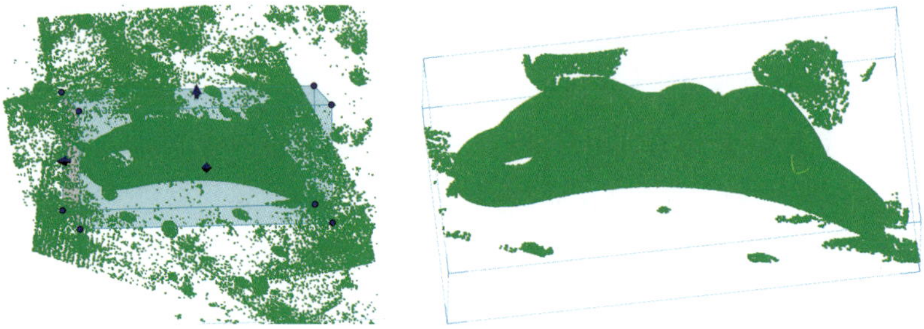

图 7-3　杂点消除

单击视图上方工具栏中的【套索选择模式】按钮，将选择模式切换为套索模式，旋转视图并将点云边缘放大，找到如图 7-4 所示的多余杂点，按住鼠标左键进行套索选择，按住 “Shift” 键可以同时选取多组杂点，选好后按 “Delete” 键可以删除杂点。重复此步骤，手动删除边缘所有杂点。

图 7-4　边缘杂点

步骤 3　创建面片并优化。

在【点】工具栏中单击【面片创建精灵】按钮，在打开的“面片创建精灵”对话框按照 3 个步骤的要求创建异形连接件面片，效果如图 7-5 所示。

使用【多边形】工具栏中的【加强形状】、【平滑】和【填孔】等工具进行面片优化，效果如图 7-6 所示。

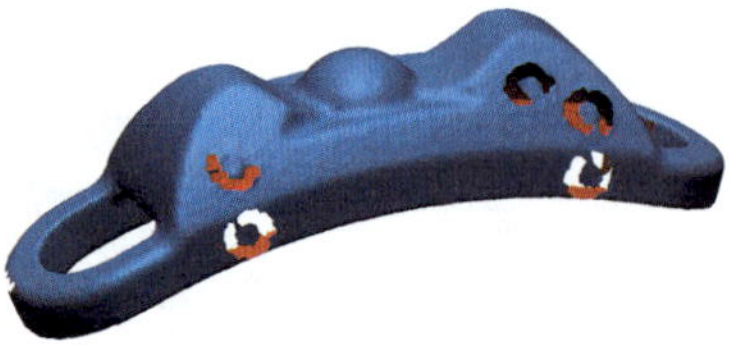

图 7-5　创建异形连接件面片

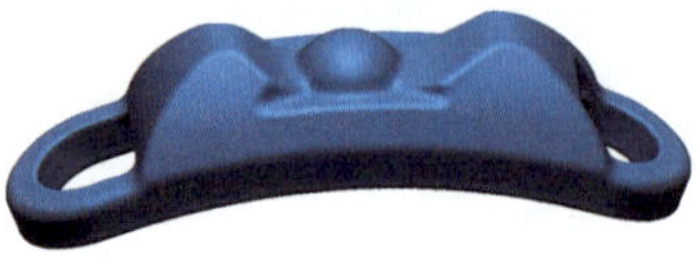

图 7-6　面片优化

步骤 4　坐标系手动对齐。

单击【领域】工具栏，再单击视图上方工具栏中的【画笔选择模式】按钮，进入画笔选择模式，在模型外表面和内部两侧表面手动添加如图 7-7 所示的领域。具体领域插入及合并方法不再赘述。

图 7-7　手动添加领域

创建基准平面作为对齐参照特征一。在【初始】工具栏中单击【平面】按钮，打开“追加平面”对话框，“要素”栏选择两侧“平面”领域，“方法”选择“平均”，单击对话框右上角的【预览】按钮可观察平面，最后单击对话框右上角的按钮完成平面创建。参数设置及效果如图 7-8 所示。

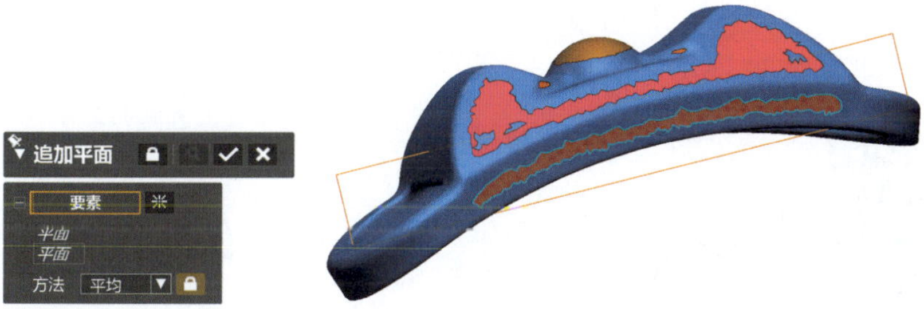

图 7-8　创建基准平面 1

创建辅助线作为对齐参照特征二。在【初始】工具栏中单击【平面】下的【线】按钮，“要素”栏选择刚创建的“平面 1”和模型上方的“球”领域，创建辅助线。参数设置及效果如图 7-9 所示。

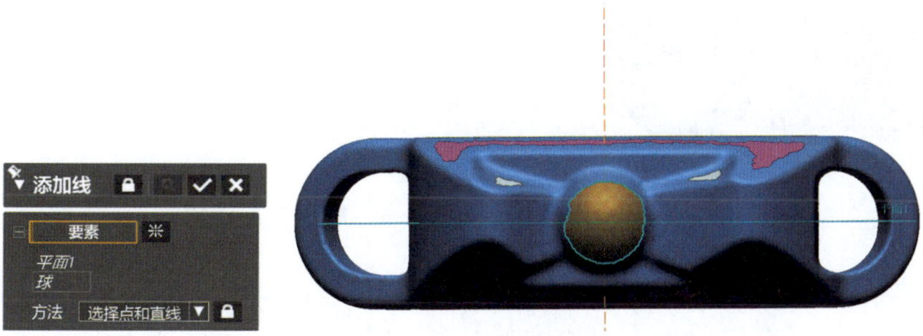

图 7-9　创建辅助线

在【初始】工具栏中单击【手动对齐】按钮，打开“手动对齐”对话框，“移动实体”栏选择“异形连接件”面片，然后单击对话框右上角的按钮。参数设置及效果如图 7-10 所示。

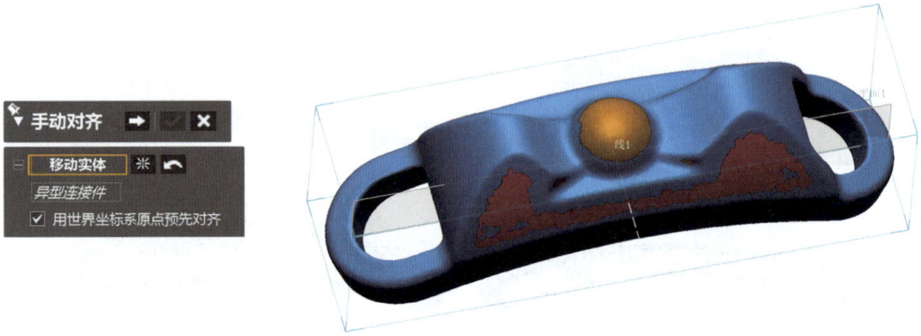

图 7-10　手动对齐第一阶段

进入手动对齐第二阶段后，软件会出现左右两个视图窗口，可以对比观察坐标对齐后的效果。在“手动对齐”对话框的“移动”栏中选择“ X-Y-Z”对齐类型，单击【位置】按钮，用鼠标左键在左侧视图中选择“线 1”，然后单击【 X 轴】按钮，同样选择“线 1”，单击【 Y 轴】按钮，选择“平面 1”，观察右侧视图的坐标系发生的变化。在“对象”栏中选择“坐标系”，然后单击对话框右上角的按钮完成手动对齐操作。参数设置及效果如图 7-11 所示。

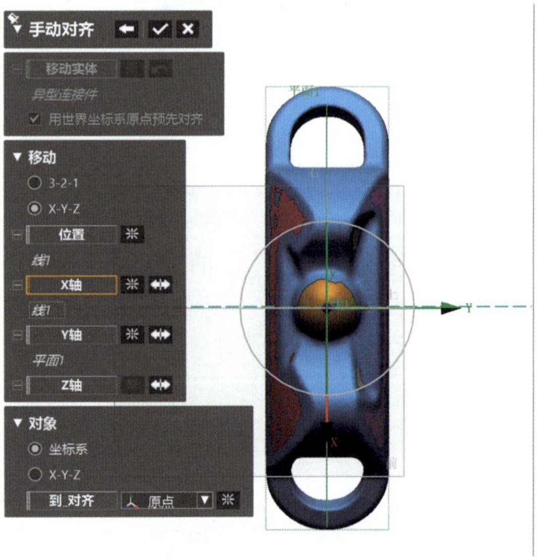

图 7-11　手动对齐第二阶段

步骤 5　创建异形连接件主体部分。

在【草图】工具栏中单击【面片草图】按钮，打开“面片草图的设置”对话框，“ Target”栏选择“异形连接件”面片和“平面投影”，“基准平面”选择上平面。为了得到完整的轮廓，在“追加断面多线段”栏中将“轮廓投影范围”设为63mm，或通过视图中的蓝色粗箭头拖曳，使偏移距离达到63mm，这时可以看到蓝色的矩形将模型包裹在内，只要拖曳到超出模型即可，最后单击对话框右上角的✓按钮完成面片草图设置。参数设置及效果如图7－12所示。

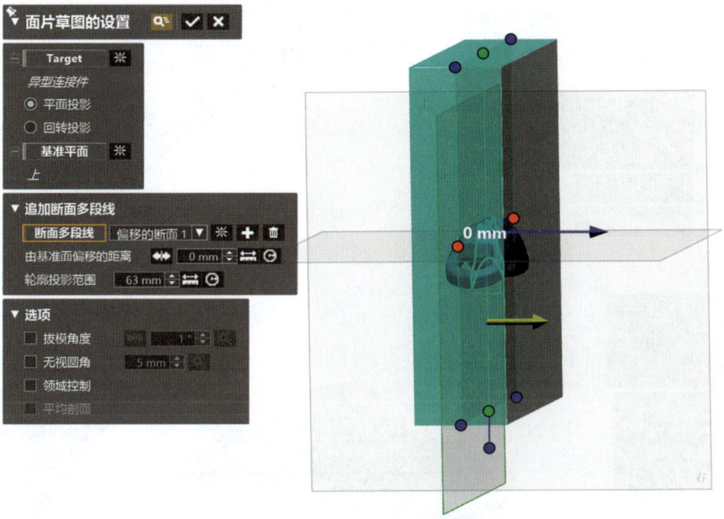

图7－12　面片草图的设置

在【草图】工具栏中单击【自动草图】按钮，在“自动草图”对话框中选择“只操作选中的对象”，“分辨率”适中，用鼠标左键依次选择所有需要绘制的轮廓线，单击对话框右上角的✓按钮完成自动草图。参数设置及效果如图7－13所示。

提示

- 草图绘制过程中可以将“Accuracy Analyzer”中“分离的终点”打开 ☑分离的终点，查看是否有未连接的曲线，有绿色的圆点则代表没有连接，需要对草图进行调整；没有绿色圆点说明轮廓封闭，可以进行后续的实体拉伸操作。

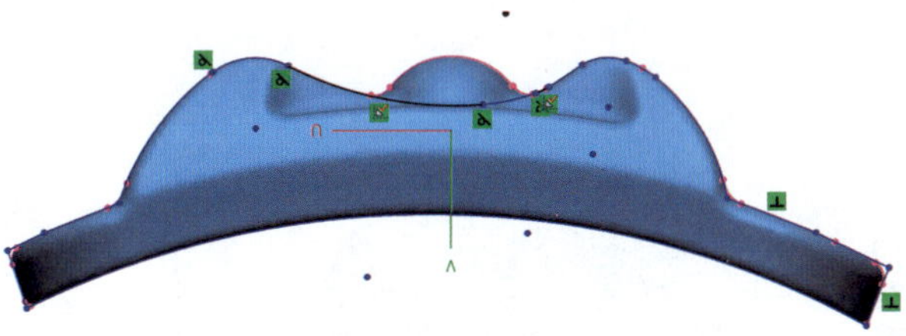

图7－13　绘制主体部分面片草图

在“树”管理器中单击图标显示“实体”，在【模型】工具栏中单击实体【拉伸】按钮，打开“拉伸”对话框，“轮廓”选择“草图1”，“方向”栏中的“方法”选择“到领域”，选择一侧下方的平面领域，勾选“反方向”复选框，其“方法”也选择“到领域”，然后选择另一侧下方的平面领域，最后单击【拉伸】对话框右上角的✓按钮完成操作。参数设置及效果如图 7－14 所示。

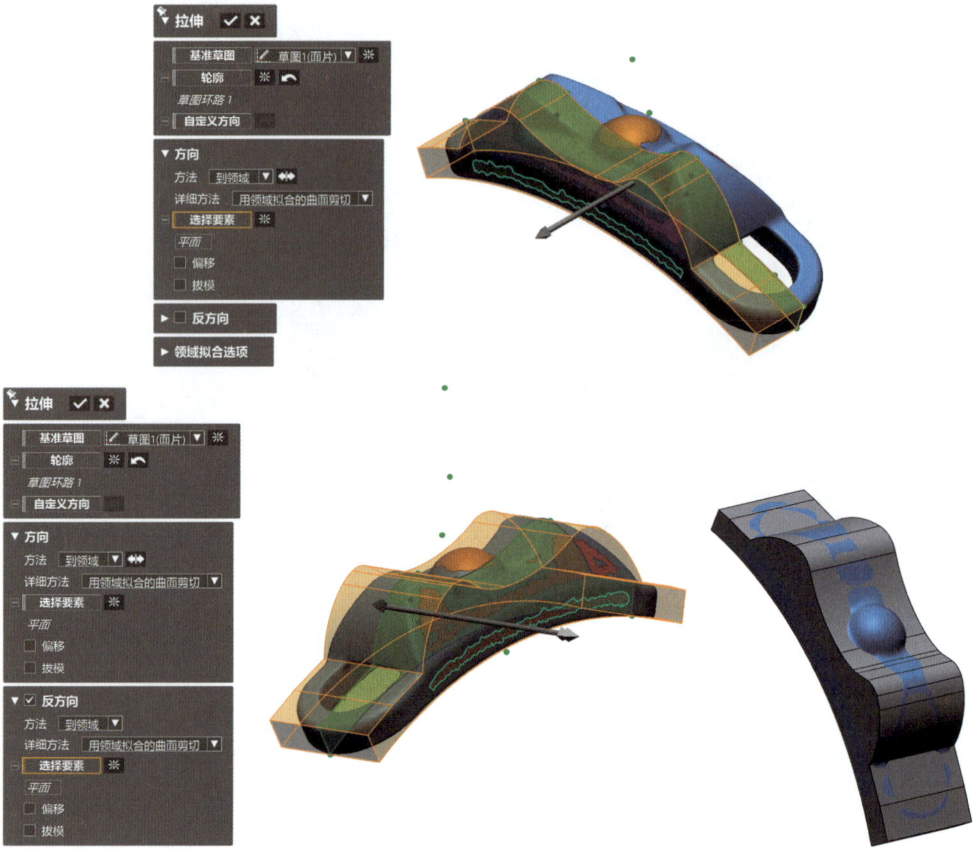

图 7－14　制作主体部分拉伸特征

在【模型】工具栏中单击【圆角】按钮，打开“圆角”对话框，选择“全部面圆角”选项，“圆角要素设置”栏中的“左面”和“右面”分别选择拉伸实体两侧的平面，“中间”选择两平面中间的平面，单击对话框右上角的按钮确定。用同样的方法创建另一侧的圆角。参数设置及效果如图 7－15 所示。

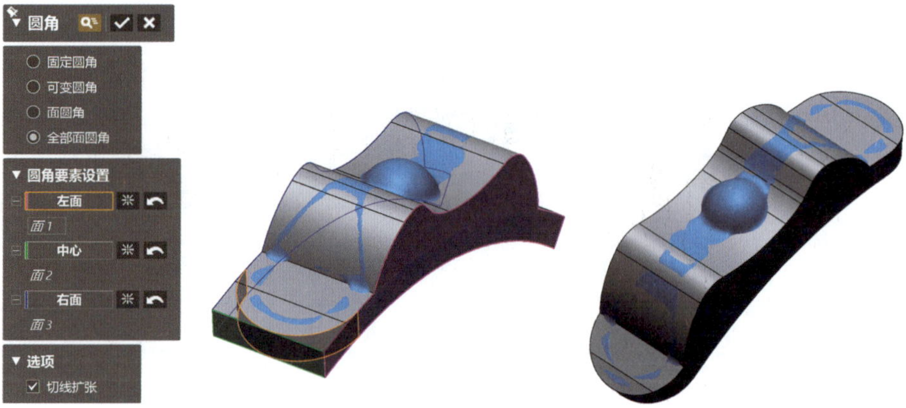

图 7－15　创建圆角

步骤 6 创建异形连接件两侧特征。

单击视图下方工具栏中的【选择过滤器】工具条中的【实体】按钮，将实体隐藏。在【模型】工具栏中单击【面片拟合】按钮，“领域/单元面”选择侧面“圆柱”领域，“分辨率”选择“控制点数”，“U 控制点数”和“V 控制点数”设为 8，通过拖曳和调节旋转手柄调整面片的大小和角度，单击【预览】按钮预览，最后单击对话框右上角的按钮完成操作。用同样的方法创建另一侧“圆柱”领域的面片拟合。参数设置及效果如图 7-16 所示。

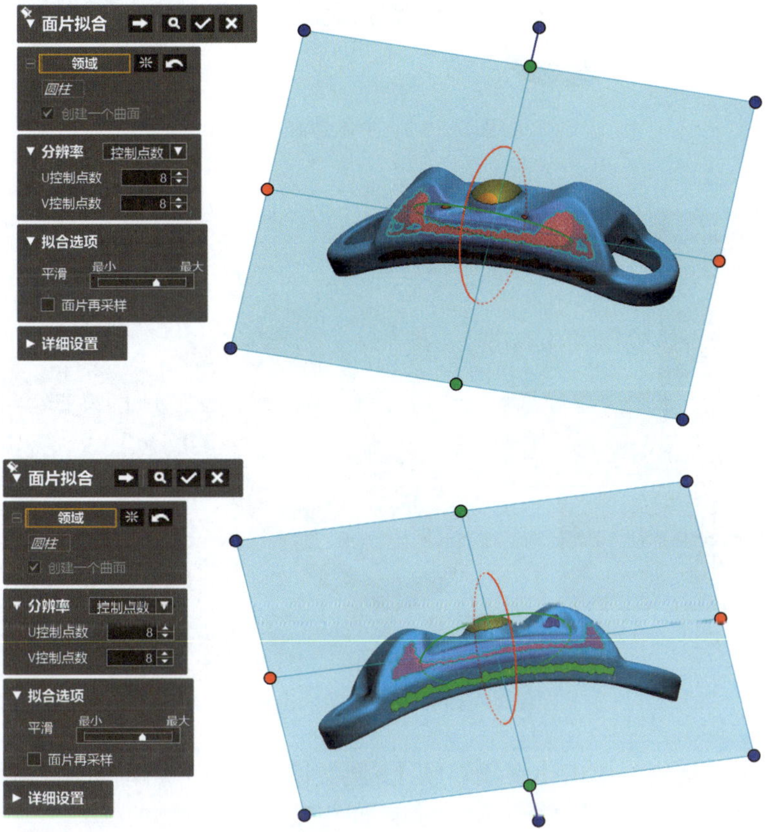

图 7-16 创建面片拟合 1 和面片拟合 2

在“树”管理器中单击图标显示“实体”。在【模型】工具栏中单击【切割】按钮，打开“切割”对话框，“工具要素”选择“面片拟合 1”和“面片拟合 2”，“对象体”选择拉伸的实体，单击对话框右上角的按钮，在“结果”栏中将“残留体”选为要留下的中间主体部分，最后单击对话框右上角的按钮完成操作。可以将面片、面片拟合 1、面片拟合 2、领域都隐藏起来，以便观察切割好的实体。参数设置及效果如图 7-17 所示。

在【草图】工具栏中单击【面片草图】按钮，打开“面片草图的设置”对话框，“Target”栏选择“异形连接件”面片和“平面投影”，“基准平面”选择上平面。在“追加断面多线段”栏中将“由基准面偏移的距离”设为 14.6mm，或通过视图中的蓝色细箭头拖曳调整，最后单击对话框右上角的✓按钮完成面片草图的设置。参数设置及效果如图 7－18 所示。

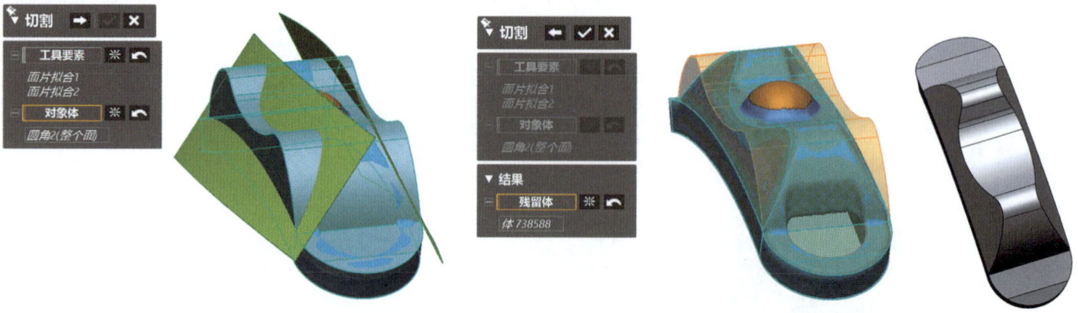

图 7－17　主体切割

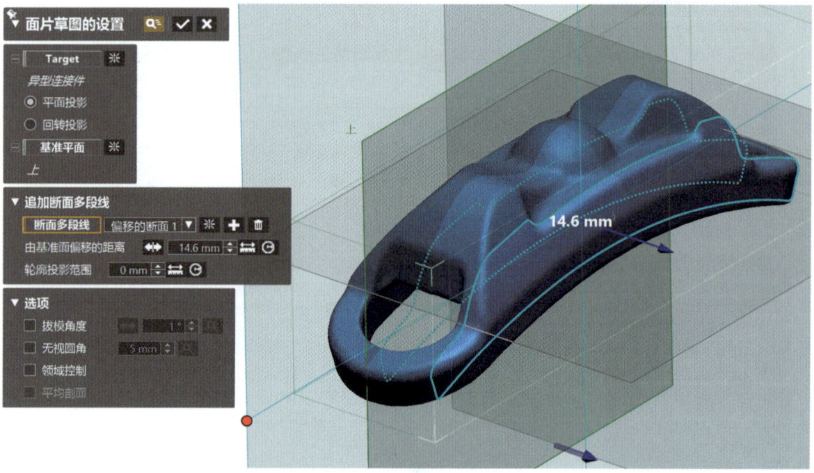

图 7－18　面片草图的设置

在【草图】工具栏中单击【自动草图】按钮，打开“自动草图”对话框，选择“只操作选中的对象”，“分辨率”适中，绘制如图 7－19 所示的曲线。

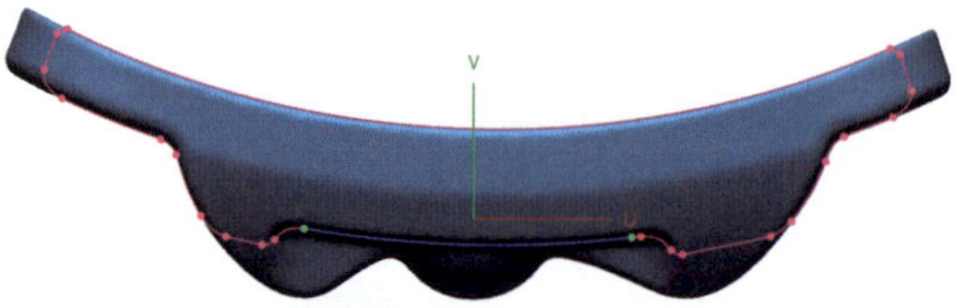

图 7－19　绘制曲线

在【模型】工具栏中单击曲面【拉伸】按钮，打开“拉伸”对话框，“轮廓”选择刚绘制的“草图 2”，“方向”栏中的“方法”选择“距离”，“长度”设为 30mm，勾选“反方向”复选框，“长度”同样设为 30mm，使拉伸后的曲面超出面片。参数设置及效果如图 7－20 所示。

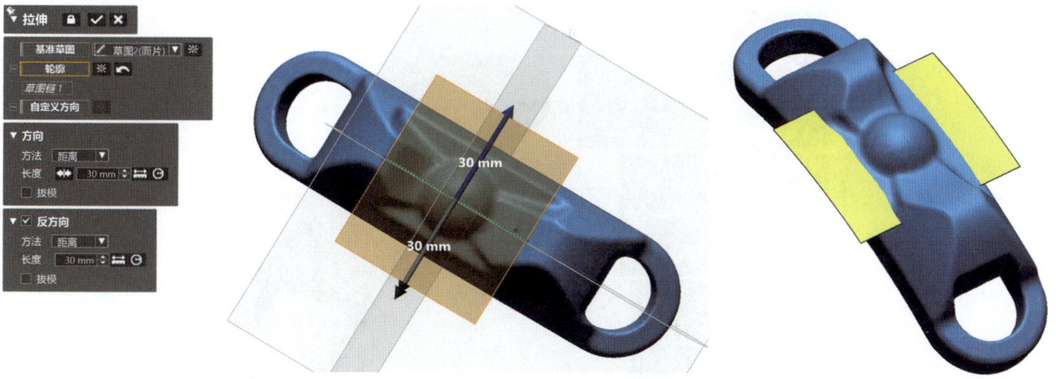

图 7－20　曲面拉伸

使用【面片草图】工具，以前平面为基准平面，“由基准面偏移的距离”设为5mm，绘制投影草图。使用【草图】工具栏中的绘制工具绘制草图轮廓。参数设置及效果如图 7－21 所示。

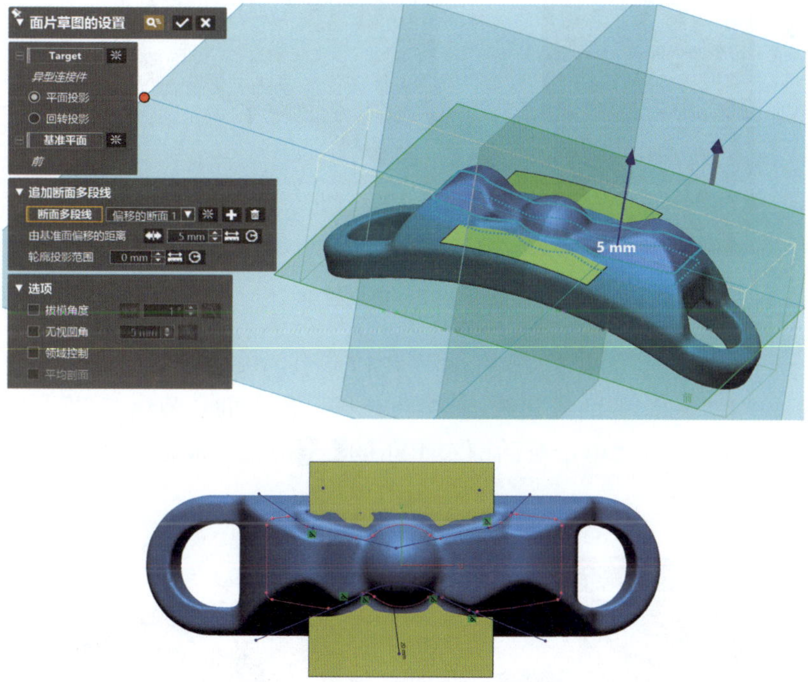

图 7－21　绘制面片草图

在【模型】工具栏中单击曲面【拉伸】按钮，打开“拉伸”对话框，“轮廓”选择刚绘制的草图其中一条曲线，“方向”栏中的“方法”选择“距离”，“长度”设为15mm，勾选“反方向”复选框，“长度”设为 10mm，勾选“拔模”复选框，观察拔模角度是否向内，如果向外，则单击“反转方向”按钮，“角度”设为 20°。使用同样的方法对另一条曲线进行曲面拉伸，拔模的“角度”为 24°。参数设置及效果如图 7－22 所示。

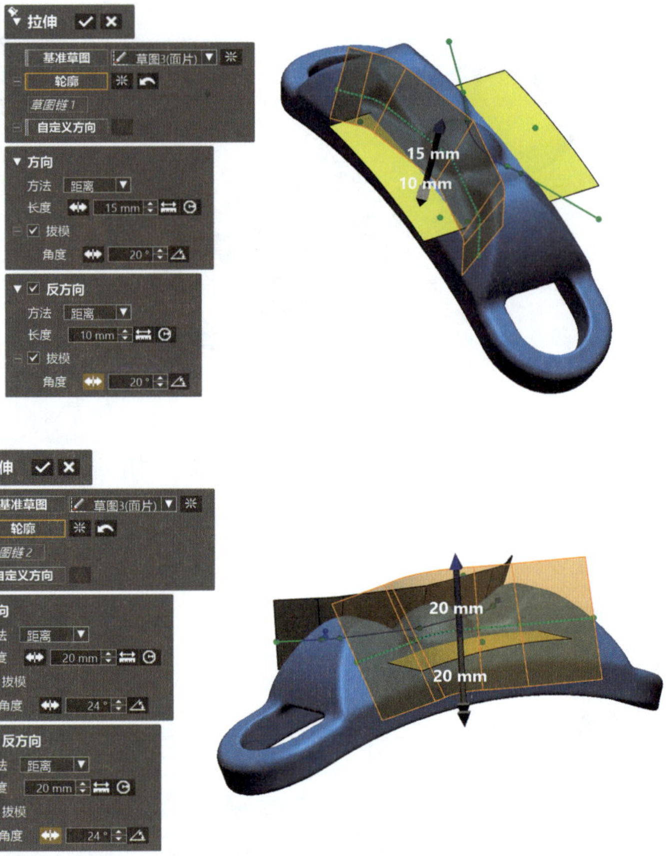

图 7－22　曲面拉伸

在【模型】工具栏中单击【延长曲面】按钮，打开“延长曲面”对话框，“边线/面”栏中选择“拉伸 2”的两条边线，“终止条件”栏中的“距离”设为 20mm，“延长方法”选择“线形”，最后单击对话框右上角的按钮完成延长曲面操作。参数设置及效果如图 7－23 所示。

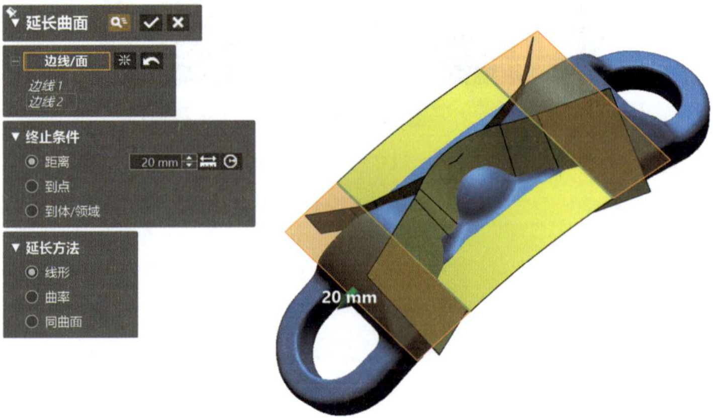

图 7－23　延长曲面

在【模型】工具栏中单击【剪切曲面】按钮，打开“剪切曲面”对话框，“工具要素”栏选择“拉伸 2”、“拉伸 3”和“拉伸 4”，勾选“对象”栏，同样选择以上 3 个曲面，单击对话框右上角的按钮，“残留体”选择要留下的曲面，最后单击对话框右上角的按钮完成操作。参数设置及效果如图 7－24 所示。

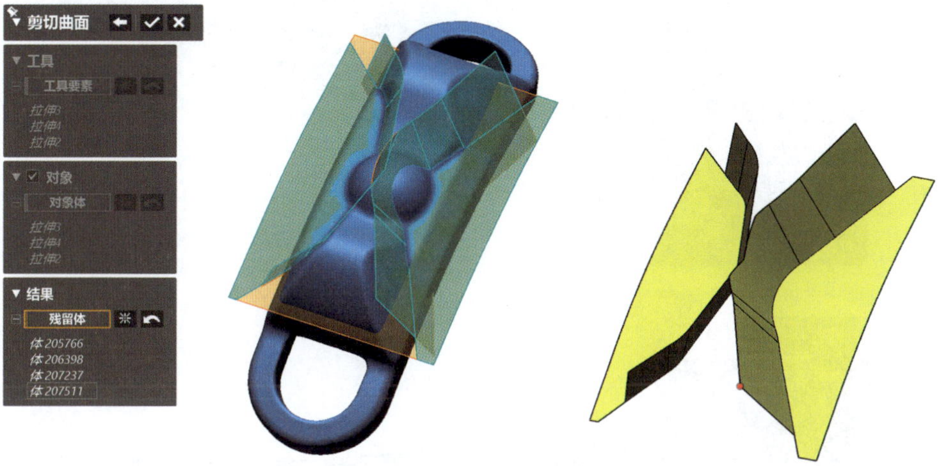

图 7－24　剪切曲面 1

在【模型】工具栏中单击【切割】按钮，打开“切割”对话框，“工具要素”选择“剪切曲面 1”，“对象体”选择“切割 2”，单击对话框右上角的按钮，在“结果”栏中将“残留体”选为要留下的中间主体部分，最后单击对话框右上角的按钮完成操作。可以隐藏剪切曲面 1，将实体显示出来，以便观察切割好的实体。参数设置及效果如图 7－25 所示。

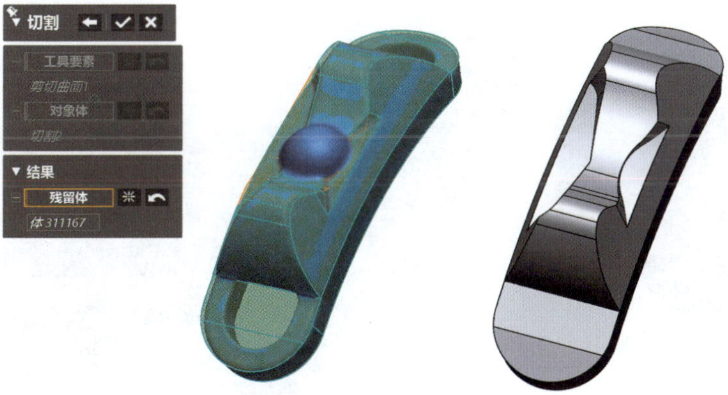

图 7－25　主体切割

在【初始】工具栏中单击【平面】下的【线】按钮，“要素”选择上平面和右平面，创建辅助线。使用【面片草图】工具，以上平面为基准平面，“由基准面偏移的距离”设为 0mm，绘制投影草图。使用【草图】工具栏中的【圆】、【转换实体】和【剪切】等工具绘制草图轮廓。参数设置及效果如图 7－26 所示。

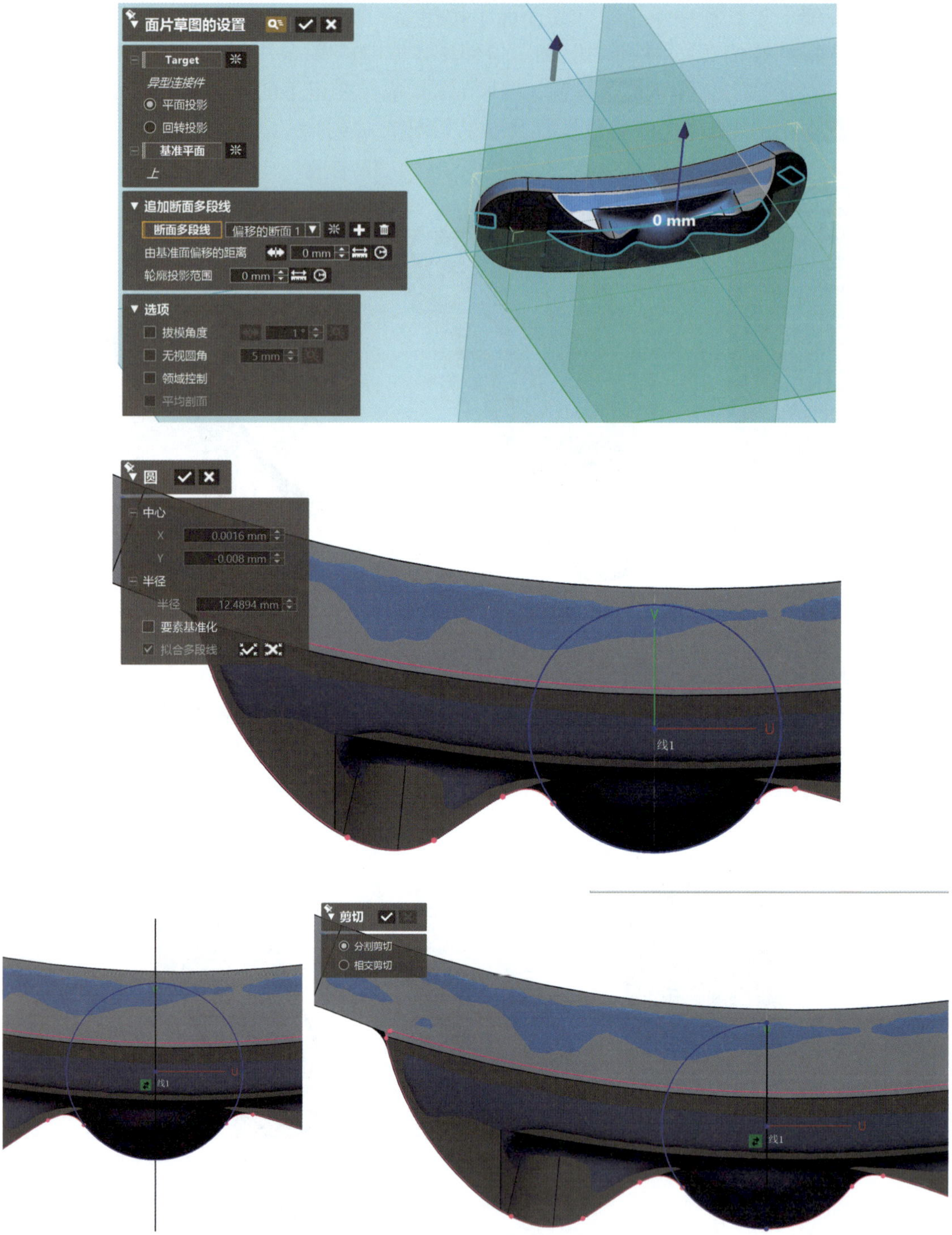

图 7-26　绘制面片草图

在【模型】工具栏中单击实体【回转】按钮，打开“回转”对话框，“轮廓”选择刚绘制的面片草图，“轴”选择“线 2”，“结果运算”选择“合并”，单击对话框右上角的按钮完成实体回转操作。参数设置及效果如图 7-27 所示。

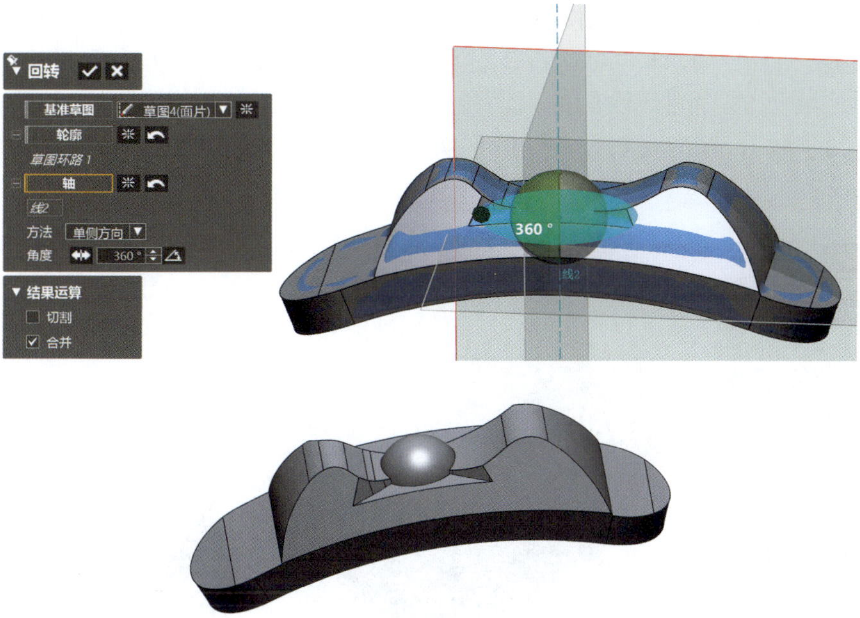

图 7－27　创建回转体

步骤 7　创建异形连接件底部及孔特征。

使用【面片草图】工具，以上平面为基准平面，“由基准面偏移的距离”设为 0mm，使用【自动草图】、【3 点圆弧】和【剪切】等工具绘制草图轮廓。参数设置及效果如图 7－28 所示。

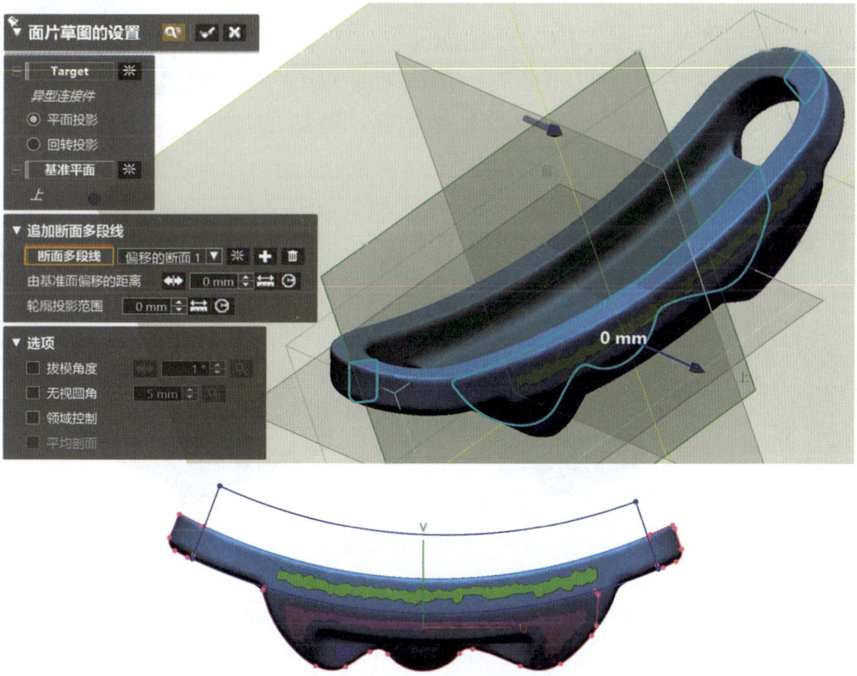

图 7－28　绘制面片草图

在“树”管理器中单击图标显示“实体”。在【模型】工具栏中单击实体【拉伸】按钮，打开“拉伸”对话框，“轮廓”选择“草图 5”，“方向”栏中的“方法”选择“到领域”，选择底部内侧的平面领域，勾选“反方向”复选框，其中的“方法”也选择“到领域”，选择底部另一侧的平面领域，单击对话框右上角的按钮完成操作。参数设置及效果如图 7－29 所示。

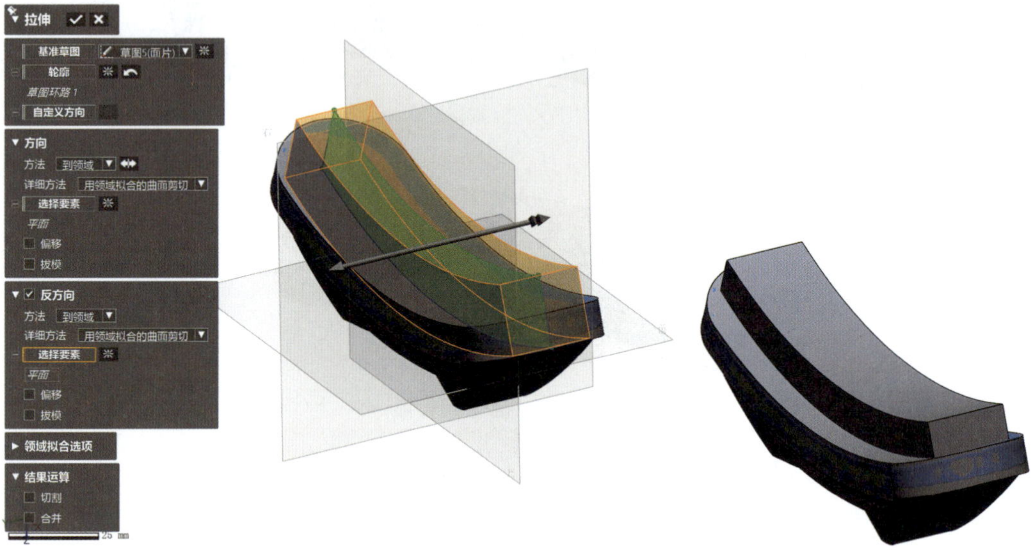

图 7－29　实体拉伸

在【模型】工具栏中单击【圆角】按钮，打开“圆角”对话框，选择“全部面圆角”选项，“圆角要素设置”中的“左面”和“右面”分别选择刚拉伸的实体两侧的平面，“中间”选择两平面中间的平面，单击对话框右上角的按钮确定。用同样的方法创建另一侧的圆角。参数设置及效果如图 7－30 所示。

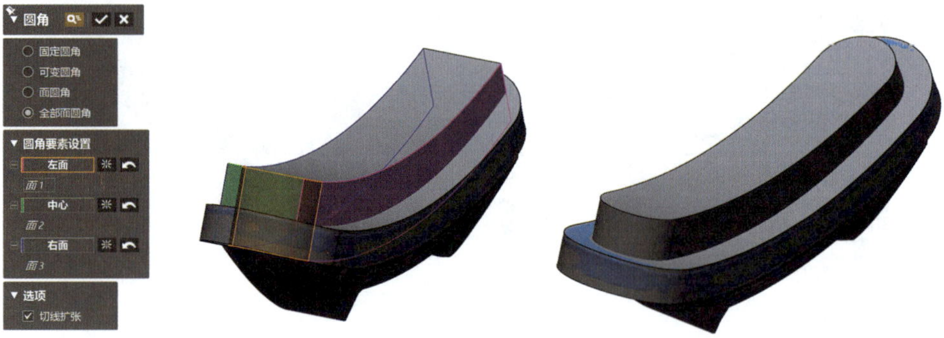

图 7－30　创建圆角

在【模型】工具栏中单击【布尔运算】按钮，打开“布尔运算”对话框，“操作方法”选择“切割”，“工具要素”选择刚创建的底部实体，“对象体”选择异形连接件主体部分。参数设置及效果如图 7－31 所示。

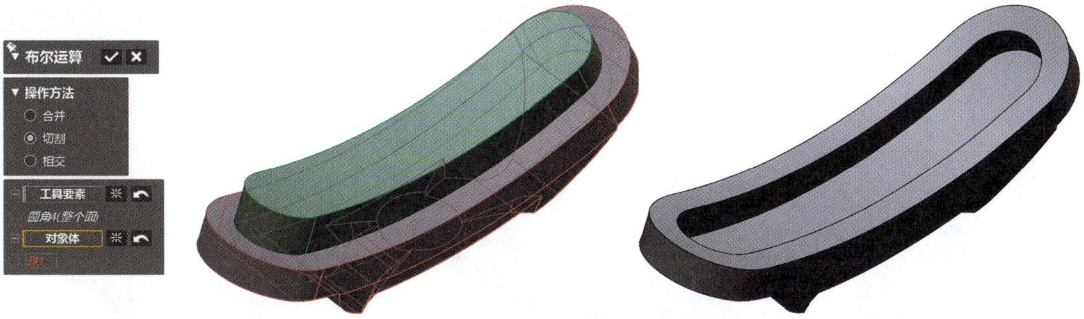

图 7 - 31　切割后的实体特征

在【初始】工具栏中单击【平面】按钮，打开“追加平面”对话框，“方法”选择“选择多个点”，创建参照平面，单击对话框右上角的按钮完成平面创建。用同样的方法在另一侧创建参照平面。参数设置及效果如图 7 - 32 所示。

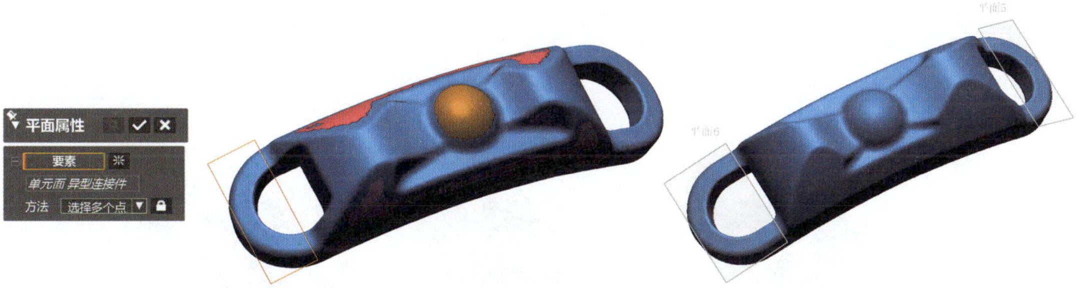

图 7 - 32　追加参照平面

使用【面片草图】工具，以“平面 6”为基准平面，在“追加断面多线段”栏中将“轮廓投影范围”设为 70mm，绘制如图 7 - 33 所示的面片草图。

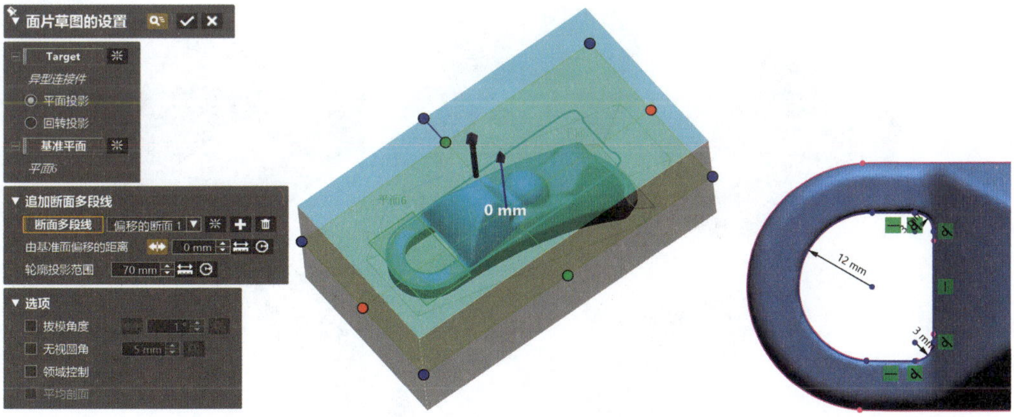

图 7 - 33　绘制面片草图

在【模型】工具栏中单击实体【拉伸】按钮，打开“拉伸”对话框，“轮廓”选择“草图 6”，“方法”选择“距离”，“长度”设为 20mm，“反方向”同样拉伸 20mm，

“结果运算”勾选“切割”。单击对话框右上角的✓按钮完成操作。用同样的方法创建另一侧的孔。参数设置及效果如图 7－34 所示。

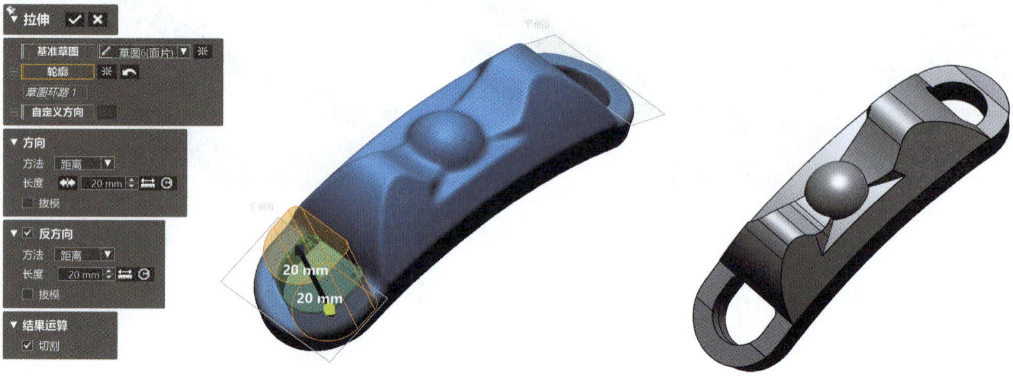

图 7－34　创建孔

步骤 8　创建圆角特征。

使用【圆角】工具创建圆角特征，如图 7－35 所示。

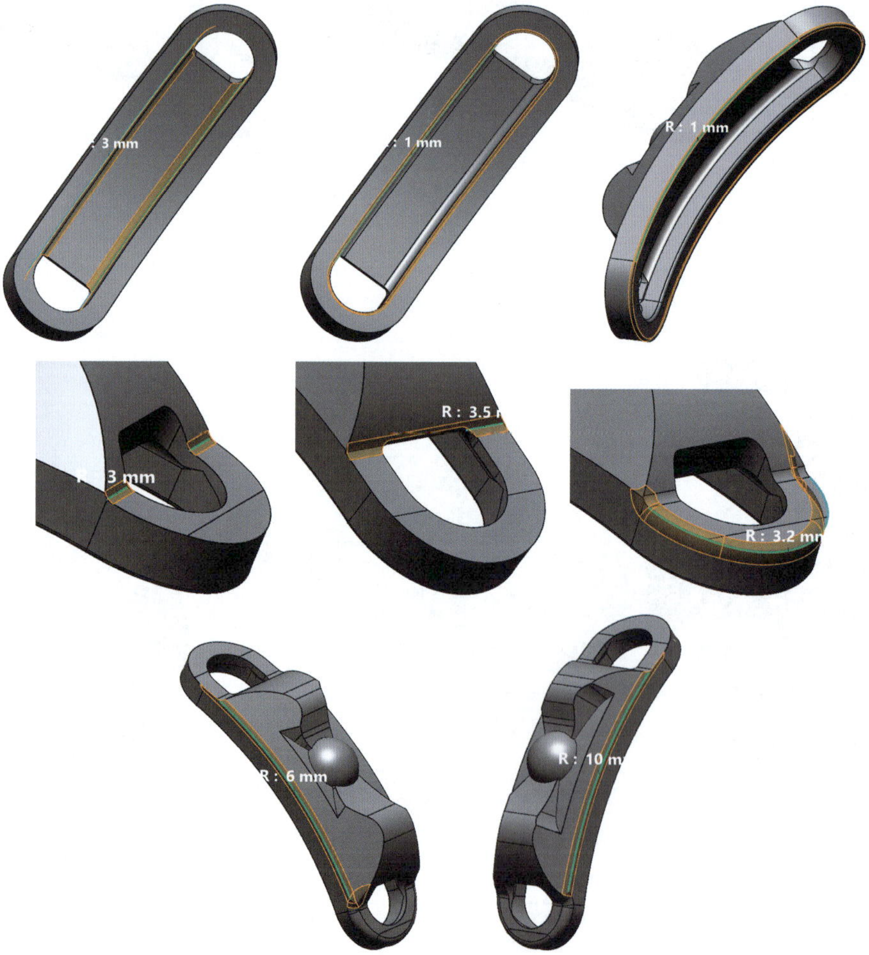

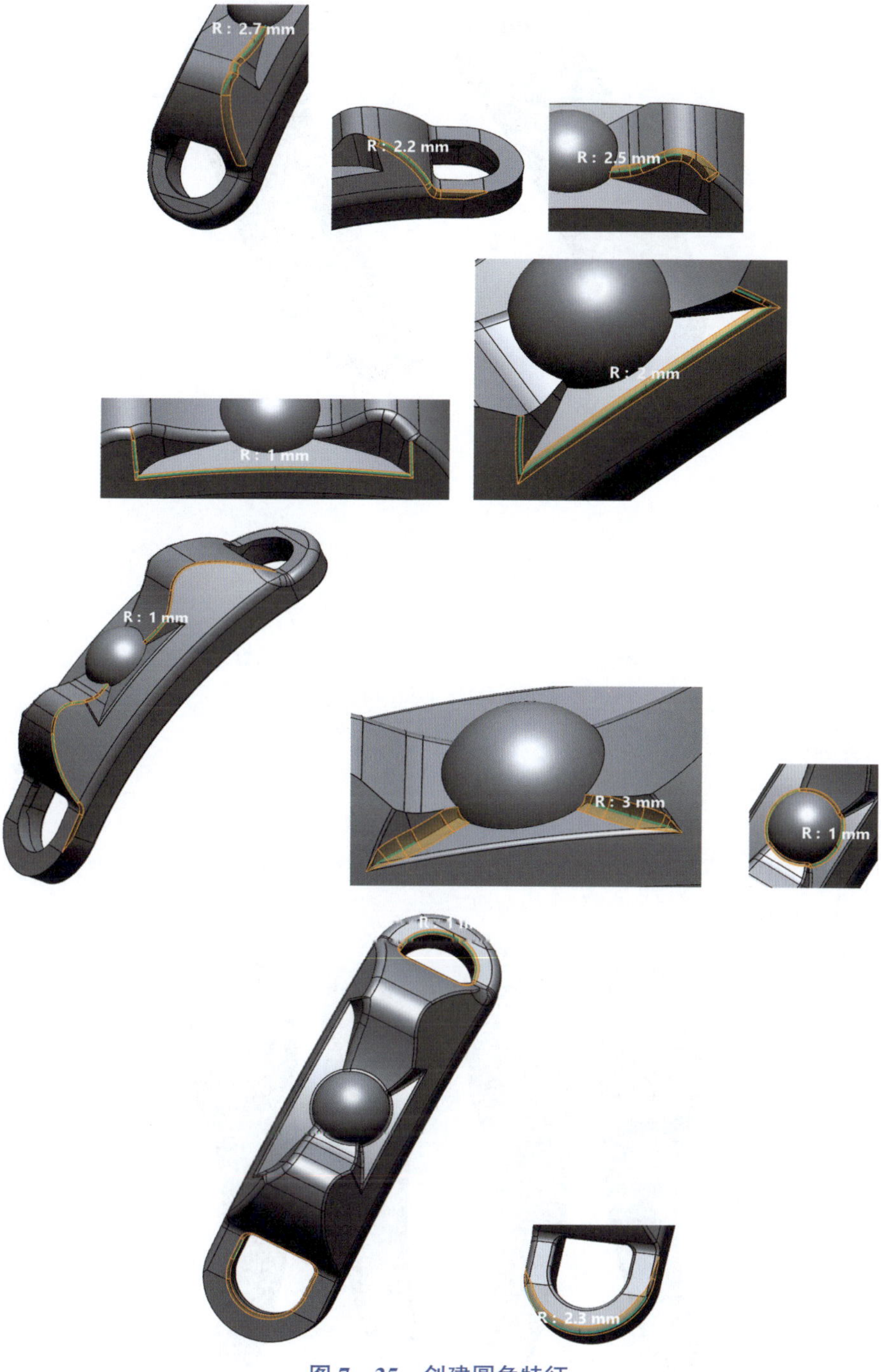

图 7－35　创建圆角特征

步骤 9　体偏差检测。

单击视图上方工具栏中的【体偏差】按钮，系统会自动计算出建模后的实体与原始扫描点云之间的误差，并以色图形式呈现，如图 7－36 所示，绿色代表合格范围，误差范围通常为 -0.1mm ～ 0.1mm。通过色图可以很容易地发现建模不理想的地方，以便进行二次修正。

图 7－36　体偏差检测

项目小结

通过本项目的学习，应掌握 Geomagic Design X 建模的技巧及以下技能：

（1）通过使用【回转】工具，掌握回转体的建模方法。

（2）通过查看“分离的终点”，可以自行检查绘制的草图是否封闭。

（3）掌握通过“选择多个点”创建参考平面的方法。

（4）通过设置“轮廓投影范围”，可以得到模型的最大轮廓。

考核评价

对配套资源中的花洒（图 7－37）面片文件编制建模步骤，并利用 Geomagic Design X 软件进行建模。

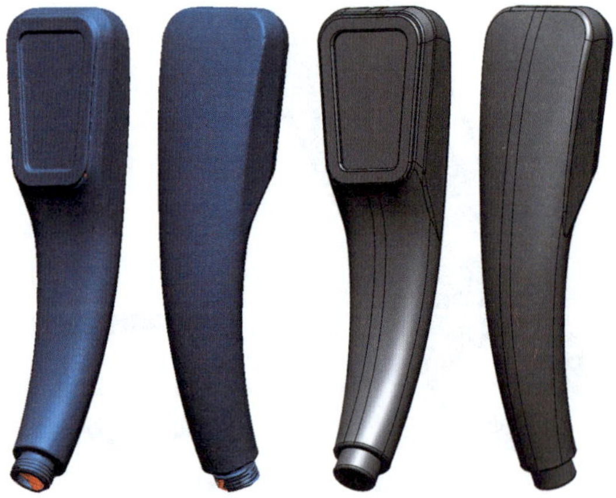

图 7－37　花洒

- 面片文件路径：“工业设计技术 -Geomagic DesignX 逆向设计实用教程 \ 素材 \ 项目七 \ 花洒 .stl”。
- 考核指标见表 7－2。
- 建模步骤自拟表单，或登录中国人民大学出版社官网下载。

表 7－2　考核指标

指标	项目要求	分值	评分细则	得分
技术指标	步骤合理	10	每缺失一个步骤扣 2 分，某一步骤不合理扣 2 分，累计扣分，扣完为止	
	点云处理精细	5	有多余的杂点扣 2 分，有多余的点云族扣 3 ～ 5 分	
	面片创建平滑	5	有钉状物扣 1 分，累计扣分，扣完为止	
	坐标对齐合理	10	没有进行坐标对齐扣 10 分，基准面选择不合理扣 3 ～ 5 分	
	领域划分合理	10	没有进行领域划分扣 10 分，领域划分不合理扣 3 ～ 5 分	
	曲面创建合理	10	曲面创建不符合设计意图扣 2 分，累计扣分，扣完为止	
	实体创建合理	10	不能形成实体扣 10 分，实体特征缺失扣 2 分，累计扣分，扣完为止	
	体偏差比率	20	根据体偏差检测比率给定	
素质指标	通过学习【素养提升】内容，结合本项目学习情况谈一谈体会	20	根据体会深刻程度进行评价。 个人体会：	
总分				

项目八 自行车头盔建模

——面片创建精灵的进阶应用

项目导读

头部防护用品在工作和生活中很常见，如工厂或建筑工地要求佩戴的安全头盔、自行车头盔、摩托车头盔等。本项目以相对复杂的自行车头盔为例，讲解多个点云的导入过程，以及如何通过面片创建精灵使多个面片合并为一个面片，从而创建出完整的自行车头盔的过程。本项目涉及导入扫描数据、面片创建精灵、修补面片、优化面片等建模技术。通过本项目的学习，大家可以掌握与头盔造型相近的物体的建模技巧。

素养提升

我国自主研发设计的歼-20飞行员头盔能协助飞行员360°不间断、无死角地获取战机四周的状况，并自动化处理信息，有助于飞行员快速、高效地处理战场突发情况。该头盔还具备红外线夜视功能，这使得歼-20在夜间和复杂天气执行作战任务时同样游刃有余。歼-20上配置的“头盔显示系统”的综合技术达到了世界领先水平，这进一步说明了我国军工技术的发展势头。

项目分析

如图8-1所示，使用固定拍照式扫描仪对头盔进行扫描，被扫描物体每转动一次就会形成一组点云，该头盔扫描360°后共形成了19组点云，然后通过面片创建精灵将其组成一组点云，再通过修补缺陷等环节完善模型。建模步骤大致分为：导入多组点云、操作面片创建精灵、修补缺陷、填补孔洞、优化面片、检查结果。

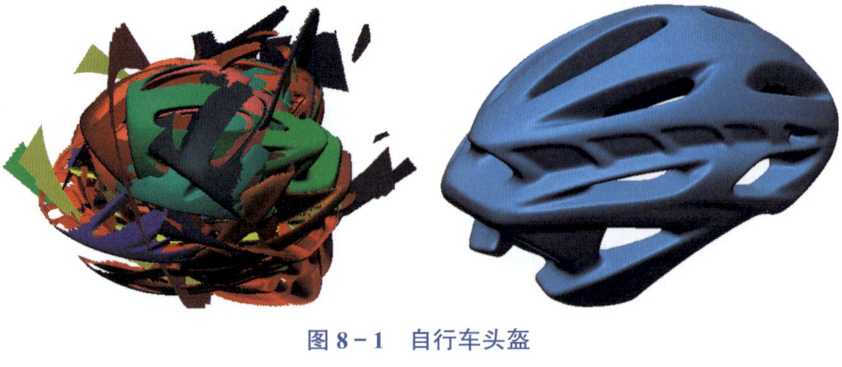

图8-1 自行车头盔

自行车头盔建模步骤见表8-1。

表 8－1 自行车头盔建模步骤

序号	建模步骤	效果
1	导入自行车头盔点云数据：将扫描好的多组自行车头盔的点云数据导入 Geomagic Design X 软件	
2	创建自行车头盔单一面片：使用【面片创建精灵】工具创建自行车头盔面片	
3	修补缺陷：使用【修补精灵】工具对自行车头盔面片的缺陷进行修补	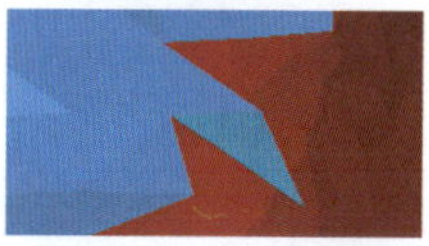
4	填补孔洞：使用【填孔】工具和【重新包覆】工具填补面片上的缺失	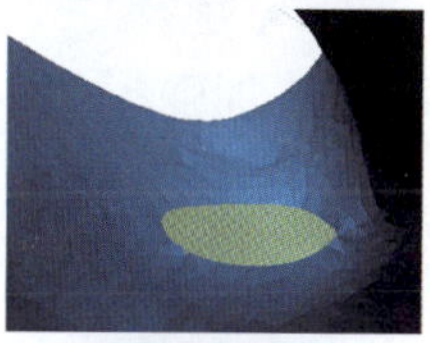
5	提升面片品质：使用【加强形状】工具提升面片品质	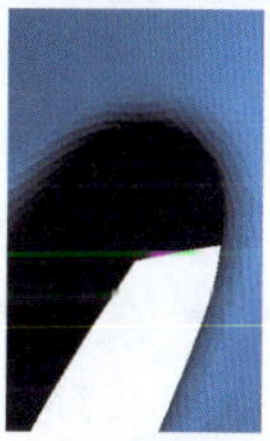
6	面片赋厚：使用【赋厚】工具为自行车头盔面片赋予厚度	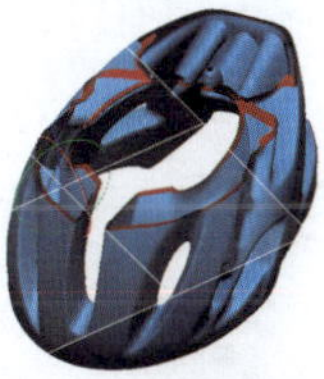
7	优化面片和精度分析：使用【优化面片】工具进一步优化面片，使用【精度分析】工具检查建模结果	

知识技能点

本项目所讲解的自行车头盔的外形相对复杂，特征要素较多，但精度要求不是很高，此类产品用面片创建精灵自动创建更加高效。本项目制作过程中将用到【面片创建精灵】、【修补精灵】、【加强形状】、【重新包覆】、【填孔】和【面片的优化】等工具。重要的知识及技能点如下：

➢【面片创建精灵】：该工具是一个向导模式的工具，用于从原始 3D 扫描数据创建无缺陷和密闭网格模型。可以快速创建优化网格，并应用在后续逆向设计阶段。

操作步骤：

- 在【点】工具栏中单击【面片创建精灵】按钮。
- 选择“工具→扫描工具→面片创建精灵”菜单命令。

➢【修补精灵】：检测网格中的异常多边形并自动修复。当三维扫描仪在不同方向扫描数据时，将其对齐合并为一个网格后，可能会出现一些异常的多面体，如折叠多面体、悬垂多面体以及小噪声簇。为了优化网格，需要对网格上的缺陷进行修复。

操作步骤：

- 在【多边形】工具栏中单击【修补精灵】按钮。
- 选择“工具→面片工具→修补精灵”菜单命令。

➢【加强形状】：通过增强尖锐区域和平滑圆角区域来增强特征形状。

操作步骤：

- 在【多边形】工具栏中单击【加强形状】按钮。
- 选择“工具→面片工具→加强形状”菜单命令。

➢【重新包覆】：根据网格的几何特征来填充缺失的区域。该命令还可以起到平滑和提高网格质量的作用。

操作步骤：

- 在【多边形】工具栏中单击【重新包覆】按钮。
- 选择“工具→面片工具→重新包覆”菜单命令。

➢【填孔】：根据网格的特征形状用多边形面填充缺失的孔。该命令还提供了高级编辑命令，用于修改或删除边界上的特征形状。

操作步骤：

- 在【多边形】工具栏中单击【填孔】按钮。
- 选择“工具→面片工具→填孔”菜单命令。

➢【面片的优化】：根据网格的特征形状优化网格，并提高网格的质量。该命令的高级选项用于控制多边形的大小和平滑模型的效果。

操作步骤：

- 在【多边形】工具栏中单击【面片的优化】按钮。
- 选择“工具→面片工具→面片的优化”菜单命令。

项目实施

步骤 1　导入自行车头盔点云文件。

选择“菜单→插入→导入”菜单命令或单击【初始】工具栏中的【打开】下拉菜单中的【导入】按钮，打开“导入”对话框，在配

自行车头盔建模

套资源中找到“工业设计技术 -Geomagic DesignX 项目化设计教程 \ 素材 \ 08 项目八自行车头盔建模 \ 自行车头盔点云 \”文件夹，全选里面的 19 个文件，单击【面片创建精灵】按钮，完成自行车头盔点云文件的导入，如图 8 - 2 所示。导入点云后的界面如图 8 - 3 所示。

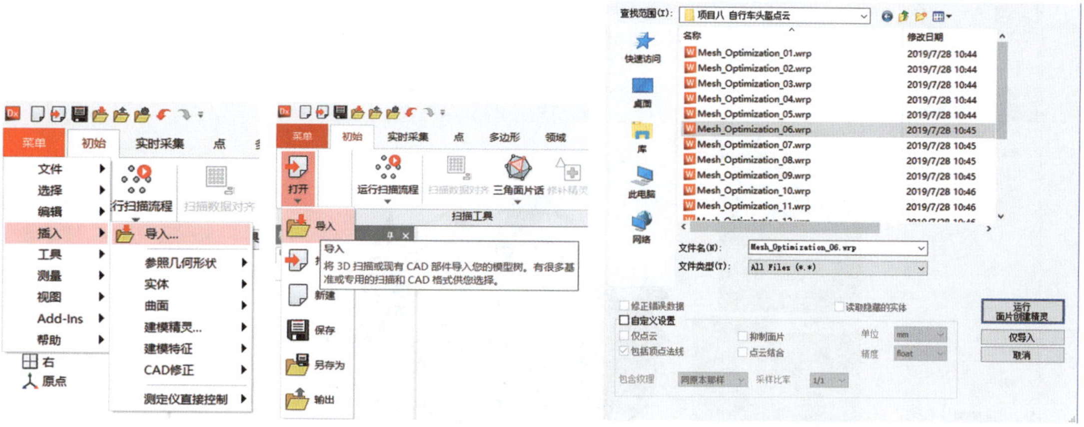

图 8 - 2　导入文件

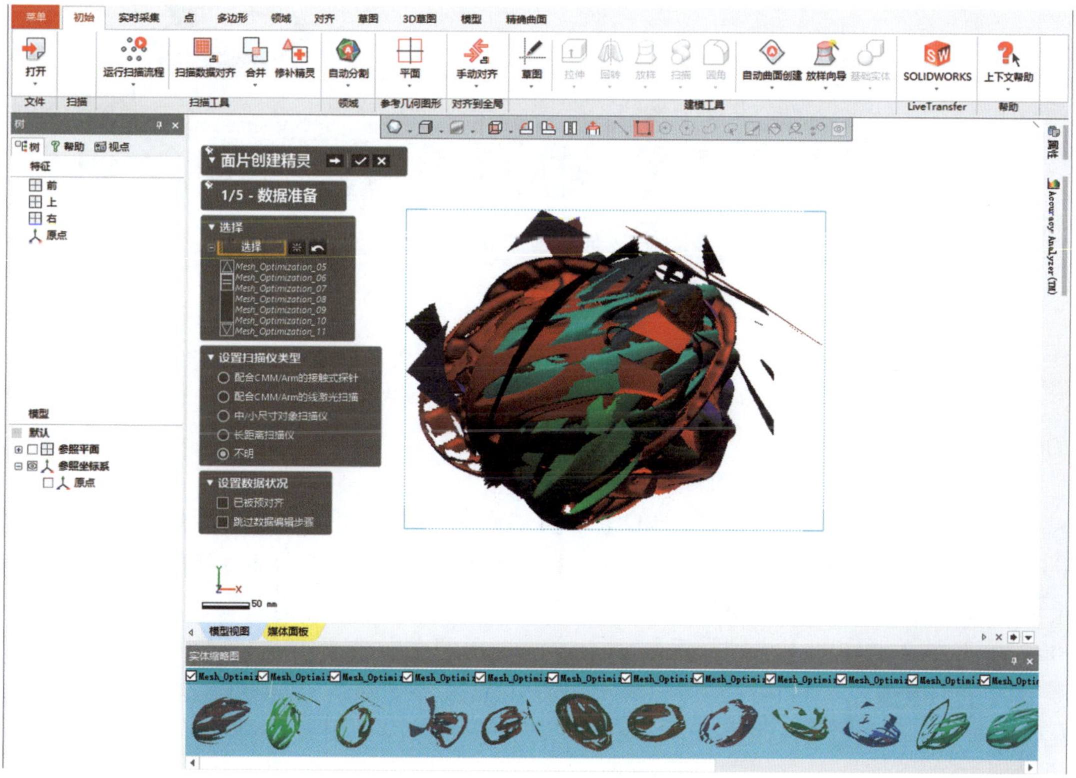

图 8 - 3　导入点云后的界面

步骤 2　创建自行车头盔单一面片。

面片创建精灵的操作包含以下 5 个环节：

（1）数据准备。“选择”栏默认将所有自行车头盔的点云选中，也可以根据需要手动选择，如果选错可以使用按钮撤销操作，也可以使用按钮全部取消选择。然后在“设置扫描仪类型”栏中选择“中 / 小尺寸对象扫描仪”，单击对话框右上角的按钮进入下一步。参数设置及效果如图 8－4 所示。

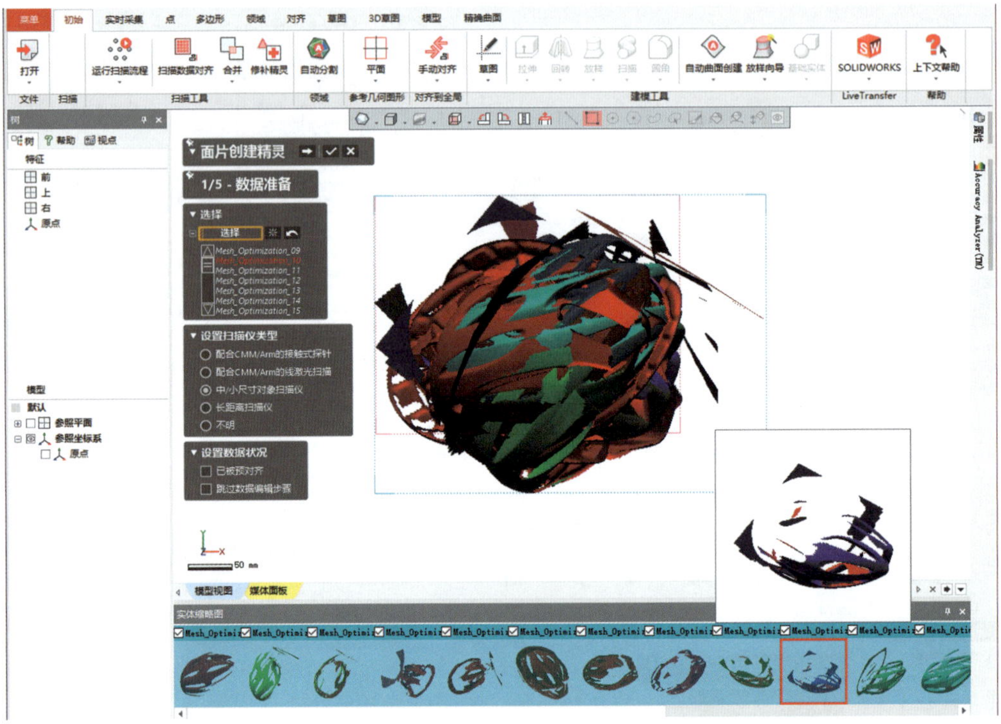

图 8－4　面片创建精灵第一步

提示

- 不要勾选“设置数据状况”栏中的“已被预对齐”复选框。在要素缩略视图中将光标放在某个要素上，会弹出一个窗口，可以在窗口中查看导入的面片。

（2）数据编辑。单击对话框中的【寻找基面】按钮，用选中导入面片中的平坦面，单击“删除不要的数据”旁边的【删除】按钮进行删除，删除后仔细检查是否还存在平坦面，如果存在则重复此步骤。将“每个杂点群集内的最大单元点 / 面数量”设为 100，单击对话框中的【找到噪音群组】按钮，找到点数少于 100 的噪声点群，并单击【删除】按钮进行删除，还可以将分散在主点云外的噪声点群删除。检查无误后单击对话框右上角的按钮进入下一步。参数设置及效果如图 8－5 所示。

提示

- 基面是在扫描过程中放置物体的平台的表面，会随着物体一起被扫描进来。基面对于面片拟合是没用的，要删除干净，否则会影响拟合效果。

图 8－5　面片创建精灵第二步

（3）数据预对齐。在“方法”栏中选择“自动对齐”，在“选择”栏中单击【移动】按钮，然后在视区中选中所有面片，单击“3/5－数据预对齐”旁边的✓按钮进行数据预对齐操作。参数设置及效果如图 8－6 所示。

> **提示**
>
> ● 可以在面片上手动选择一些不需要的区域，然后进行删除；也可以在面片上检索出杂点群集，然后删除杂点。如果面片上没有杂点，可以跳过该步骤。在随后的步骤中仍可随时编辑面片，因为编辑工具在其他步骤中也是可用的。

图 8－6　面片创建精灵第三步

完成后，发现已有 18 个面片对齐，剩一个面片没有对齐，这是因为该面片的法线方向是反向的，需要将其翻转过来。在“编辑工具”栏单击【翻转整个面片 / 点云的法向】按钮，单击要翻转的面片，颜色变为蓝色说明翻转成功。参数设置及效果如图 8－7 所示。

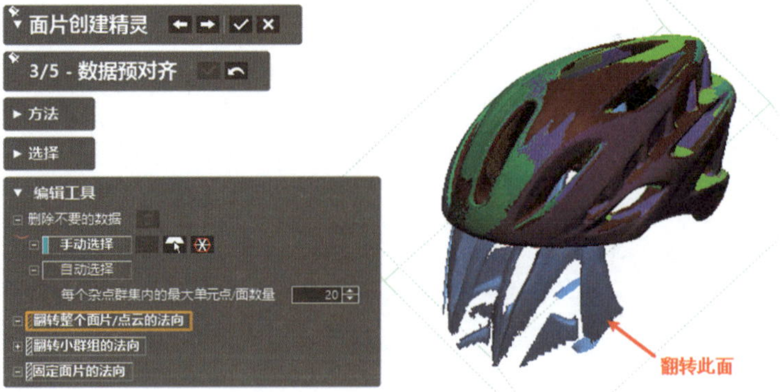

图 8－7　翻转面片法线方向

在“方法”栏中选择“手动对齐”，这时视区中会出现 3 个窗口，左侧是主窗口，右上是参照窗口，右下是移动窗口。在“选择”栏中单击【参照】按钮，在左侧主视图中框选所有点云（不选刚翻转法线方向的那个点云），右上参照窗口会显示选中的参照点云。注意，这时按住“Ctrl”键单击此点云可以取消选择。参数设置及效果如图 8－8 所示。

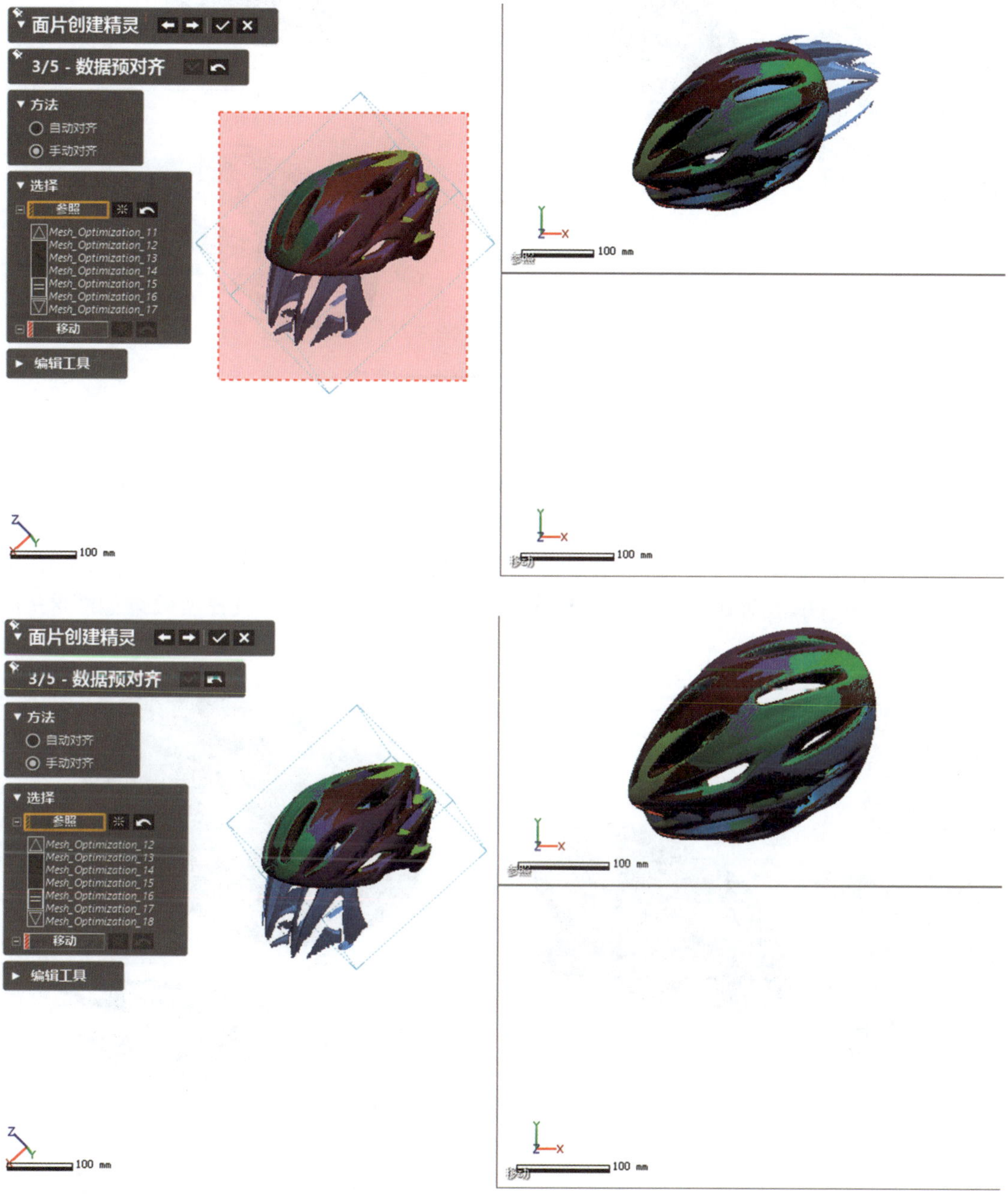

图 8－8　选择参照点云

在“选择”栏中单击【移动】按钮，在左侧主视图中单击未对齐的那个独立点云，右下移动视图中会出现该独立点云。参数设置及效果如图 8－9 所示。

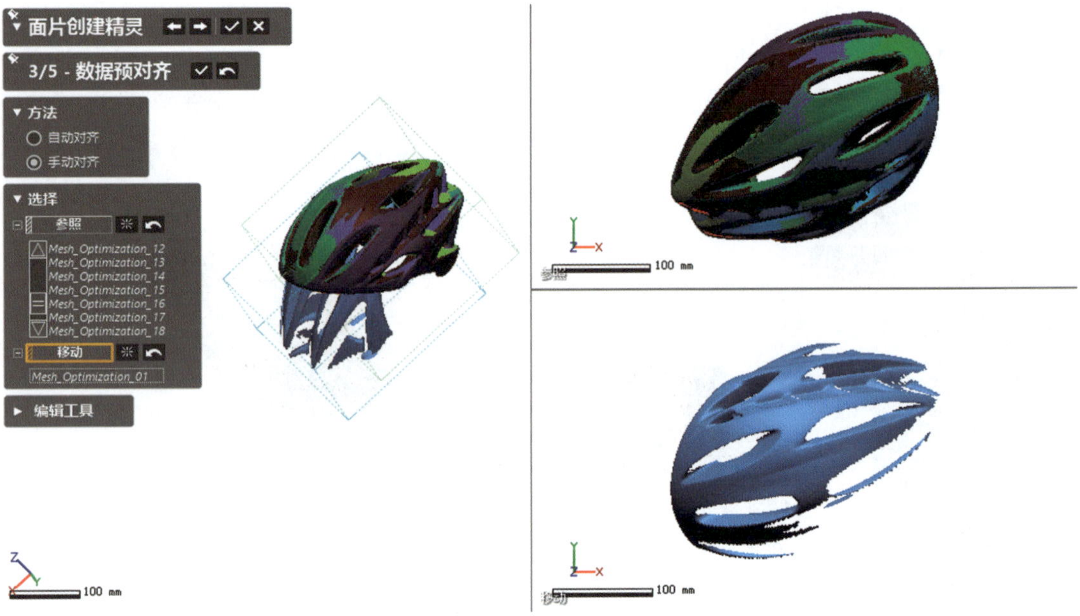

图 8-9　选择移动点云

应用移动和旋转视图功能，将参照视图和移动视图中的点云的方向和大小调至基本一致。在参照视图中的点云上和移动视图中的点云上各选 3 个特征点，此时主视图中的点云整体已基本对齐，单击“3/5 - 数据预对齐”旁边的按钮进行手动对齐操作，检查无误后单击对话框右上角的按钮进入下一步。参数设置及效果如图 8-10 所示。

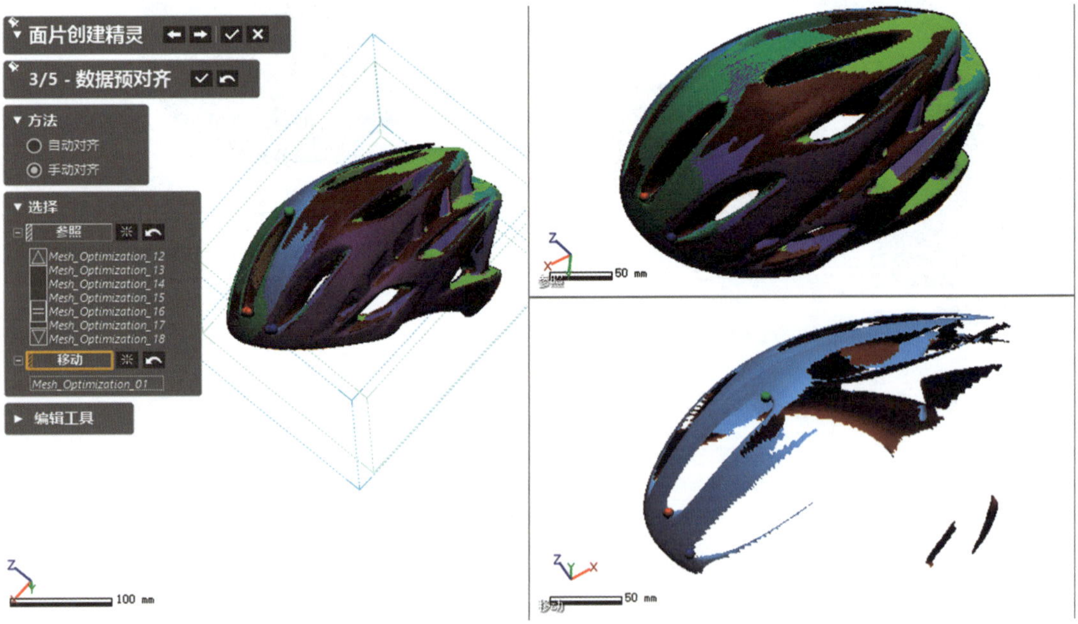

图 8-10　手动对齐

（4）最佳拟合对齐。经过上一步的对齐操作，所有点云已基本对齐，接下来进行精确对齐。在“选择”栏中单击“移动”按钮，按住鼠标左键框选所有点云，单击“4/5－最佳拟合对齐”旁边的✓按钮完成最佳拟合对齐。检查无误后单击对话框右上角的➡按钮进入下一步。参数设置及效果如图 8－11 所示。

图 8－11　最佳拟合对齐

（5）数据合并。在“选项”栏选择“构造面片”，勾选“消除杂点”复选框，单击“5/5－数据合并”旁边的✓按钮完成数据合并，此过程需要一段时间。最后单击“面片创建精灵”对话框右上角的✓按钮完成面片创建精灵的全部操作。参数设置及效果如图 8－12 所示。

图 8－12　数据合并

步骤 3　修补缺陷。

通过扫描仪获得的数据对齐后合成的面片可能存在一些缺陷，如折叠的单元面、悬空的单元面、小的杂点集群等。要优化面片，首先需要修补面片上的这些缺陷。可以使用【修补精灵】工具进行自动修补，“修补精灵”对话框如图 8－13 所示。

悬挂的单元面指悬空挂在面片境界上的 2 侧或 3 侧开放的单元面，如图 8－14 所示。

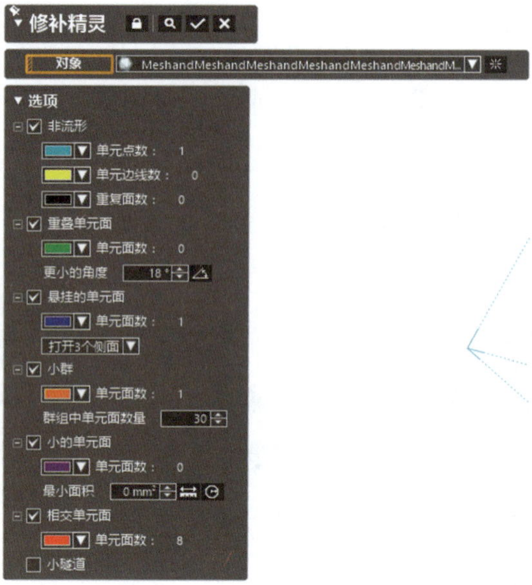

图 8-13 “修补精灵”对话框

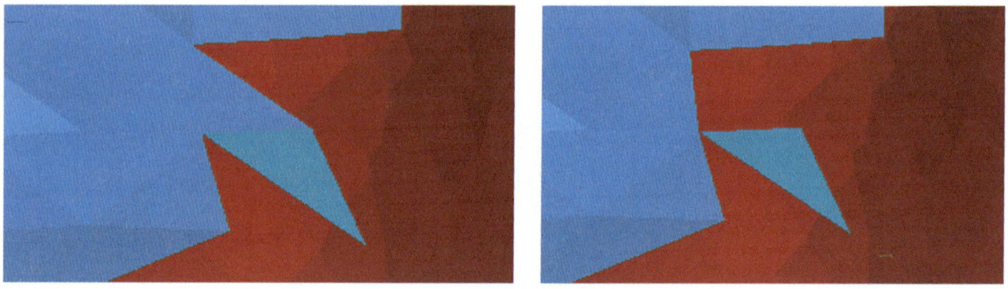

图 8-14 悬挂的单元面

小群是指面片上单元面数量比指定单元面数量少的小集群，如图 8-15 所示。

图 8-15 小群

小的单元面是指面片上面积比指定面积小的单元面，如图 8-16 所示。

图 8－16　小的单元面

在【多边形】工具栏中单击【修补精灵】按钮，打开“修补精灵”对话框，“对象”栏默认选中头盔点云，单击对话框右上角的按钮完成修补。参数设置及效果如图 8－17 所示。

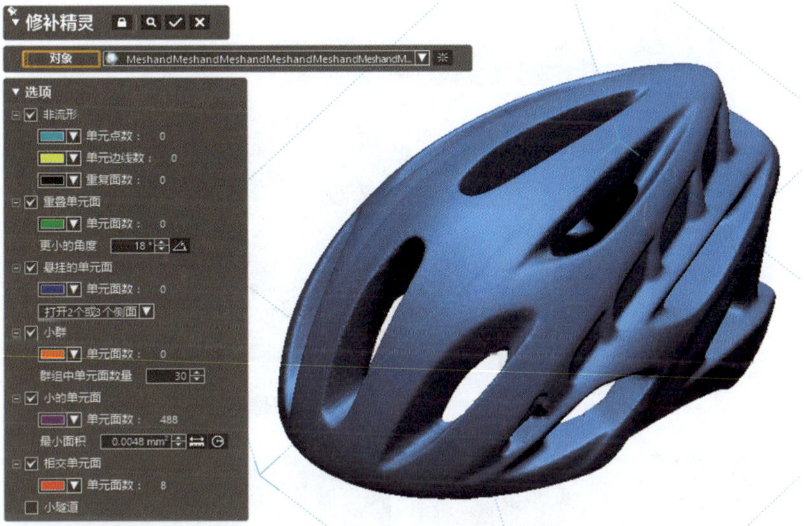

图 8－17　修补精灵

步骤 4　填补孔洞。

对于一些较大的孔洞，无法通过修补精灵修复，需要进行手工填补。在【多边形】工具栏中单击【填孔】按钮，打开“填孔”对话框，“对象”栏默认选中头盔面片，单击【境界】按钮，选择孔洞的边缘，“填孔曲率”调整为“曲率”，勾选“境界平滑”复选框并将平滑程度调至最大，单击对话框右上角的【预览】按钮预览，检查无误后单击对话框右上角的按钮完成填孔操作。参数设置及效果如图 8－18 所示。注意，如果孔洞基本在一个曲面上，空间曲率并不复杂，不必使用“编辑工具”栏中的工具。

如果孔洞较大，并且不在一个曲面上，空间曲率比较复杂，则需要使用“编辑工具”栏中的【追加桥】工具进行搭桥。在【多边形】工具栏中单击【填孔】按钮，打开“填孔”对话框，“对象”栏默认选中头盔面片，单击“编辑工具”栏中的【追加桥】按钮，对孔洞进行搭桥，根据孔洞的曲率和形状可适当追加桥的数量。参数设置及效果如图 8－19 所示。

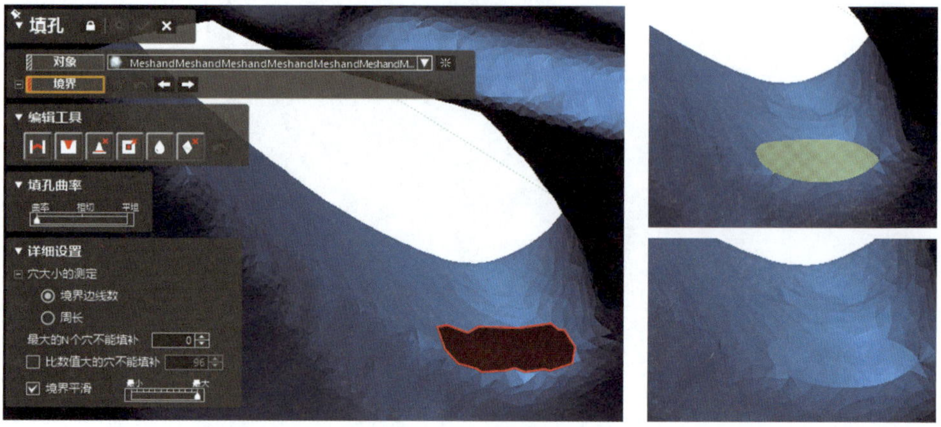

图 8－18　填孔

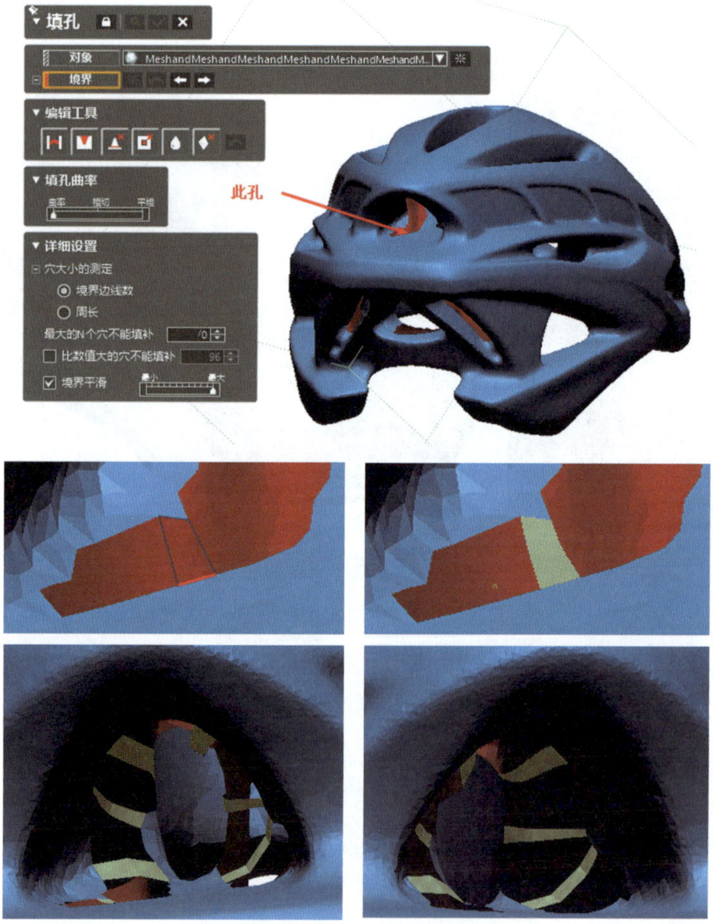

图 8－19　追加桥

追加桥后，单击“填孔”对话框中的【境界】按钮，依次选择搭桥后分割好的孔洞，单击对话框右上角的【预览】按钮预览，检查无误后单击按钮完成填孔操作。参数设置及效果如图 8－20 所示。

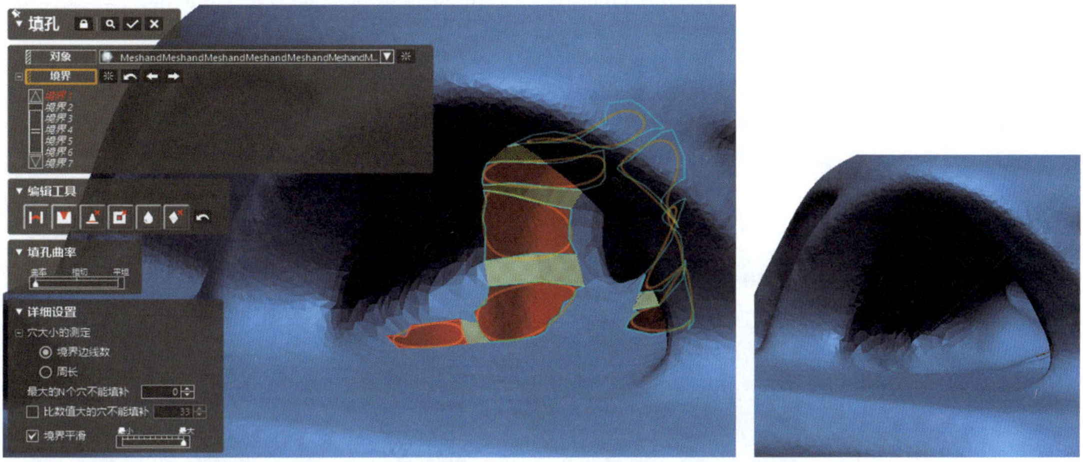

图 8－20　填孔

如果面片上有很多孔洞并且构造复杂，难以进行填补，使用【重新包覆】工具可以一键完成所有孔洞的填补。在【多边形】工具栏中单击【重新包覆】按钮，打开“重新包覆”对话框，单击对话框右上角的【预览】按钮预览，检查无误后单击按钮完成重新包覆操作。参数设置及效果如图 8－21 所示。

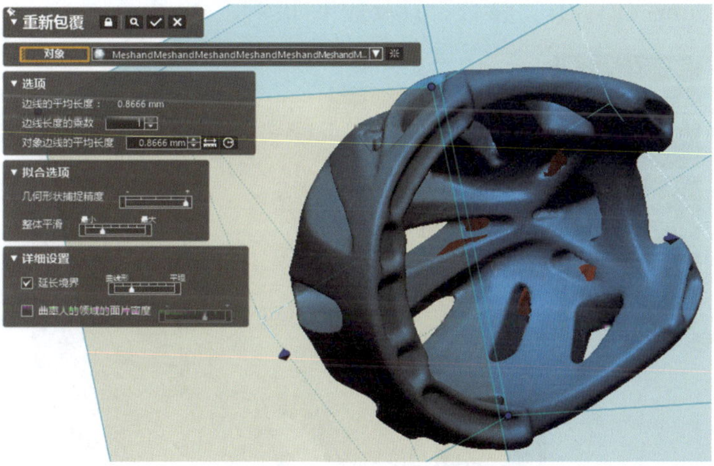

图 8－21　重新包覆

“边线长度的乘数”是指：

如果将边线长度乘数设为 1，就会以当前的平均单元边线长度重新包覆面片。

如果将边线长度乘数设为 2，就会以当前平均单元边线两倍的长度重新包覆面片。

提示

- 使用【重新包覆】工具可以填补面片上的孔洞，但是如果面片上有一些很明显、很大的缺失特征区域，可以在使用【填孔】工具并追加桥之后再使用【重新包覆】工具，这样便可达到很好的填补效果。

步骤 5　提高面片品质。

使用【加强形状】工具可以加强面片上典型特征的形状：面片上低曲率的区域将变得更平滑，高曲率的区域将变得更尖锐。

在【多边形】工具栏中单击【加强形状】按钮，打开“加强形状”对话框，将“选项”栏中的“整体平滑”调至最大，“锐度”和“加强水平”居中，单击对话框右上角的按钮完成重新包覆操作。参数设置及效果如图 8－22 所示。

图 8－22　加强形状

步骤 6　面片赋厚。

在【多边形】工具栏中单击【赋厚】按钮，打开“赋厚”对话框，“方法”选择“曲面”，“厚度”设为 3mm，选择“方向 2”，使厚度方向朝向头盔内部，单击对话框右上角的按钮完成赋厚操作。参数设置及效果如图 8－23 所示。

图 8－23　赋厚

选择“菜单→视图→视图剪辑”菜单命令，打开“视图剪辑”对话框，拖动坐标系上的箭头手柄或圆形手柄可以移动或旋转视图剪辑的方向和角度。视图剪辑后可以看到赋厚之后的效果。参数设置及效果如图 8－24 所示。如果想取消视图剪辑，在“视图剪辑”对话框中取消勾选“使用剖面视图”复选框即可。

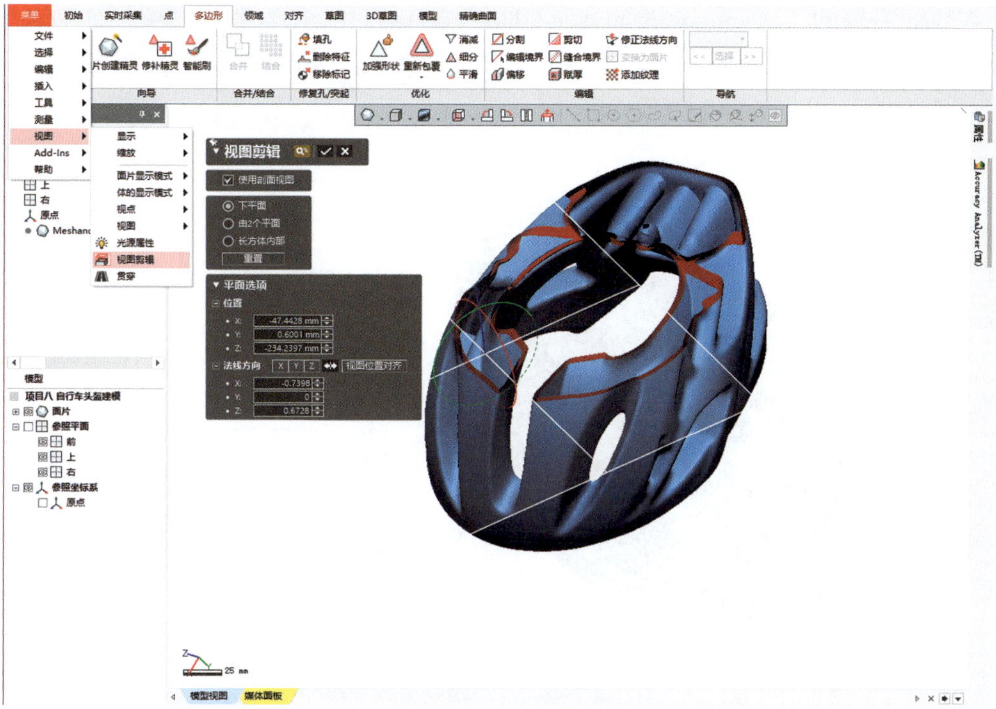

图 8－24　视图剪辑

步骤 7　优化面片和精度分析。

在【多边形】工具栏中单击【面片的优化】按钮，打开“面片的优化”对话框，“方法”选择“优质面片转换”，“尺寸选项”设为“乘数”，“边线最小长度的乘数”设为 0.5，单击对话框右上角的按钮完成面片的优化操作。参数设置及效果如图 8－25 所示。

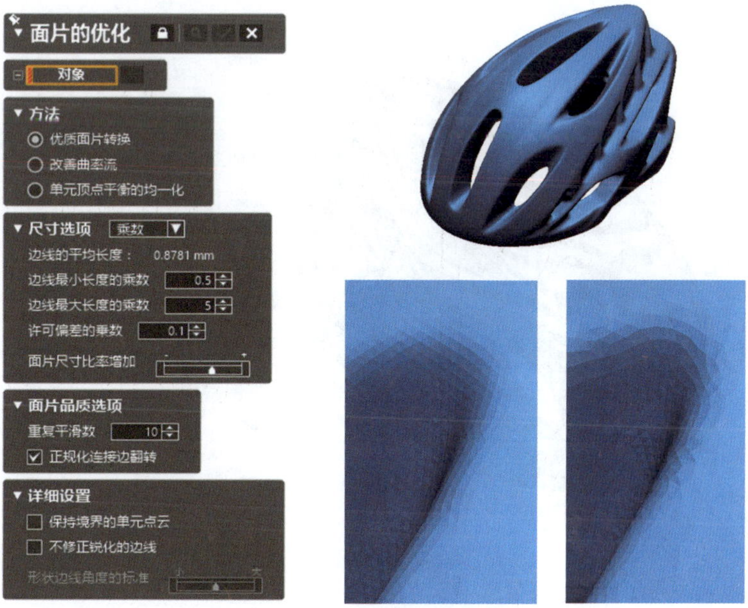

图 8－25　优化面片

在界面右侧的“Accuracy Analyzer（TM）”对话框中，“类型”选择“面片偏差 - 色图”模式，在公差范围内的颜色表现为绿色。参数设置及效果如图 8 - 26 所示。

图 8 - 26 “面片偏差 - 色图”模式

“类型”选择“环境写像 - 条纹”模式，观察环境特写效果。参数设置及效果如图 8 - 27 所示。

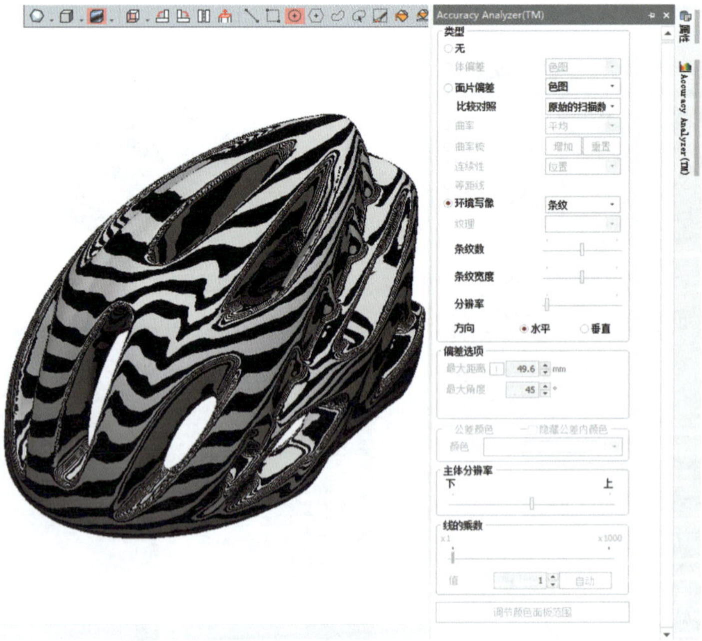

图 8 - 27 “环境写像 - 条纹”模式

项目小结

通过本项目的学习，应掌握 Geomagic Design X 建模的技巧及以下技能：
（1）通过使用【面片创建精灵】工具，掌握复杂面片的创建过程。
（2）通过使用【修补精灵】工具，掌握自动修补功能的应用。
（3）通过使用【加强形状】工具，掌握面片优化功能的应用。
（4）通过使用【填孔】工具，掌握孔洞缺陷的优化操作。
（5）通过使用【面片草图】工具，掌握二维草图的应用。

考核评价

对配套资源中的储蓄罐（图 8－28）点云文件编制建模步骤，并利用 Geomagic Design X 软件进行建模。

图 8－28　储蓄罐

- 点云文件路径："工业设计技术 -Geomagic DesignX 逆向设计实用教程 \ 素材 \ 项目八 \ 储蓄罐点云 .wrp"。
- 考核指标见表 8－2。
- 建模步骤自拟表单，或登录中国人民大学出版社官网下载。

表 8－2　考核指标

指标	项目要求	分值	评分细则	得分
技术指标	步骤合理	10	每缺失一个步骤扣 2 分，某一步骤不合理扣 2 分，累计扣分，扣完为止	
	点云处理精细	5	有多余的杂点扣 2 分，有多余的点云族扣 3 ～ 5 分	
	面片创建平滑	5	有钉状物扣 1 分，累计扣分，扣完为止	
	坐标对齐合理	10	没有进行坐标对齐扣 10 分，基准面选择不合理扣 3 ～ 5 分	
	领域划分合理	10	没有进行领域划分扣 10 分，领域划分不合理扣 3 ～ 5 分	
	曲面创建合理	10	曲面创建不符合设计意图扣 2 分，累计扣分，扣完为止	
	实体创建合理	10	不能形成实体扣 10 分，实体特征缺失扣 2 分，累计扣分，扣完为止	
	体偏差比率	20	根据体偏差检测比率给定	

续表

<table>
<tr><th>指标</th><th>项目要求</th><th>分值</th><th>评分细则</th><th>得分</th></tr>
<tr><td rowspan="2">素质指标</td><td rowspan="2">通过学习【素养提升】内容，结合本项目学习情况谈一谈体会</td><td rowspan="2">20</td><td>根据体会深刻程度进行评价。</td><td rowspan="2"></td></tr>
<tr><td>个人体会：</td></tr>
<tr><td colspan="2">总分</td><td colspan="3"></td></tr>
</table>

项目九 操纵杆建模

——填孔工具的重点应用

项目导读

操纵装置在各行各业均有着广泛的应用，如游戏机的手柄、工业机床的操纵杆、飞机的控制手柄等。本项目以工业领域常用的操纵杆为例讲解建模过程，涉及导入扫描数据、复制粘贴面片、坐标对齐、自动曲面创建等建模技术。通过本项目的学习，大家可以掌握与操纵杆造型相近的物体的建模技巧。

素养提升

我国自主设计研发的歼-20采用了全新设计的操纵杆，这种全数字化的力感应操纵杆是一种能够与战斗机电传飞控模式完美契合的输入设备，完全取消了机械结构，飞行员可以毫不费力地精确操控战斗机进行机动作战。即使飞行员的操作力量超出了界限，飞控计算机也能自动予以滤除，确保战斗机始终在包线内飞行，不至于失控，实现“无忧虑操纵”。歼-20应用的诸多先进技术充分展现了大国军事力量。

项目分析

如图 9-1 所示，操纵杆模型的外形较为复杂，为了对齐坐标系，需要进行复制粘贴面片的操作，并应用【自动曲面创建】工具。建模步骤可以分为：导入点云、复制粘贴面片、坐标系对齐、删除特征、填孔、自动曲面创建、拉伸、圆角、切割。

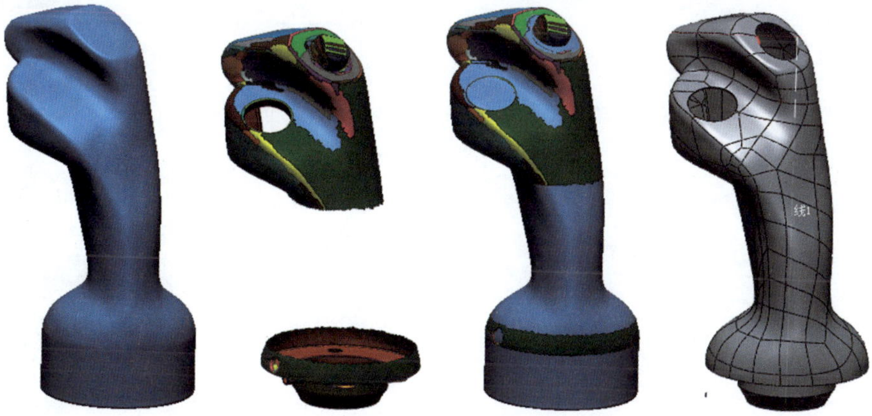

图 9-1 操纵杆

操纵杆建模步骤见表 9－1。

表 9－1　操纵杆建模步骤

序号	建模步骤	效果
1	导入操纵杆点云数据：将扫描好的多组操纵杆的点云数据导入 Geomagic Design X 软件	
2	分割特征及对齐坐标系：应用复制粘贴功能复制面片，使用【自动分割】工具分割领域，使用【手动对齐】工具进行坐标系对齐操作	
3	编辑面片：删除多余特征，使用【拉伸】工具创建新的特征，使用【填孔】工具填补孔洞	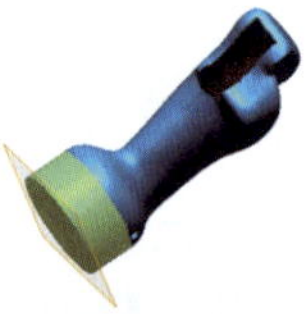
4	提高面片品质：使用【整体再面片化】和【加强形状】等工具提升面片品质	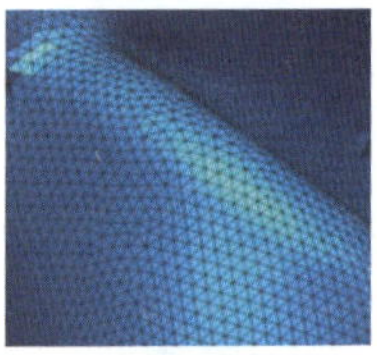
5	创建并编辑基础自由体：使用【自动曲面创建】工具创建基础自由体并编辑	
6	创建细节特征：使用【面片草图】、【回转曲面】、【基础实体】和【圆角】等工具创建细节特征	
7	检查建模结果：使用【精度分析】工具检查建模结果	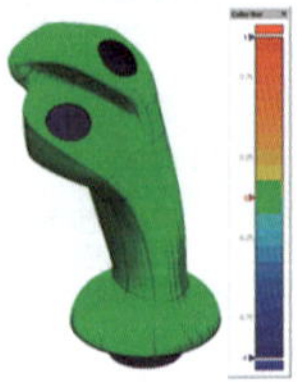

知识技能点

本项目所讲解的操纵杆的外形相对复杂，特征要素较多，对精度有一定的要求，如安装底座、顶部按键、发射按键等特征需要精细制作。本项目制作过程中将用到【自动分割】、【手动对齐】、【加强形状】、【整体再面片化】、【填孔】和【自动曲面创建】等工具。重要的知识及技能点如下：

➢【自动曲面创建】：自动在整个网格上构建一个三维贴片网络，并通过在网络中拟合控制点来创建连续的 NURBS 曲面。

操作步骤：

- 在【精准曲面】工具栏中单击【自动曲面创建】按钮。
- 选择“插入→曲面→自动曲面创建”菜单命令。

提示

- 该工具只用于已存在的面片或从点云生成的面片。若在创建表面后修改网格，表面会在特征树中更新，则需要一些时间来重建。

➢【回转】：围绕旋转轴旋转来创建一个表面体。轮廓是由素描实体创建的，如圆、样条，或线、弧和样条的组合。

操作步骤：

- 在【模型】工具栏中单击片体【回转】按钮。
- 选择“插入→曲面→回转”菜单命令。

提示

- 回转曲面不需要封闭草图。

➢【仅可见】：单击视图上方工具栏中的【仅可见】按钮，可以控制选择点云或面片时，是只选择可见部分还是连同不可见部分同时选中。按下按钮后只选择可见部分。

项目实施

步骤 1　导入操纵杆点云文件。

选择“菜单→插入→导入”菜单命令或单击【初始】工具栏中的【打开】下拉菜单中的【导入】按钮，打开“导入”对话框，在配套资源中找到“工业设计技术 -Geomagic DesignX 项目化设计教程 \ 素材 \ 09 项目九操纵杆建模 \ 操纵杆点云 .wrp”，单击【仅导入】按钮，完成操纵杆点云文件的导入，如图 9 – 2 所示。

操纵杆建模

步骤 2　分割特征及对齐坐标系。

将操纵杆点云摆正，单击视图上方工具栏中的【矩形选择模式】按钮，抬起【仅可见】按钮。按住鼠标左键框选操纵杆的上部，再按住“Shift”键，用鼠标左键框选操纵杆的下部，如图 9 – 3 所示。

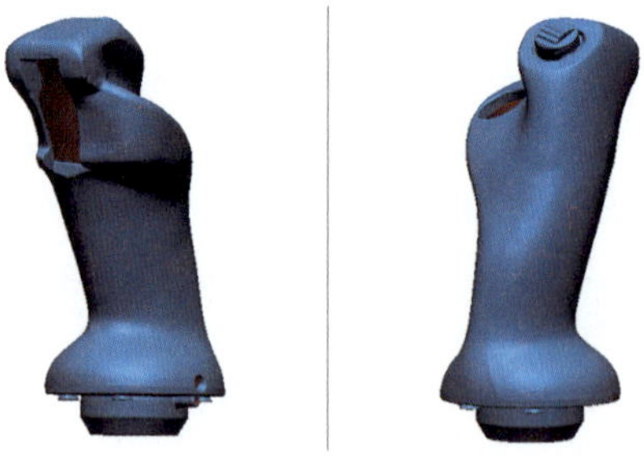

图 9-2　导入文件

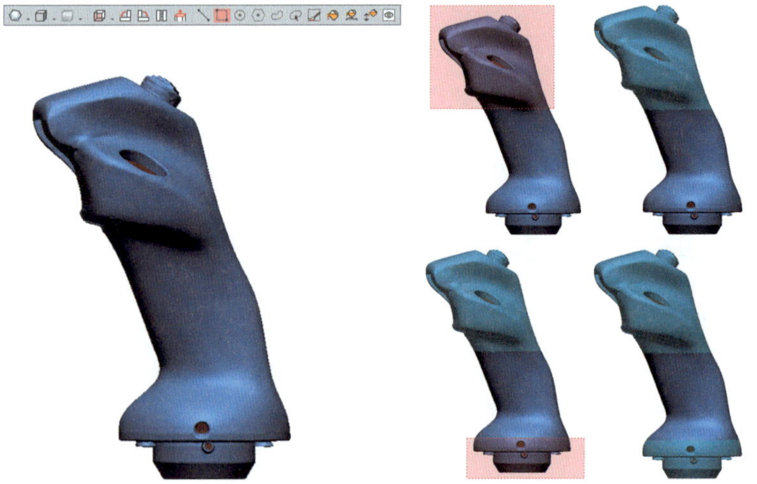

图 9-3　选择特征

选择“菜单→编辑→复制”菜单命令，或按快捷键“ Ctrl+C”，对选中的点云部分进行复制操作。选择“菜单→编辑→粘贴”菜单命令，或按快捷键“ Ctrl+V”，对选中的点云部分进行粘贴操作。被选中的部分会形成新的点云，“树”管理器中会出现“被复制面片”。参数设置及效果如图 9-4 所示。

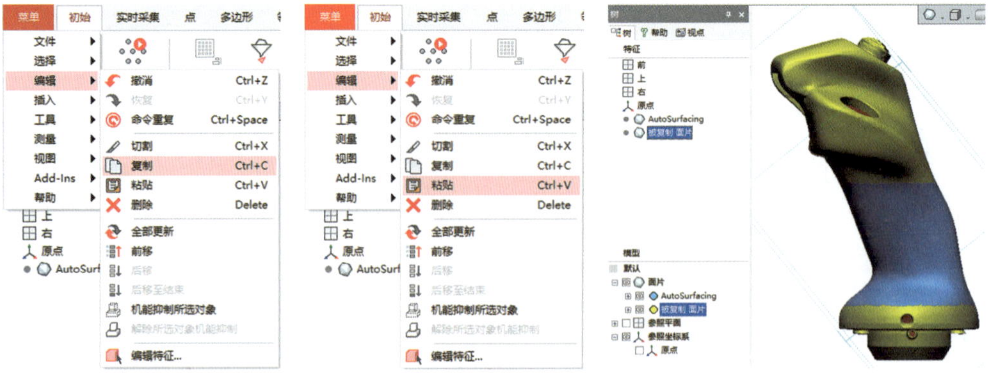

图 9-4　复制特征点云

在“树”管理器中选择“被复制 面片”，在【领域】工具栏中单击【自动分割】按钮，打开“自动分割”对话框，“对象”栏默认选中“被复制 面片”，“敏感度”设为 60，“面片的粗糙度”调整为“平滑”，单击对话框右上角的按钮完成自动分割。参数设置及效果如图 9－5 所示。

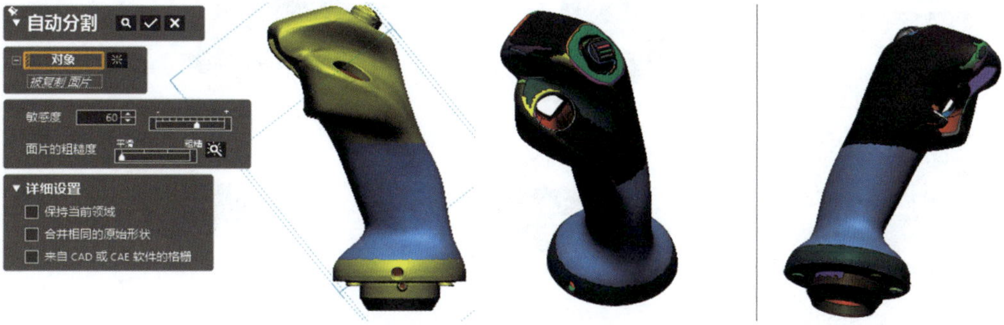

图 9－5　自动分割领域

在“树”管理器中，按住“Ctrl”键将另一个面片同时选中，并将原始面片隐藏，如图 9－6 所示。

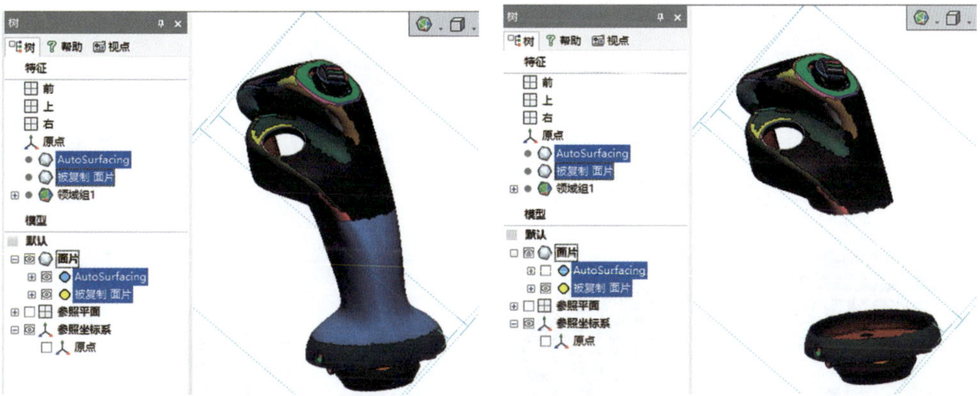

图 9－6　隐藏原始面片

在【初始】工具栏中单击【手动对齐】按钮，打开“手动对齐”对话框，默认选中两个面片，单击对话框右上角的按钮进入下一步，在“移动”栏中选择“X-Y-Z”模式。参数设置及效果如图 9－7 所示。

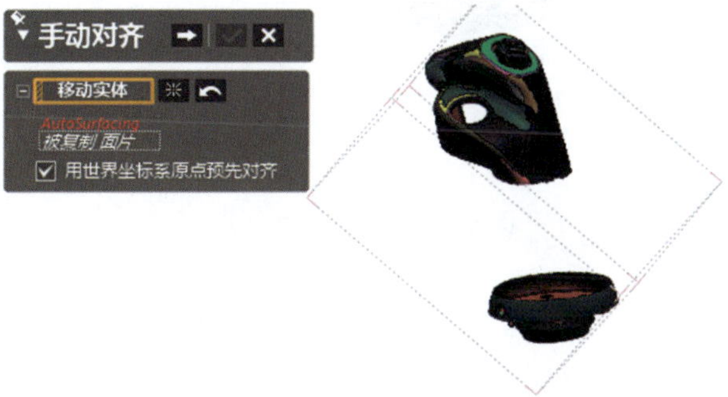

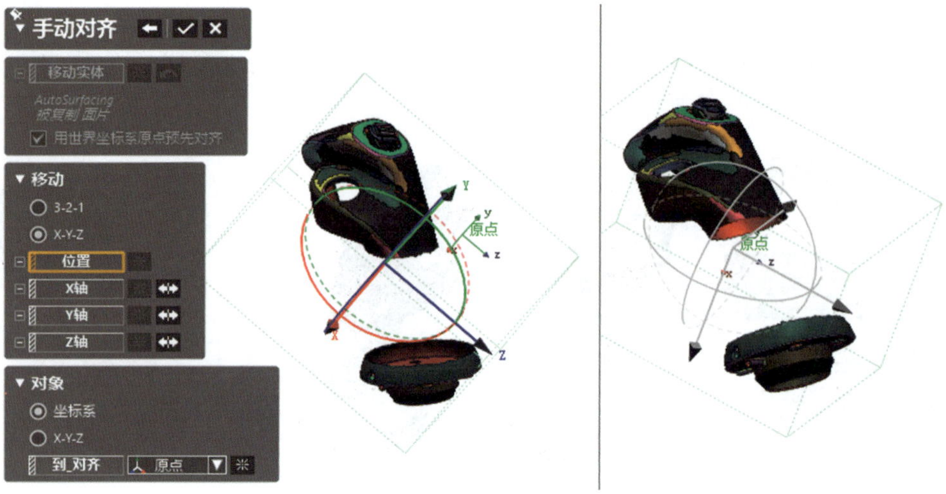

图 9－7　选择“X－Y－Z”模式

> **提示**
> - 软件提供了两种定义扫描坐标系的模式：3-2-1 与 X-Y-Z。
> - 3-2-1 模式使用平面、线、位置来定义坐标系。
> - X-Y-Z 模式通过手动定义坐标系的原点与各个轴。

在“手动对齐”对话框中单击【位置】按钮，在视区中选择平面特征领域与圆柱特征领域，定义扫描坐标的原点位置。参数设置及效果如图 9－8 所示。

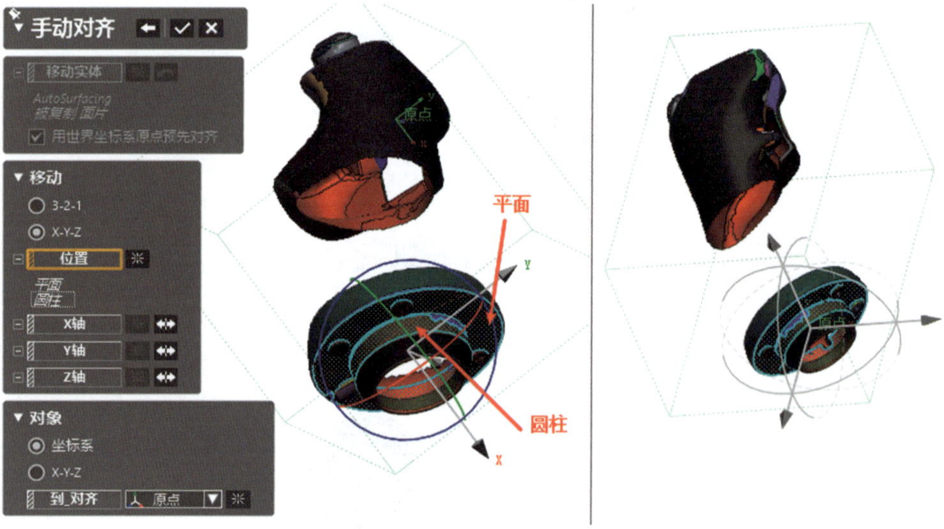

图 9－8　定义坐标原点

在“手动对齐”对话框中单击【 Z 轴 】按钮，在视区中选择平面特征领域，定义 Z 轴方向，如果反向则单击按钮换向。参数设置及效果如图 9－9 所示。

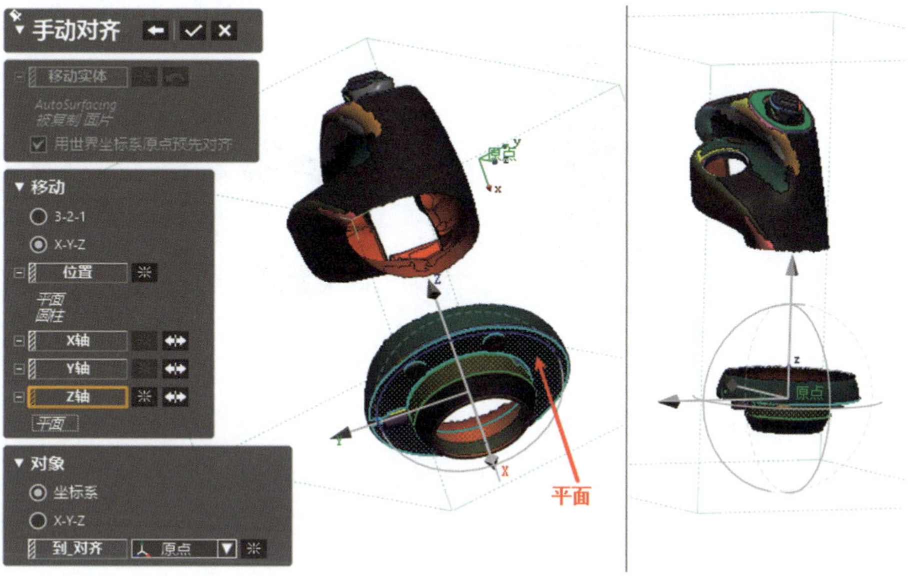

图 9－9　定义 Z 轴

在“手动对齐”对话框中单击【X 轴】按钮，在视区中选择圆柱特征领域，定义 *X* 轴方向，如果反向则单击按钮换向。参数设置及效果如图 9－10 所示。

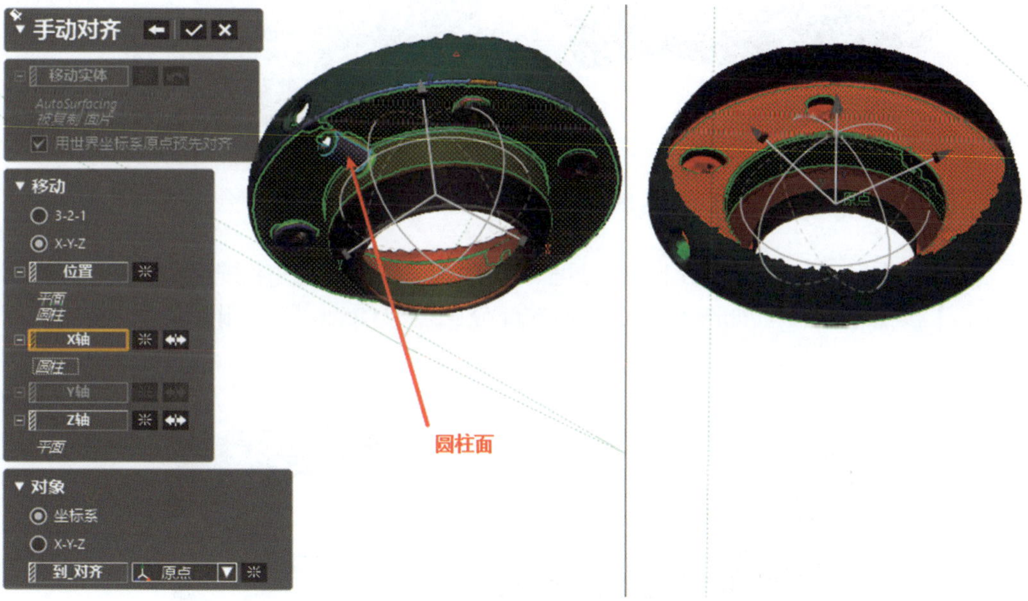

图 9－10　定义 X 轴

单击对话框右上角的按钮完成手动对齐，将原始面片显示出来，效果如图 9－11 所示。

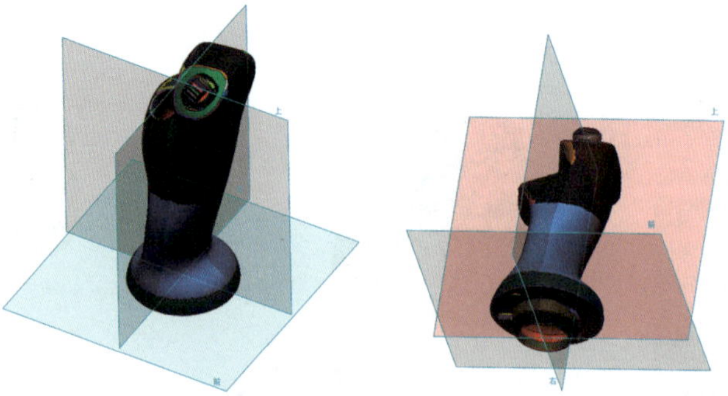

图 9-11　对齐效果

步骤 3　编辑面片。

将“被复制面片”隐藏，单击视图上方工具栏中的【法向】按钮，选择右参照平面，视图会对正右参照平面。单击【逆时针旋转视图】按钮或【顺时针旋转视图】按钮可以旋转视图。参数设置及效果如图 9-12 所示。

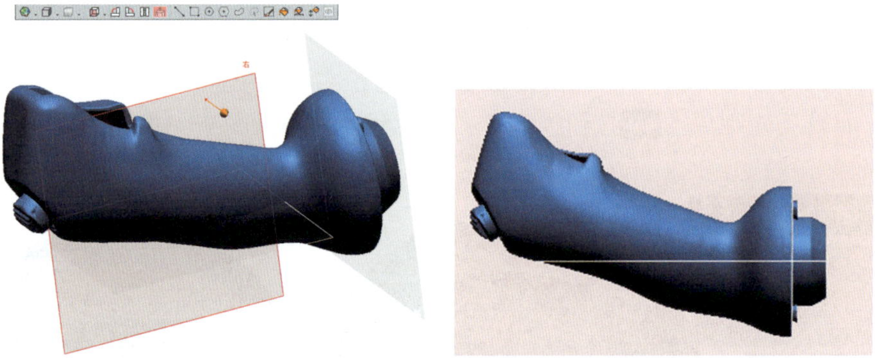

图 9-12　正视右视图

隐藏参照平面，单击视图上方工具栏中的【矩形选择模式】按钮，确保未按下【仅可见】按钮，框选如图 9-13 所示的部分，按“Delete”键删除特征。

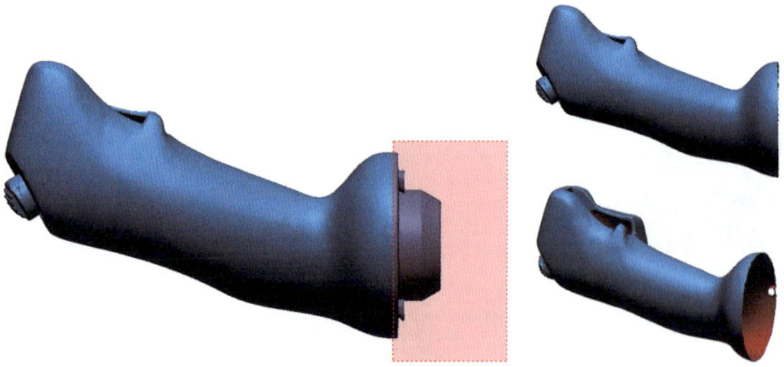

图 9-13　删除特征

将操纵杆上部长方孔摆正，单击视图上方工具栏中的【矩形选择模式】按钮，沿着长方孔四周选择，如图 9-14 所示。

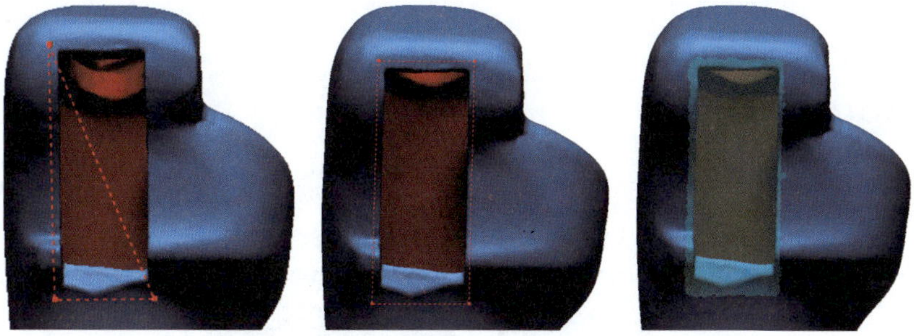

图 9－14　选择特征

旋转视图后会发现长方孔后部也被选中，单击视图上方工具栏中的【矩形选择模式】按钮，按住“Ctrl”键将后部选中的部分去掉，按“Delete”键删除长方孔周边部分，如图 9－15 所示。

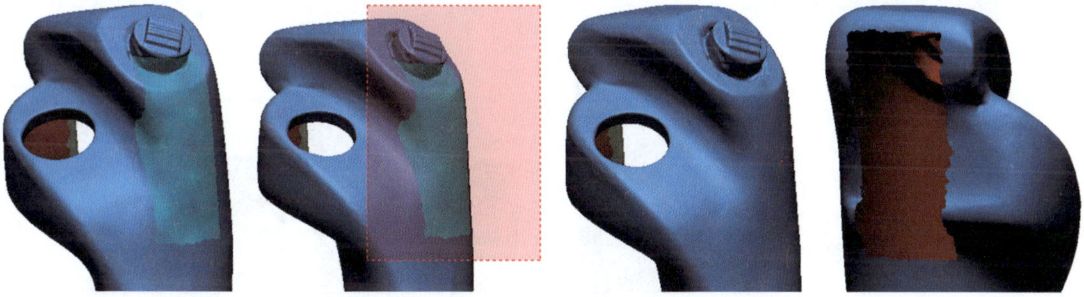

图 9－15　删除特征

在【多边形】工具栏中单击【编辑境界】按钮，打开“编辑境界”对话框，单击【境界】按钮，选择操纵杆底部边缘，“方法”选择“拉伸”，“距离”设为 25mm，勾选“封闭”复选框，单击对话框右上角的【预览】按钮预览，确认无误后单击按钮完成编辑境界操作。参数设置及效果如图 9－16 所示。

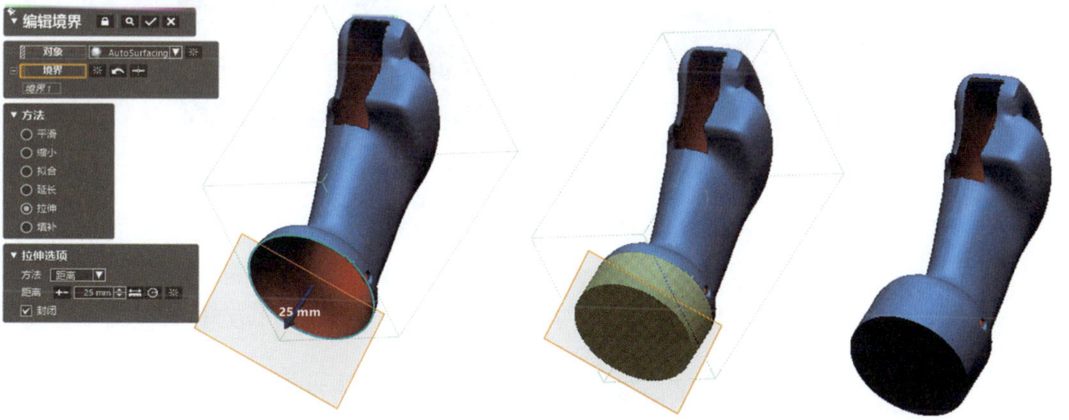

图 9－16　编辑境界

单击视图上方工具栏中的【圆选择模式】按钮，选择操纵杆上方按钮部分，旋转视图，按住“Ctrl”键将背面不需要的部分去掉（也可以通过【套索选择模式】实现）。在【多边形】工具栏中单击【删除特征】按钮，打开“删除特征”对话框，“方法”选择“填补”和“曲率”，勾选“平滑删除特征区域的境界”复选框，单击对话框右上角的【预览】按钮预览，确认无误后单击按钮完成删除特征操作。参数设置及效果如图 9－17 所示。

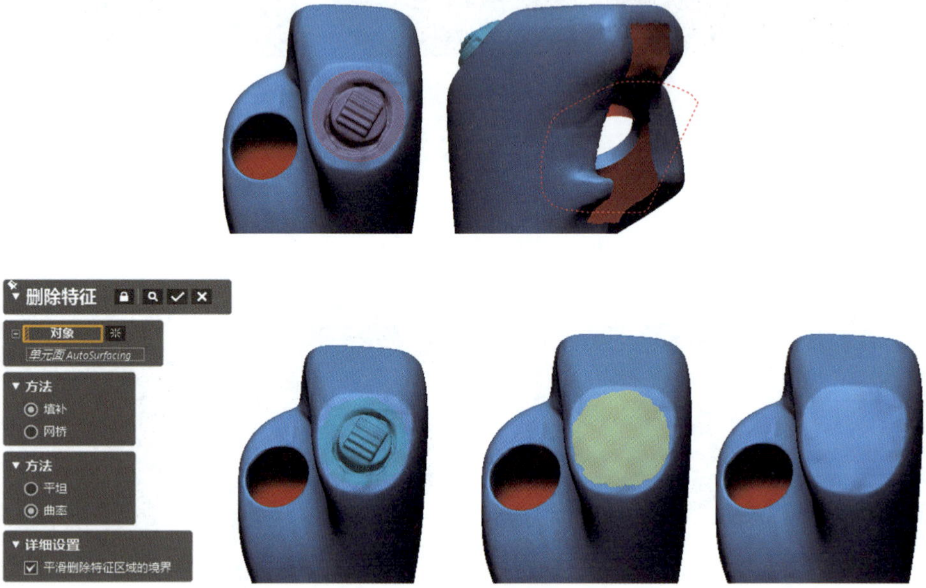

图 9－17　删除特征

用同样的方法删除另外两个特征孔，如图 9－18 所示。

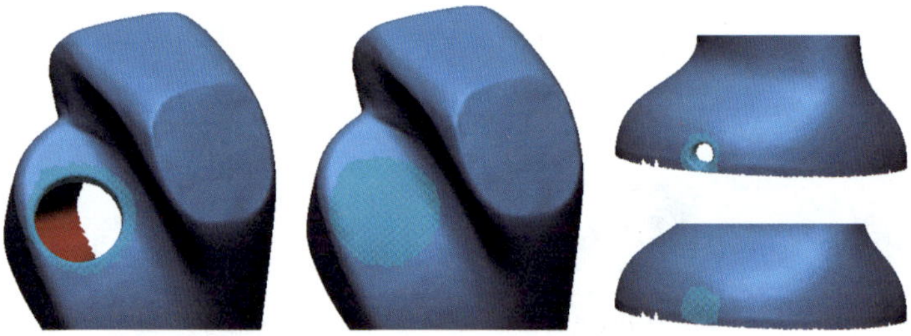

图 9－18　删除特征

在【多边形】工具栏中单击【填孔】按钮，打开“填孔”对话框，对长方孔进行填补，单击“编辑工具”栏中的【追加桥】按钮，“填孔曲率”调整为“曲率”。选择一个面片的边线，按住鼠标左键拖曳到另一侧面片的边线，沿长方孔长度方向制作多个桥。参数设置及效果如图 9－19 所示。

在“填孔”对话框中单击【境界】按钮，选择追加桥后的各个境界，单击对话框右上角的【预览】按钮预览，确认无误后单击按钮完成填孔操作。参数设置及效果如图 9－20 所示。

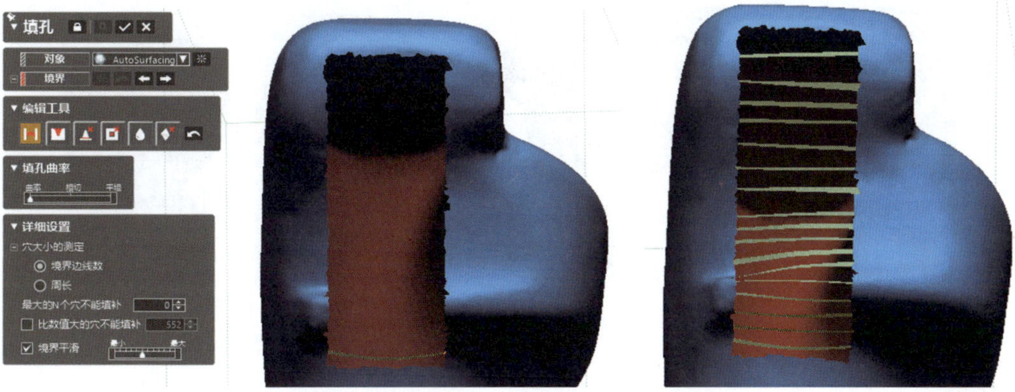

图 9－19　追加桥

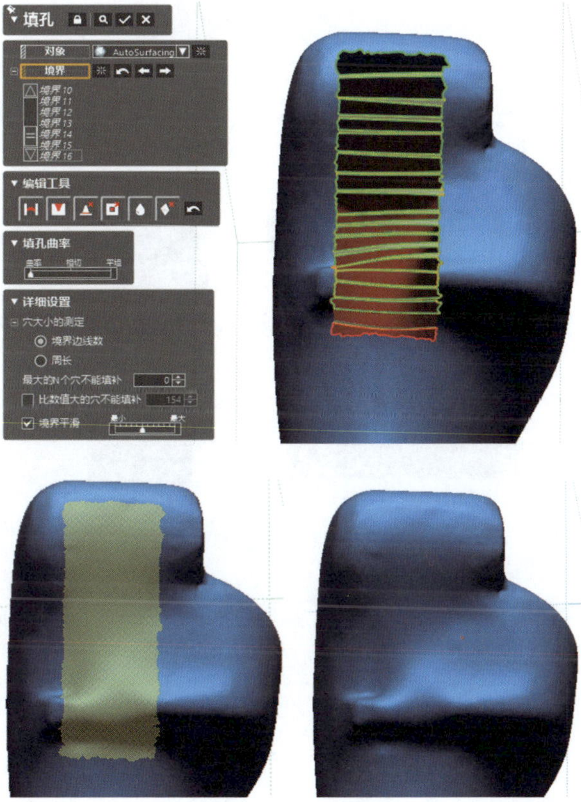

图 9－20　填孔

步骤 4　提高面片品质。

在【多边形】工具栏中单击【整体再面片化】按钮，打开“整体再面片化”对话框，“边线长度的乘数”设为 1，勾选“创建整洁和多样化的实体面片”复选框，单击对话框右上角的【预览】按钮预览，确认无误后单击按钮完成整体再面片化。参数设置及效果如图 9－21 所示。

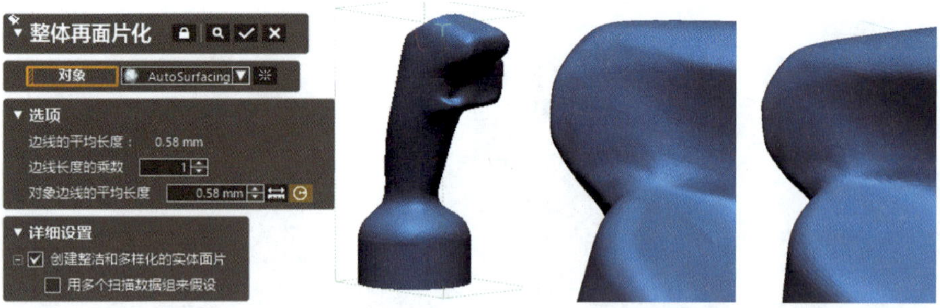

图 9－21　整体再面片化

提示

- “创建整洁和多样化的实体面片”选项用于创建没有缺陷的、整洁的面片，即使面片上有很小的孔洞，也会自动将其填补。

在【多边形】工具栏中单击【加强形状】按钮，打开“加强形状”对话框，“锐度”调至中间位置，“整体平滑”调至“最大”，“加强水平”调至中间位置，单击对话框右上角的按钮完成加强形状操作。参数设置及效果如图 9－22 所示。

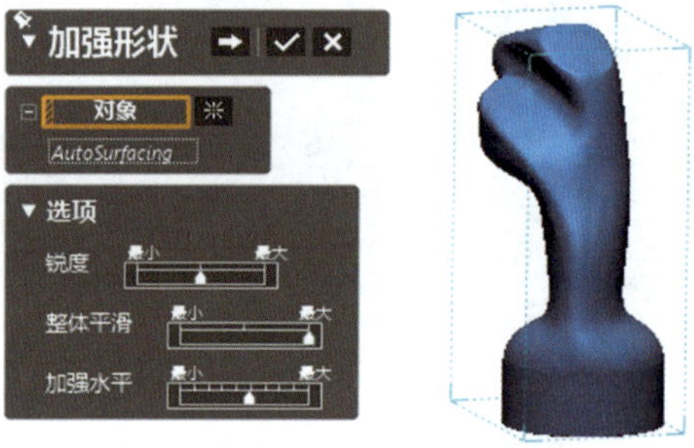

图 9－22　加强形状

在【多边形】工具栏中单击【智能刷】按钮，打开“智能刷”对话框，“方法”选择“平滑”，“强度”调至最大，按住鼠标左键涂刷操纵杆上不平滑的部位。参数设置及效果如图 9－23 所示。

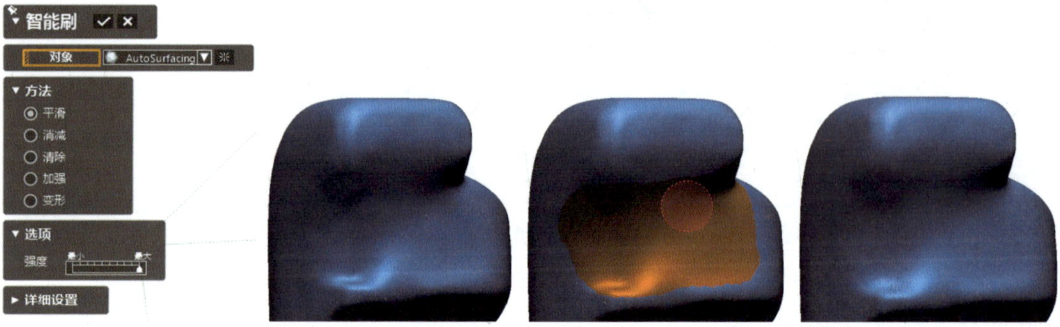

图 9－23　智能刷

> **提示**
>
> - 按住“Alt”键可以调整画笔刷的范围。

步骤 5　创建并编辑基础自由体。

【自动曲面创建】工具通过最小的用户交互创建 NURBS 模型。【自动曲面创建】工具激活后，应用程序自动在整个网格上构建一个三维贴片网络，并通过在网络中拟合控制点来创建连续的 NURBS 曲面。如果是机械件造型，在“自动曲面创建”对话框中选择“机械”；如果是造型件，则选择“有机”。

在【精准曲面】工具栏中单击【自动曲面创建】按钮，打开“自动曲面创建”对话框，选择“有机”，“曲面片计数”选择“自动估算”，“拟合方法”选择“非平均”，“几何形状捕捉精度”调至最大，单击对话框右上角的按钮进入下一步。选择“变形”，按住鼠标左键拖曳曲线上的点即可实现曲线变形操作，对划分不太合理的曲线进行调整，最后单击对话框右上角的按钮完成自动曲面创建。隐藏面片后，可以看到自动创建的基础自由体。参数设置及效果如图 9 - 24 所示。

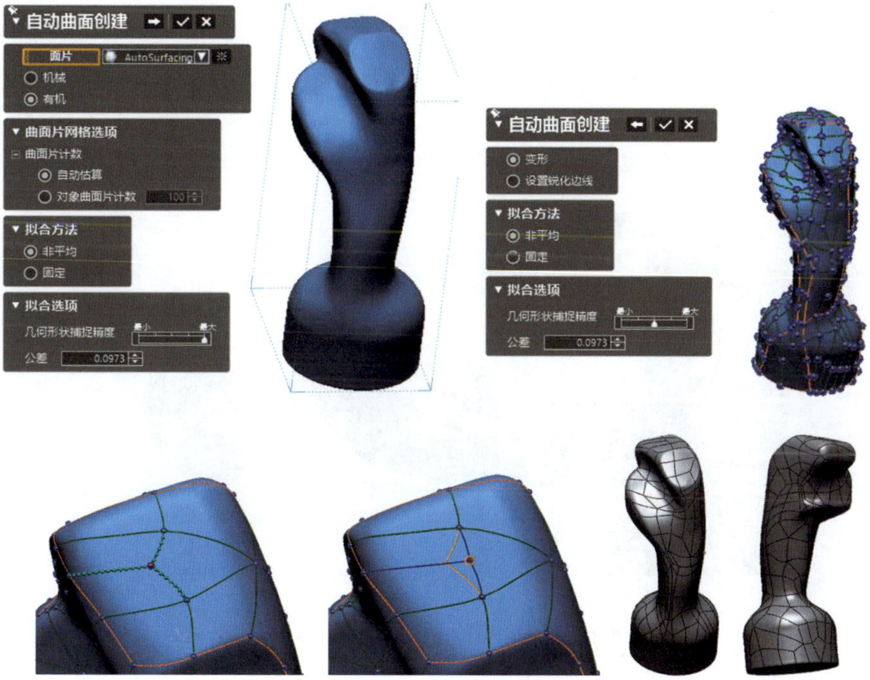

图 9 - 24　自动曲面

步骤 6　创建细节特征。

隐藏原始面片和“自动曲面创建”，显示“被复制 面片”和“参照平面”。在【初始】工具栏中单击【线】按钮，打开“线属性”对话框，“方法”选择“2 平面相交”，“要素”选择右参照平面和上参照平面，单击对话框右上角的按钮完成参照线创建。参数设置及效果如图 9 - 25 所示。

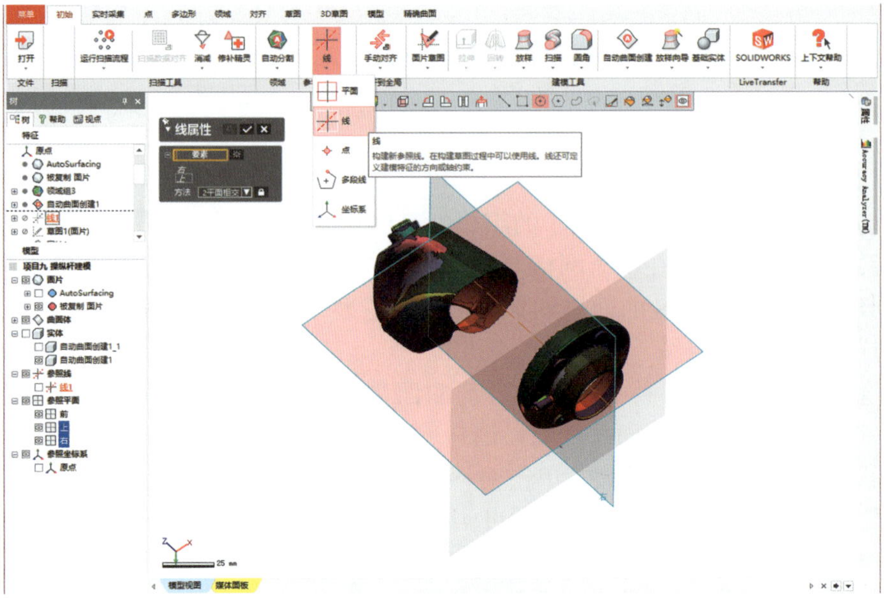

图 9－25　参照线

使用【面片草图】工具创建操纵杆底部草图，“Target”选择“被复制面片”，设为“回转投影”，“中心线”选择刚绘制的参照线“线 1”，“基准平面”选择右参照平面。使用【直线】、【剪切】和【调整】等工具绘制草图，单击对话框右上角的✓按钮完成草图创建。参数设置及效果如图 9－26 所示。

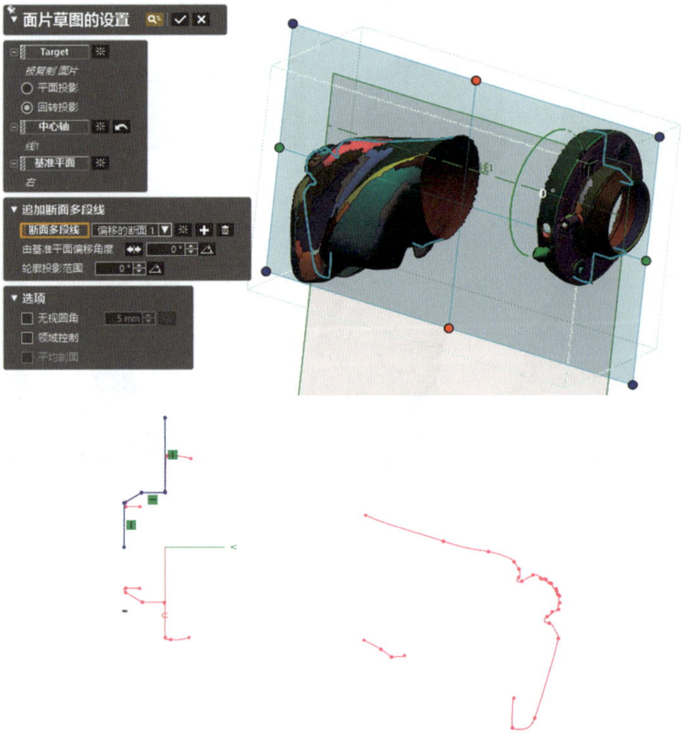

图 9－26　底部草图

在【模型】工具栏中单击片体【回转】按钮，打开“回转”对话框，“轮廓”选择刚创建的面片草图，“轴”选择参照线“线 1”，“方法”选择“单侧方向”，“角度”设为 360°，单击对话框右上角的按钮完成回转。参数设置及效果如图 9－27 所示。

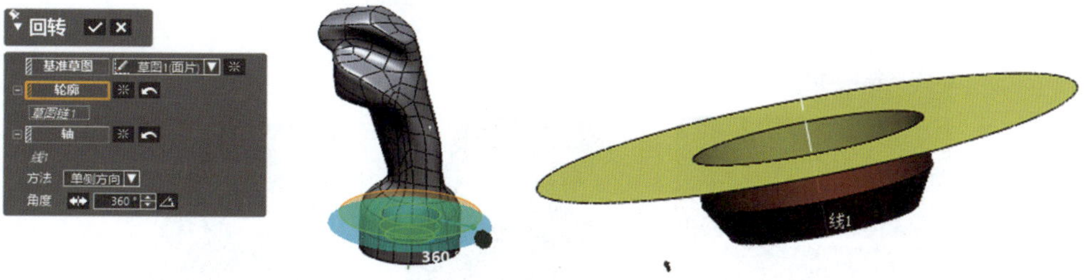

图 9－27　回转曲面

使用【切割】工具对操纵杆底部进行切割，“工具要素”选择刚创建的回转曲面，“对象体”选择“自动曲面创建”体，单击对话框右上角的按钮进入下一步，“残留体”选择操纵杆上部，单击按钮完成切割，隐藏回转曲面。参数设置及效果如图 9－28 所示。

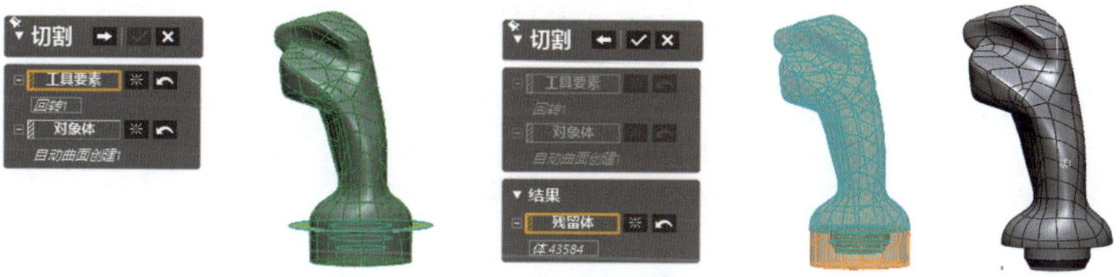

图 9－28　切割操纵杆底部

使用【面片草图】工具创建长方孔切割草图，显示并选择“被复制 面片”，选择“平面投影”，“基准平面”选择前参照平面，“由基准面偏移的距离”设为 82.5mm。使用【直线】、【约束条件】、【调整】和【剪切】等工具绘制草图，最后单击对话框右上角的按钮完成草图绘制，并隐藏“被复制 面片”。参数设置及效果如图 9－29 所示。

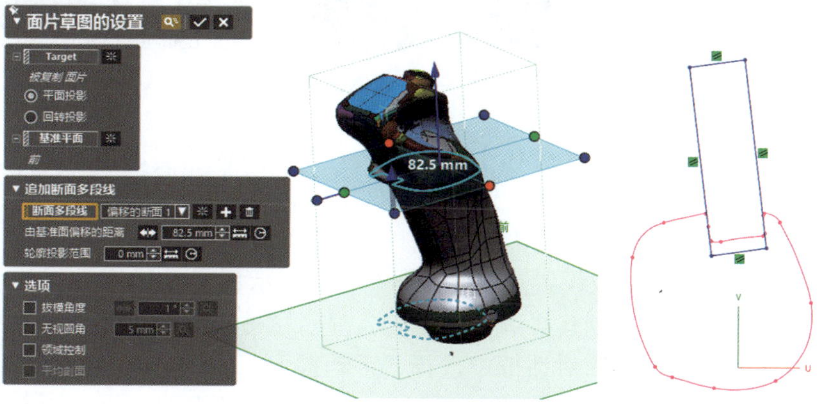

图 9－29　长方孔切割草图

使用实体【拉伸】工具对操纵杆长方孔部分进行拉伸切割。“轮廓”选择刚创建的面片草图，“方向”选择“到领域”，“详细方法”选择“最小距离的位置”，“选择要素”选择长方孔上部平面领域，“结果运算”勾选“切割”复选框，单击对话框右上角的按钮完成拉伸切割，显示实体。参数设置及效果如图 9－30 所示。

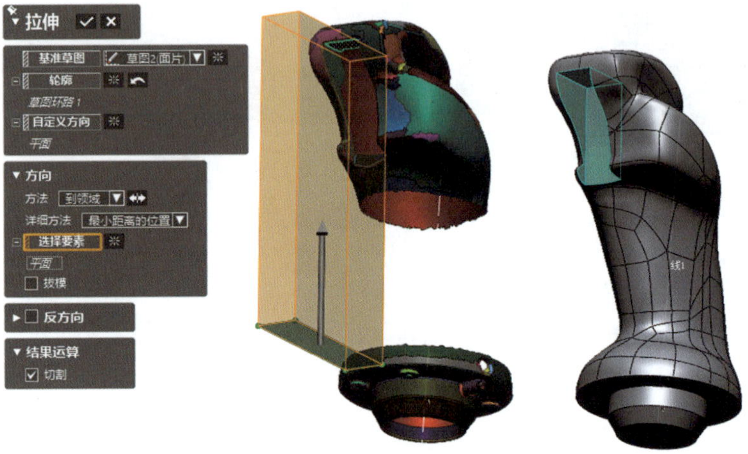

图 9－30　拉伸切割长方孔

使用【圆角】工具创建长方孔周边圆角，选择“固定圆角”，“要素”选择长方孔边线，“半径”设为 1mm，“选项”栏勾选“切线扩张”复选框，单击对话框右上角的按钮完成圆角创建。参数设置及效果如图 9－31 所示。

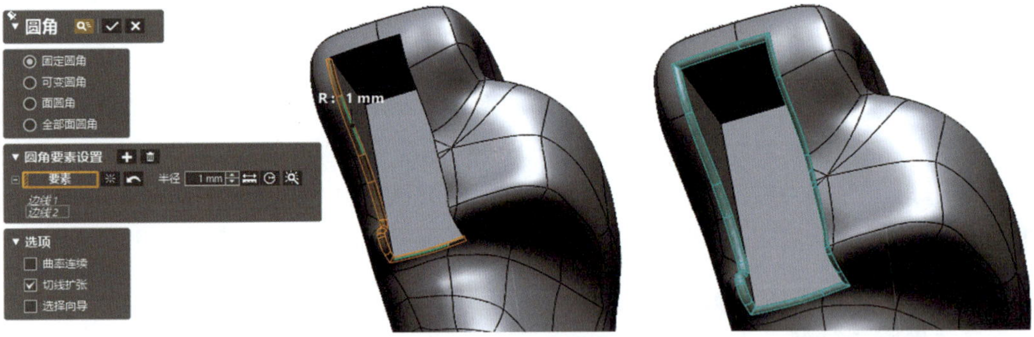

图 9－31　长方孔周边圆角

在【模型】工具栏中单击【壳体】按钮，打开“壳体”对话框，“体”选择操纵杆实体，“深度”设为 0.5mm，“面”选择操纵杆底面，单击对话框右上角的【预览】按钮预览，确认无误后单击按钮完成壳体创建。可以使用【视图剪辑】工具剪辑视图，以便观察壳体内部。参数设置及效果如图 9－32 所示。

使用【基础曲面】工具创建操纵杆按键孔，显示“被复制面片”，隐藏原始面片和实体，在“曲面的几何形状”对话框中选择“手动提取”，“领域”选择按键孔的内壁，“创建形状”选择“圆柱”，“延长比率”设为 300%，单击对话框右上角的【预览】

按钮预览，确认无误后单击按钮完成基础曲面操作，隐藏面片并显示实体。参数设置及效果如图 9－33 所示。

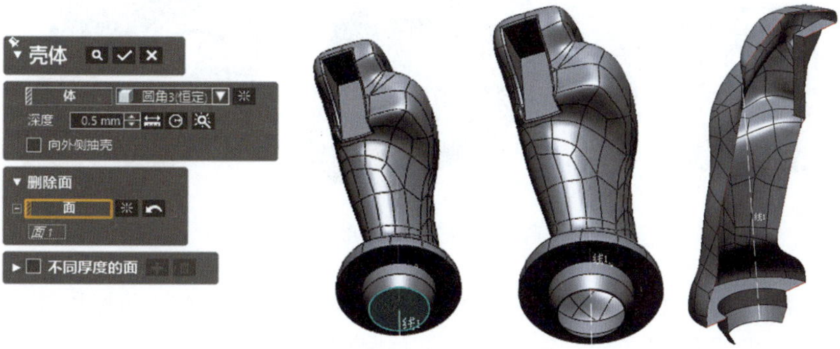

图 9－32　壳体

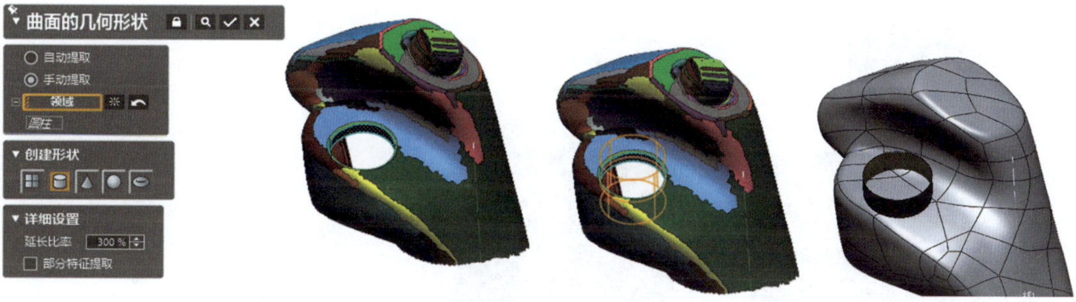

图 9－33　按键孔

使用【切割】工具对操纵杆按键孔进行切割，“工具要素”选择刚创建的圆柱面，“对象体”选择壳体，单击对话框右上角的按钮进入下一步，“残留体”选择操纵杆，单击按钮完成切割，隐藏圆柱曲面。参数设置及效果如图 9－34 所示。

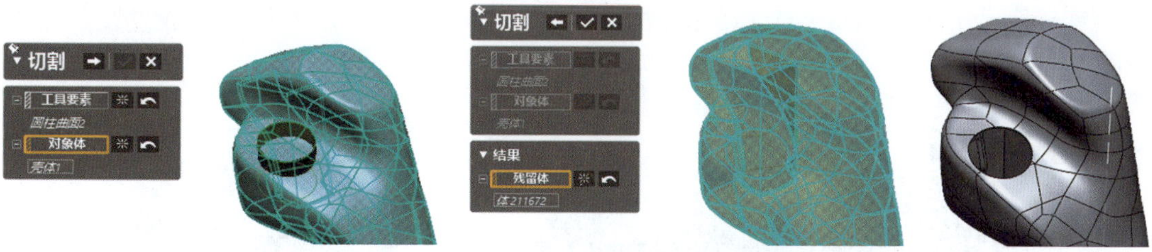

图 9－34　切割操纵杆按键孔

使用【平面】工具创建操纵杆顶部辅助平面，显示“被复制 面片”，在“要素”栏中选择两部分领域，“方法”选择“提取”，单击对话框右上角的按钮完成平面创建。参数设置及效果如图 9－35 所示。

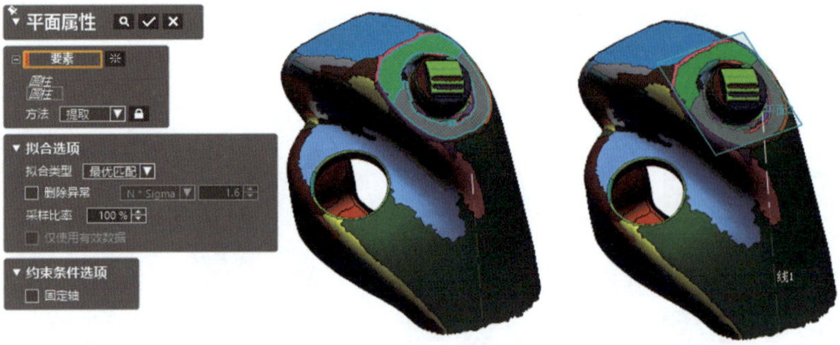

图 9－35　辅助平面

使用【面片草图】工具创建操纵杆顶部长孔草图，选择“平面投影”，“基准平面”选择刚创建的辅助平面“平面 2”，“由基准面偏移的距离”设为 0.15mm，单击对话框右上角的✓按钮完成面片草图的创建。参数设置及效果如图 9－36 所示。

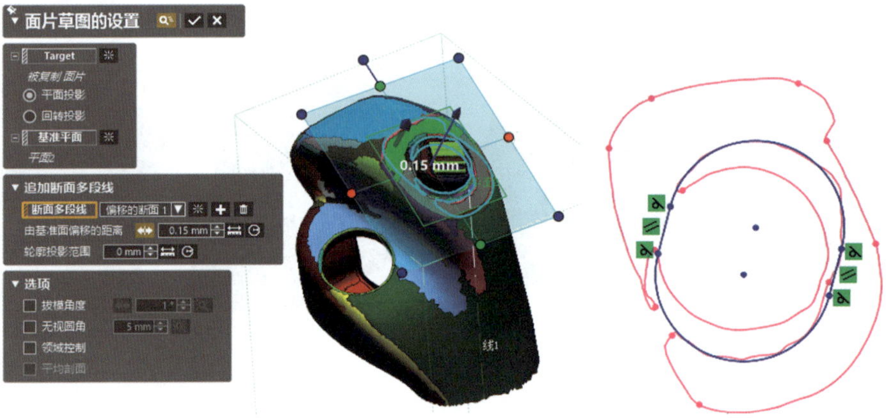

图 9－36　面片草图

使用实体【拉伸】工具对操纵杆长孔部分进行拉伸切割，“轮廓”选择刚创建的面片草图，“方向”选择“平面中心对称”，“长度”设为 10mm，“结果运算”勾选“切割”复选框，单击对话框右上角的✓按钮完成拉伸切割，显示实体。参数设置及效果如图 9－37 所示。

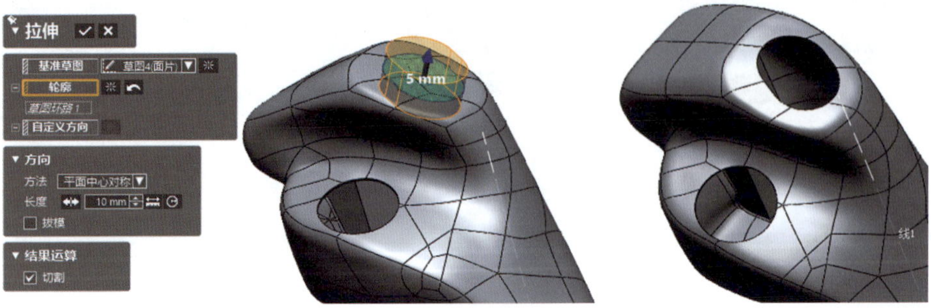

图 9－37　拉伸切割长孔

步骤 7　检查建模结果。

在视区右侧的“Accruacy Analyzer（TM)”对话框中，“类型”选择“面片偏差 - 色图”模式，公差范围内的颜色表现为绿色，如图 9－38 所示。

图 9－38　色图模式

项目小结

通过本项目的学习，应掌握 Geomagic Design X 建模的技巧及以下技能：

（1）通过使用【自动曲面创建】工具，掌握在整个网格上构建三维贴片网络的方法。

（2）通过使用【回转】工具，掌握围绕旋转轴创建表面体的方法。

考核评价

对配套资源中的防爆接线盒（图 9－39）点云文件编制建模步骤，并利用 Geomagic Design X 软件进行建模。

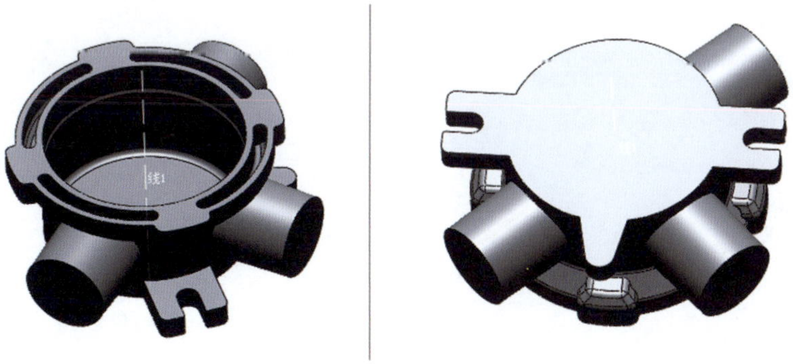

图 9－39　防爆接线盒

- 点云文件路径：“工业设计技术 -Geomagic DesignX 逆向设计实用教程 \ 素材 \ 项目九 \ 防爆接线盒点云 .gpd”。
- 考核指标见表 9－2。
- 建模步骤自拟表单，或登录中国人民大学出版社官网下载。

表 9－2　考核指标

指标	项目要求	分值	评分细则	得分
技术指标	步骤合理	10	每缺失一个步骤扣 2 分，某一步骤不合理扣 2 分，累计扣分，扣完为止	
	点云处理精细	5	有多余的杂点扣 2 分，有多余的点云族扣 3 ～ 5 分	
	面片创建平滑	5	有钉状物扣 1 分，累计扣分，扣完为止	
	坐标对齐合理	10	没有进行坐标对齐扣 10 分，基准面选择不合理扣 3 ～ 5 分	
	领域划分合理	10	没有进行领域划分扣 10 分，领域划分不合理扣 3 ～ 5 分	
	曲面创建合理	10	曲面创建不符合设计意图扣 2 分，累计扣分，扣完为止	
	实体创建合理	10	不能形成实体扣 10 分，实体特征缺失扣 2 分，累计扣分，扣完为止	
	体偏差比率	20	根据体偏差检测比率给定	
素质指标	通过学习【素养提升】内容，结合本项目学习情况谈一谈体会	20	根据体会深刻程度进行评价。 个人体会：	
总分				

项目十 轮毂盖建模

——回转精灵和放样向导的重点应用

项目导读

轮子是交通工具重要的转动部件，轮毂盖具有保护轮毂和美化作用。本项目以轿车轮毂盖为例讲解其建模过程，涉及导入扫描数据、建模精灵、阵列、放样、自动曲面创建等建模技术。通过本项目的学习，大家可以掌握与轮毂盖造型相近的物体的建模技巧。

素养提升

从 1956 年 7 月 14 日，第一汽车制造厂总装线上开出由中国人自己制造的第一批解放牌载货汽车开始，我国汽车技术蓬勃发展。1958 年 4 月，中国历史上第一辆国产轿车在一汽诞生，取名“东风”。1958 年 8 月，我国试制出第一辆两排座 5.65 升红旗牌 CA72 高级轿车。至今，中国汽车在世界上已占有一席之地，体现了工业大国的实力。

项目分析

如图 10 - 1 所示，轮毂盖曲面较多，大部分曲面需要通过旋转方式创建，用到的主要工具为“回转精灵”。建模步骤大致分为：导入点云、操作回转精灵、坐标系对齐、操作放样精灵、创建面片草图、剪切曲面、创建基础曲面。

图 10 - 1　轮毂盖

轮毂盖建模步骤见表 10 - 1。

表 10－1　轮毂盖建模步骤

序号	建模步骤	效果
1	导入轮毂盖点云数据：将扫描好的多组轮毂盖的点云数据导入 Geomagic Design X 软件	
2	分割特征及对齐坐标系：使用【自动分割】工具分割领域，使用【手动对齐】工具对齐坐标系	
3	制作回转曲面：使用【回转精灵】或【回转】工具创建曲面	
4	制作放样曲面：使用【放样向导】等工具制作放样曲面	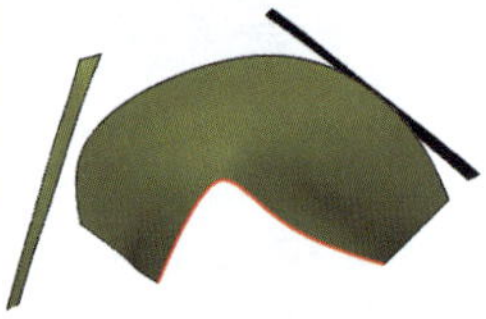
5	延长并剪切曲面：使用【延长曲面】和【剪切曲面】工具编辑曲面	
6	创建细节特征：使用【平面曲面】、【环形阵列】、【剪切曲面】和【圆角】等工具创建细节特征	
7	检查建模结果：使用【精度分析】工具检查建模结果	

知识技能点

本项目所讲解的轮毂盖的曲面较多，对精度有一定的要求，曲面之间的修剪比较困难。本项目制作过程中将用到【自动分割】、【手动对齐】、【回转精灵】、【放样向导】、【基础曲面】等工具。重要的知识及技能点如下：

➢【回转精灵】：从网格中提取旋转特征。向导根据所选区域自动智能计算剖面和转轴，并创建具有旋转角度的旋转体。

操作步骤：

- 在【模型】工具栏中单击【回转精灵】按钮。
- 选择“插入→建模精灵→回转精灵”菜单命令。

➢【放样向导】：从一个网格中提取放样功能，向导自动智能计算多个基于选定区域的剖面，并创建一个放样体。

操作步骤：

- 在【模型】工具栏中单击【放样向导】按钮。
- 选择“插入→建模精灵→放样向导”菜单命令。

➢【圆形阵列】：一次围绕一个轴创建多个特征。

操作步骤：

- 在【模型】工具栏中单击【圆形阵列】按钮。
- 选择“插入→建模特征→圆形阵列”菜单命令。

项目实施

步骤 1　导入轮毂盖点云数据。

选择“菜单→插入→导入”菜单命令或单击【初始】工具栏中的【打开】下拉菜单中的【导入】按钮，打开“导入”对话框，在配套资源中找到“工业设计技术 -Geomagic DesignX 项目化设计教程 \ 素材 \ 10 项目十轮毂盖建模 \ 项目十轮毂盖点云 .wrp”，单击【仅导入】按钮，完成轮毂盖点云文件的导入，如图 10 - 2 所示。

轮毂盖建模

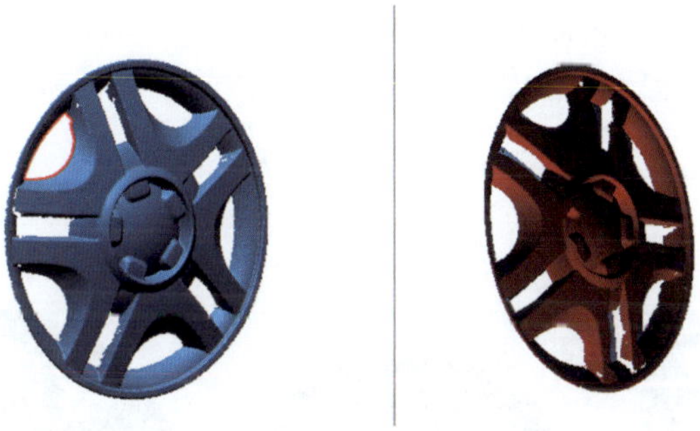

图 10 - 2　导入文件

步骤 2　分割特征及对齐坐标系。

在“树”管理器中选择轮毂盖面片，然后在【领域】工具栏中单击【自动分割】按钮，打开【自动分割】对话框，“对象”栏默认选中“被复制面片”，“敏感度”设为 50，“面片的粗糙度”调至“平滑”，单击对话框右上角的按完成自动分割。参数设置及效果如图 10 - 3 所示。

使用【平面】工具创建参照平面，“方法”选择“提取”，“要素”选择轮毂盖上表面，单击对话框右上角的按钮完成参照平面的创建。参数设置及效果如图 10 - 4 所示。

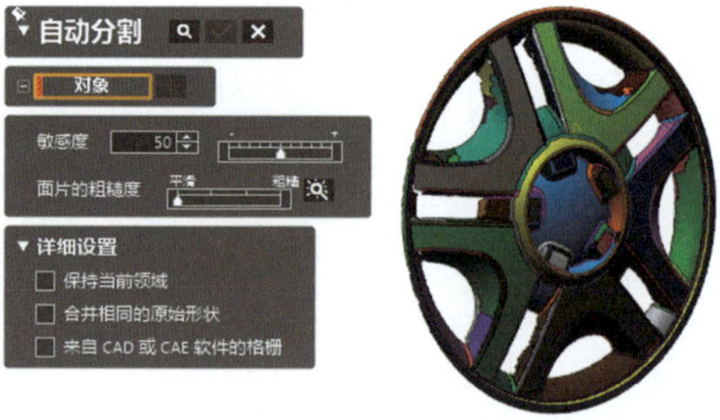

图 10－3　自动分割领域

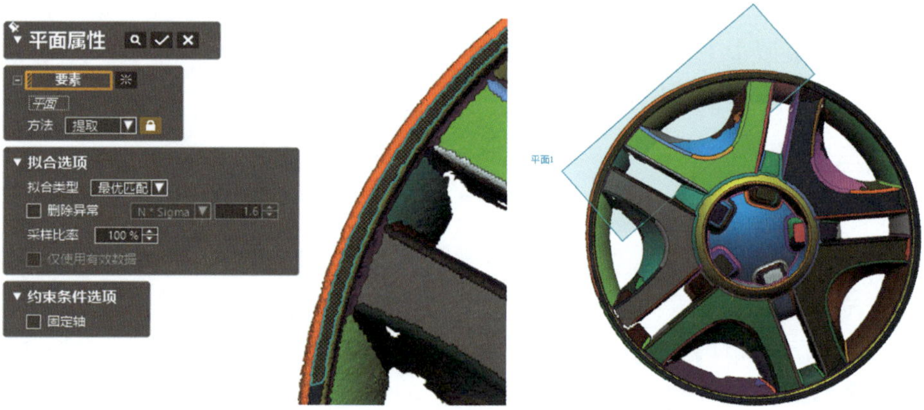

图 10－4　参照平面

将轮毂盖摆正，使用【平面】工具创建参照平面，“方法”选择“绘制直线”，绘制一条竖直直线，松开鼠标后会形成一个参照平面，单击对话框右上角的按钮完成参照平面的创建。参数设置及效果如图 10－5 所示。

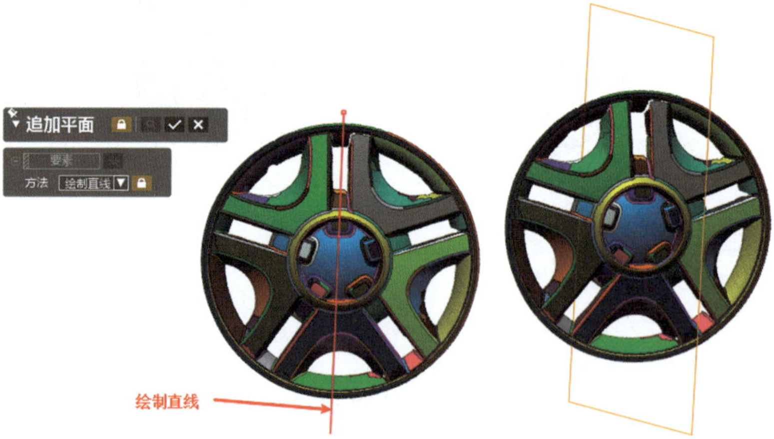

图 10－5　参照平面

使用【平面】工具创建镜像参照平面，“方法”选择“镜像”，“要素”选择整个轮毂盖面片和通过直线创建的参照平面，单击对话框右上角的按钮完成镜像参照平面创建。参数设置及效果如图 10－6 所示。

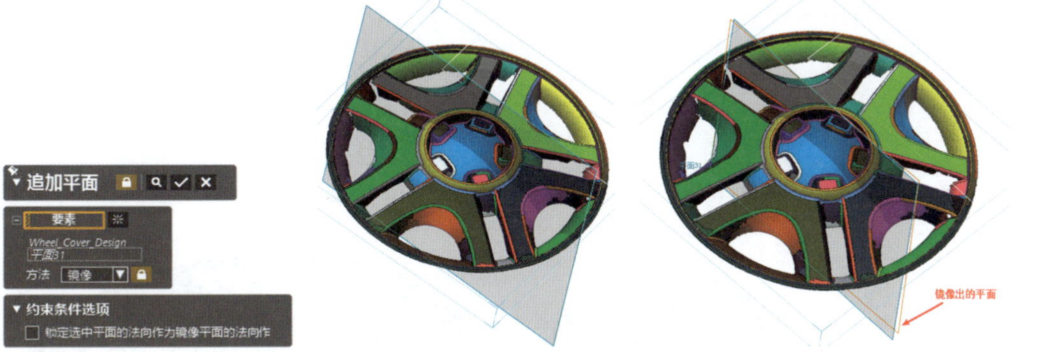

图 10－6　镜像参照平面

隐藏通过直线创建的参照平面，使用【手动对齐】工具进行轮毂盖的坐标系对齐的操作，“移动实体”选择轮毂盖面片，单击对话框右上角的按钮进入下一步，在“移动”栏中选择“X-Y-Z”，“位置”选择轮毂盖中央球形部分领域，“Z”轴选择通过轮毂盖上表面创建的参照平面，“X”轴选择通过镜像方法创建的参照平面，单击按钮完成镜像参照平面的创建。参数设置及效果如图 10－7 所示。

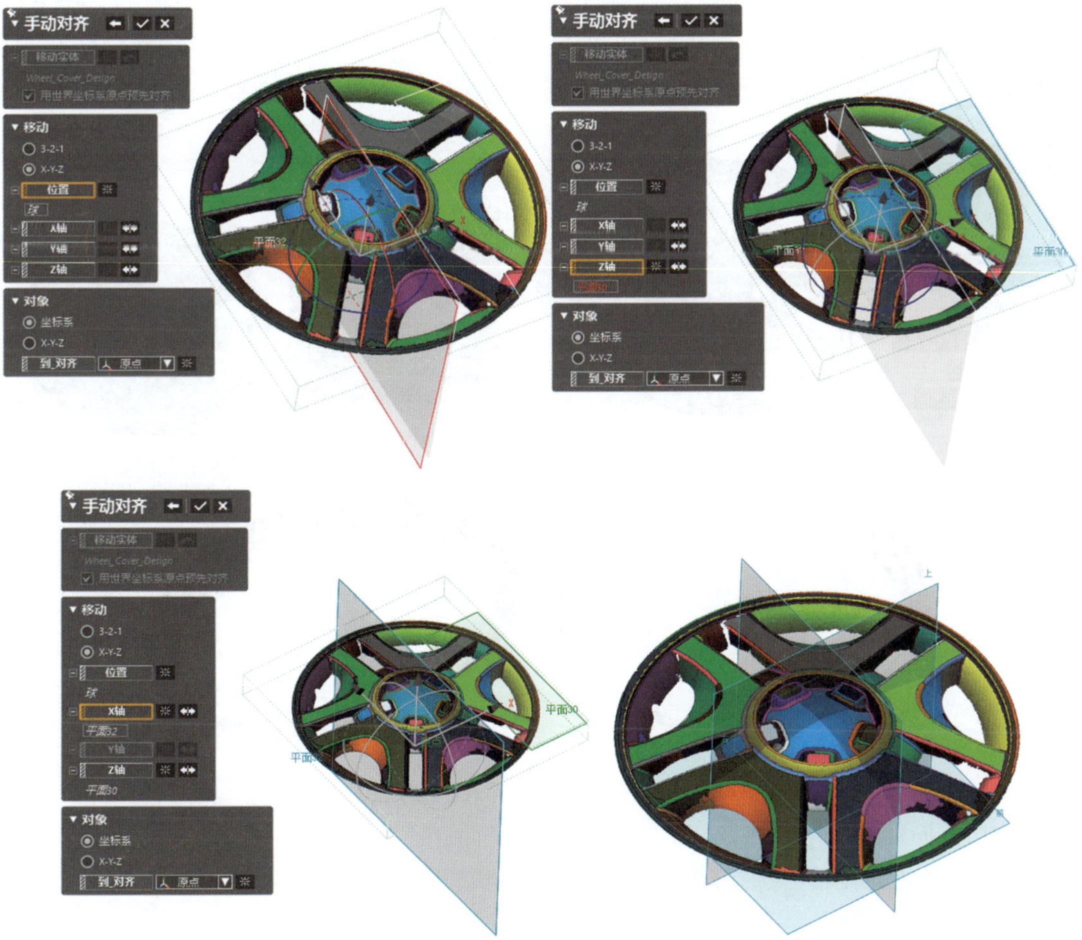

图 10－7　手动对齐坐标系

步骤 3　制作回转曲面。

显示前参照平面、上参照平面、右参照平面，使用【线】工具创建参照线，“方法”选择“2 平面相交”，“要素”选择上参照平面和右参照平面，单击对话框右上角的按钮完成参照线的创建。参数设置及效果如图 10－8 所示。

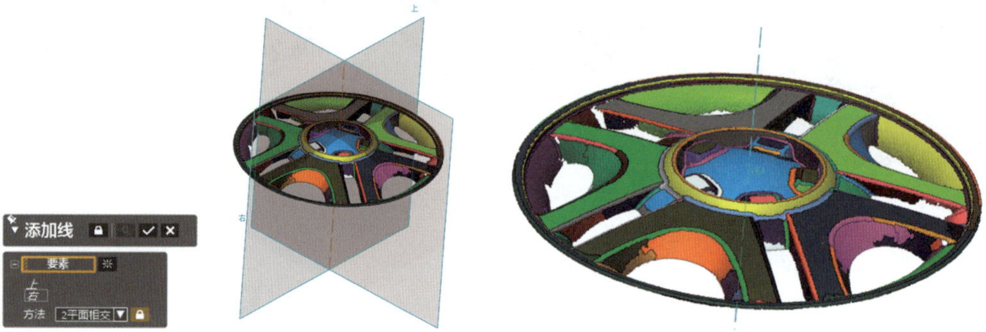

图 10－8　参照线

使用【回转精灵】工具制作轮毂盖外圈回转曲面，“对象”选择轮毂盖外圈内表面的 5 个领域，“自定义旋转轴”选择刚创建的参照线，勾选“部分特征提取”，“结果运算”选择“导入片体”，单击对话框右上角的按钮进入下一步，选择“全回转”，单击按钮完成回转曲面的创建。参数设置及效果如图 10－9 所示。

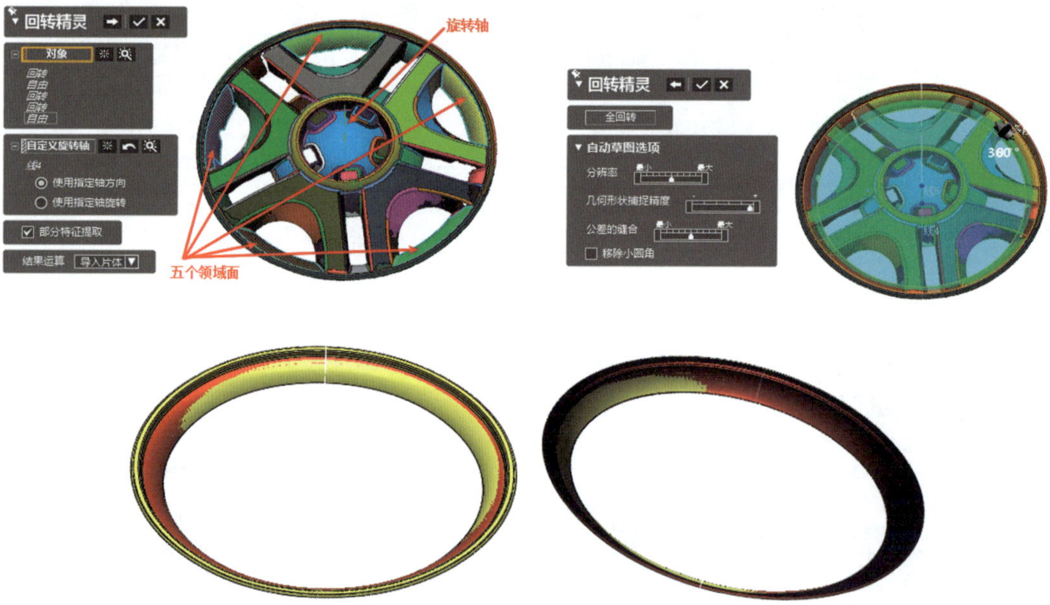

图 10－9　轮毂盖外圈回转曲面

使用【回转精灵】工具制作轮毂盖内圈回转曲面，“对象”选择如图 10－10 所示的领域，“自定义旋转轴”选择刚创建的参照线，勾选“部分特征提取”，“结果运算”选择“导入片体”，单击对话框右上角的按钮进入下一步，选择“全回转”，单击按钮完成回转曲面的创建。参数设置及效果如图 10－10 所示。

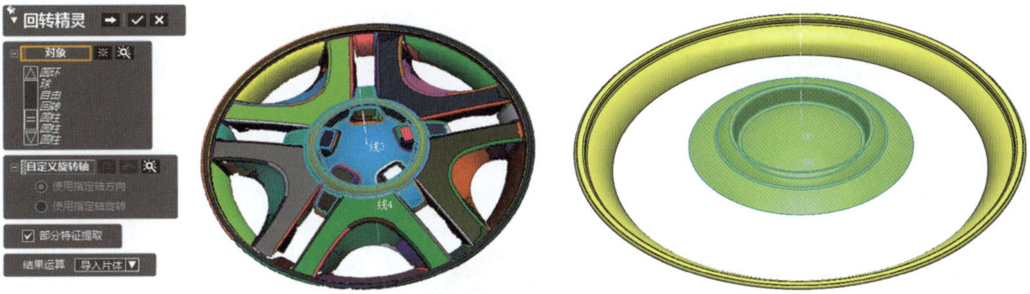

图 10－10　轮毂盖内圈回转曲面

使用【面片草图】工具创建轮毂盖中间曲面草图，“Target”选择轮毂盖面片，选择“回转投影”，“中心轴”选择刚创建的参照线，“基准平面”选择上参照平面，“轮廓投影范围”设为 20°，使用【3 点圆弧】和【调整】等工具绘制草图线，单击对话框右上角的按钮完成面片草图的创建。参数设置及效果如图 10－11 所示。

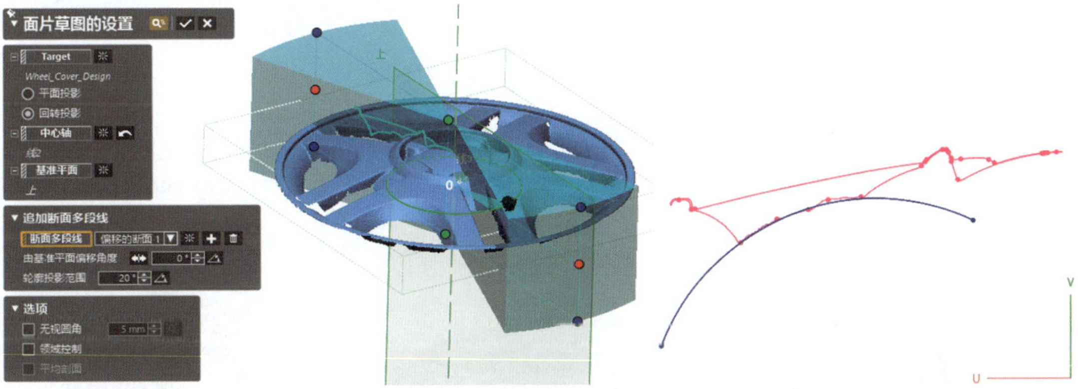

图 10－11　轮毂盖中间曲面草图

使用片体【回转】工具创建回转轮毂盖中间曲面，“轮廓”选择刚绘制的草图圆弧，“轴”选择前面创建的参照线，“方法”选择“单侧方向”，“角度”设为 360°，单击对话框右上角的按钮完成面片旋转。参数设置及效果如图 10－12 所示。

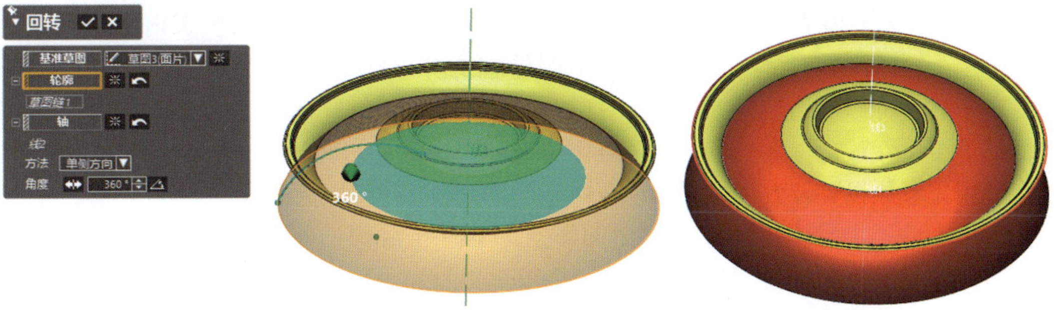

图 10－12　回转轮毂盖中间曲面

使用【面片草图】工具创建轮毂盖前面曲面草图，“Target”选择轮毂盖面片，选择“回转投影”，“中心轴”选择前面创建的参照线，“基准平面”选择右参照平面，“由基准平面偏移角度”设为 106.9692°，使用【3 点圆弧】和【调整】等工具绘制草图线，单击对话框右上角的✓按钮完成面片草图的创建。参数设置及效果如图 10－13 所示。

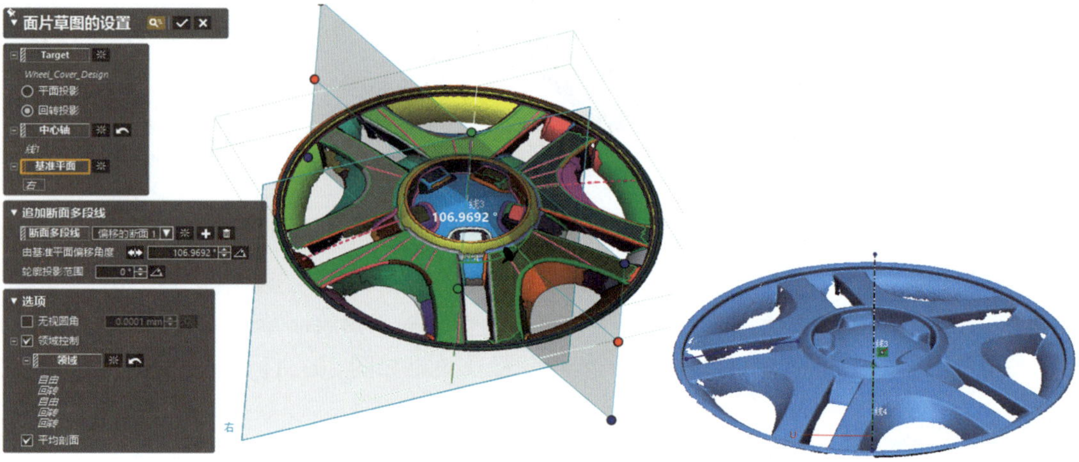

图 10－13　轮毂盖前面曲面草图

使用片体【回转】工具创建回转轮毂盖前面曲面，“轮廓”选择刚绘制的草图圆弧，“轴”选择前面创建的参照线，“方法”选择“单侧方向”，“角度”设为 180°，单击对话框右上角的✓按钮完成面片旋转。参数设置及效果如图 10－14 所示。

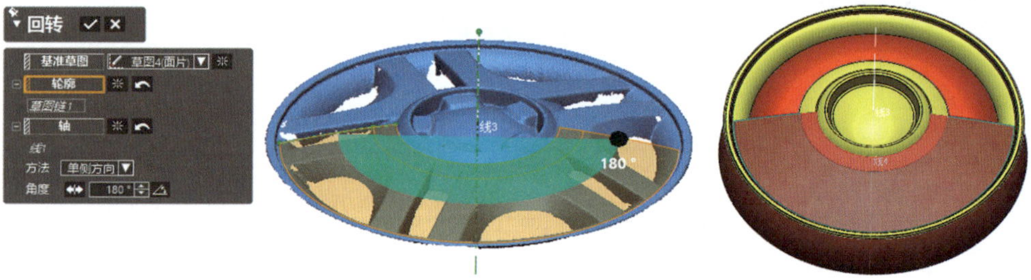

图 10－14　回转轮毂盖前面曲面

步骤 4　制作放样曲面。

使用【3D 面片草图】工具创建轮毂盖轮辐部分草图。选择“菜单→工具→3D 草图要素→样条曲线拟合”菜单命令，打开“样条曲线拟合”对话框，“目标”选择轮毂盖轮辐上表面领域的 3 条边线，其余采用默认设置，单击对话框右上角的✓按钮完成面片旋转。参数设置及效果如图 10－15 所示。

使用【放样向导】工具对轮辐曲面镂空部分进行放样操作，“领域 / 单元面”选择轮辐曲面镂空部分领域，“路径”选择“曲线”，“曲线”选择使用【3D 面片草图】工具创建的镂空部分弧形曲线，“断面数”设为 6，“平滑”调至最高，单击对话框右上角的➡按钮进入下一步，“样条点数量”设为 6，单击视图上方工具栏中的【体偏差】按钮，拖曳断面位置观察曲面变化，绿色越多表示拟合精度越高，调整好后单击✓按钮完成放样曲面的创建。参数设置及效果如图 10－16 所示。

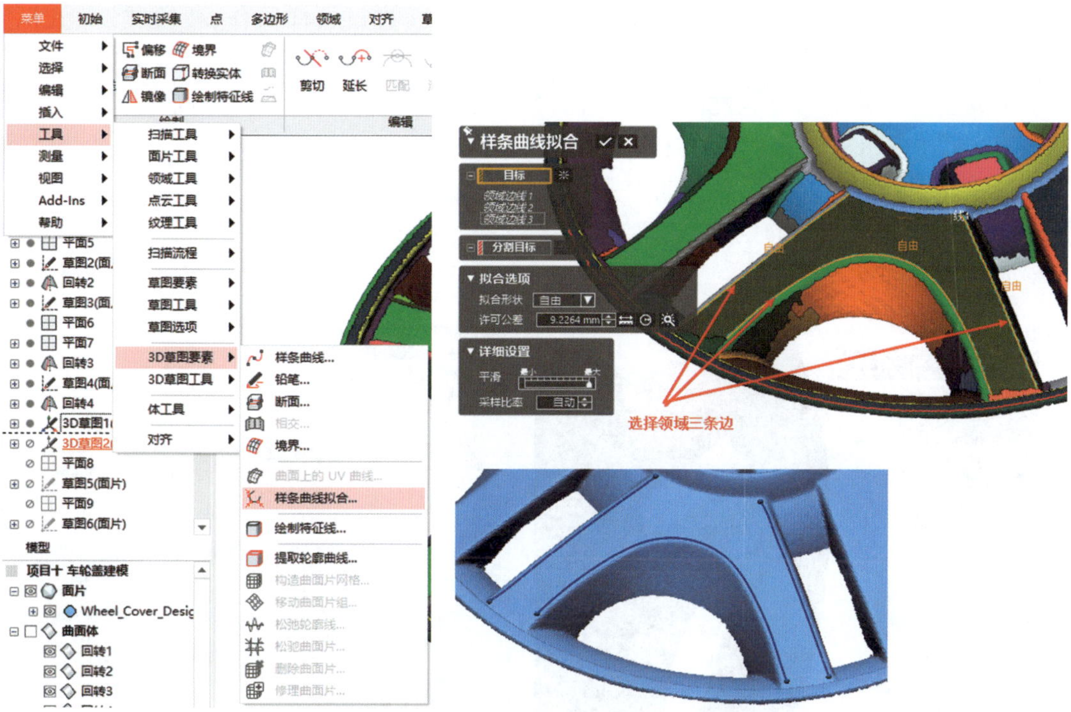

图 10－15　轮毂盖轮辐部分草图

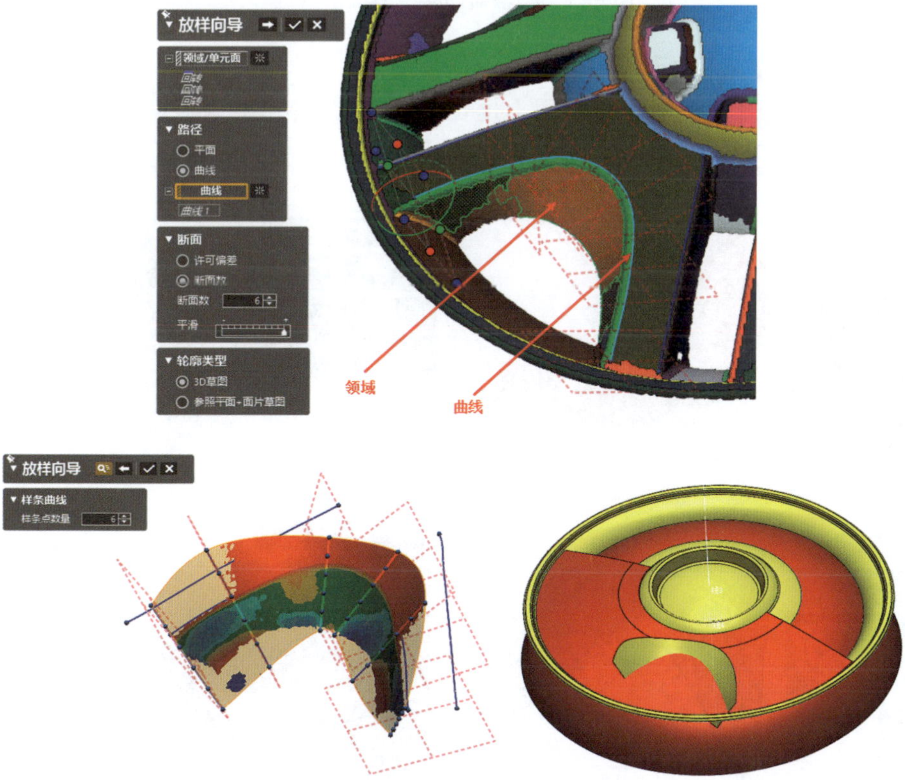

图 10－16　轮辐曲面镂空部分放样

使用【放样向导】工具对轮辐曲面镂空部分侧面进行放样操作，“领域/单元面”选择轮辐曲面镂空部分侧面领域，“路径”选择“曲线”，“曲线”选择使用【3D 面片草图】工具创建的镂空部分线性曲线，“断面数”设为 6，“平滑”调至最高，单击对话框右上角的按钮进入下一步，“样条点数量”设为 6，单击视图上方工具栏中的【体偏差】按钮，拖曳断面位置观察曲面变化，绿色越多表示拟合精度越高，调整好后单击按钮完成放样曲面的创建。参数设置及效果如图 10－17 所示。用同样的方法创建轮辐曲面镂空部分另一侧面。

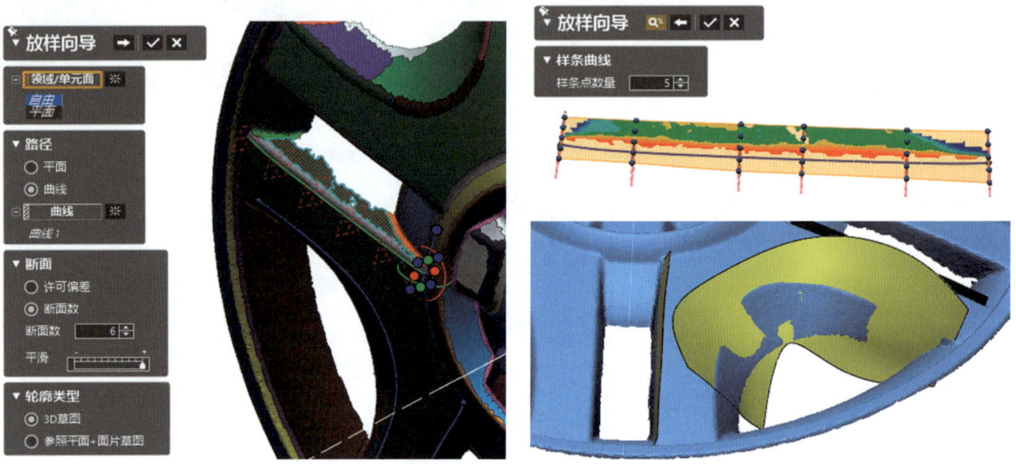

图 10－17　轮辐曲面镂空侧面部分放样

步骤 5　延长并剪切曲面。

为了使各个曲面充分相交，使用【延长曲面】工具分别对前面创建的曲面进行延长。参数设置及效果如图 10－18 所示。

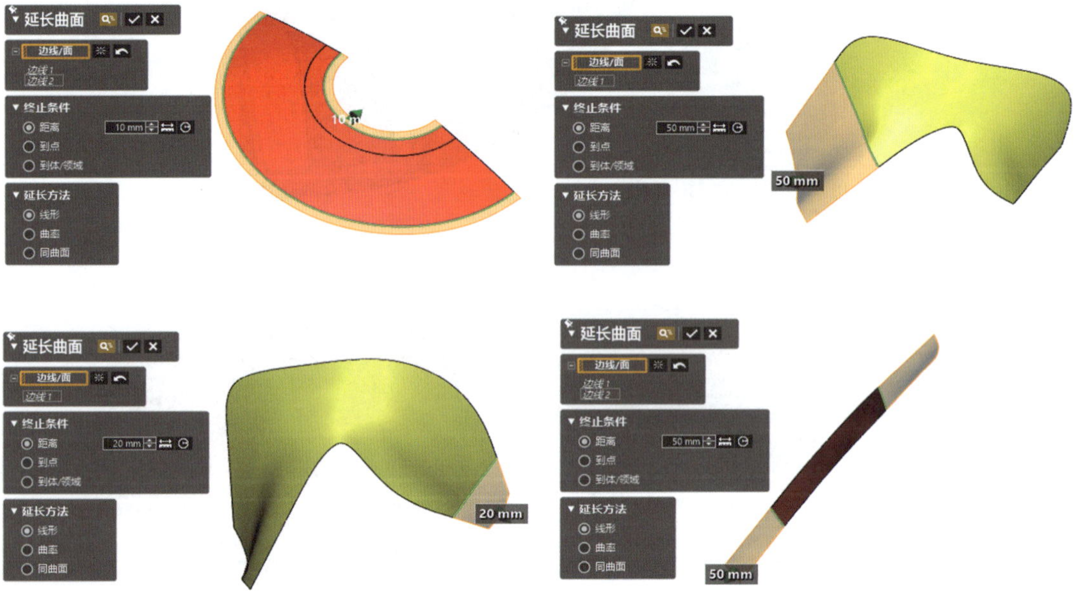

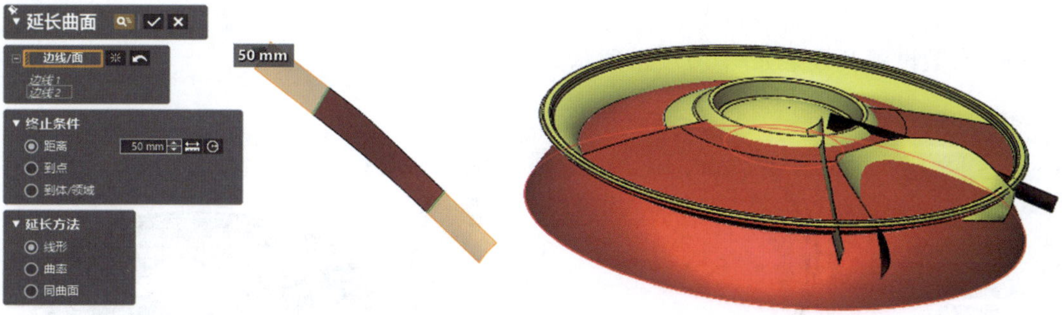

图 10－18　延长各个曲面

使用【剪切曲面】工具对 4 个曲面进行剪切，“工具要素”选择 4 个曲面，不勾选“对象”复选框，单击对话框右上角的 按钮进入下一步，按图 10－19 所示选择“残留体”，单击 按钮完成剪切曲面操作。参数设置及效果如图 10－19 所示。

图 10－19　剪切曲面

使用【圆形阵列】工具对刚剪切好的曲面进行圆形阵列，“要素数”设为 5，“回转轴”选择前面创建的参照线，勾选“等间距”。参数设置及效果如图 10－20 所示。

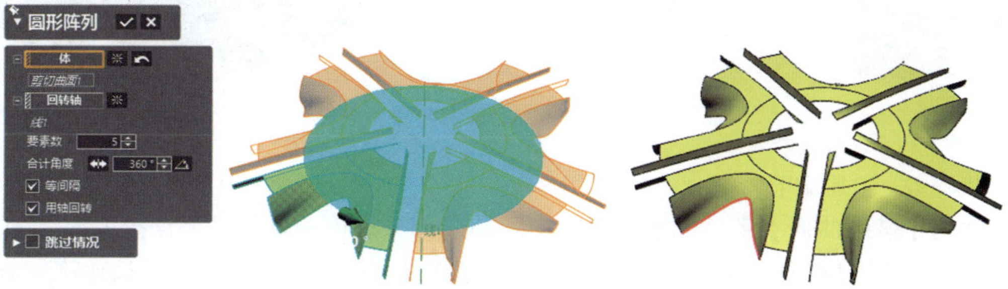

图 10－20　圆形阵列曲面

为了与阵列的曲面进行剪切，使用【延长曲面】工具将轮毂盖外圈下边线延长20mm。参数设置及效果如图 10－21 所示。

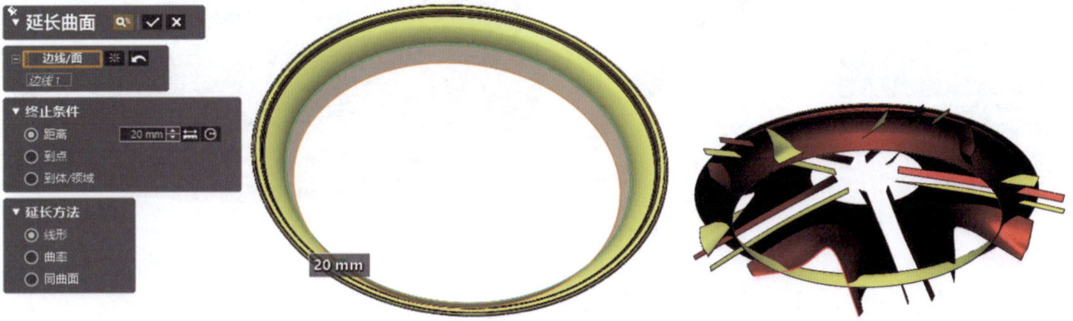

图 10－21　延长曲面

使用【剪切曲面】工具对所有曲面进行剪切。参数设置及效果如图 10－22 所示。

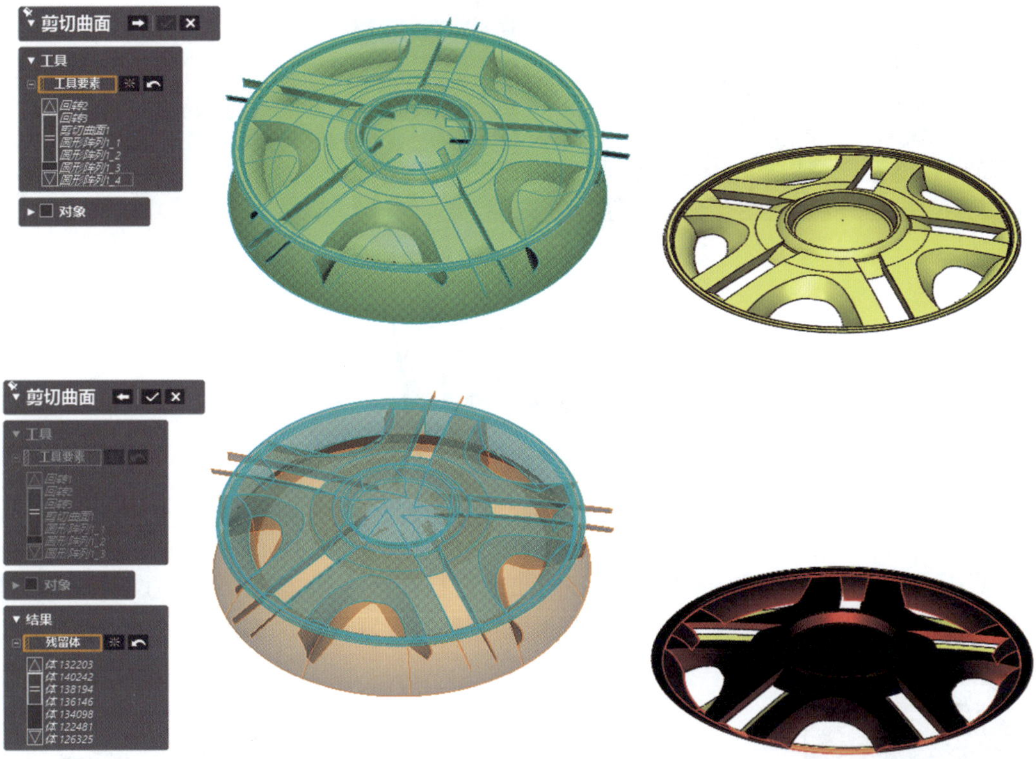

图 10－22　剪切曲面

步骤 6　创建细节特征。

使用【基础曲面】工具创建轮毂盖中间凸起部分表面，选择“手动提取”，“领域”选择某个凸起的侧面，在“创建形状”栏中单击【平面】按钮，“延长比率”设为300%，单击对话框右上角的【预览】按钮预览，确认无误后单击按钮完成基础曲面的创建。参数设置及效果如图 10－23 所示。用同样的方法创建凸起的另外 3 个面。

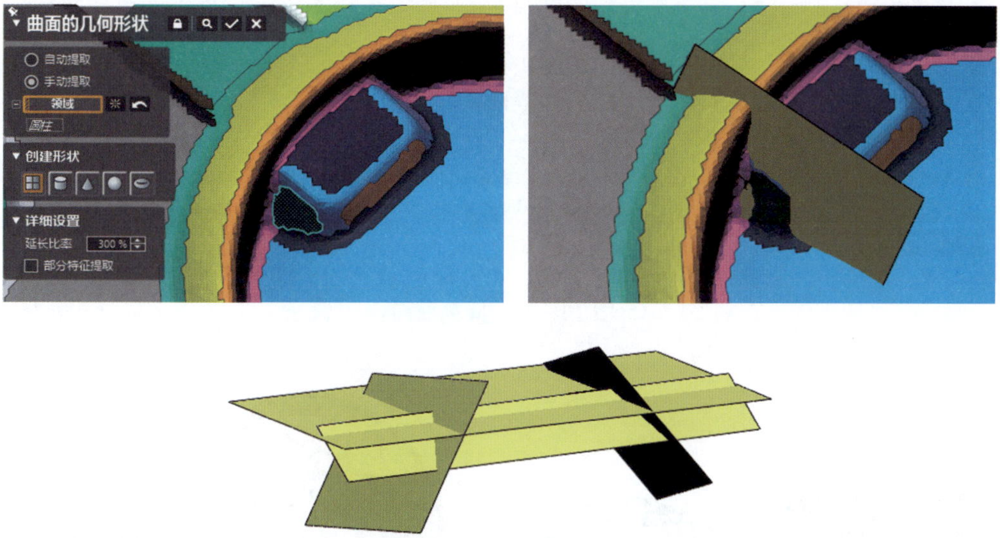

图 10－23　基础曲面

使用【剪切曲面】工具对所有凸起的曲面进行剪切。参数设置及效果如图 10－24 所示。

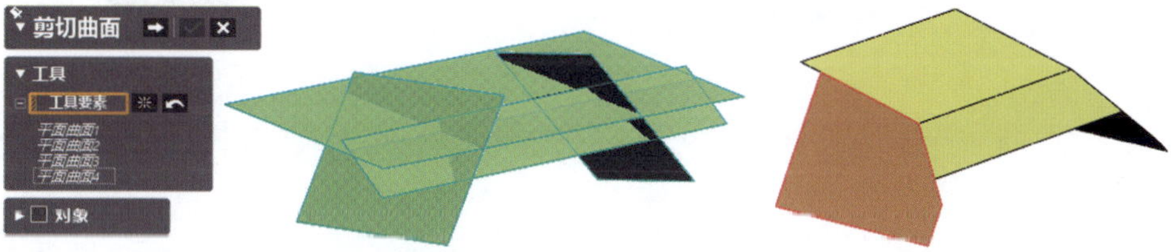

图 10－24　剪切曲面

使用【延长曲面】工具将前面平面延长 5mm。参数设置及效果如图 10－25 所示。

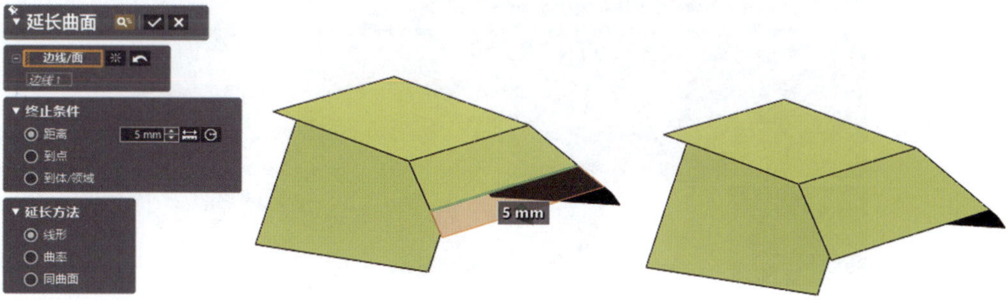

图 10－25　延长曲面

使用【圆形阵列】工具对刚剪切好的曲面进行圆形阵列，“要素数”设为 5，“回转轴”选择前面创建的参照线，勾选“等间距”。参数设置及效果如图 10－26 所示。

使用【剪切曲面】工具对轮毂盖整体曲面及 5 个凸起曲面进行剪切。参数设置及效果如图 10－27 所示。

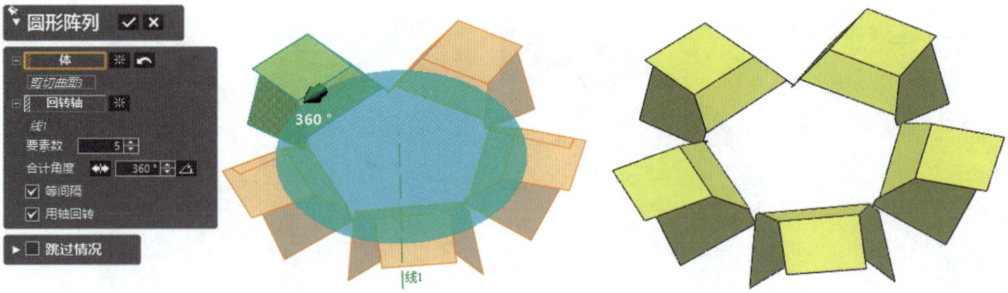

图 10－26　阵列曲面

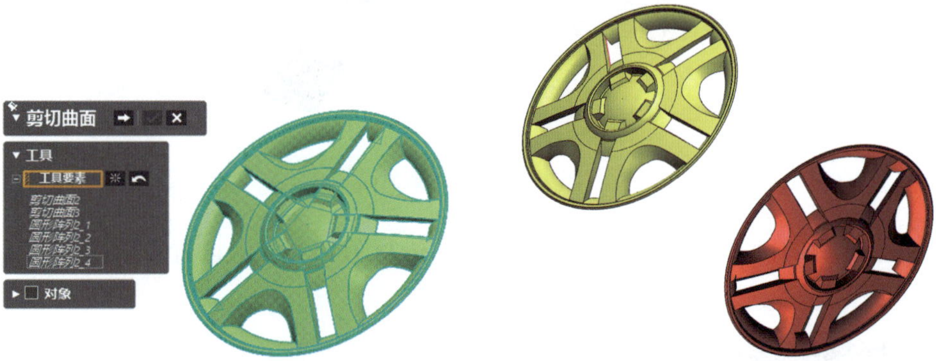

图 10－27　剪切曲面

使用【圆角】工具创建 5 个凸起部分的圆角，“半径”设为 3mm。参数设置及效果如图 10－28 所示。

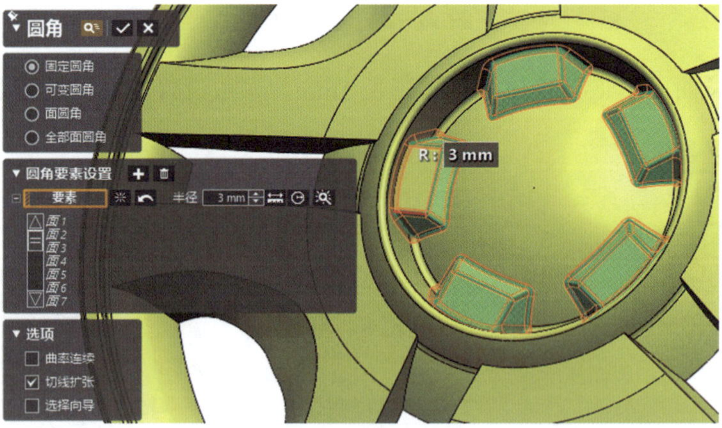

图 10－28　创建圆角

使用【圆角】工具创建 5 个轮辐的圆角，“半径”设为 5mm。参数设置及效果如图 10－29 所示。

使用【圆角】工具创建 10 个轮辐根部的圆角，“半径”采用自动估算值，单击“半径”右侧的按钮进行自动估算。参数设置及效果如图 10－30 所示。

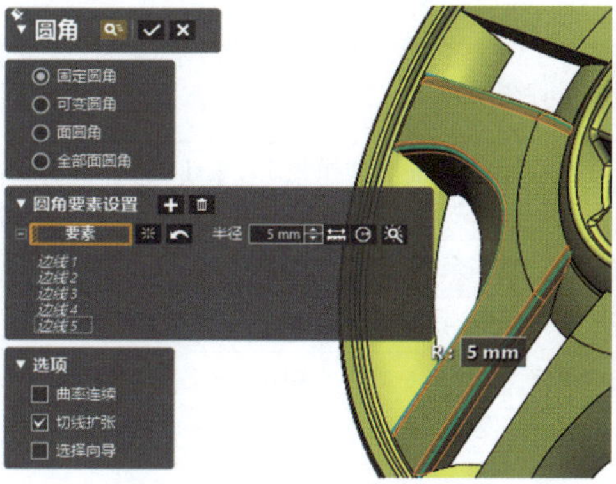

图 10－29　创建圆角

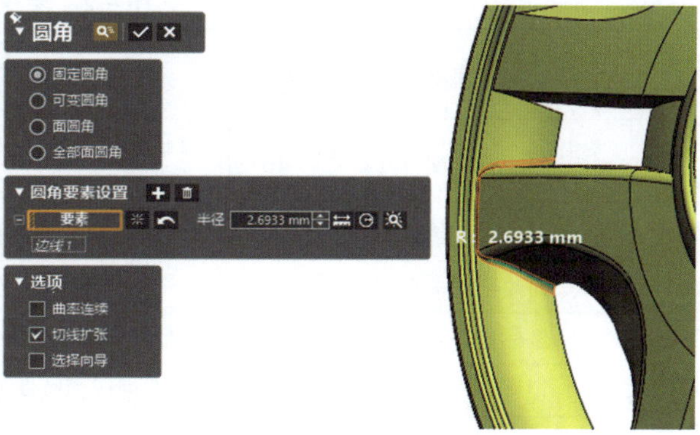

图 10－30　创建圆角

项目小结

通过本项目的学习，应掌握 Geomagic Design X 建模的技巧及以下技能：

（1）通过使用【回转精灵】工具，掌握回转体的创建方法。

（2）通过使用【放样向导】工具，掌握从一个网格中提取放样体的方法。

（3）通过使用【圆形】工具，掌握围绕一个轴创建多个特征的方法。

考核评价

对配套资源中的轮毂盖（图 10－31）点云文件编制建模步骤，并利用 Geomagic Design X 软件进行建模。

图 10－31　轮毂盖

- 点云文件路径："工业设计技术 -Geomagic Design X 逆向设计实用教程 \ 素材 \ 项目十 \ 轮毂盖点云 .gpd"。
- 考核指标见表 10－2。
- 建模步骤自拟表单，或登录中国人民大学出版社官网下载。

表 10－2　考核指标

指标	项目要求	分值	评分细则	得分
技术指标	步骤合理	10	每缺失一个步骤扣 2 分，某一步骤不合理扣 2 分，累计扣分，扣完为止	
	点云处理精细	5	有多余的杂点扣 2 分，有多余的点云族扣 3 ～ 5 分	
	面片创建平滑	5	有钉状物扣 1 分，累计扣分，扣完为止	
	坐标对齐合理	10	没有进行坐标对齐扣 10 分，基准面选择不合理扣 3 ～ 5 分	
	领域划分合理	10	没有进行领域划分扣 10 分，领域划分不合理扣 3 ～ 5 分	
	曲面创建合理	10	曲面创建不符合设计意图扣 2 分，累计扣分，扣完为止	
	实体创建合理	10	不能形成实体扣 10 分，实体特征缺失扣 2 分，累计扣分，扣完为止	
	体偏差比率	20	根据体偏差检测比率给定	
素质指标	通过学习【素养提升】内容，结合本项目学习情况谈一谈体会	20	根据体会深刻程度进行评价。	
			个人体会：	
总分				

项目十一 手机壳建模

——正向建模的典型应用

项目导读

随着信息化技术的普及程度越来越高，手机已经成为人们生活的一部分，从信息互联到照相、购物、移动办公，均可通过手机实现。本项目以传统经典手机外壳为例讲解其建模过程，涉及导入空间曲线数据、创建草图边界、利用空间曲线创建曲面、曲面扫描等建模技术。通过本项目的学习，大家可以掌握与手机壳造型相近的物体的建模技巧。

素养提升

从“3G 突破”“4G 同步”走向“5G 引领”，我国 5G 关键技术创新突破取得新进展。5G 芯片、移动操作系统等关键核心技术与国际先进水平差距持续缩小，我国企业声明的 5G 标准必要专利数量保持世界领先。其中，中国移动累计牵头 5G 国际标准项目 156 个、申请 5G 专利 3600 多件，稳居全球运营商第一阵营。2022 年 4 月，全球 5G 终端型号数量达到 1334 款，其中 677 款是手机。这 600 多款 5G 手机中，中国贡献了 80% 以上的手机终端型号，累计达到 558 款。正是这些包括行业模组在内种类丰富的 5G 国产终端，促进了 5G 行业应用的快速普及。

项目分析

如图 11 - 1 所示，手机壳的建模步骤主要分为：设计 2D 草图轮廓、创建自由曲面、合并曲面体、创建壳体、制作细节特征。通过对空间曲线进行拉伸、扫描等操作提升读者的正向建模的能力，以及草图绘制和编辑能力。

图 11 - 1 手机壳

手机壳建模步骤见表 11 - 1。

表 11－1　手机壳建模步骤

序号	建模步骤	效果
1	导入文件并设计 2D 草图：将准备好的草图导入 Geomagic Design X 软件，并使用草图工具进行草图添加及边界设置	
2	创建上部自由曲面：使用【曲面放样】工具创建手机壳上表面自由曲面	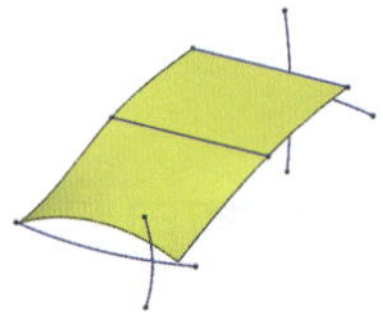
3	创建手机壳其他曲面：使用【曲面放样】、【曲面扫描】、曲面【拉伸】和【镜像】等工具创建其他曲面	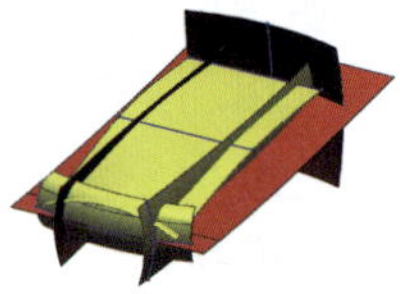
4	合并曲面：使用【剪切 & 合并】和可变【圆角】等工具合并及编辑曲面	
5	创建壳体：使用【抽壳】、【曲面偏移】、【交差】和【曲面拉伸】等工具创建壳体	
6	创建细节特征：使用【线性阵列】、【拉伸】、【旋转】和【圆角】等工具创建细节特征	

知识技能点

本项目所讲解的手机壳实例是通过 Geomagic Design X 进行正向建模的典型应用，可见，Geomagic Design X 软件不但可用于逆向建模，正向建模也是非常方便的。本项目制作过程中将用到【草图】、【放样】、【扫描】、【镜像】、【壳体】、【切割】和【拉伸】等工具。重要的知识及技能点如下：

➢【扫描】：跟踪草图的路径，并由此创建一个表面体。轮廓是由素描实体创建的，如圆、样条，或线、弧和样条的组合。

操作步骤：

- 在【模型】工具栏中单击【扫描】按钮。
- 选择“插入→曲面→扫描”菜单命令。

➢【曲面偏移】：以恒定的距离放大或缩小实体的表面。

操作步骤：

- 在【模型】工具栏中单击【曲面偏移】按钮。
- 选择“插入→曲面→曲面偏移”菜单命令。

➢【壳体】：在实体中删除选定的面，并使用剩余的面创建一个常数薄壁模型。

操作步骤：

- 在【模型】工具栏中单击【壳体】按钮。
- 选择“插入→实体→壳体”菜单命令。

手机壳建模 -1

项目实施

步骤 1　导入文件并设计 2D 草图。

选择“菜单→插入→导入”菜单命令或单击【初始】工具栏中的【打开】下拉菜单中的【导入】按钮，打开“导入”对话框，在配套资源中找到“工业设计技术 -Geomagic Design X 项目化设计教程 \ 素材 \ 11 项目十一手机壳建模 \ 项目十一手机壳曲线 .xrl”，单击【仅导入】按钮，完成手机壳曲线文件的导入，如图 11－2 所示。

手机壳建模 -2

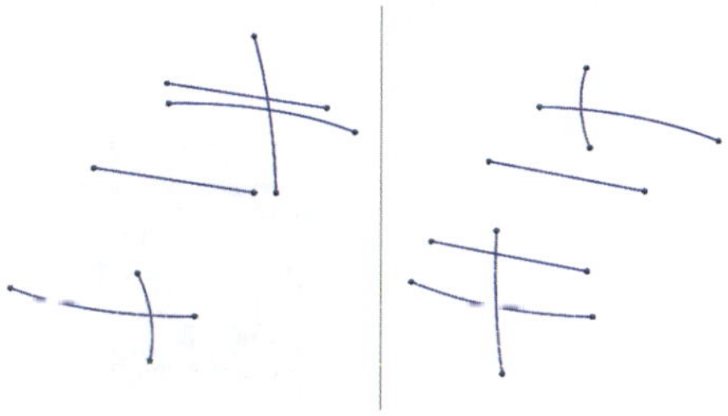

图 11－2　导入文件

在“树”管理器中隐藏导入的 3D 草图 1，显示“参照平面”，使用【草图】工具在前参照平面上建立一张草图。参数设置及效果如图 11－3 所示。

图 11－3　建立草图

使用【参照线】工具从坐标原点开始，分别沿坐标系的“U”轴和“V”轴绘制两条直线作为坐标系轴线。系统提供了自动捕捉和添加约束功能，当出现“水平”—和

“竖直” 图标时表示直线可以实现水平或竖直放置。参数设置及效果如图 11－4 所示。

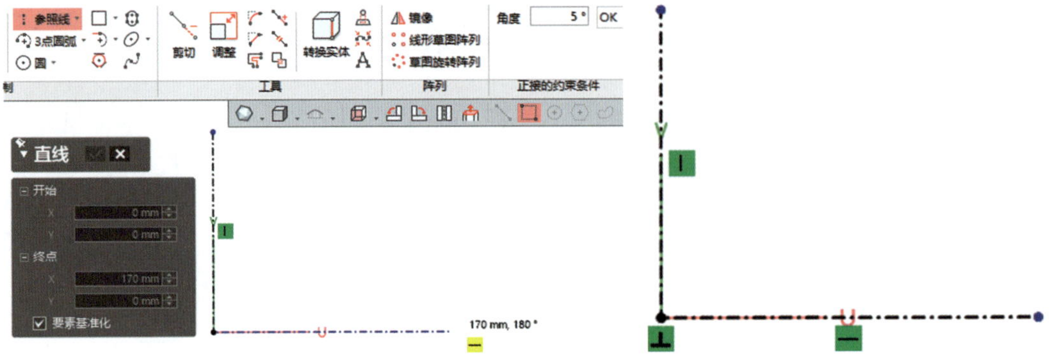

图 11－4　参照坐标轴

使用【3 点圆弧】工具绘制一段圆弧，单击对话框右上角的 按钮完成圆弧绘制。双击 Y 轴参照线，按住“Ctrl”键，选择圆弧的圆心，在“约束条件”对话框中单击【一致】按钮，实现圆弧圆心与坐标系 Y 轴的重合约束。参数设置及效果如图 11－5 所示。

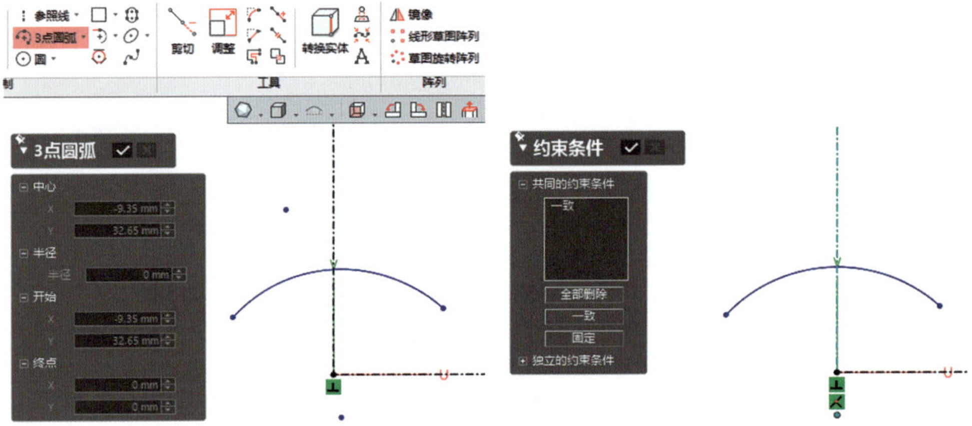

图 11－5　添加约束

使用【智能尺寸】工具 按图 11－6 所示添加尺寸约束，完成后单击【退出】按钮 退出草图编辑。参数设置及效果如图 11－6 所示。

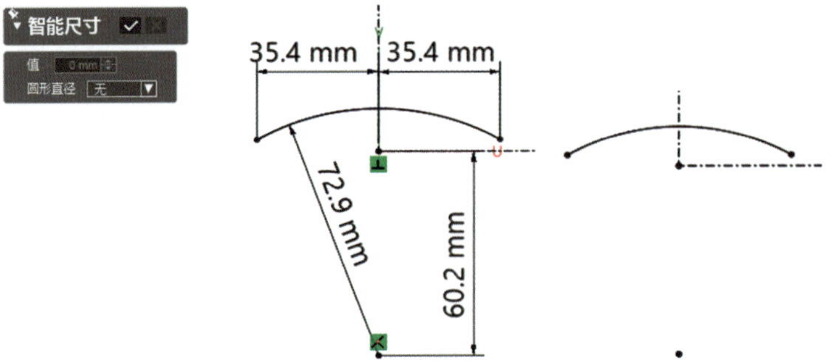

图 11－6　尺寸约束

显示“参照平面”，使用【平面】工具添加一个参照平面，“要素”选择前参照平面，“方法”选择“偏移”，“距离”设为 -8mm，如果方向反向，按按钮切换方向，单击对话框右上角的按钮完成参照平面的创建。参数设置及效果如图 11－7 所示。

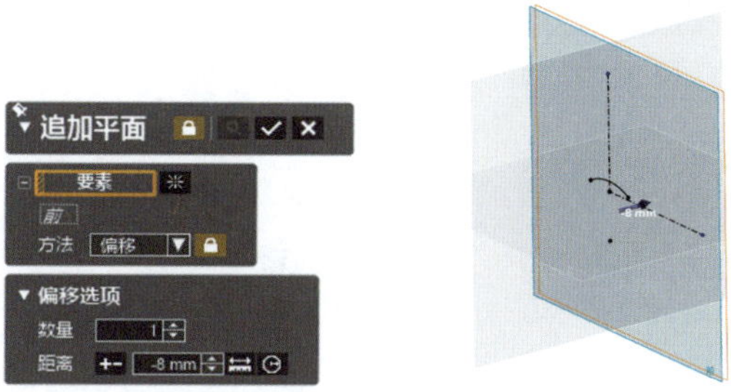

图 11－7　参照平面

利用上一步偏移的参照平面建立一张草图，使用【转换实体】工具将前面绘制的两条参照轴线转换到此草图中，“转换实体”栏中的“要素”选择前面绘制的两条参照轴线，单击对话框右上角的按钮完成转换实体操作。参数设置及效果如图 11－8 所示。

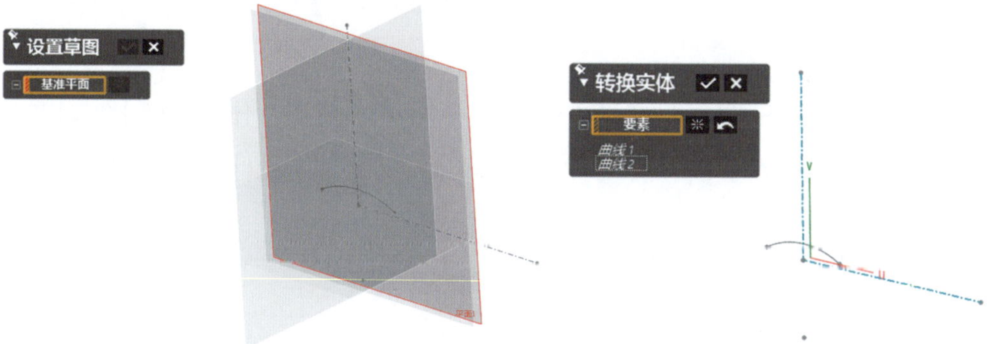

图 11－8　转换参照轴线

隐藏“草图 1”，双击转换过来的直线，在“直线”对话框中勾选“要素基准化”复选框，将两条直线转换为基准线，不参与建模操作。参数设置及效果如图 11－9 所示。

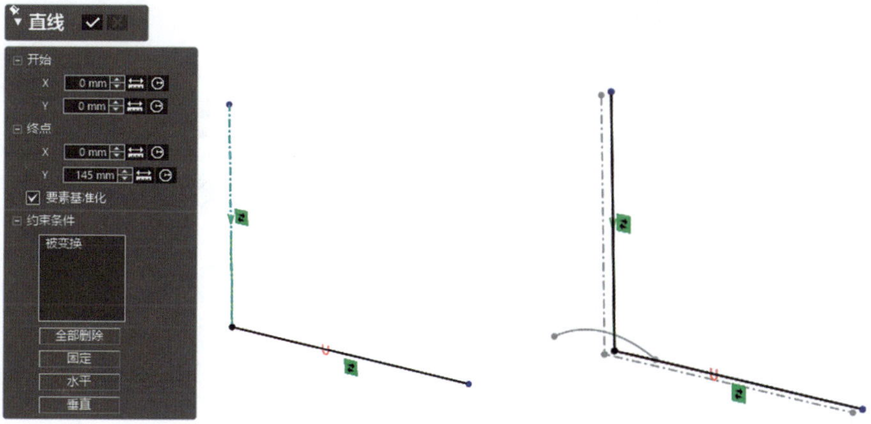

图 11－9　要素基准化

单击视图上方工具栏中的【法向】按钮，正视草图，按照图 11－10 所示绘制圆弧并进行相应约束，圆弧中心要与竖直参照线“一致”约束，完成后单击【退出】按钮退出草图编辑。可将“草图”显示出来，便于观察。

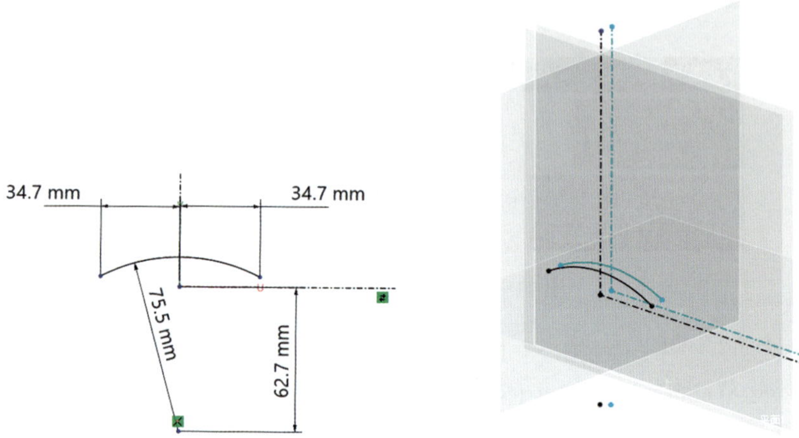

图 11－10　绘制圆弧

步骤 2　创建上部自由曲面。

隐藏“参照平面”，显示最初导入的“3D 草图 1”，使用片体【放样】工具进行片体放样，“轮廓”选择如图 11－11 所示的 4 条曲线，最后单击对话框右上角的按钮完成曲面放样。

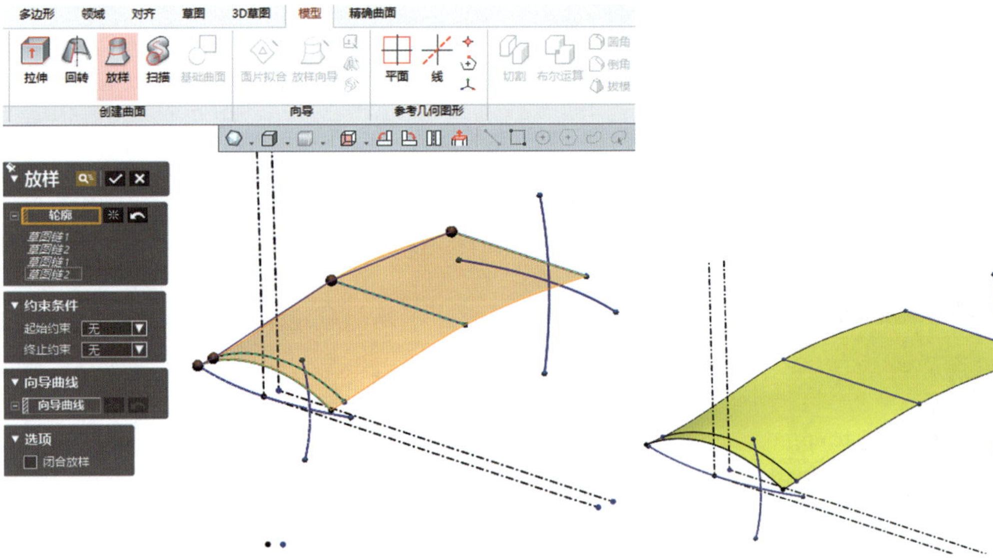

图 11－11　曲面放样

隐藏上一步放样的曲面，在上参照平面上建立一张草图，按照图 11－12 所示绘制两轴参照线和“3 点圆弧”，并进行约束。

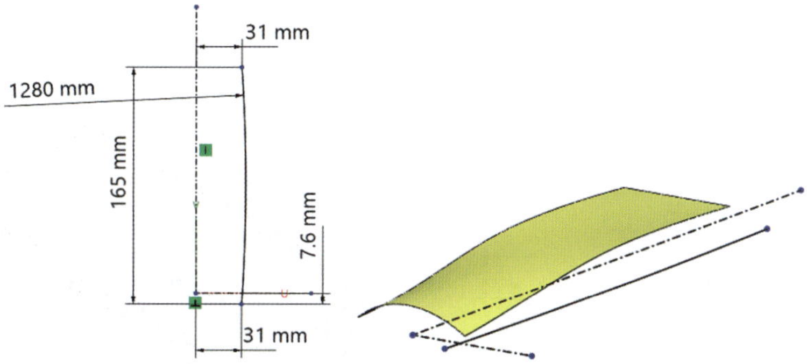

图 11－12　绘制草图

步骤 3　创建手机壳其他曲面。

使用片体【扫描】工具进行手机壳侧面曲面扫描，“轮廓”选择导入的曲线，“路径”选择刚绘制的草图曲线，“方法”选择“沿路径”，单击对话框右上角的✓按钮完成曲面扫描。参数设置及效果如图 11－13 所示。如果曲面法线反向，使用【反转法线】工具反转曲面的法线。

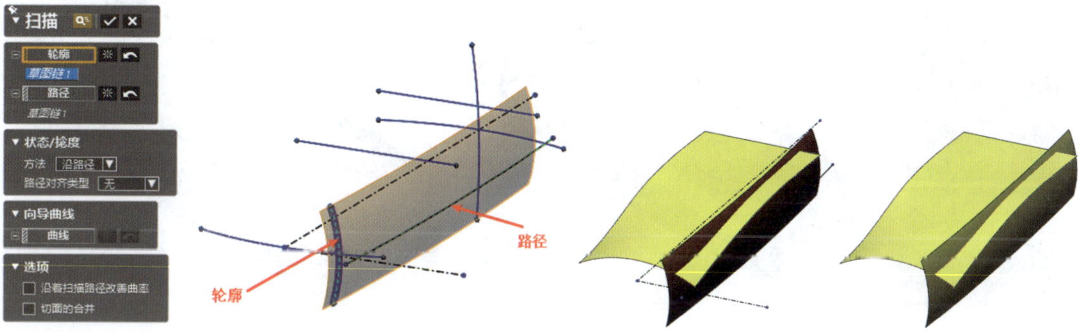

图 11－13　曲面扫描

使用【镜像】工具对手机壳侧面曲面进行镜像，“体”选择上一步扫描的曲面，“对称平面”选择右参照平面，单击对话框右上角的✓按钮完成曲面镜像。参数设置及效果如图 11－14 所示。

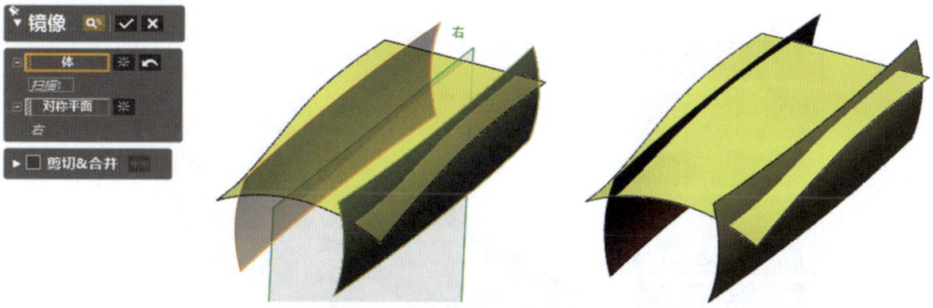

图 11－14　曲面镜像

隐藏所有曲面体，在右参照平面上创建一张草图，按照图 11－15 所示绘制两轴参照线和两段“3 点圆弧”，并进行约束，两段圆弧一定要添加“相切”约束。

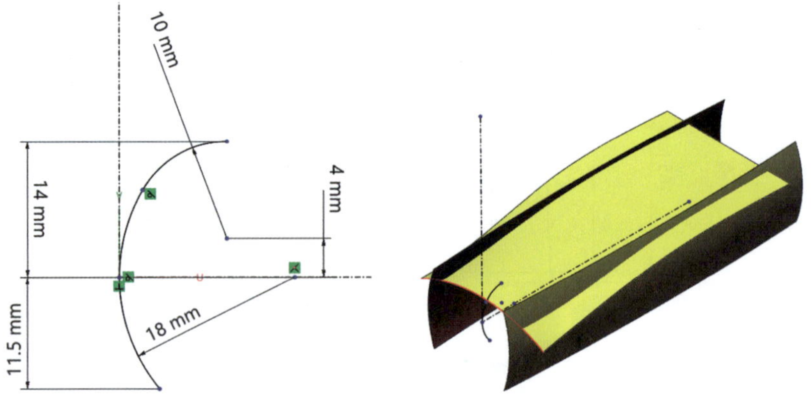

图 11－15　绘制草图

使用片体【扫描】工具进行手机壳下部曲面扫描，“轮廓”选择导入的曲线，“路径”选择刚绘制的草图曲线，“方法”选择“沿路径”，单击对话框右上角的✓按钮完成曲面扫描。参数设置及效果如图 11－16 所示。

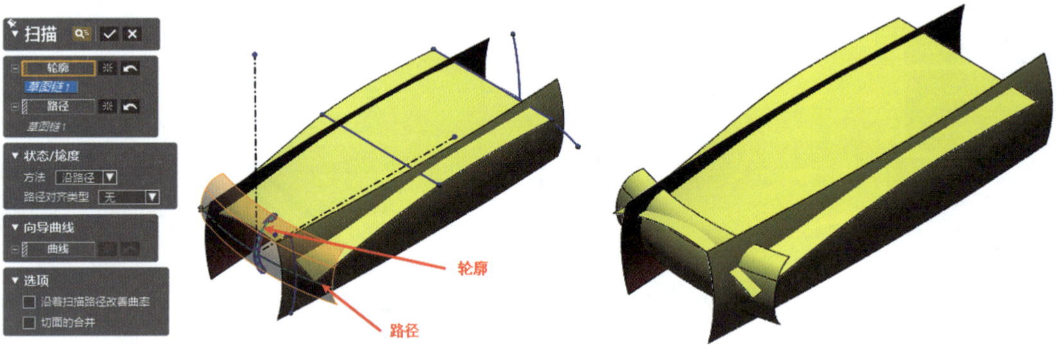

图 11－16　曲面扫描

使用片体【扫描】工具进行手机壳上部曲面扫描，“轮廓”选择导入的曲线，“路径”选择导入的曲线，“方法”选择“沿路径”，单击对话框右上角的✓按钮完成曲面扫描。参数设置及效果如图 11－17 所示。如果曲面法线反向，使用【反转法线】工具反转曲面的法线。

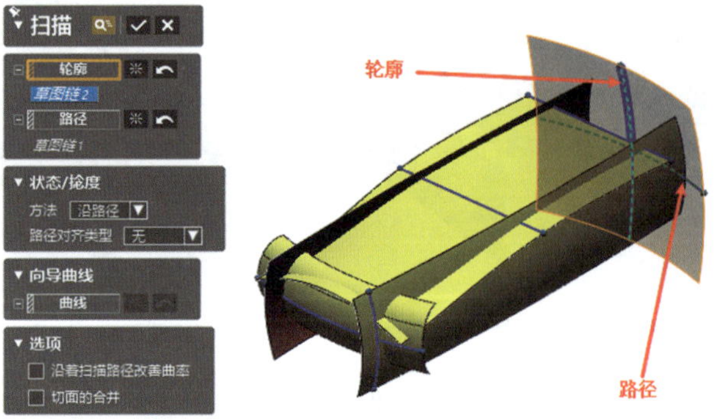

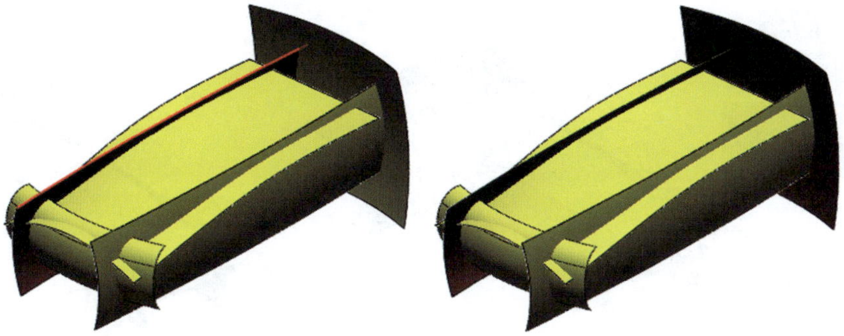

图 11－17　曲面扫描

隐藏所有曲面体，在右参照平面上创建一张草图，按照图 11－18 所示从坐标原点绘制一条短直线和“3 点圆弧”，并进行约束，直线和圆弧一定要添加“相切”约束。

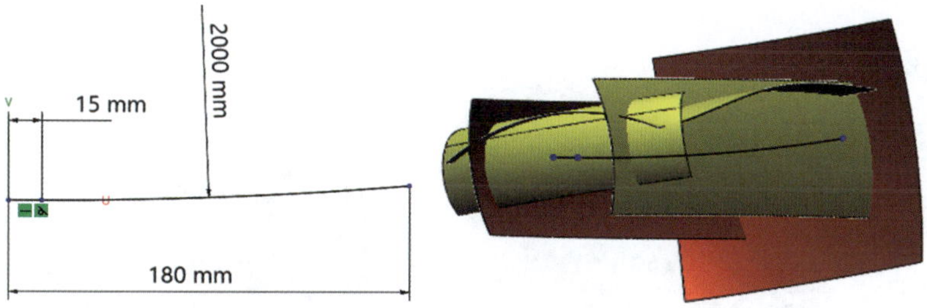

图 11－18　草图绘制

使用【拉伸】工具拉伸手机壳底面，“轮廓”选择刚创建的草图，“方法”选择“平面中心对称”，“长度”设为 100mm，单击对话框右上角的按钮完成曲面拉伸。参数设置及效果如图 11－19 所示。

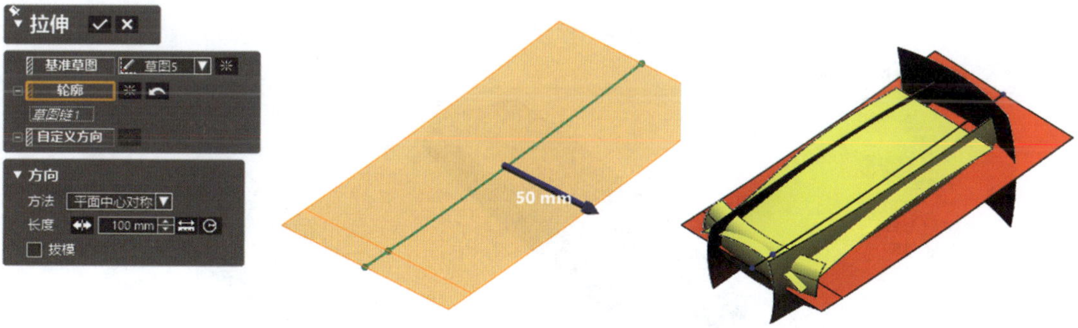

图 11－19　曲面拉伸

步骤 4　合并曲面。

如果曲面太短，曲面间便不能实现相交，也就无法进行剪切曲面操作，因此要对不相交的曲面进行延长曲面操作。使用【延长曲面】工具对手机壳上表面进行延长，“边线 / 面”选择整个上表面，“距离”设为 20mm，“延长方法”选择“线形”，单击对话框右上角的按钮完成曲面延长。参数设置及效果如图 11－20 所示。

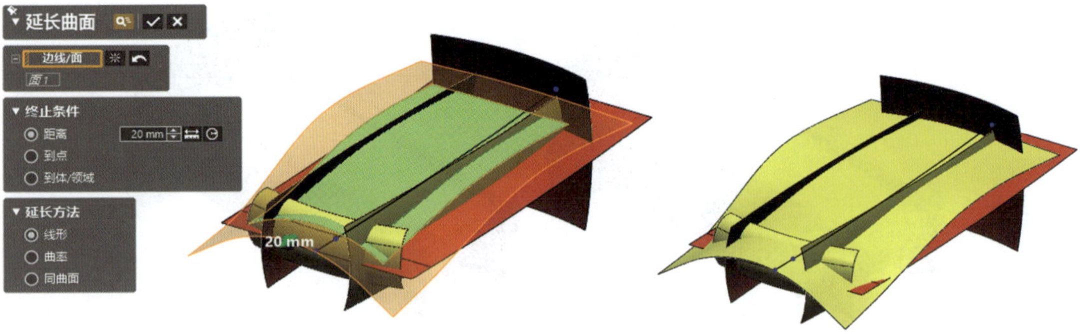

图 11－20　曲面延长

使用【剪切曲面】工具对所有曲面进行修剪，“工具要素”选择所有曲面，单击对话框右上角的按钮进入下一步，按照图 11－21 所示选择残留体，单击按钮完成曲面剪切。

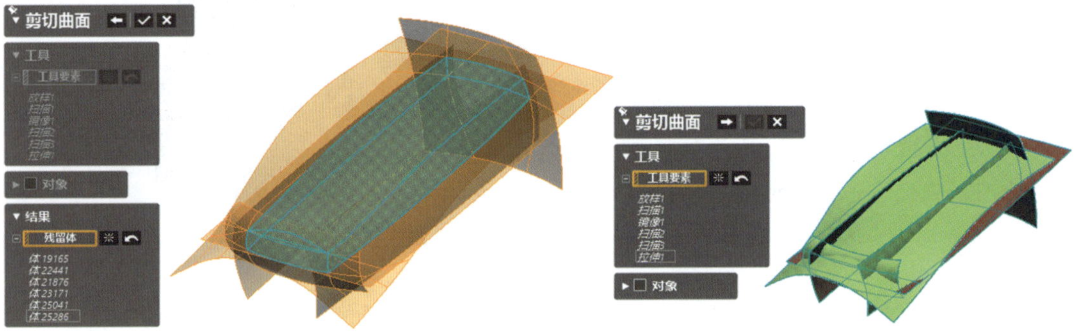

图 11－21　曲面剪切

如果剪切曲面操作正确，剪切后的曲面会形成封闭区域，系统会使封闭区域自动形成实体，并在“树”管理器中生成新的实体，如图 11－22 所示。

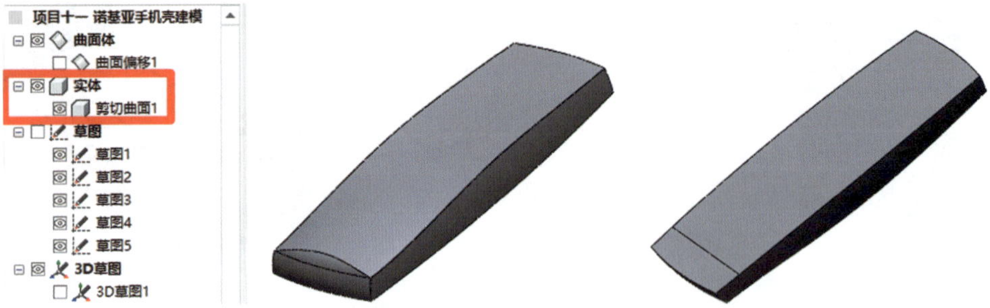

图 11－22　形成实体

使用【圆角】工具创建手机壳上表面周边圆角。首先创建两侧长边的可变圆角，选择“可变圆角”，“要素”选择边线，“选项”勾选“切线扩张”复选框，设置两端半径为 5mm，中间半径为 10mm，单击对话框右上角的按钮完成圆角创建。参数设置及效果如图 11－23 所示。用同样的方法创建另一侧可变圆角。

创建上下两端的固定圆角，圆角半径均为 3mm。参数设置及效果如图 11－24 所示。

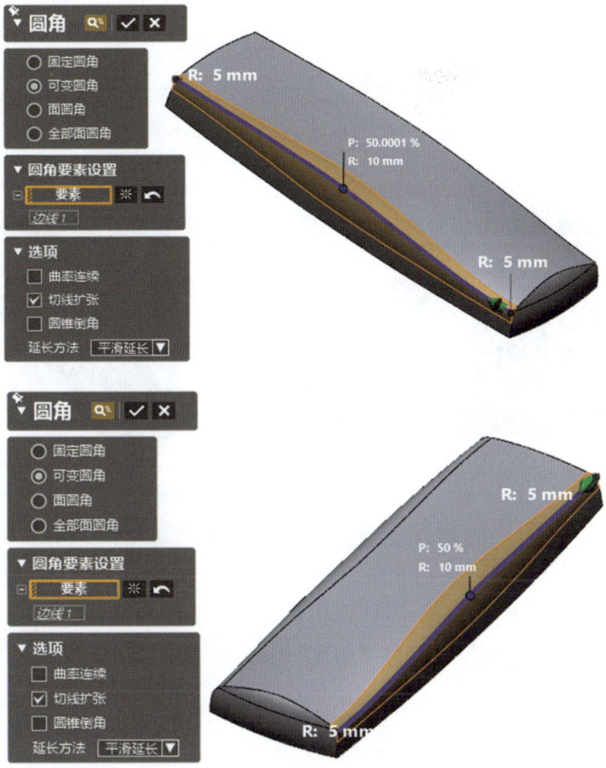

图 11－23　可变圆角

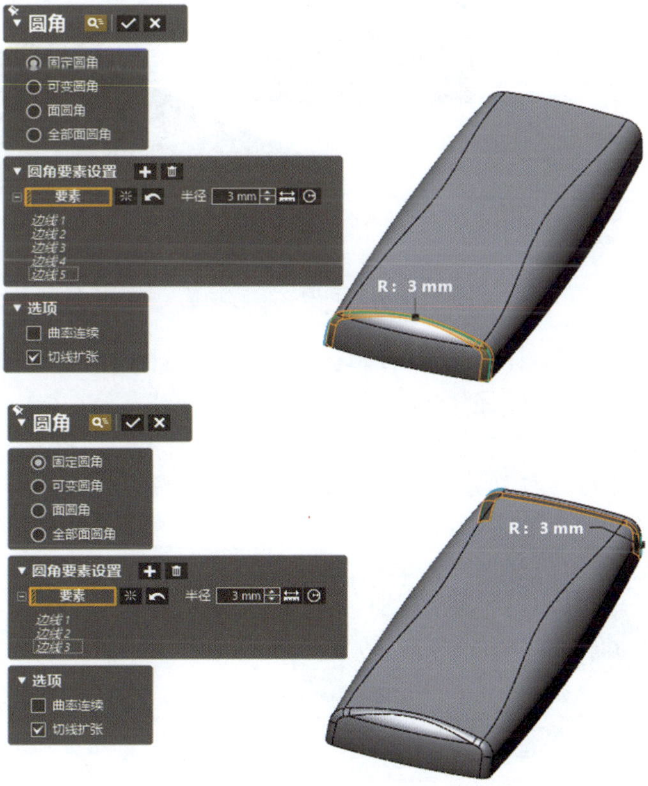

图 11－24　固定圆角

步骤 5　创建壳体。

使用【壳体】工具制作手机壳壳体，“深度”设为 2.5mm，“面”选择手机壳底部两个曲面，作为要删除的面，单击对话框右上角的按钮完成壳体创建。参数设置及效果如图 11－25 所示。

图 11－25　壳体创建

为了制作手机壳周边卡扣特征，需要再次用到前面创建的底面曲面。在“树”管理器中鼠标右键单击“延长曲面 1”，选择“前移”，可以将建模过程退至“延长曲面 1”之前的步骤。然后使用【曲面偏移】工具将底面的两个曲面向上偏移 1.5mm。完成偏移后再次右键单击“延长曲面 1”，选择“后移至结束”，即可返回最后编辑的那一步。参数设置及效果如图 11－26 所示。

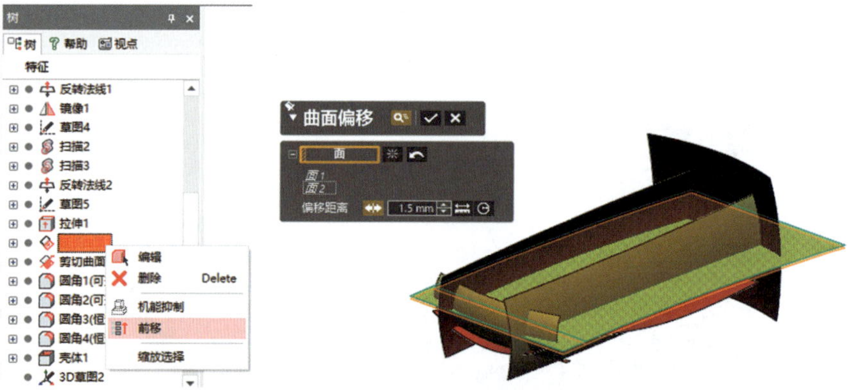

图 11－26　回退并偏移曲面

使用【3D 草图】工具创建一张 3D 草图，在【3D 草图】工具栏中单击【相交】按钮，打开“相交”对话框，创建壳体与曲面的空间交线轮廓，“工具要素”选择刚偏移的曲面，“对象体”选择制作好的壳体，单击对话框右上角的按钮完成相交操作。参数设置及效果如图 11－27 所示。可以将实体和曲面隐藏，以便进行观察。

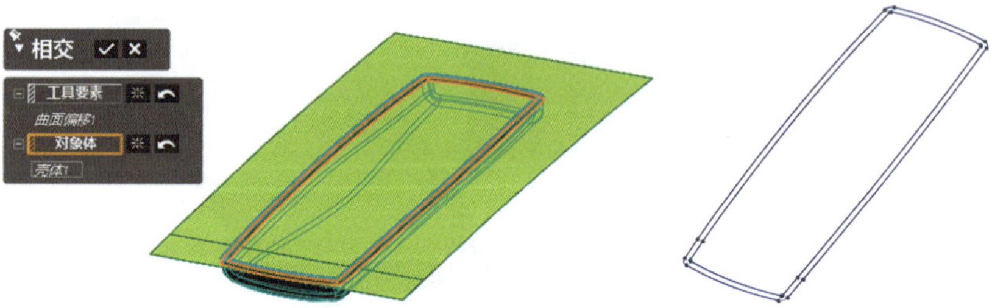

图 11－27　相交轮廓线

在【3D 草图】工具栏中单击【偏移】按钮，打开“偏移”对话框，“基准要素”选择刚创建的偏移曲面，“曲线”选择所有相交曲线，选择“两方向”，勾选“删除原始曲线”复选框，单击对话框右上角的按钮完成偏移操作。参数设置及效果如图 11－28 所示。

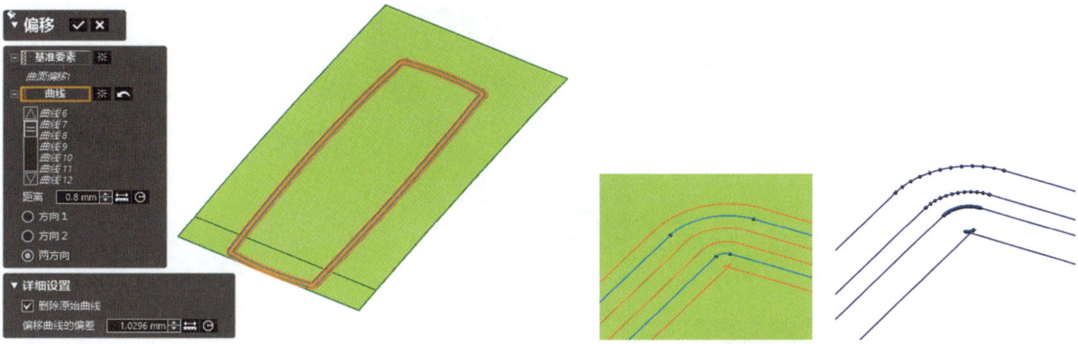

图 11－28　偏移曲线

使用【拉伸】工具进行曲面拉伸操作，“轮廓”选择从外向里第二条轮廓线，“自定义方向”选择偏移的曲面，“长度”设为 20mm，单击对话框右上角的按钮完成拉伸操作。参数设置及效果如图 11－29 所示。

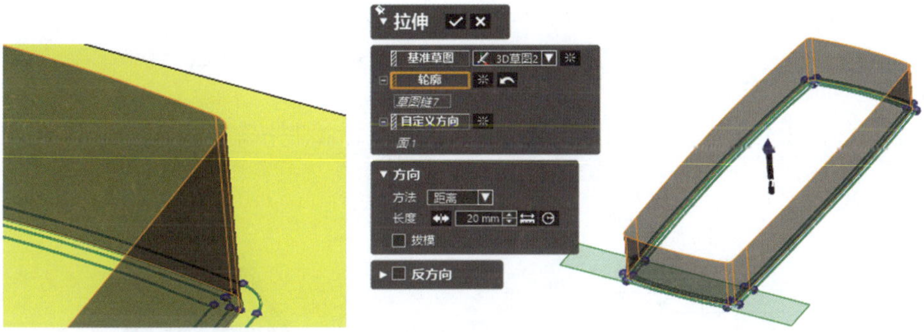

图 11－29　拉伸曲面

使用【剪切曲面】工具对偏移曲面和拉伸曲面进行剪切，“残留体”如图 11－30 所示。

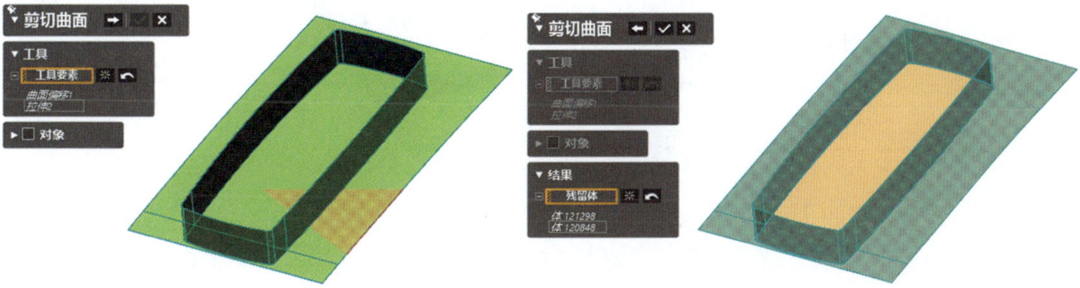

图 11－30　剪切曲面

显示壳体和剪切曲面，使用【切割】工具进行切割，“工具要素”选择刚创建的剪切曲面，“对象体”选择手机壳壳体，残留体如图 11－31 所示。隐藏曲面后可以看到切割好的卡扣特征。

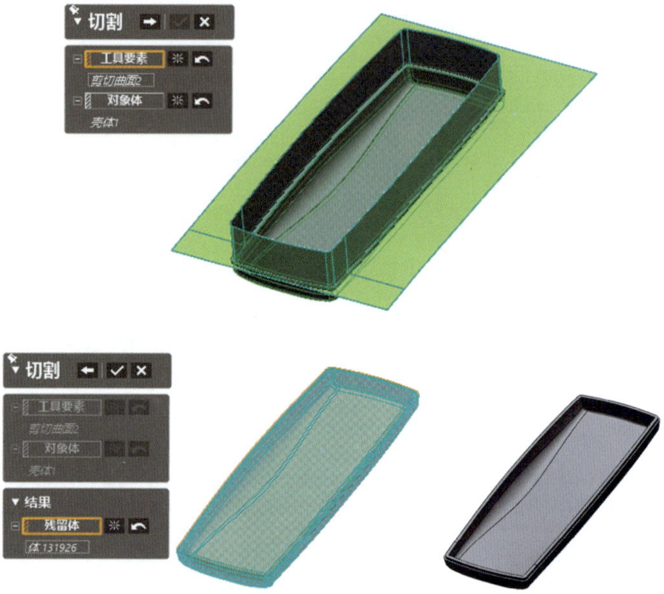

图 11－31　切割实体

步骤 6　创建细节特征。

在上基准面上创建一张草图，按照图 11－32 所示绘制按键轮廓草图。

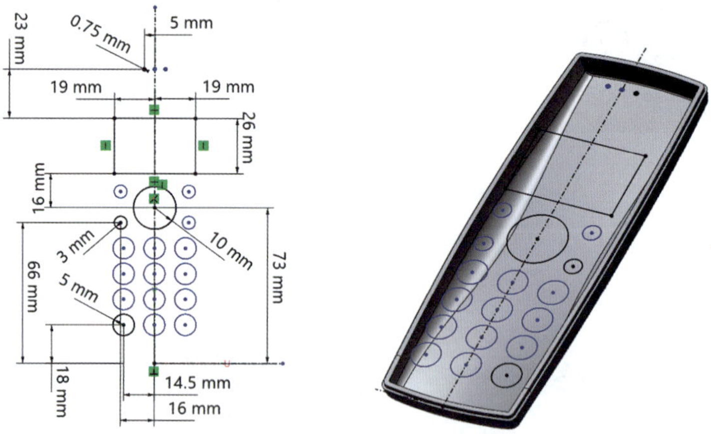

图 11－32　按键轮廓草图

使用实体【拉伸】工具进行按键拉伸切割，“轮廓”选择刚创建的按键轮廓草图，“方法”选择“通过”，“结果运算”勾选“切割”复选框。参数设置及效果如图 11－33 所示。

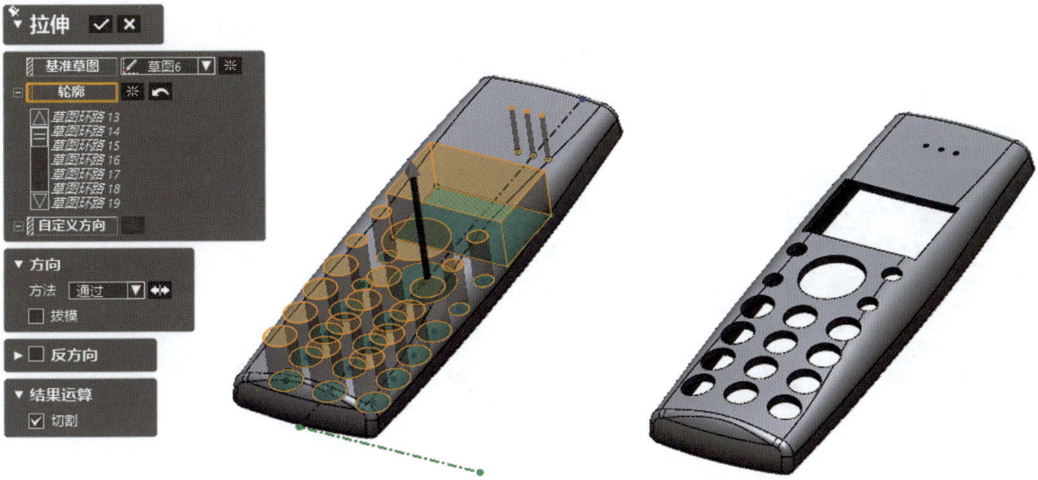

图 11－33　按键拉伸切割

为了制作听筒小孔球形凹陷，需要使用【平面】工具创建一个参照平面，“要素”选择前参照平面和听筒小孔内部圆柱面，“方法”选择“投影”，单击对话框右上角的按钮完成参照平面的创建。参数设置及效果如图 11－34 所示。

图 11－34　参照平面

利用刚创建的参照平面建立一张草图，按照图 11－35 所示绘制轮廓。

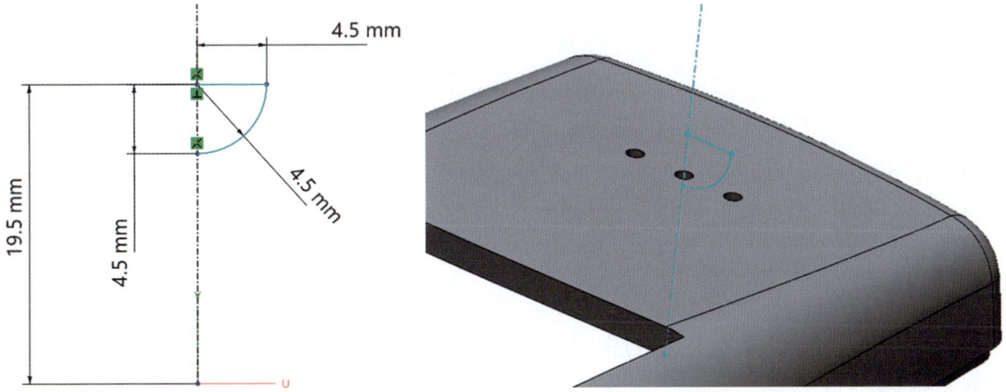

图 11－35　听筒轮廓草图

使用实体【回转】工具进行回转切割，“轮廓”选择刚创建的草图，“轴”选择草图中心线，“结果运算”勾选“切割”复选框。参数设置及效果如图 11 - 36 所示。

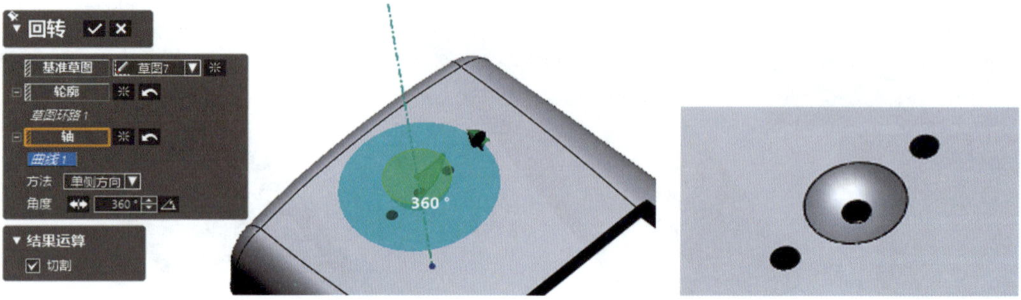

图 11 - 36　回转切割

使用【圆角】工具对所有孔的边缘制作 1mm 固定圆角。参数设置及效果如图 11 - 37 所示。

图 11 - 37　固定圆角

项目小结

通过本项目的学习，应掌握 Geomagic Design X 建模的技巧及以下技能：

（1）通过使用【扫描】工具，掌握曲面扫描的方法。

（2）通过使用【曲面偏移】工具，掌握从一个实体表面提取或偏移曲面的方法。

（3）通过使用【壳体】工具，掌握空心壳体创建的方法。

考核评价

对配套资源中的电子温度计（图 11 - 38）点云文件编制建模步骤，并利用 Geomagic Design X 软件进行建模。

图 11－38　电子温度计

- 点云文件路径：“工业设计技术 -Geomagic DesignX 逆向设计实用教程 \ 素材 \ 项目十一 \ 电子温度计点云 .gpd”。
- 考核指标见表 11－2。
- 建模步骤自拟表单，或登录中国人民大学出版社官网下载。

表 11－2　考核指标

指标	项目要求	分值	评分细则	得分
技术指标	步骤合理	10	每缺失一个步骤扣 2 分，某一步骤不合理扣 2 分，累计扣分，扣完为止	
	点云处理精细	5	有多余的杂点扣 2 分，有多余的点云族扣 3 ～ 5 分	
	面片创建平滑	5	有钉状物扣 1 分，累计扣分，扣完为止	
	坐标对齐合理	10	没有进行坐标对齐扣 10 分，基准面选择不合理扣 3 ～ 5 分	
	领域划分合理	10	没有进行领域划分扣 10 分，领域划分不合理扣 3 ～ 5 分	
	曲面创建合理	10	曲面创建不符合设计意图扣 2 分，累计扣分，扣完为止	
	实体创建合理	10	不能形成实体扣 10 分，实体特征缺失扣 2 分，累计扣分，扣完为止	
	体偏差比率	20	根据体偏差检测比率给定	
素质指标	通过学习【素养提升】内容，结合本项目学习情况谈一谈体会	20	根据体会深刻程度进行评价。	
			个人体会：	
总分				